建筑消防设施
检测技术实用手册

孙启峰　主编

张星航　朱　江　副主编

大连通广消防工程有限公司　组织编写

中国建筑工业出版社

图书在版编目（CIP）数据

建筑消防设施检测技术实用手册／孙启峰主编；大
连通广消防工程有限公司组织编写. —北京：中国建筑
工业出版社，2020.9（2025.1重印）
ISBN 978-7-112-25356-2

Ⅰ. ①建… Ⅱ. ①孙… ②大… Ⅲ. ①建筑物-消防
设备-检测-技术手册 Ⅳ. ①TU892-62

中国版本图书馆 CIP 数据核字（2020）第 143445 号

责任编辑：费海玲
责任校对：王 烨

建筑消防设施检测技术实用手册

孙启峰 主编

张星航 朱 江 副主编

大连通广消防工程有限公司 组织编写

*

中国建筑工业出版社出版、发行（北京海淀三里河路 9 号）
各地新华书店、建筑书店经销
北京鸿文瀚海文化传媒有限公司制版
建工社（河北）印刷有限公司印刷

*

开本：880 毫米×1230 毫米 1/16 印张：41¼ 字数：927 千字
2020 年 12 月第一版 2025 年 1 月第三次印刷
定价：160.00 元
ISBN 978-7-112-25356-2
（36336）

序

　　中国经济迅猛发展，带动城乡建设突飞猛进，工业和民用建筑的数量越来越多，建筑规模越来越大，使用功能也越来越复杂，同时火灾隐患也越来越大。我国建筑火灾占火灾总数 85％以上，在建筑内易发生群死群伤特别重大火灾，因此，确保工业与民用建筑消防安全，是消防工作的重中之重。为了防控建筑火灾，国内外均广泛应用火灾自动报警技术、自动灭火技术、防排烟技术、安全疏散技术、网络通信和人工智能等先进技术，实现对建筑火灾的早期发现、早期控制、及时扑灭，从而达到保证建筑物消防安全的目的。现代建筑消防设施投资越来越多，智能化、自动化程度越来越高，从建筑设计、施工安装、检测验收、运行维护到安全管理每一个环节都要高标准、严要求，不出纰漏，才能保障安全。其中，建筑消防设施检测、验收亦是重要环节之一。20 世纪 90 年代初辽宁省为了适应建筑市场的需求，在全国首先成立了消防设施检测机构。发展至今，全国已拥有近万家消防检测技术服务机构。消防检测机构为保障建筑消防设施完整好用、安全有效的运行，为建筑消防验收、消防监督执法提供了有力的技术支撑。行业的发展并非一帆风顺，关于消防检测方面的政策法规和技术标准还不完善，从业人员的专业技术水平良莠不齐，亟待规范化。为了适应建筑消防技术的高速发展，提升消防检测技术水平，在消防行业协会和大连通广消防工程有限公司的大力支持下，在中国建筑东北设计研究院和相关施工、检测评估单位的专家及工程技术人员的不懈努力下，《建筑消防设施检测技术实用手册》即将出版。这是一部消防理论和实践相结合，并将标准规范中的规定要求具体化的实用性技术手册，是集体智慧的结晶，对消防设施检测技术的从业人员具有较好的指导作用。书中内容涉及消防设施的系统理论、工作原理和各消防系统组件的组成，并较详细地介绍了各类消防系统的检测对象、检测项目、检测数量、检测内容和方法，以及检测结果合格判定标准。希望广大消防技术服务机构从业人员，也包括消防工程设计、施工安装、审查验收人员通过学习本书，能够提高消防专业技术水平，为我国日益蓬勃发展的工业与民用建筑消防安全保驾护航，全力推动我国平安建设再上新台阶。

中国消防协会副会长

张荣昌

前　言

　　自从有了消防行业社会中介服务机构，公安部和各省、直辖市的消防总队都相应制定了对消防行业的社会中介服务机构的管理规定，并对建构（筑）物的自动消防设施制定了各系统的检验规程，以便提高消防行业社会中介服务机构的建构（筑）物的消防安全评估、消防检测和维保的水平。但随着时间的推移，通过工作接触，发现与诸多消防工作者和消防行业社会中介服务机构交流的问题很多，也很有深度。例如，能不能提供一套国标版消防系统（设施）检测报告和一套国标版消防系统（设施）原始记录？这个问题虽然也能三言两语解释清楚，但具体实施还是需要时间和专业人员才能完成的。因此，通过笔者和本书的所有作者们一起努力，完成了本书的编写工作，希望能对消防工作者有所帮助，对消防事业作出贡献。

　　本书的最大特点是对常规的自动消防系统（设施）完成了国标版检测报告的格式化和国标版检测原始记录的格式化；同时，对各个系统的检测计量参数涉及的标准条款、所需的计量仪器和设备进行了格式化的具体描述。

　　本书的另一特点是内容紧扣标准规范，包括对规范条文的解析和有关系统标准图集的采用，有利于读者更进一步对标准条文理解和掌握。两大特点的结合，使消防工作者在工作中更容易理解和掌握每个系统工作原理、设计要求、施工安装要求、操作控制要求和验收要求，等等。这也是编写本书的初心所在。

　　本书共12章。其中：第1章、第2章至第12章内：《系统检测验收国标版检测报告格式化》《检验检测机构资质认定检验检测能力申请表》《检验检测机构资质认定仪器设备（标准物质）配置表》《系统验收检测原始记录格式化》，编写：孙启峰；

　　第2章2.1～2.3节，编写：赵磊、付强；

　　第3章3.1～3.3节，编写：张闯、张士鹏；

　　第4章4.1～4.10节，编写：周陶然；

　　第5章5.1～5.7节，编写：刘永健、王余胜；

第 6 章 6.1～6.7 节，编写：耿翰霖、付强；

第 7 章 7.1～7.9 节，编写：张学刚、傅玉达；

第 8 章 8.1～8.6 节，编写：田丰、张坤；

第 9 章 9.1～9.9 节，编写：张星航、曹立强；

第 10 章 10.1～10.4 节，编写：李云根、王超；

第 11 章 11.1～11.8 节，编写：赵金文；

第 12 章 12.1～12.7 节，编写：陈天禄；

全篇结构调整、内容校对、初审：张星航。

另外，书中凡是不注日期的引用文件（标准、规程等），均为本书编写过程中最新版本（包括所有的修改单）。

由于时间仓促和水平有限，书中尚有不足之处，恳请广大读者批评指正。在此，我们也怀着敬意之心，感谢在本书编写过程中给予大力支持的以下单位：

中国建筑东北设计研究院有限公司大连设计院和大连通广消防工程有限公司。

孙启峰

目　录

第1章 建筑消防设施设置概述

建筑消防设施是指依照国家，行业或者地方消防技术标准的要求，在建（构）筑物中设置的用于火灾报警、灭火、人员疏散、防火分隔、灭火救援行动等防范和扑救建筑火灾的设备设施的总称。

1.1 一般规定

1.1.1 消防给水和消防设施的设置应根据建筑的用途及其重要性、火灾危险性、火灾特性和环境条件等因素综合确定。

1.1.2 城镇（包括居住区、商业区、开发区、工业区等）应沿可通行消防车的街道设置市政消火栓系统。民用建筑、厂房、仓库、储罐（区）和堆场周围应设置室外消火栓系统。用于消防救援和消防车停靠的屋面上，应设置室外消火栓系统。

注：耐火等级不低于二级且建筑体积不大于 3000m³ 的戊类厂房，居住区人数不超过 500 人且建筑层数不超过两层的居住区，可不设置室外消火栓系统。

1.1.3 自动喷水灭火系统、水喷雾灭火系统、泡沫灭火系统和固定消防炮灭火系统等系统，以及下列建筑的室内消火栓给水系统应设置消防水泵接合器：

1）超过 5 层的公共建筑；

2）超过 4 层的厂房或仓库；

3）其他高层建筑；

4）超过 2 层或建筑面积大于 10000m² 的地下建筑（地下室）。

1.1.4 甲、乙、丙类液体储罐（区）内的储罐应设置移动水枪或固定水冷却设施。高度大于 15m 或单罐容量大于 2000m³ 的甲、乙、丙类液体地上储罐，宜采用固定水冷却设施。

1.1.5 总容积大于 50m³ 或单罐容积大于 20m³ 的液化石油气储罐（区）应设置固定水冷却设施，埋地的液化石油气储罐可不设置固定喷水冷却装置。总容积不大于 50m³ 或单罐容积不大于 20m³ 的液化石油气储罐（区），应设置移动式水枪。

1.1.6 消防水泵房的设置应符合下列规定：

1）单独建造的消防水泵房，其耐火等级不应低于二级；

2）附设在建筑内的消防水泵房，不应设置在地下三层及以下或室内地面与室外出入口地坪高差大于 10m 的地下楼层；

3）疏散门应直通室外或安全出口。

1.1.7 设置火灾自动报警系统和需要联动控制的消防设备的建筑（群）应设置消防控制室。

1.1.8 消防水泵房和消防控制室应采取防水淹的技术措施。

1.1.9 设置在建筑内的防排烟风机应设置在不同的专用机房内，有关防火分隔措施应符合《建筑设计防火规范》GB 50016—2014 的规定。

1.1.10 高层住宅建筑的公共部位和公共建筑内应设置灭火器，其他住宅建筑的公共部位宜设置灭火器。厂房、仓库、储罐（区）和堆场应设置灭火器。

1.1.11 建筑外墙设置有玻璃幕墙或采用火灾时可能脱落的墙体装饰材料及构造时，供灭火救援用的水泵接合器、室外消火栓等室外消防设施，应设置在距离建筑外墙相对安全的位置或采取安全防护措施。

1.2 室内消火栓系统

1.2.1 下列建筑或场所应设置室内消火栓系统：

1）建筑占地面积大于 $300m^2$ 的厂房和仓库；

2）高层公共建筑和建筑高度大于 21m 的住宅建筑；

注：建筑高度不大于 27m 的住宅建筑，设置室内消火栓系统确有困难时，可只设置干式消防竖管和不带消火栓箱的 DN65 室内消火栓。

3）体积大于 $5000m^3$ 的车站、码头、机场的候车（船、机）建筑、展览建筑、商店建筑、旅馆建筑、医疗建筑、老年人照料设施和图书馆建筑等单、多层建筑；

4）特等、甲等剧场，超过 800 个座位的其他等级的剧场和电影院等，以及超过 1200 个座位的礼堂、体育馆等单、多层建筑；

5）建筑高度大于 15m 或体积大于 $10000m^3$ 的办公建筑、教学建筑和其他单、多层民用建筑。

1.2.2 《建筑设计防火规范》GB 50016—2014 第 8.2.1 条未规定的建筑或场所和符合第 8.2.1 条规定的下列建筑或场所，可不设置室内消火栓系统，但宜设置消防软管卷盘或轻便消防水龙：

1）耐火等级为一、二级且可燃物较少的单、多层丁、戊类厂房（仓库）；

2）耐火等级为三、四级且建筑体积不大于 $3000m^3$ 的丁类厂房，耐火等级为三、四级且建筑体积不大于 $5000m^3$ 的戊类厂房（仓库）；

3）粮食仓库、金库、远离城镇且无人值班的独立建筑；

4）存有与水接触能引起燃烧爆炸的物品的建筑；

5）室内无生产、生活给水管道，室外消防用水取自储水池且建筑体积不大于 $5000m^3$ 的其他建筑。

1.2.3 国家级文物保护单位的重点砖木或木结构的古建筑，宜设置室内消火栓系统。

1.2.4 人员密集的公共建筑、建筑高度大于 100m 的建筑和建筑面积大于 200m² 的商业服务网点内应设置消防软管卷盘或轻便消防水龙。高层住宅建筑的户内宜配置轻便消防水龙。

老年人照料设施内应设置与室内供水系统直接连接的消防软管卷盘，消防软管卷盘的设置间距不应大于 30m。

1.3 自动灭火系统

1.3.1 除另有规定和不宜用水保护或灭火的场所外，下列厂房或生产部位应设置自动灭火系统，并宜采用自动喷水灭火系统：

1）不小于 50000 纱锭的棉纺厂的开包、清花车间，不小于 5000 锭的麻纺厂的分级、梳麻车间，火柴厂的烤梗、筛选部位；

2）占地面积大于 1500m² 或总建筑面积大于 3000m² 的单、多层制鞋、制衣、玩具及电子等类似生产的厂房；

3）占地面积大于 1500m² 的木器厂房；

4）泡沫塑料厂的预发、成型、切片、压花部位；

5）高层乙、丙类厂房；

6）建筑面积大于 500m² 的地下或半地下丙类厂房。

1.3.2 除另有规定和不宜用水保护或灭火的仓库外，下列仓库应设置自动灭火系统，并宜采用自动喷水灭火系统：

1）每座占地面积大于 1000m² 的棉、毛、丝、麻、化纤、毛皮及其制品的仓库；

注：单层占地面积不大于 2000m² 的棉花库房，可不设置自动喷水灭火系统。

2）每座占地面积大于 600m² 的火柴仓库；

3）邮政建筑内建筑面积大于 500m² 的空邮袋库；

4）可燃、难燃物品的高架仓库和高层仓库；

5）设计温度高于 0℃ 的高架冷库，设计温度高于 0℃ 且每个防火分区建筑面积大于 1500m² 的非高架冷库；

6）总建筑面积大于 500m² 的可燃物品地下仓库；

7）每座占地面积大于 1500m² 或总建筑面积大于 3000m² 的其他单层或多层丙类物品仓库。

1.3.3 除另有规定和不宜用水保护或灭火的场所外，下列高层民用建筑或场所应设置自动灭火系统，并宜采用自动喷水灭火系统：

1）一类高层公共建筑（除游泳池、溜冰场外）及其地下、半地下室；

2）二类高层公共建筑及其地下、半地下室的公共活动用房、走道、办公室和旅馆的客房、可燃物品库房、自动扶梯底部；

3）高层民用建筑内的歌舞、娱乐、放映、游艺场所；

4）建筑高度大于100m的住宅建筑。

1.3.4 除另有规定和不宜用水保护或灭火的场所外，下列单、多层民用建筑或场所应设置自动灭火系统，并宜采用自动喷水灭火系统：

1）特等、甲等剧场，超过1500个座位的其他等级的剧场，超过2000个座位的会堂或礼堂，超过3000个座位的体育馆，超过5000人的体育场的室内人员休息室与器材间等；

2）任一层建筑面积大于1500m²或总建筑面积大于3000m²的展览、商店、餐饮和旅馆建筑以及医院中同样建筑规模的病房楼、门诊楼和手术部；

3）设置送回风道（管）的集中空气调节系统且总建筑面积大于3000m²的办公建筑等；

4）藏书量超过50万册的图书馆；

5）大、中型幼儿园，老年人照料设施；

6）总建筑面积大于500m²的地下或半地下商店；

7）设置在地下或半地下或地上四层及以上楼层的歌舞、娱乐、放映、游艺场所（除游泳场所外），设置在首层、二层和三层且任一层建筑面积大于300m²的地上歌舞、娱乐、放映、游艺场所（除游泳场所外）。

1.3.5 根据要求难以设置自动喷水灭火系统的展览厅、观众厅等人员密集的场所和丙类生产车间、库房等高大空间场所，应设置其他自动灭火系统，并宜采用固定消防炮等灭火系统。

1.3.6 下列部位宜设置水幕系统：

1）特等、甲等剧场、超过1500个座位的其他等级的剧场、超过2000个座位的会堂或礼堂和高层民用建筑内超过800个座位的剧场或礼堂的舞台口，及上述场所内与舞台相连的侧台、后台的洞口；

2）应设置防火墙等防火分隔物而无法设置的局部开口部位；

3）需要防护冷却的防火卷帘或防火幕的上部。

注：舞台口也可采用防火幕进行分隔，侧台、后台的较小洞口宜设置乙级防火门、窗。

1.3.7 下列建筑或部位应设置雨淋自动喷水灭火系统：

1）火柴厂的氯酸钾压碾厂房，建筑面积大于100m²且生产或使用硝化棉、喷漆棉、火胶棉、赛璐珞胶片、硝化纤维的厂房；

2）乒乓球厂的轧坯、切片、磨球、分球检验部位；

3）建筑面积大于60m²或储存量大于2t的硝化棉、喷漆棉、火胶棉、赛璐珞胶片、硝化纤维的仓库；

4）日装瓶数量大于3000瓶的液化石油气储配站的灌瓶间、实瓶库；

5) 特等、甲等剧场、超过 1500 个座位的其他等级剧场和超过 2000 个座位的会堂或礼堂的舞台葡萄架下部；

6) 建筑面积不小于 400m² 的演播室，建筑面积不小于 500m² 的电影摄影棚。

1.3.8 下列场所应设置自动灭火系统，并宜采用水喷雾灭火系统：

1) 单台容量在 40MV·A 及以上的厂矿企业油浸变压器，单台容量在 90MV·A 及以上的电厂油浸变压器，单台容量在 125MV·A 及以上的独立变电站油浸变压器；

2) 飞机发动机试验台的试车部位；

3) 充可燃油并设置在高层民用建筑内的高压电容器和多油开关室。

注：设置在室内的油浸变压器、充可燃油的高压电容器和多油开关室，可采用细水雾灭火系统。

1.3.9 下列场所应设置自动灭火系统，并宜采用气体灭火系统：

1) 国家、省级或人口超过 100 万的城市广播电视发射塔内的微波机房、分米波机房、米波机房、变配电室和不间断电源（UPS）室；

2) 国际电信局、大区中心、省中心和一万路以上的地区中心内的长途程控交换机房、控制室和信令转接点室；

3) 两万线以上的市话汇接局和六万门以上的市话端局内的程控交换机房、控制室和信令转接点室；

4) 中央及省级公安、防灾和网局级及以上的电力等调度指挥中心内的通信机房和控制室；

5) A、B 级电子信息系统机房内的主机房和基本工作间的已记录磁（纸）介质库；

6) 中央和省级广播电视中心内建筑面积不小于 120m² 的音像制品库房；

7) 国家、省级或藏书量超过 100 万册的图书馆内的特藏库，中央和省级档案馆内的珍藏库和非纸质档案库，大、中型博物馆内的珍品库房，一级纸绢质文物的陈列室；

8) 其他特殊重要设备室。

注：

(1) 本条第 1)、4)、5)、8) 款规定的部位，可采用细水雾灭火系统；

(2) 当有备用主机和备用已记录磁（纸）介质，且设置在不同建筑内或同一建筑内的不同防火分区内时，本条第 5) 款规定的部位可采用预作用自动喷水灭火系统。

1.3.10 甲、乙、丙类液体储罐的灭火系统设置应符合下列规定：

1) 单罐容量大于 1000m³ 的固定顶罐应设置固定式泡沫灭火系统；

2) 罐壁高度小于 7m 或容量不大于 200m³ 的储罐可采用移动式泡沫灭火系统；

3) 其他储罐宜采用半固定式泡沫灭火系统；

4) 石油库、石油化工、石油天然气工程中甲、乙、丙类液体储罐的灭火系统设置，应符合现行国家标准《石油库设计规范》GB 50074—2014 等标准的规定。

1.3.11 餐厅建筑面积大于 1000m² 的餐馆或食堂，其烹饪操作间的排油烟罩及烹饪部位应设置自动灭火装置，并应在燃气或燃油管道上设置与自动灭火装置联动的自动切断装置。

食品工业加工场所内有明火作业或高温食用油的食品加工部位宜设置自动灭火装置。

1.4 火灾自动报警系统

1.4.1 下列建筑或场所应设置火灾自动报警系统：

1）任一层建筑面积大于 $1500m^2$ 或总建筑面积大于 $3000m^2$ 的制鞋、制衣、玩具、电子等类似用途的厂房；

2）每座占地面积大于 $1000m^2$ 的棉、毛、丝、麻、化纤及其制品的仓库，占地面积大于 $500m^2$ 或总建筑面积大于 $1000m^2$ 的卷烟仓库；

3）任一层建筑面积大于 $1500m^2$ 或总建筑面积大于 $3000m^2$ 的商店、展览、财贸金融、客运和货运等类似用途的建筑，总建筑面积大于 $500m^2$ 的地下或半地下商店；

4）图书或文物的珍藏库，每座藏书超过 50 万册的图书馆，重要的档案馆；

5）地市级及以上广播电视建筑、邮政建筑、电信建筑，城市或区域性电力、交通和防灾等指挥调度建筑；

6）特等、甲等剧场，座位数超过 1500 的其他等级的剧场或电影院，座位数超过 2000 个的会堂或礼堂，座位数超过 3000 个的体育馆；

7）大、中型幼儿园的儿童用房等场所，老年人照料设施，任一层建筑面积大于 $1500m^2$ 或总建筑面积大于 $3000m^2$ 的疗养院的病房楼、旅馆建筑和其他儿童活动场所，不少于 200 床位的医院门诊楼、病房楼和手术部等；

8）歌舞、娱乐、放映、游艺场所；

9）净高大于 2.6m 且可燃物较多的技术夹层，净高大于 0.8m 且有可燃物的闷顶或吊顶内；

10）电子信息系统的主机房及其控制室、记录介质库，特殊贵重或火灾危险性大的机器、仪表、仪器设备室、贵重物品库房；

11）二类高层公共建筑内建筑面积大于 $50m^2$ 的可燃物品库房和建筑面积大于 $500m^2$ 的营业厅；

12）其他一类高层公共建筑；

13）设置机械排烟、防烟系统、雨淋或预作用自动喷水灭火系统、固定消防水炮灭火系统等需与火灾自动报警系统连锁动作的场所或部位。

注：老年人照料设施中的老年人用房及其公共走道，均应设置火灾探测器和声警报装置或消防广播。

1.4.2 建筑高度大于 100m 的住宅建筑，应设置火灾自动报警系统。

建筑高度大于 54m 但不大于 100m 的住宅建筑，其公共部位应设置火灾自动报警系统，套内宜设置火灾探测器。

建筑高度不大于 54m 的高层住宅建筑，其公共部位宜设置火灾自动报警系统。当设置须联动控制的消防设施时，公共部位应设置火灾自动报警系统。

高层住宅建筑的公共部位应设置具有语音功能的火灾警报声装置或应急广播。

1.4.3　建筑内可能散发可燃气体、可燃蒸汽的场所应设置可燃气体报警装置。

1.5　防烟和排烟设施

1.5.1　建筑的下列场所或部位应设置防烟设施：

1）防烟楼梯间及其前室；

2）消防电梯间前室或合用前室；

3）避难走道的前室、避难层（间）。

1.5.2　建筑高度不大于 50m 的公共建筑、厂房、仓库和建筑高度不大于 100m 的住宅建筑，当其防烟楼梯间的前室或合用前室符合下列条件之一时，楼梯间可不设置防烟系统：

1）前室或合用前室采用敞开的阳台、凹廊；

2）前室或合用前室具有不同朝向的可开启外窗，且可开启外窗的面积满足自然排烟口的面积要求。

1.5.3　厂房或仓库的下列场所或部位应设置排烟设施：

1）人员或可燃物较多的丙类生产场所，丙类厂房内建筑面积大于 300m² 且经常有人停留或可燃物较多的地上房间；

2）建筑面积大于 5000m² 的丁类生产车间；

3）占地面积大于 1000m² 的丙类仓库；

4）高度大于 32m 的高层厂房（仓库）内长度大于 20m 的疏散走道，其他厂房（仓库）内长度大于 40m 的疏散走道。

1.5.4　民用建筑的下列场所或部位应设置排烟设施：

1）设置在一、二、三层且房间建筑面积大于 100m² 的歌舞、娱乐、放映、游艺场所，设置在四层及以上楼层、地下或半地下的歌舞、娱乐、放映、游艺场所；

2）中庭；

3）公共建筑内建筑面积大于 100m² 且经常有人停留的地上房间；

4）公共建筑内建筑面积大于 300m² 且可燃物较多的地上房间；

5）建筑内长度大于 20m 的疏散走道。

1.5.5　地下或半地下建筑（室）、地上建筑内的无窗房间，当总建筑面积大于 200m² 或一个房间建筑面积大于 50m²，且经常有人停留或可燃物较多时，应设置排烟设施。

1.6　消防应急照明和疏散指示系统

1.6.1　除建筑高度小于27m的住宅建筑外，民用建筑、厂房和丙类仓库的下列部位应设置疏散照明：

1）封闭楼梯间、防烟楼梯间及其前室、消防电梯间的前室或合用前室、避难走道、避难层（间）；

2）观众厅、展览厅、多功能厅和建筑面积大于200m^{2}的营业厅、餐厅、演播室等人员密集的场所；

3）建筑面积大于100m^{2}的地下或半地下公共活动场所；

4）公共建筑内的疏散走道；

5）人员密集的厂房内的生产场所及疏散走道。

1.6.2　消防控制室、消防水泵房、自备发电机房、配电室、防排烟机房以及发生火灾时仍需正常工作的消防设备房应设置备用照明，其作业面的最低照度不应低于正常照明的照度。

1.6.3　公共建筑、建筑高度大于54m的住宅建筑、高层厂房（库房）和甲、乙、丙类单、多层厂房，应设置灯光疏散指示标志，并应符合下列规定：

1）应设置在安全出口和人员密集的场所的疏散门的正上方；

2）应设置在疏散走道及其转角处距地面高度1m以下的墙面或地面上。灯光疏散指示标志的间距不应大于20m；对于袋形走道，不应大于10m；在走道转角区，不应大于1m。

1.6.4　下列建筑或场所应在疏散走道和主要疏散路径的地面上增设能保持视觉连续的灯光疏散指示标志或蓄光疏散指示标志：

1）总建筑面积大于8000m^{2}的展览建筑；

2）总建筑面积大于5000m^{2}的地上商店；

3）总建筑面积大于500m^{2}的地下或半地下商店；

4）歌舞、娱乐、放映、游艺场所；

5）座位数超过1500个的电影院、剧场，座位数超过3000个的体育馆、会堂或礼堂；

6）车站、码头建筑和民用机场航站楼中建筑面积大于3000m^{2}的候车、候船厅和航站楼的公共区。

1.7　防火门、窗和防火卷帘设施

1.7.1　防火墙上不应开设门、窗、洞口，确需开设时，应设置不可开启或火灾时能自动关闭的甲级防火门、窗。

1.7.2　医疗建筑内的手术室或手术部、产房、重症监护室、贵重精密医疗装备用房、储藏间、实验室、胶片室等，附设在建筑内的托儿所、幼儿园的儿童用房和儿童游乐厅等儿童活动场所、老年人照料设施，应采用耐火极限不低于 2.00h 的防火隔墙和 1.00h 的楼板与其他场所或部位分隔，墙上必须设置的门、窗应采用乙级防火门、窗。

1.7.3　建筑内的下列部位应采用耐火极限不低于 2.00h 的防火隔墙与其他部位分隔，墙上的门、窗应采用乙级防火门、窗，确有困难时，可采用防火卷帘：

1）甲、乙类生产部位和建筑内使用丙类液体的部位；

2）厂房内有明火和高温的部位；

3）甲、乙、丙类厂房（仓库）内布置有不同火灾危险性类别的房间；

4）民用建筑内的附属库房，剧场后台的辅助用房；

5）除居住建筑中套内的厨房外，宿舍、公寓建筑中的公共厨房和其他建筑内的厨房；

6）附设在住宅建筑内的机动车库。

1.7.4　通风、空气调节机房和变配电室开向建筑内的门应采用甲级防火门，消防控制室和其他设备房开向建筑内的门应采用乙级防火门。

1.7.5　冷库的库房与加工车间贴邻建造时，应采用防火墙分隔，当确需开设相互连通的开口时，应采取防火隔间等措施进行分隔，隔间两侧的门应为甲级防火门等。

第2章　消防给水及室内外消火栓系统

2.1　消防给水系统

消防给水系统是指为建筑消火栓给水系统、自动喷水灭火系统等水灭火系统提供可靠的消防用水的供水系统。

2.1.1　消防给水设施组成

消防给水设施包括消防水源（市政管网、消防水池、消防水箱、天然水源等）、供水设施设备（消防水泵、稳压设施、水泵接合器等）和给水管网（管道、阀门、附件等）构成。

2.1.2　消防给水设施设置要求

1）消防水池

在市政给水管道、进水管道或天然水源不能满足消防用水量，以及市政给水管道为枝状或只有一条进水管的情况下，且室外消火栓设计流量大于20L/s或建筑高度大于50m的建（构）筑物应设消防水池。不同建（构）筑物设置的消防水池，其有效容量应根据国家相关消防技术标准经计算确定。

（1）设置要求

① 当市政给水管网能保证室外消防给水设计流量时，消防水池的有效容量应满足在火灾延续时间内建（构）筑物室内消防用水的要求。

② 当市政给水管网不能保证室外消防给水设计流量时，消防水池的有效容量应满足在火灾延续时间内建（构）筑物室内消防用水量和室外消防用水不足部分之和的要求。

③ 消防水池进水管应根据消防水池有效容积和补水时间确定，补水时间不宜大于48h；但当消防水池有效总容积大于2000m³时，不应大于96h。消防水池进水管管径应经计算确定，且不应小于DN100。

④ 消防水池的总蓄水有效容积大于500m³时，宜设两格能独立使用的消防水池；当大于1000m³时，应设置能独立使用的两座消防水池。每格（或座）消防水池应设置独立的出水管，并应设置满足最低有效率的连通管，且其管径应能满足消防给水设计流量的要求。

注：两格是指共用池壁，两座是指分别独立做分隔墙，同时结构底板应脱开。

⑤ 当消防用水与其他用水合用时，应有保证消防用水不作他用的技术措施。

⑥ 消防水池应设置就地水位显示装置，并应在消防控制中心或值班室等地点设置显示消防水池水位的装置，同时应有最高和最低报警水位。

⑦ 消防水池的出水管应保证消防水池的有效容积能被全部利用，应设置溢流水管和排水设施，并应采用间接排水。

⑧ 储存有室外消防用水的供消防车取水的消防水池，应设供消防车取水的取水口或取水井，吸水高度不应大于 6m；取水口或取水井与被保护建筑物（水泵房除外）的外墙距离不宜小于 15m，与甲、乙、丙类液体储罐的距离不宜小于 40m，与液化石油气储罐的距离不宜小于 60m，当采取防止辐射热的保护措施时可减小为 40m。

（2）消防用水量

一起火灾灭火用水量应按需要同时作用的室内外消防给水用水量之和计算，两栋或两座及以上建筑合用时，应取其最大者。

室内一个防护对象或防护区的消防用水量为消火栓用水、自动灭火用水、水幕或冷却分隔用水之和（三者同时开启）。当室内有多个防护对象或防护区时，需要以各防护对象或防护区为单位分别计算消防用水量，取其中的最大者为建筑物的室内消防用水量。注意这不等同于室内消火栓最大用水量、自动灭火最大用水量、防火分隔或冷却最大用水量的叠加。

自动灭火系统包括自动喷水灭火、水喷雾灭火、自动消防水炮灭火等系统，一个防护对象或防护区的自动灭火系统的用水量按其中用水量最大的一个系统确定。

总结来说，一起火灾灭火所需的消防用水量应由以下需要同时作用的各种水灭火系统设计用量组成：

① 室外消火栓系统；

② 室内消火栓系统；

③ 自动喷水灭火、水喷雾灭火、自动消防水炮灭火等系统；

上述自动灭火系统同时存在建筑物内时，需以防护对象或防护区为单位分别计算，取其中最大者。

④ 水幕或固定冷却分隔。

因此，水灭火系统设计用量＝室外消火栓＋室内消火栓＋自动水灭火系统（取其中一个最大值）＋水幕或固定冷却分隔。

消防水池的有效容积＝消防用水量 －火灾延续时间内的有效连续补水量。

（3）消防水池补水

火灾时消防水池连续补水应符合下列规定：

① 消防水池应采用两路消防给水；

② 火灾延续时间内的连续补水流量应按消防水池最不利进水管供水量计算。

（4）消防水池的有效容积

当消防水池采用两路消防供水且在发生火灾情况下连续补水能满足消防要求时，消防水池的有效容积应根据计算确定，但不应小于 100m³，当仅有消火栓系统时不应小于 50m³。

（5）高位消防水池的有效容积

高位消防水池的最低有效水位应能满足其所服务的水灭火设施所需的工作压力和流量，且其有效容积应满足火灾延续时间内所需的消防用水量，并应符合下列规定：

① 高位消防水池的有效容积、出水、排水和水位等应符合《消防给水及消火栓系统技术规范》GB 50974—2014 的有关规定；

② 高位消防水池的通气管和呼吸管等应采取防止鼠虫等进入的技术措施；

③ 除可一路消防供水的建筑物外，向高位消防水池供水的给水管不应少于两条；

④ 当高层民用建筑采用高位消防水池供水的高压消防给水系统时，高位消防水池储存室内消防用水量确有困难，但火灾时补水可靠，其总有效容积不应小于室内消防用水量的 50%；

⑤ 高层民用建筑高压消防给水系统的高位消防水池总有效容积大于 200m³ 时，宜设置蓄水有效容积相等且可独立使用的两格，当建筑高度大于 100m 时应设置独立的两座。每格（或座）应有一条独立的出水管向消防给水系统供水；

⑥ 高位消防水池设置在建筑物内时，应采用耐火极限不低于 2.00h 的隔墙和耐火极限不低于 1.50h 的楼板与其他部位隔开，并应设甲级防火门。

2）消防水泵

消防水泵是通过叶轮的旋转将能量传递给水，从而增加水的动能和压力能，并将其输送到灭火设备处，以满足各种灭火设备的水量和水压要求，如消火栓泵、喷淋泵、消防转输泵等。

（1）设置要求

临时高压消防给水系统、稳高压消防给水系统中均需设置消防泵。

串联消防给水系统中，除需设置消防泵外，还需设置消防转输泵。

消火栓给水系统与自动喷水灭火系统宜分别设置消防泵，当系统合用消防水泵时，系统管道应在报警阀前分开。

设置消防水泵和消防转输泵时均应设置备用泵。备用泵的工作能力不应小于最大一台消防工作泵的工作能力。自动喷水灭火系统可按"用一备一"或"用二备一"的比例设置备用泵。

根据《消防给水及消火栓系统技术规范》GB 50974—2014 的规定，下列情况下可不设备用泵：

① 建筑高度小于 54m 的住宅和室外消防给水设计流量小于或等于 25L/s 时；

② 建筑的室内消防给水设计流量小于或等于 10L/s 的建筑。

（2）消防泵选用

消防泵产品应符合现行国家标准《消防泵》GB 6245—2006 的规定，并通过国家消防装备质量监督检验中心的检测。

① 消防水泵流量、扬程的有关要求

消防水泵的性能应满足消防给水系统所需流量和压力的要求。

消防水泵所配驱动器的功率应满足所选水泵流量扬程性能曲线上任何一点运行所需功率的要求。

流量扬程性能曲线应为无驼峰、无拐点的光滑曲线，零流量时的压力不应大于设计工作压力的 140%，且宜大于设计工作压力的 120%。

当出水流量为设计流量的 150% 时，其出口压力不应低于设计工作压力的 65%。

消防给水同一泵组的消防水泵型号应一致，且工作泵不宜超过 3 台。

多台消防水泵并联时，应校核流量叠加对消防水泵出口压力的影响。

② 柴油机消防水泵的有关规定

柴油机消防水泵应采用压缩式点火型柴油机。

柴油机消防水泵应具备连续工作性能，试验运行时间不应小于 24h。

柴油机消防水泵的蓄电池应保证消防水泵随时自动启泵的要求。

柴油机消防水泵的供油箱应根据火灾延续时间确定，且油箱最小有效容积应按 1.5L/kW 配置，柴油机消防水泵油箱内储存的燃料不应小于 50% 的储量。

③ 轴流深井泵安装的有关规定

轴流深井泵安装于水井时，其淹没深度应满足其可靠运行的要求，在水泵出流量为 150% 设计流量时，其最低淹没深度应是第一个水泵叶轮底部水位线以上不少于 3.2m，且海拔每增加 300m，深井泵的最低淹没深度应至少增加 0.3m（见图 2-1）。

轴流深井泵安装在消防水池等消防水源内时，其第一个水泵叶轮底部应低于消防水池的最低有效水位线，且淹没深度应根据水力条件经计算确定，并应满足消防水池等消防水源有效储水量或有效水位能全部被利用的要求；当水泵设计流量大于 125L/s 时，应根据水泵性能确定淹没深度，并应满足水泵气蚀余量的要求（见图 2-2）。

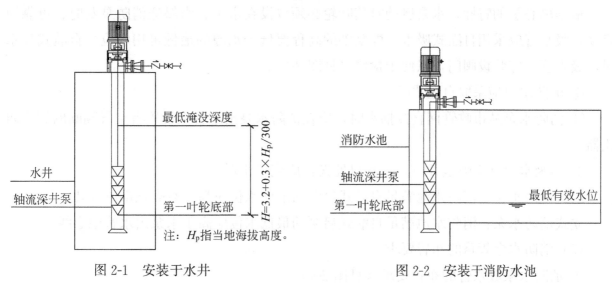

图 2-1 安装于水井 　　　图 2-2 安装于消防水池

轴流深井泵的出水管与消防给水管网连接应符合《消防给水及消火栓系统技术规范》GB 50974—2014 的有关规定。

当消防水池最低水位低于离心水泵出水管中心线或水源水位不能保证离心水泵吸水时，可采用轴流深井泵，并应采用湿式深坑的安装方式安装于消防水池等消防水源内。

当轴流深井泵的电动机露天设置时，应有防雨功能。

现行《建筑设计防火规范》GB 50016—2014 要求消防水泵房不应设置在地下三层及以下或室内地面与室外出入口地坪高差大于 10m 的地下楼层，常规做法多数采用水泵房和水池在同一平面。当地下部分还有其他楼层时，对建筑荷载要求相对较高，可采用将水池设置在地下三层及以下，采用轴流深井泵的设计方式，将轴流深井泵设置在符合规范要求的楼层和高度。这样既满足规范要求，又大大降低建筑荷载。

（3）消防泵的串联和并联

消防泵的串联是将一台泵的出水口与另一台泵的吸水管直接连接，且两台泵同时运行。消防泵的串联在流量不变时可增加扬程，故当单台消防泵的扬程不能满足最不利点喷头的水压要求时，系统可采用串联消防给水系统。消防泵的串联宜采用相同型号、相同规格的消防泵。

串联消防泵的控制要求：应先开启前面的消防泵，再开启后面（按水流方向）的消防泵。在有条件的情况下，应尽量选用多级泵。

消防泵的并联是指由两台或两台以上的消防泵同时向消防给水系统供水。消防泵并联的作用主要在于增大流量，但在流量叠加时，系统的流量会有所下降，选泵时应考虑这种因素。也就是说，并联工作的总流量增加了，但单台消防泵的流量却有所下降，故应适当加大单台消防泵的流量。

消防泵并联时应选用相同型号和规格的消防泵，以保证消防泵的出水压力相等、工作状态稳定。

（4）消防水泵的吸水

根据离心泵的特性，水泵启动时其叶轮必须浸没在水中。为保证消防泵及时、可靠地启动，吸水管应采用自灌式吸水，即泵轴的高程要低于水源的最低可用水位。自灌式吸水时，吸水管上应装设阀门，以便于检修（见图 2-3）。

① 消防水泵应采取自灌式吸水。

② 消防水泵从市政管网直接抽水时，应在消防水泵出水管上设置有空气隔断的倒流防止器。

③ 当吸水口处无吸水井时，吸水口处设置旋流防止器。

卧式消防水泵：消防水池满足自灌式启泵的最低水位应高于泵壳顶部放气孔。

立式消防水泵：消防水池满足自灌式启泵的最低水位应高于水泵出水管中心线。

（5）消防水泵管路的布置要求

① 消防水泵吸水管的布置要求（见图 2-4）

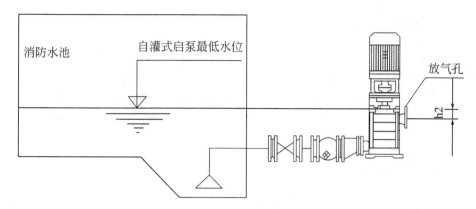

图 2-3　多级立式消防水泵自灌式吸水示意图

一组消防水泵，吸水管不应少于两条，当其中一条损坏或检修时，其余吸水管应仍能通过全部消防给水设计流量。

消防水泵吸水管布置应避免形成气囊。

消防水泵吸水口的淹没深度应满足消防水泵在最低水位运行安全的要求，吸水管喇叭口在消防水池最低有效水位下的淹没深度应根据吸水管喇叭口的水流速度和水力条件确定，但不应小于 600mm，当采用旋流防止器时，淹没深度不应小于 200mm。消防水泵的吸水管上应设置明杆闸阀或带自锁装置的蝶阀，但当设置暗杆阀门时，应设有开启刻度和标志；当管径超过 DN300mm 时，宜设置电动阀门。

消防水泵吸水管的直径小于 DN250 时，其流速宜为 1.0～1.2m/s；直径大于 DN250mm 时，其流速宜为 1.2～1.6m/s。

消防水泵的吸水管穿越消防水池时，应采用柔性套管；采用刚性防水套管时，应在水泵吸水管上设置柔性接头，且管径不应大于 DN150mm。

消防水泵吸水管可设置管道过滤器，管道过滤器的过水面积应大于管道过水面积的 4 倍，且孔径不宜小于 3mm。

消防水泵吸水管水平管段上不应有气囊和漏气现象。变径连接时，应采用偏心异径管件并应采用管顶平接。

② 消防水泵出水管布置（见图 2-4）

一组消防水泵应设不少于两条的输水干管与消防给水环状管网连接，当其中一条输水管检修时，其余输水管应仍能供应全部消防给水设计流量。

消防水泵的出水管上应设止回阀、明杆闸阀；当采用蝶阀时，应带有自锁装置；当管径大于 DN300mm 时，宜设置电动阀门。

消防水泵出水管的直径小于 DN250mm 时，其流速宜为 1.5～2.0m/s；直径大于 DN250mm 时，其流速宜为 2.0～2.5m/s。

消防水泵出水管上应安装消声止回阀、控制阀和压力表；系统的总出水管上还应安装压力表和压力开关；安装压力表时应加设缓冲装置。压力表和缓冲装置之间应安装旋塞；压力表量程在没有设计要求时，应为系统工作压力的 2～2.5 倍。

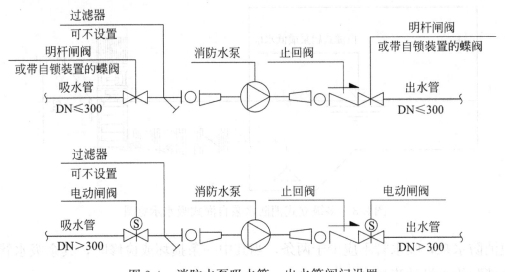

图 2-4　消防水泵吸水管、出水管阀门设置

③ 流量和压力测试装置

每组消防水泵应在消防水泵房内设置流量和压力测试装置，并应符合下列规定：

单台消防水泵的流量不大于 20L/s、设计工作压力不大于 0.5MPa 时，泵组应预留测量用流量计和压力计接口，其他泵组宜设置泵组流量和压力测试装置。

当消防水泵流量检测装置的计量精度应为 0.4 级时，最大量程的 75% 应大于最大一台消防水泵设计流量值的 175%；当消防水泵压力检测装置的计量精度应为 0.5 级时，最大量程的 75% 应大于最大一台消防水泵设计压力值的 165%。

每台消防水泵出水管上应设置 DN65mm 的试水管，并应采取排水措施。

（6）消防水泵启动及动力装置

① 消防水泵启动装置

消防水泵应能手动启停和自动启动，且应确保从接到启泵信号到水泵正常运转的自动启动时间不大于 2min。消防水泵不应设置自动停泵的控制功能，停泵应由具有管理权限的工作人员根据火灾扑救情况确定。

消防水泵应由消防水泵出水干管上设置的压力开关、高位消防水箱出水管上的流量开关或报警阀压力开关等开关信号直接自动启动。消防水泵房内的压力开关宜引入消防水泵控制柜内。

消火栓按钮不宜作为直接启动消防泵的开关，但可作为发出报警信号的开关或启动干式消火栓系统的快速启闭装置等。

稳压泵应由消防给水管网或气压水罐上设置的稳压泵自动启停泵压力开关或压力变送器控制。

② 消防水泵控制柜设置要求

消防水泵控制柜应设置在消防水泵房或专用消防水泵控制室内。

消防水泵控制柜在平时应使消防水泵处于自动启泵状态。

当自动水灭火系统为开式系统，且设置自动启动确有困难时，经论证后消防水泵可设置在手动启动状态，并应确保24h有人值班。

消防水泵控制柜设置在专用消防水泵控制室时，其防护等级不应低于IP30；与消防水泵设置在同一空间时，其防护等级不应低于IP55。

消防水泵控制柜应采取防止被水淹没的措施。在高温潮湿环境下，消防水泵控制柜内应设置自动防潮除湿的装置。

消防水泵控制柜应设置机械应急启泵功能，并应保证在控制柜内的控制线路发生故障时由具有管理权限的人员在紧急时启动消防水泵。机械应急启动时，应确保消防水泵在报警后5.0min内正常工作。

消防水泵控制柜前面板的明显部位应设置紧急时打开柜门的装置。

消防水泵控制柜应有显示消防水泵工作状态和故障状态的输出端子及远程控制消防水泵启动的输入端子。控制柜应具有自动巡检可调、显示巡检状态和信号等功能，且对话界面应有汉语语言，图标应便于识别和操作。

③ 消防水泵动力装置

消防泵的供电应按《供配电系统设计规范》GB 50052—2009的规定进行设计。消防转输泵的供电应符合消防泵的供电要求。消防泵、消防稳压泵及消防转输泵应有不间断的动力供应，也可采用内燃机作为备用动力装置。

消防水泵的双电源自动切换时间不应大于2s，一路电源与内燃机动力的切换时间不应大15s。

（7）通信报警设备

消防水泵房应设有直通本单位消防控制中心或消防机构的联络通信设备，以便在发生火灾后及时与消防控制中心或消防机构取得联系。

3）消防水箱

采用临时高压消防给水系统的建筑物应设置高位消防水箱。

设置消防水箱的主要作用：提供系统启动初期的消防用水量和水压，在消防泵出现故障的紧急情况下应急供水，确保喷头开放后立即喷水，以及时控制初期火灾，并为外援灭火争取时间；利用高位差为系统提供准工作状态下所需的水压，以达到管道内充水并保持一定压力的目的。

设置常高压消防给水系统，并能保证最不利点消火栓和自动喷水灭火系统等的水量和水压的建筑物，或设置干式消防竖管的建筑物，可不设置消防水箱（屋面停机坪消火栓上方可不设高位水箱）。

（1）高位消防水箱有效容积

临时高压消防给水系统的高位消防水箱的有效容积应满足初期火灾消防用水量的要求，其具体设置要求如下：

① 一类高层公共建筑，不应小于36m³。但当建筑高度大于100m时，不应小于

$50m^3$；当建筑高度大于 150m 时，不应小于 $100m^3$；

②多层公共建筑、二类高层公共建筑和一类高层住宅，不应小于 $18m^3$。当一类高层住宅建筑高度超过 100m 时，不应小于 $36m^3$；

③ 二类高层住宅，不应小于 $12m^3$；

④ 建筑高度大于 21m 的多层住宅，不应小于 $6m^3$；

⑤ 工业建筑室内消防给水设计流量小于或等于 25L/s 时，不应小于 $12m^3$；大于 25L/s 时，不应小于 $18m^3$；

⑥ 总建筑面积大于 $10000m^2$ 且小于 $30000m^2$ 的商店建筑，不应小于 $36m^3$；总建筑面积大于 $30000m^2$ 的商店建筑，不应小于 $50m^3$。

（2）高位消防水箱设置

设置位置应高于其所服务的水灭火设施，且最低有效水位应满足水灭火设施最不利点处的静水压力，其具体设置要求如下：

① 一类高层公共建筑，不应低于 0.10MPa；当建筑高度超过 100m 时，不应低于 0.15MPa；

② 高层住宅、二类高层公共建筑、多层公共建筑，不应低于 0.07MPa；多层住宅不宜低于 0.07MPa；

③ 工业建筑，不应低于 0.10MPa。当建筑体积小于 $20000m^3$ 时，不宜低于 0.07MPa；

④ 自动喷水灭火系统等自动水灭火系统应根据喷头灭火需求压力确定，但最小不应小于 0.10MPa；

⑤ 当高位消防水箱不能满足上述第①～④条的静压要求时，应设稳压泵。

（3）高位消防水箱出水管管径

应满足消防给水设计流量的出水要求，且不应小于 DN100mm。

（4）高位消防水箱出水管

应位于高位消防水箱最低水位以下，并应设置防止消防用水进入高位消防水箱的止回阀。

高位消防水箱的进、出水管应设置带有指示启闭装置的阀门。

（5）室内采用临时高压消防给水系统时，高位消防水箱的设置应符合下列规定：

① 高层民用建筑、总建筑面积大于 $10000m^2$ 且层数超过 2 层的公共建筑和其他重要建筑，必须设置高位消防水箱；

② 其他建筑应设置高位消防水箱，但当设置高位消防水箱确有困难，且采用安全可靠的消防给水形式时，可不设高位消防水箱，但应设置稳压泵；

③ 采用临时高压消防给水系统的自动喷水灭火系统，当按《消防给水及消火栓系统技术规范》GB 50974—2014 的规定可不设置高位消防水箱时，系统应设气压供水设备。

4）增（稳）压设备

对于采用临时高压消防给水系统的高层或多层建筑，当消防水箱设置高度不能满足系统最不利点灭火设备所需的水压要求时，应设置增（稳）压设备。增（稳）压设备一般由稳压泵、隔膜式气压罐、管道附件及控制装置组成。

（1）稳压泵

稳压泵是在消防给水系统中用于稳定平时最不利点水压的给水泵。通常选用小流量、高扬程的水泵。消防稳压泵也应设置备用泵，通常可按"用一备一"原则选用。

① 稳压泵流量确定

消防给水系统消防稳压泵的设计流量不应小于消防给水系统管网的正常泄漏量和系统自动启动流量，当没有管网泄漏量数据时，稳压泵的设计流量宜按消防给水设计流量的1%～3%计，且不宜小于 1L/s。消防给水系统所采用报警阀压力开关等自动启动流量应根据产品确定。

② 稳压泵设计压力确定

稳压泵的设计压力应满足系统自动启动和管网充满水的要求。

稳压泵的设计压力应保持系统自动启泵压力设置点处的压力在准工作状态时大于系统设置自动启泵压力，且增加值宜为 0.07～0.10MPa。

稳压泵的设计压力应保持系统最不利点处水灭火设施在准工作状态时的静水压力大于 0.15MPa。

③ 稳压泵供电要求

消防稳压泵的供电要求同消防泵的供电要求。

（2）气压罐

① 气压罐工作压力

气压罐的最小设计工作压力应满足系统最不利点灭火设备所需的水压要求。

② 气压罐容积

气压罐的容积包括消防储存水容积、缓冲水容积、稳压调节水容积和压缩空气容积。

在消防给水系统中，如果只设稳压泵稳压，因管网的泄漏，往往会造成稳压泵启动次数频繁，违反规范要求的启动次数，降低稳压泵的使用寿命，一般情况下，稳压泵往往和气压罐配套一并使用。

5）消防供水管道

（1）室外消防给水管道

① 室外消防给水采用两路消防供水时，应布置成环状，但当采用一路消防供水时，可布置成枝状。

② 向环状管网输水的进水管不应少于两条，当其中一条发生故障时，其余进水管应仍能满足消防用水总量的供给要求。

③ 消防给水管道应采用阀门分成若干独立段，每段室内外消火栓的数量不宜超过5个。

④ 管道的直径应根据流量、流速和压力要求经计算确定，但不应小于 DN100，有条

件的应不小于 DN150。

⑤ 室外消防给水管道设置的其他要求应符合《室外给水设计标准》GB 50013—2006 的有关规定。

（2）管材、阀门和敷设

① 管材

埋地管道宜采用球墨铸铁管、钢丝网骨架塑料复合管和加强防腐的钢管等管材。

室内外架空管道应采用热浸镀锌钢管等金属管材。

埋地管道：当系统工作压力不大于 1.20MPa 时，宜采用球墨铸铁管或钢丝网骨架塑料复合管；当系统工作压力大于 1.20MPa 且小于 1.60MPa 时，宜采用钢丝网骨架塑料复合管、加厚钢管和无缝钢管；当系统工作压力大于 1.60MPa 时，宜采用无缝钢管。

架空管道：当系统工作压力小于或等于 1.20MPa 时，可采用热浸镀锌钢管；当系统工作压力大于 1.20MPa 且小于 1.60MPa 时，应采用热浸镀锌加厚钢管或热浸镀锌无缝钢管；当系统工作压力大于 1.60MPa 时，应采用热浸镀锌无缝钢管。

② 阀门

埋地管道的阀门宜采用带启闭刻度的暗杆闸阀，当设置在阀门井内时可采用耐腐蚀的明杆闸阀。

室内架空管道的阀门宜采用蝶阀、明杆闸阀或带启闭刻度的暗杆闸阀等。

室外架空管道宜采用带启闭刻度的暗杆闸阀或耐腐蚀的明杆闸阀。

消防给水系统管道的最高点处宜设置自动排气阀。消防水泵出水管上的止回阀宜采用水锤消除止回阀，当消防水泵供水高度超过 24m 时，应采用水锤消除器。当消防水泵出水管上设有囊式气压水罐时，可不设水锤消除设施。在寒冷和严寒地区，室外阀门井应采取防冻措施。消防给水系统的室内外消火栓、阀门等设置位置，应设置永久性固定标志。

减压阀的设置应符合下列规定：

减压阀应设置在报警阀组入口前，当连接两个及以上报警阀组时，应设置备用减压阀；

减压阀的进口处应设置过滤器，过滤器的孔网直径不宜小于 4～5 目/cm^2，过流面积不应小于管道截面面积的 4 倍；

过滤器和减压阀前后应设压力表，压力表的表盘直径不应小于 100mm，最大量程宜为设计压力的 2 倍。

③ 敷设

埋地管道的地基、基础、垫层、回填土压实度等的要求，应根据刚性管或柔性管管材的性质，结合管道埋设处的具体情况，按《给水排水管道工程施工及验收规范》GB 50268—2008 和《给水排水工程管道结构设计规范》GB 50332—2017 的有关规定执行。当埋地管直径不小于 DN100 时，应在管道弯头、三通和堵头等位置设置钢筋混凝土支墩。

消防给水管道不宜穿越建筑基础，当必须穿越时，应采取防护套管等保护措施。

（3）室内消防给水管道

室内消防给水管网是室内消火栓给水系统的重要组成部分，为确保供水安全可靠，在布置时应符合下列规定：

室内消火栓系统管网应布置成环状，当室外消火栓设计流量不大于 20L/s，且室内消火栓不超过 10 个时，除满足现行国家标准《消防给水及消火栓系统技术规范》GB 50974—2014 外，可布置成枝状。

当由室外生产、生活、消防合用系统直接供水时，合用系统除应满足室外消防给水设计流量以及生产和生活最大小时设计流量的要求外，还应满足室内消防给水系统的设计流量和压力要求。

室内消防管道管径应根据系统设计流量、流速和压力要求经计算确定；室内消火栓竖管管径应根据竖管最低流量经计算确定，但不应小于 DN100。

每根竖管与供水横干管相接处应设置阀门。

消防给水管道的设计流速不宜大于 2.5m/s，自动喷水灭火系统管道设计流速应符合《自动喷水灭火系统设计规范》GB 50084—2017、《泡沫灭火系统设计规范》GB 50151—2010、《水喷雾灭火系统技术规范》GB 50219—2014 和《固定消防炮灭火系统设计规范》GB 50338—2003 的有关规定，但任何消防管道的给水流速不应大于 7m/s。

6）消防水泵接合器

消防水泵接合器是供消防车向消防给水管网输送消防用水的预留接口。它既可用于补充消防水量，也可用于提高消防给水管网的水压。

发生火灾的情况下，当建筑物内的消防水泵发生故障或室内消防用水不足时，消防车从室外取水，通过水泵接合器将水送到室内消防给水管网，供灭火使用。

（1）设置要求

高层民用建筑、设有消防给水的住宅、超过五层的其他多层民用建筑、超过两层或建筑面积大于 10000m² 的地下或半地下建筑（室）、室内消火栓设计流量大于 10L/s 平战结合的人防工程、高层工业建筑和超过四层的多层工业建筑、城市交通隧道，其室内消火栓给水系统应设水泵接合器；自动喷水灭火系统、水喷雾灭火系统、泡沫灭火系统和固定消防炮灭火系统等水灭火系统，均应设置消防水泵接合器。

消防水泵接合器的给水流量宜按每个 10～15L/s 计算。每种水灭火系统的消防水泵接合器设置的数量应按系统设计流量经计算确定，但当计算数量超过 3 个时，可根据供水可靠性适当减少。

临时高压消防给水系统向多座建筑供水时，消防水泵接合器应在每座建筑附近就近设置。

消防给水为竖向分区供水时，在消防车供水压力范围内的分区，应分别设置水泵接合器；当建筑高度超过消防车供水高度时，消防给水应在设备层等方便操作的地点设置手抬泵或移动泵接力供水的吸水和加压接口。

水泵接合器应设在室外便于消防车使用的地点，距室外消火栓或消防水池的距离不宜小于 15m，并不宜大于 40m。

墙壁消防水泵接合器的安装高度距地面宜为 0.70m；与墙面上的门、窗、孔、洞的净距离不应小于 2.0m，且不应安装在玻璃幕墙下方；地下消防水泵接合器的安装，应使进水口与井盖底面的距离不大于 0.40m，且不应小于井盖的半径。

水泵接合器处应标注每个水泵接合器的供水系统名称，设置永久性标志铭牌，并应标明供水系统、供水范围和额定压力。

（2）组成

水泵接合器是由阀门、安全阀、止回阀、栓口放水阀以及连接弯管等组成的。在室外从水泵接合器栓口给水时，安全阀起到保护系统的作用，以防止水压力超过系统的额定压力；水泵接合器设有止回阀，以防止系统给水从水泵接合器处流出；考虑安全阀和止回阀检修的需要，还应设置阀门；放水阀具有泄水的作用，用于防冻。水泵接合器组件的排列次序应合理，按水泵接合器给水的方向，依次是止回阀、安全阀和阀门。

2.2 室外消火栓系统

室外消火栓给水系统通常是指室外消防给水系统，它是设置在建筑物外墙外的消防给水系统，主要承担城市、集镇、居住区或工矿企业等室外部分的消防给水任务，主要供消防车从室外消防给水管网取水实施灭火，也可以直接连接水带、水枪出水灭火，或通过水泵接合器为室内消防给水设备提供消防用水，是扑救火灾的重要消防设施之一。

2.2.1 系统组成

室外消火栓系统主要由市政供水管网或室外消防给水管网、消防水池、消防水泵和室外消火栓组成。

室外消火栓分类如下：

1）室外消火栓按其安装场合可分为地上式、地下式和折叠式三种。地上式消火栓适用于气温较高的地区，地下式消火栓适用于气温较寒冷的地区；

2）按其进水口连接形式可分为承插式和法兰式两种；

3）按其进水口的公称通径可分为 100mm 和 150mm 两种；

4）按其公称压力可分为 1.0MPa 和 1.6MPa 两种，其中承插式的消火栓为 1.0MPa，法兰式的消火栓为 1.6MPa；

5）按其用途分为普通型和特殊型两种；

6）特殊型分为泡沫型、防撞型、调压型、减压稳压型等。

2.2.2 系统设置要求和检查

1）设置基本原则

根据《建筑设计防火规范》GB 50016—2014 的要求，消防给水和消防设施的设置应根据建筑的用途及其重要性、火灾危险性、火灾特性和环境条件等因素综合确定。城镇（包括居住区、商业区、开发区、工业区等）应沿可通行消防车的街道设置市政消火栓系统。民用建筑、厂房、仓库、储罐（区）和堆场周围应设置室外消火栓系统。用于消防救援和消防车停靠的屋面上，应设置室外消火栓系统。

注：耐火等级不低于二级且建筑体积不大于 3000m³ 的戊类厂房，居住区人数不超过 500 人且建筑层数不超过两层的居住区，可不设置室外消火栓系统。

2）系统选型

（1）市政消火栓和建筑室外消火栓应采用湿式消火栓系统。

（2）严寒、寒冷等冬季结冰地区城市隧道及其他构筑物的消火栓系统，应采取防冻措施，并宜采用干式消火栓系统和干式室外消火栓。

3）供水要求

（1）城镇消防给水宜采用城镇市政给水管网供水，城市避难场所宜设置独立的城市消防水池，且每座容量不宜小于 200m³。

（2）建筑物室外消防供水宜采用低压消防给水系统，当采用市政给水管网供水时，应采用两路消防供水，除建筑高度超过 54m 的住宅外，室外消火栓设计流量不大于 20L/s 时，可采用一路消防供水。

（3）工艺装置区、储罐区室外消防给水宜采用高压或临时高压消防给水系统，但当无泡沫灭火系统、固定冷却水系统和消防炮时，室外消防设计流量不大于 30L/s 时，且在城镇消防站保护范围内时可采用低压消防给水系统。

（4）堆场室外消防给水宜采用低压消防给水系统，当可燃物堆场规模大、堆垛高、宜起火、扑救难度大时，应采用常高压或临时高压消防给水系统。

（5）市政消火栓或消防车从消防水池吸水向建筑供应室外消防给水时：

① 供消防车吸水的室外消防水池的每个取水口宜按一个室外消火栓计算，且其保护半径不应大于 150m（市政消火栓与消防水池取水口同属并列关系，是否采用取水口的形式为消防车供水，原则上取决于市政消火栓是否满足供水能力，如市政消火栓无法保证流量和压力的情况下，应设置取水口保证消防车用水）；

② 距建筑外缘 5～150m 的市政消火栓可计入建筑室外消火栓的数量，但当为消防水泵接合器供水时（当建筑物设有消防水泵接合器时，即视为为消防水泵接合器供水），距建筑外缘 5～40m 的市政消火栓可计入建筑室外消火栓的数量；

③ 当市政给水管网为环状时，符合本条上述内容的室外消火栓出流量宜计入建筑室外消火栓设计流量；但当市政给水管网为枝状时，计入建筑的室外消火栓设计流量不宜超过一个市政消火栓的出流量。

（6）当建筑室外消防给水采用高压或临时高压消防给水系统时，宜与室内消防给水系统合用。

（7）独立的室外临时高压消防给水系统宜采用稳压泵维持系统充水和压力。

4）系统管网要求

当市政给水管网设有市政消火栓时，应符合下列规定：

（1）设有市政消火栓的市政给水管网宜为环状管网，但当城镇人口小于 2.5 万人时，可为枝状管网；

（2）接市政消火栓的环状给水管网的管径不应小于 DN150，枝状管网的管径不宜小于 DN200。当城镇人口小于 2.5 万人时，接市政消火栓的给水管网的管径可适当减少，环状管网时不应小于 DN100，枝状管网时不宜小于 DN150；

（3）工业园区、商务区和居住区等区域采用两路消防供水，当其中一条引入管发生故障时，其余引入管在保证满足 70％生产生活给水的最大小时设计流量条件下，应仍能满足消防给水设计流量。

（4）下列消防给水应采用环状给水管网：

① 向两栋或两座及以上建筑供水时；

② 向两种及以上水灭火系统供水时；

③ 采用设有高位消防水箱的临时高压消防给水系统时；

④ 向两个及以上报警阀控制的自动水灭火系统供水时；

⑤ 向室外、室内环状消防给水管网供水的输水干管不应少于两条，当其中一条发生故障时，其余的输水干管应仍能满足消防给水设计流量。

（5）室外消防给水管网应符合下列规定：

① 室外消防给水采用两路消防供水时应采用环状管网，但当采用一路消防供水时可采用枝状管网；

② 管道的直径应根据流量、流速和压力要求经计算确定，但不应小于 DN100；

③ 消防给水管道应采用阀门分成若干独立段，每段室内外消火栓的数量不宜超过 5 个；

④ 管道设计的其他要求应符合现行国家标准《室外给水设计标准》GB 50013—2018 的有关规定。

（6）消防给水管道的设计流速

消防给水管道的设计流速不宜大于 2.5m/s，自动水灭火系统管道设计流速，应符合现行国家标准《自动喷水灭火系统设计规范》GB 50084—2017、《泡沫灭火系统设计规范》GB 50151—2010、《水喷雾灭火系统设计规范》GB 50219—2014 和《固定消防炮灭火系统设计规范》GB 50338—2003 的有关规定，但任何消防管道的给水流速不应大于 7m/s。

5）消火栓布置要求

（1）市政消火栓

① 市政消火栓宜采用地上式室外消火栓；在严寒、寒冷等冬季结冰地区宜采用干式地上式室外消火栓，严寒地区宜增设消防水鹤。当采用地下式室外消火栓，地下消火栓井的直径不宜小于 1.5m，且当地下式室外消火栓的取水口在冰冻线以上时，应采取保温措施。

② 市政消火栓宜采用直径 DN150 的室外消火栓，并应符合下列要求：

A. 室外地上式消火栓应有一个直径为 150mm 或 100mm 和两个直径为 65mm 的栓口；

B. 室外地下式消火栓应有直径为 100mm 和 65mm 的栓口各一个。

③ 市政消火栓宜在道路的一侧设置，并宜靠近十字路口，但当市政道路宽度超过 60m 时，应在道路的两侧交叉错落设置市政消火栓。

④ 市政桥桥头和城市交通隧道出入口等市政公用设施处，应设置市政消火栓。

⑤ 市政消火栓的保护半径不应超过 150m，间距不应大于 120m。

⑥ 市政消火栓应布置在消防车易于接近的人行道和绿地等地点，且不应妨碍交通，并应符合下列规定：

A. 市政消火栓距路边不宜小于 0.5m，且不应大于 2.0m；

B. 市政消火栓距建筑外墙或外墙边缘不宜小于 5.0m；

C. 市政消火栓应避免设置在机械易撞击的地点，确有困难时，应采取防撞措施。

⑦ 当市政给水管网设有市政消火栓时，其平时运行工作压力不应小于 0.14MPa，火灾时水力最不利市政消火栓的出流量不应小于 15L/s。且供水压力从地面算起不应小于 0.10MPa。

⑧ 严寒地区在城市主要干道上设置消防水鹤的布置间距宜为 1000m，连接消防水鹤的市政给水管的管径不宜小于 DN200。

⑨ 火灾时，消防水鹤的出流量不宜低于 30L/s，且供水压力从地面算起不应小于 0.10MPa。

(2) 建筑室外消火栓

① 建筑室外消火栓的数量应根据室外消火栓设计流量和保护半径经计算确定，保护半径不应大于 150m，每个室外消火栓的出流量宜按 10～15L/s 计算。

② 室外消火栓宜沿建筑周围均匀布置，且不宜集中布置在建筑一侧；建筑消防扑救面一侧的室外消火栓数量不宜少于 2 个。

室外消火栓是供消防车使用的，其用水量应是每辆消防车的用水量。按一辆消防车出 2 支喷嘴 19mm 的水枪考虑，当水枪的充实水柱长度为 10～17m 时，每支水枪用水量 4.6～7.5L/s，2 支水枪的用水量 9.2～15L/s。故每个室外消火栓的出流量按 10～15L/s 计算。

如一建筑物室外消火栓设计流量为 40L/s，则该建筑物室外消火栓的数量为 40/（10～15）＝3～4 个室外消火栓，此时如果按保护半径 150m 布置是 2 个，但设计应按 4 个进行布置，这时消火栓的间距可能远小于规范规定的 120m。

如一工厂有多栋建筑，其建筑物室外消火栓设计流量为 15L/s，则该建筑物室外消火栓的数量为 15/（10～15）＝1～1.5 个室外消火栓。但该工程占地面积很大，其消火栓布置应仍然要遵循消火栓的保护半径 150m 和最大间距 120m 的原则，若按保护半径计算的数量是 4 个，则应按 4 个进行布置。且同时还应兼顾第②条的要求，合理布置室外消火栓。

③ 人防工程、地下工程等建筑应在出入口附近设置室外消火栓（这个室外消火栓相当于建筑物消防电梯前室的消火栓，消防队员来时作为首先进攻、火灾侦查和自我保护用），且距出入口的距离不宜小于 5m，并不宜大于 40m。

④ 停车场的室外消火栓宜沿停车场周边设置，且与最近一排汽车的距离不宜小于 7m，距加油站或油库不宜小于 15m。

⑤ 甲、乙、丙类液体储罐区和液化烃罐罐区等构筑物的室外消火栓，应设在防火堤或防护墙外，数量应根据每个罐的设计流量经计算确定，但距罐壁 15m 范围内的消火栓（距罐壁 15m 范围内的室外消火栓火灾发生时因辐射热而难以使用），不应计算在该罐可使用的数量内。

⑥ 工艺装置区等采用高压或临时高压消防给水系统的场所，其周围应设置室外消火栓，数量应根据设计流量经计算确定，且间距不应大于 60m。当工艺装置区宽度大于 120m 时，宜在该装置区内的路边设置室外消火栓。

⑦ 当工艺装置区、罐区、堆场、可燃气体和液体码头等构筑物的面积较大或高度较高，室外消火栓的充实水柱无法完全覆盖时，宜在适当部位设置室外固定消防炮。

⑧ 室外消防给水引入管当设有倒流防止器（倒流防止器是由两个隔开的止回阀和一个安全泄水阀组合而成的一个阀门装置，倒流防止器主要用于防止水的回流，即使其内部所有可能的密封全部失效，仍能确保不发生回流污染事故，是保障水质的专用技术措施。止回阀主要用于保证水的单向流动，防止水倒流，但无防污性能，当止回密封面失效，不能有效防止水的回流污染。设有倒流防止器的管段，不需要再设止回阀；反之不能替代），且火灾时因其水头损失导致室外消火栓不能满足本规范要求时，应在该倒流防止器前设置一个室外消火栓。

注：室外消火的设置要求还应符合市政消火栓的相关要求。

由于石油和天然气、石油石化、火力发电厂与变电站、钢铁、冶金、煤化工、电力等特殊场所的专业性较强，要求较特殊，与一般工业或民用建筑有所不同，因此这些工程设计应按照专项设计规范的要求执行。

2.2.3 系统安装与检测验收

1）室外消火栓系统的安装

（1）市政和室外消火栓的安装应符合下列规定：

① 市政和室外消火栓的选型、规格应符合设计要求；

② 管道和阀门的施工和安装，应符合现行国家标准《给水排水管道工程施工及验收规范》GB 50268—2008、《建筑给水排水及采暖工程施工质量验收规范》GB 50242—2016 的有关规定；

③ 地下式消火栓顶部进水口或顶部出水口应正对井口。顶部进水口或顶部出水口与消防井盖底面的距离不应大于 0.4m，井内应有足够的操作空间，并应做好防水措施。

④ 地下式室外消火栓应设置永久性固定标志；

⑤ 当室外消火栓安装部位火灾时存在可能落物危险时，上方应采取防坠落物撞击的措施。

（2）市政和室外消火栓安装位置应符合设计要求，且不应妨碍交通，在易碰撞的地点应设置防撞设施。

市政消防水鹤的安装应符合下列规定：

① 市政消防水鹤的选型、规格应符合设计要求；

② 管道和阀门的施工和安装，应符合现行国家标准《给水排水管道工程施工及验收规范》GB 50268—2008、《建筑给水排水及采暖工程施工质量验收规范》GB 50242—2016 的有关规定；

③ 市政消防水鹤的安装空间应满足使用要求，并不应妨碍市政道路和人行道的畅通。

（3）当采用地下式室外消火栓，地下消火栓井的直径不宜小于 1.5m，且当地下式室外消火栓的取水口（此处取水口为室外消火栓的接口，应注意避免与消防水池取水口混淆）在冰冻线以上时，应采取保温措施。

（4）室外消火栓系统必须进行水压强度试验、管网冲洗，试验压力参见《消防给水及消火栓系统技术规范》GB 50974—2014 相关要求进行。

注：《建筑给水排水及采暖工程施工质量验收规范》GB 50242—2016 对室外消火栓水压强度试验有相关要求，试验压力为工作压力的 1.5 倍，但不得小于 0.6MPa。但鉴于《消防给水及消火栓系统技术规范》属于消防给水专业性规范，室外消火栓系统水压强度试验应按其相关要求执行。

2.3　室内消火栓系统

室内消火栓系统在建筑物内使用广泛，用于扑灭初期火灾。在建筑高度超过消防车供水能力时，室内消火栓系统除扑救初期火灾外，还要扑救较大火灾。

2.3.1　系统组成

室内消火栓系统由消防给水设施、消防给水管网、室内消火栓设备、报警控制设备及系统附件等组成。消防给水设施包括消防水源（消防水池）、消防水泵、消防供水通道、增（稳）压设备（消防气压罐）、消防水泵接合器和消防水箱等。

2.3.2　系统工作原理

室内消火栓系统按给水压力分为三种：常高压系统、临时高压系统、低压系统，其工作形式基本与室外消火栓一致，只是对于室外消火栓，室内消火栓是直接作用于建筑物内部参与灭火。

2.3.3　系统设置场所

1）应设置室内消火栓系统的建筑或场所

（1）建筑占地面积大于 300m³ 的厂房和仓库。

（2）高层公共建筑和建筑高度大于 21m 的住宅建筑。

注：建筑高度不大于 27m 的住宅建筑，设置室内消火栓系统确有困难时，可只设置干式消防竖管和不带消火栓箱的 DN65 的室内消火栓。

（3）体积大于 5000m³ 的车站、码头、机场的候车（船、机）建筑、展览建筑、商店建筑、旅馆建筑、医疗建筑和图书馆建筑等单、多层建筑。

（4）特等、甲等剧场，超过 800 个座位的其他等级的剧场和电影院等以及超过 1200 个座位的礼堂、体育馆等单、多层建筑。

（5）建筑高度大于 15m 或体积大于 10000m³ 的办公建筑、教学建筑和其他单、多层民用建筑。

（6）上述未规定的建筑或场所以及下列建筑或场所，可不设置室内消火栓系统，但宜设置消防软管卷盘或轻便消防水龙：

① 耐火等级为一、二级且可燃物较少的单、多层丁、戊类厂房（仓库）；

② 耐火等级为三、四级且建筑体积不大于 3000m³ 的丁类厂房；耐火等级为三、四级且建筑体积不大于 5000m³ 的戊类厂房（仓库）；

③ 粮食仓库、金库、远离城镇且无人值班的独立建筑；

④ 存有与水接触能引起燃烧爆炸的物品的建筑；

注：建筑物内存有与水接触能引起爆炸的物质，即与水能起强烈化学反应发生爆炸燃烧的物质（例如：电石、钢、铀等物质）时，不应在该部位设置消防给水设备，而应采取其他灭火设施或防火保护措施。但实验楼、科研楼内存有少数该类物质时，仍应设置室内消火栓。

⑤ 室内无生产、生活给水管道，室外消防用水取自储水池且建筑体积不大于 5000m³ 的其他建筑。

2）国家级文物保护单位的重点砖木或木结构的古建筑，宜设置室内消火栓系统

古建筑设置室内消火栓，会对古建筑造成一定程度的破坏，可按照《文物建筑防火设计导则（试行）》第 5.5.1 条，采取室内消火栓室外设置的方式进行设计施工。

3）人员密集的公共建筑、建筑高度大于 100m 的建筑和建筑面积大于 200m² 的商业服务网点内应设置消防软管卷盘或轻便消防水龙，高层住宅建筑的户内宜配置轻便消防水龙。

2.3.4 室内消火栓系统类型和设置要求

室内消火栓系统按照建筑类型不同，可分为低层建筑室内消火栓给水系统和高层建筑室内消火栓给水系统。

1）低层建筑室内消火栓给水系统

指建筑高度不超过 9 层的住宅，以及高度小于 24m 的民用建筑物内设置的室内消火栓给水系统。其系统常见的有三种类型：

（1）无加压消防水泵、无水箱的室内消火栓给水系统；

（2）设有消防水箱的室内消火栓给水系统；

（3）设有消防水泵和水箱的室内消火栓给水系统。

2）高层建筑的室内消火栓给水系统应采用独立的消防给水系统，其供水形式又分为：

（1）不分区给水：建筑采用一个区域供水，系统对比分区给水相对简单、设备少；

（2）分区给水：在消防给水系统中，由于配水管道的工作压力要求，系统在满足上部压力的情况向下，其下部或底部的压力过大，给管网造成安全隐患，应采用分区给水系统。可采用消防水泵并行或串联、减压水箱和减压阀减压的形式。

3）分区给水的设置要求

符合下列条件时，消防给水系统应分区供水：

（1）系统工作压力大于 2.40MPa；

（2）消火栓栓口处静压大于 1.0MPa。

4）采用消防水泵串联分区供水时，宜采用消防水泵转输水箱串联供水方式，并应符合下列规定：

（1）当采用消防水泵转输水箱串联时，转输水箱的有效储水容积不应小于 60m³，转输水箱可作为高位消防水箱；

（2）转输水箱应设置自动补水管，不可用转输水泵及管道为转输水箱补水；

（3）串联转输水箱的溢流管宜连接到消防水池；

（4）当采用消防水泵直接串联时，应采取确保供水可靠性的措施，且消防水泵从低区到高区应能依次顺序启动。

5）采用减压阀减压分区供水时应符合下列规定：

（1）消防给水所采用的减压阀性能应安全可靠，并应满足消防给水的要求；

（2）减压阀应根据消防给水设计流量和压力选择，且设计流量应在减压阀流量压力特性曲线的有效段内，并校核在 150% 设计流量时，减压阀的出口动压不应小于设计值的 65%；

（3）每一供水分区应设不少于两组减压阀，每组减压阀宜设置备用减压阀；

（4）减压阀仅应设置在单向流动的供水管上，不应设置在有双向流动的输水干管上；

（5）减压阀宜采用比例式减压阀，当超过 1.20MPa 时，宜采用先导式减压阀；

（6）减压阀的阀前阀后压力比值不宜大于 3∶1，当一级减压阀减压不能满足要求时，可采用减压阀串联减压，但串联减压不应大于两级，第二级减压阀宜采用先导式减压阀，阀前后压力差不宜超过 0.40MPa；

（7）减压阀后应设置安全阀，安全阀的开启压力应能满足系统安全，且不应影响系统的供水安全性。安全阀的开启压力可设为减压阀阀后静压力＋0.4MPa。

6）采用减压水箱减压分区供水时应符合下列规定：

（1）减压水箱的有效容积、出水、排水、水位和设置场所，应符合《消防给水及消火栓系统技术规范》GB 50974—2014 的规定；

（2）减压水箱的布置和通气管、呼吸管等，应符合《消防给水及消火栓系统技术规范》GB 50974—2014 规定；

（3）减压水箱的有效容积不应小于 18m³，且宜分为两格；

（4）减压水箱应有两条进、出水管，且每条进、出水管应满足消防给水系统所需消防用水量的要求；减压水箱进水管的水位控制应可靠，宜采用水位控制阀；

（5）减压水箱进水管应设置防冲击和溢水的技术措施，并宜在进水管上设置紧急关闭阀门，溢流水宜回流到消防水池。

2.3.5 系统设计主要参数

1）室内消火栓流量设计要求

建筑物室内消火栓设计流量，应根据建筑物的用途、功能、体积、高度、耐火等级、火灾危险性等因素综合确定。

建筑物室内消火栓设计流量不应小于表 2.3.5-1 中规定。

建筑物室内消火栓设计流量表　　　　　　　　表 2.3.5-1

建筑物名称		高度 h(m)、层数、体积 V(m³)、座位数 n(个)、火灾危险性		消火栓设计流量（L/s）	同时使用消防水枪数（支）	每根竖管最小流量（L/s）
工业建筑	厂房	$h \leqslant 24$	甲、乙、丁、戊	10	2	10
			丙　$V \leqslant 5000$	10	2	10
			丙　$V > 5000$	20	4	15
		$24 < h \leqslant 50$	乙、丁、戊	25	5	15
			丙	30	6	15
		$h > 50$	乙、丁、戊	30	6	15
			丙	40	8	15
	仓库	$h \leqslant 24$	甲、乙、丁、戊	10	2	10
			丙　$V \leqslant 5000$	15	3	15
			丙　$V > 5000$	25	5	15
		$h > 24$	丁、戊	30	6	15
			丙	40	8	15
国家级文物保护单位的重点砖木或木结构的古建筑		$V \leqslant 10000$		20	4	10
		$V > 10000$		25	5	15
地下建筑		$V \leqslant 5000$		10	2	10
		$5000 < V \leqslant 10000$		20	4	15
		$10000 < V \leqslant 25000$		30	6	15
		$V > 25000$		40	8	20

建筑物名称		高度 h(m)、层数、体积 V(m³)、座位数 n(个)、火灾危险性	消火栓设计流量(L/s)	同时使用消防水枪数(支)	每根竖管最小流量(L/s)
人防工程	展览厅、影院、剧场、礼堂、健身体育场所等	$V \leqslant 1000$	5	1	5
		$1000 < V \leqslant 2500$	10	2	10
		$V > 2500$	15	3	10
	商场、餐厅、旅馆、医院等	$V \leqslant 5000$	5	1	5
		$5000 < V \leqslant 10000$	10	2	10
		$10000 < V \leqslant 25000$	15	3	10
		$V > 25000$	20	4	10
	丙、丁、戊类生产车间、自行车库	$V \leqslant 2500$	5	1	5
		$V > 2500$	10	2	10
	丙、丁、戊类物品库房、图书资料档案库	$V \leqslant 3000$	5	1	5
		$V > 3000$	10	2	10

（1）丁、戊类高层厂房（仓库）室内消火栓的设计流量可按本表减少 10L/s，同时使用消防水枪数量可按表 2.3.5-1 减少 2 支。

表 2.3.5-1 中地下建筑主要是指修建在地表以下的供人们进行生活或其他活动的房屋或场所，是广场、绿地、道路、铁路、停车场、公园等用地下方相对独立的地下建筑，其中地下市政设施、地下特殊设施等除外。为地下建筑服务的地上建筑，其面积也计入地下建筑面。

（2）消防软管卷盘、轻便消防水龙及多层住宅楼梯间中的干式消防竖管，其消火栓设计流量可不计入室内消防给水设计流量。

（3）当一座多层建筑有多种使用功能时，室内消火栓设计流量应分别按表 2.3.5-1 中不同功能计算，且应取最大值。高层多功能建筑一律按照公共建筑及建筑总高度确定室内消火栓设计流量。以上的多功能使用建筑不包括住宅建筑与其他功能组合建造的情况。住宅与其他功能建筑组合建造时，分别按照各自的建筑高度（功能）查表取最大值。住宅一般设置在上部，其建筑高度从建筑物室外设计地面起算。

（4）当建筑物室内设有自动喷水灭火系统、水喷雾灭火系统、泡沫灭火系统或固定消防炮灭火系统等一种或两种以上自动水灭火系统全保护时，高层建筑当高度不超过 50m 且室内消火栓设计流量超过 20L/s 时，其室内消火栓设计流量可按表 2.3.5-1 减少 5L/s；多层建筑室内消火栓设计流量可减少 50%，但不应小于 10L/s。对于车库的消火栓流量不进行折减。

（5）宿舍、公寓等非住宅类居住建筑的室内消火栓设计流量，当为多层建筑时，应按规范中的宿舍、公寓确定，当为高层建筑时，应按规范中的公共建筑确定。

2）汽车库、修车库室内消火栓设计流量

汽车库、修车库应设置室内消火栓系统，其消防用水量应符合下列规定：

Ⅱ、Ⅲ类汽车库及Ⅰ、Ⅱ类修车库的用水量不应小于10L/s，系统管道内的压力应保证相邻两个消火栓的水枪充实水柱同时到达室内任何部位；

Ⅳ类汽车库及Ⅲ、Ⅳ类修车库的用水量不应小于5L/s，系统管道内的压力应保证一个消火栓的水枪充实水柱到达室内任何部位。

3）城市交通隧道内室内消火栓设计流量不应小于表2.3.5-2的规定。

城市交通隧道内室内消火栓设计流量表　　　　　　　　表 2.3.5-2

名称	类别	长度(m)	设计流量(L/s)
可通行危险化学品等机动车	一、二	$L>500$	20
	三	$L\leqslant500$	10
仅限通行非危险化学品等机动车	一、二、三	$L\geqslant1000$	20
	三	$L<1000$	10

4）地铁地下车站室内消火栓设计流量不应小于20L/s，区间隧道不应小于10L/s。

5）室内消火栓设置

(1) 室内消火栓的选型应根据使用者、火灾危险性、火灾类型和不同灭火功能等因素综合确定。

(2) 室内消火栓的配置应符合下列要求：

① 应采用DN65室内消火栓，并可与消防软管卷盘或轻便水龙设置在同一箱体内；

② 应配置DN65有内衬里的消防水带，长度不宜超过25m；消防软管卷盘应配置内径不小于 φ19mm 的消防软管，其长度宜为30m；轻便水龙应配置DN25有内衬里的消防水带，长度宜为30m；

③ 宜配置当量喷嘴直径16mm或19mm的消防水枪，但当消火栓设计流量为2.5L/s时宜配置当量喷嘴直径11mm或13mm的消防水枪；消防软管卷盘和轻便水龙应配置当量喷嘴直径6mm的消防水枪。

(3) 设置室内消火栓的建筑，包括设备层在内的各层均应设置消火栓。（层高小于2.2m的管道层且只敷设管道时可不设消火栓，但宜在管道层的入口处附近设置两个消火栓以备消防队员灭火使用）。

(4) 屋顶设有直升机停机坪的建筑，应在停机坪出入口处或非电器设备机房处设置消火栓，且距停机坪机位边缘的距离不应小于5m。

(5) 消防电梯前室应设置室内消火栓，并应计入消火栓使用数量。

(6) 室内消火栓的布置应满足同一平面有2支消防水枪的2股充实水柱同时达到任何

部位的要求，但建筑高度小于或等于 24m 且体积小于或等于 5000m³ 的多层仓库、建筑高度小于或等于 54m 且每单元设置一部疏散楼梯的住宅，以及本规范表 3.5.2-1 中规定可采用 1 支消防水枪的场所，可采用 1 支消防水枪的 1 股充实水柱到达室内任何部位。

设计原则为同一平面意味着可以跨越平层防火分区，但设计时应充分考虑相邻防火分区的分隔方式。室内消火栓跨防火分区保护时，禁止穿越防火卷帘，不宜穿越防火门（穿越防火门时参见消防电梯前室的要求，建议最多借用一只其他防火分区的消防水枪，至少保证本防火分区内有一只消防水枪保护），可以穿越防火分隔水幕。

（7）建筑室内消火栓的设置位置应满足火灾扑救要求，并应符合下列规定：

① 室内消火栓应设置在楼梯间及其休息平台和前室、走道等明显易于取用处，以及便于火灾扑救的位置；

② 住宅的室内消火栓宜设置在楼梯间及其休息平台；

③ 汽车库内消火栓的设置不应影响汽车的通行和车位的设置，并应确保消火栓的开启；

④ 同一楼梯间及其附近不同层设置的消火栓，其平面位置宜相同；

⑤ 冷库的室内消火栓应设置在常温穿堂或楼梯间内。

（8）建筑室内消火栓栓口的安装高度应便于消防水龙带的连接和使用，其距地面高度宜为 1.1m；其出水方向应便于消防水带的敷设，并宜与设置消火栓的墙面成 90°角或向下。

（9）设有室内消火栓的建筑应设置带有压力表的试验消火栓，其设置位置应符合下列规定：

① 多层和高层建筑应在其屋顶设置，严寒、寒冷等冬季结冰地区可设置在顶层出口处或水箱间内等便于操作和防冻的位置；

② 单层建筑宜设置在水力最不利处，且应靠近出入口。

（10）室内消火栓宜按直线距离计算其布置间距，并应符合下列规定：

消火栓按 2 支消防水枪的 2 股充实水柱布置的建筑物，消火栓的布置间距不应大于 30m。

（11）消防软管卷盘和轻便水龙的用水量可不计入消防用水总量。

（12）室内消火栓栓口压力和消防水枪充实水柱，应符合下列规定：

① 消火栓栓口动压力不应大于 0.50MPa；当大于 0.70MPa 时必须设置减压装置；

② 高层建筑、厂房、库房和室内净空高度超过 8m 的民用建筑等场所，消火栓栓口动压不应小于 0.35MPa，且消防水枪充实水柱应按 13m 计算；其他场所，消火栓栓口动压不应小于 0.25MPa，且消防水枪充实水柱应按 10m 计算。

（13）建筑高度不大于 27m 的住宅，当设置消火栓时，可采用干式消防竖管，并应符合下列规定：

① 干式消防竖管宜设置在楼梯间休息平台，且仅应配置消火栓栓口；

② 干式消防竖管应设置消防车供水接口；

③ 消防车供水接口应设置在首层便于消防车接近和安全的地点；

④ 竖管顶端应设置自动排气阀。

（14）住宅户内宜在生活给水管道上预留一个接 DN15 消防软管或轻便水龙的接口。

（15）跃层住宅和商业网点的室内消火栓应至少满足一股充实水柱到达室内任何部位，并宜设置在户门附近。

（16）城市交通隧道室内消火栓系统的设置应符合下列规定：

① 隧道内宜设置独立的消防给水系统；

② 管道内的消防供水压力应保证用水量达到最大时，最低压力不应小于 0.30MPa，但当消火栓栓口处的出水压力超过 0.70MPa 时，应设置减压设施；

③ 在隧道出入口处应设置消防水泵接合器和室外消火栓；

④ 消火栓的间距不应大于 50m，双向同行车道或单行通行但大于 3 车道时，应双面间隔设置；

⑤ 隧道内允许通行危险化学品的机动车，且隧道长度超过 3000m 时，应配置水雾或泡沫消防水枪。

2.3.6 系统的联动控制设计

详见第 9 章内容。

2.3.7 消火栓箱及其组件分类和检查

1）室内消火栓

（1）室内消火栓的分类

① 出水口形式可分为单出口室内消火栓和双出口室内消火栓。

② 按栓阀数量可分为单栓阀室内消火栓和双栓阀室内消火栓。

旋转型消火栓是指栓头接口可以转变方向，平时消火接口平行于消火栓箱门，使用时，手动旋转 90°，接口与箱门垂直。

（2）室内消火栓的检查

① 产品标识。对照产品的检验报告，室内消火栓应在阀体或阀盖上铸出型号、规格和标识，且与检验报告描述一致。

② 手轮。室内消火栓手轮轮缘上应明显地铸出标示开关方向的箭头和字样，手轮直径应符合要求。

③ 材料。室内消火栓阀座及阀杆螺母材料性能应不低于黄铜材料，阀杆本体材料性能应不低于铅黄铜。

2）消火栓箱

（1）消火栓箱分类

① 按安装方式可分为明装式、暗装式、半暗装式。

② 按箱门形式可分为左开门式、右开门式、双开门式、前后开门式。

③ 按箱门材料可分为全钢型、钢框镶玻璃型、铝合金框镶玻璃型、其他材料型。

（2）消火栓箱检查

① 外观质量和标志。消火栓箱箱体应设耐久性铭牌，包括以下内容：产品名称、产品型号、批准文件的编号、注册商标或厂名、生产日期、执行标准。

② 器材的配置和性能。室内消火栓箱按照该产品的检验报告，箱内消防器材的配置应该与报告一致，且栓箱内配置的消防器材（水枪、水带等）符合各产品现场检查的要求。

③ 箱门。消火栓箱应设置门锁或箱门关紧装置。设置门锁的栓箱，除箱门安装玻璃以及能被击碎的透明材料外，均应设置箱门紧急开启的手动机构，且箱门开启角度不得小于 160°。

④ 水带安置。盘卷式栓箱的水带盘从挂臂上取出应无卡阻。

⑤ 箱体材料。室内消火栓箱体应使用厚度不小于 1.2mm 的薄钢板或铝合金材料制造，箱门玻璃厚度不小于 4.0mm。

3）消防水带

（1）消防水带分类

① 按衬里材料可分为橡胶衬里消防水带、乳胶衬里消防水带、聚氨酯（TPU）衬里消防水带、PVC 衬里消防水带、消防软管。

② 按承受工作压力可分为 0.8MPa、1.0MPa、1.3MPa、1.6MPa、2.0MPa、2.5MPa 工作压力的消防水带。

4）消防水带、消防水枪、消防接口

（1）消防水带的分类

① 按内口径可分为内口径 25mm、50mm、65mm、80mm、100mm、125mm、150mm、300mm 的消防水带。

② 按使用功能可分为通用消防水带、消防湿水带、抗静电消防水带、A 类泡沫专用水带、水幕水带。

③ 按结构可分为单层编织消防水带、双层编织消防水带、内外涂层消防水带。

④ 按编织层编织方式可分为平纹消防水带、斜纹消防水带。

（2）消防水带的检查

① 产品标识。对照水带的 3C 认证形式检验报告，看该产品名称、型号、规格是否一致。

② 织物层外观质量。合格水带的织物层应编织均匀，表面整洁，无跳双经、断双经、跳纬及划伤。

③ 水带长度。将整卷水带打开，用卷尺测量其总长度，测量时应不包括水带的接口。

5）消防水枪

（1）消防水枪的分类

消防水枪按照喷水方式有三种基本形式：直流水枪、喷雾水枪和多用途水枪。

(2) 消防水枪的检查

① 表面质量。合格消防水枪铸件表面应无节疤、裂纹及孔眼。使用小刀轻刮水枪铝制件表面，观察是否做阳极氧化处理。

② 抗跌落性能。将水枪以喷嘴垂直朝上，喷嘴垂直朝下（旋转开关处于关闭位置），以及水枪轴线处于水平（若有开关时，开关处于水枪轴线之下处并处于关闭位置）三个位置。从离地 2.0m±0.02m 高处（从水枪的最低点算起）自由跌落到混凝土地面上。水枪在每个位置各跌落两次，然后再检查水枪。如消防接口跌落后出现断裂或不能正常使用的，则判该产品不合格。

③ 密封性能。封闭水枪的出水端，将水枪的进水端通过接口与手动试压泵或电动试压泵装置相连，排除枪体内的空气，然后缓慢加压至最大工作压力的 1.5 倍，保压 2min，水枪不应出现裂纹、断裂或影响正常使用的残余变形。

6）消防接口

(1) 消防接口分类

消防接口的形式有水带接口、管牙接口、内螺纹固定接口、外螺纹固定接口和异径接口，还有闷盖等品种。

(2) 消防接口的检查

目测接口表面，表面应进行阳极氧化处理或静电喷塑防腐处理。

2.4 系统检测

2.4.1 消防水源

1）消防水源的水质

消防水源的水质应满足水灭火设施的功能要求。

2）防冻设施

对于严寒和寒冷地区等冬季结冰地区的消防水池、水塔和高位消防水池等应采取防冻措施。

2.4.2 储存室外消防用水的消防水池或供消防车取水的消防水池

1）吸水高度

消防水池应设置取水口（井），且吸水高度不应大于 6m。

2）取水距离

取水口（井）与建筑物（水泵房除外）的距离不宜小于 15m；与甲、乙、丙类液体储罐等构筑物的距离不宜小于 40m；与液化石油气储罐的距离不宜小于 60m，当采取防止辐射热保护措施时，可为 40m。设有取水口的建筑应设有便于消防车取水的消防车道。

2.4.3　消防水池

1）消防水池有效容积

应符合设计要求；当消防水池采用两路供水且在火灾情况下连续补水能满足消防要求时，其最小容积不得小于 $100m^3$，当仅设有消火栓系统时不应小于 $50m^3$。

2）消防用水与其他用水共用水池的技术措施

应采取确保消防用水量不作他用的技术措施。

3）消防水池出水管

应保证消防水池的有效容积能被全部利用。

4）消防水池水位显示装置

应设置就地水位显示装置，并应在消防控制中心或值班室等地点设置显示消防水池水位的装置，同时应有最高和最低水位报警。

5）消防水池的溢流水管、排水设施

消防水池应设置溢流水管和排水设施，并应采用间接排水方式。

6）消防水池通气管、呼吸管和溢流水管应采取防止虫、鼠等进入消防水池的技术措施。

7）高位消防水池

高位消防水池的最低有效水位应能满足其所服务的水灭火设施所需的工作压力和流量，且其有效容积应满足火灾延续时间内所需消防用水量，高位消防水池的有效容积、出水、排水和水位，应符合《消防给水及消火栓系统技术规范》GB 50974—2014 第 4.3.8 条和第 4.3.9 条的规定。

8）高层民用建筑高压消防给水系统的高位消防水池总有效容积大于 $200m^3$ 时，宜设置蓄水有效容积相等且可独立使用的两格；但当建筑高度大于 100m 时应设置独立的两座，且每座应有一条独立的出水管向系统供水。

9）高位消防水池设置在建筑物内时，应采用耐火极限不低于 2h 的隔墙和 1.5h 的楼板与其他部位隔开，并应设甲级防火门。

2.4.5　天然水源及其他水源

1）室外消防水源采用为天然水源时

应采取防止冰凌、漂浮物、悬浮物等物质堵塞消防水泵的技术措施，并应采取确保安全取水的措施。

2）天然水源作为消防水源时的要求

应采取确保消防车、固定和移动消防泵在枯水位取水的技术措施；当消防车取水时，最大吸水高度不应超过 6m。

3）天然水源取水口的消防车场地的设置

应设置消防车到达取水口的消防车道和消防车回车场或回车道。

4）井水作为消防水源时的要求

井水作为消防水源向消防给水系统直接供水时，其最不利水位应满足水泵吸水要求，其最小出流量和水泵扬程应满足消防要求，且当需要两路消防供水时，水井不应少于两眼，每眼井的深井泵的供电均应采用一级供电负荷。

5）市政水源

当建筑物采用市政消防给水时，市政水源的管径、流量、压力应能满足消防用水的要求。

2.4.6　消防水泵房

1）消防水泵房设置

（1）独立建造的消防水泵房耐火等级不低于二级。

（2）附设在建筑物内的消防水泵房，不应设置在地下三层及以下，或室内地面与室外出入口地平高差大于 10m 的地下楼层。

（3）消防水泵房不宜设置在有防振或安静要求房间的上一层、下一层和毗邻位置，当不可避免时，应采取降噪减振措施。

（4）附设在建筑物内的消防水泵房，应采用耐火极限不低于 2.00h 的防火隔墙和 1.50h 的楼板与其他部位分隔。其疏散门应直通安全出口，且开向疏散走道的门应采用甲级防火门。

（5）消防水泵房应采取防水淹的技术措施和排水设施。

（6）水泵房应设置采暖设施，严寒、寒冷等冬季结冰地区采暖温度不应低于 10℃，但当无人值守时不应低于 5℃。

（7）消防水泵房应设置与消防控制室直接联络的消防专用电话，且宜设置与本单位消防队直接联络的通信设备。

（8）消防水泵房应设置备用照明，其作业面的照度不应低于正常照明的照度。

（9）当采用柴油机消防水泵时宜设置独立的消防水泵房，并应设置满足柴油机运行的通风、排烟和阻火设施。

2）消防水泵

（1）应按设计要求设置，选型应满足消防给水系统的流量和压力需求。

（2）机组的布置

① 相邻两个机组及机组至墙壁间的净距，当电机容量小于 22kW 时，不宜小于 0.60m；当电动机容量不小于 22kW，且不大于 55kW 时，不宜小于 0.8m；当电动机容量大于 55kW 且小于 255kW 时，不宜小于 1.2m；当电动机容量大于 255kW 时，不宜小于 1.5m。

② 当消防水泵就地检修时，应至少在每个机组一侧设消防水泵机组宽度加 0.5m 的通道，并应保证消防水泵轴和电动机转子在检修时能拆卸；消防水泵房的主要通道宽度不应小于 1.2m。

③ 当采用柴油机消防水泵时，机组间的净距宜按上述规定值增加 0.2m，但不应小于 1.2m。

（3）消防水泵标志

应有注明系统名称和编号供水范围的标志牌，泵体及驱动装置应设有永久性铭牌。

（4）消防水泵安装方式

当采用电动机驱动的消防水泵时，应选择电动机干式安装的消防水泵。

（5）消防水泵备用泵的设置

消防水泵应设置备用泵。

（6）消防水泵吸水管和出水管的管径、数量

一组消防水泵的吸水管不应少于 2 条，出水管应设不少于 2 条的输水干管与消防给水环状管网连接。

（7）消防水泵吸水方式

离心泵应采用自灌式吸水。

（8）消防水泵吸水管安装

水泵吸水管附件安装上应设置明杆闸阀或带自锁装置的蝶阀，当设置暗杆阀门时应设有开启刻度和标志。吸水管水平管段上不应有气囊和漏气现象，变径连接时，应采用偏心异径管件并应采用管顶平接。

（9）消防水泵出水管

消防水泵出水管上应设置止回阀、明杆阀门或带自锁装置的蝶阀、试验和检查用的压力表、DN65 的放水阀门，压力表的最大量程不应小于水泵额定工作压力的 2 倍，且不小于 1.6MPa。

（10）防超压措施的设置

临时高压消防给水系统应采取防止水泵低流量空转过热的技术措施，出水管上应设置防超压设施；系统设置的自动泄压装置应能正常工作，泄压压力不应小于设计扬程的 120%。

（11）消防水泵出水干管上应设置低压压力开关、高位水箱出水管上的流量开关、报警阀压力开关。

3）水泵控制柜

（1）消防水泵控制柜在平时处于自动状态，并将其电源信息反馈至消防控制室。应注明所属系统编号的标志，按钮、指示灯及仪表应正常。

（2）消防水泵房的消防用电设备供电，应在其配电线路的最末一级配电箱处设置自动切换装置。

（3）水泵控制柜设置在独立的控制室内，其防护等级不应低于 IP30，当消防水泵控制柜与消防水泵设置在同一空间内时，其防护等级不应低于 IP55。

（4）消防水泵控制柜应设置机械应急启泵功能，保证当控制柜内控制线路发生故障时，能在报警后 5min 内正常工作。

（5）消防水泵启动控制方式

① 水泵控制机柜应能通过消防水泵出水干管上设置的低压压力开关或高位水箱出水管的流量开关、报警阀压力开关连锁启动消防水泵；

② 水泵控制机柜应能现场手动启动消防水泵、远程多线直接启动消防水泵，以及通过火灾报警联动控制器自动启动消防水泵；

③ 消防水泵不应设置自动停泵的控制功能，应能手动启停和自动启动。

（6）消防水泵启动时间

① 消防水泵应确保从接到启泵信号到水泵正常运转的自动启动时间不应大于 2min，应按设计要求设置备用泵，且其性能应与工作泵一致。当主泵发生故障时，备用泵自动投入运行。

② 水泵动作信号、故障信号反馈消防水泵的启动、停止、故障信息应能反馈至消防联动控制器。

（7）分区供水水泵的启动方式

当消防给水分区供水采用转输消防水泵时，转输泵宜在消防水泵启动后再启动；当消防给水分区供水采用串联消防水泵时，上区消防水泵宜在下区消防水泵启动后再启动。

4）高位水箱

（1）高位消防水箱的有效容积

应符合规范及设计要求，并应满足初期火灾消防用水量的要求。

（2）高位消防水箱设置位置

应高于其所服务的水灭火设施，且最低有效水位应满足水灭火设施最不利点处的静水压力；当不能满足静压要求时，应设稳压泵。

（3）高位消防水箱应设置在消防水箱间内，寒冷地区应设置采暖设施和防冻等安全措施。

（4）消防水箱进水管设置

水箱进水管的管径应满足消防水箱 8h 充满水的要求，但管径不应小于 DN32，应设置带有指示启闭装置的阀门，且宜设置液位阀或浮球阀。

（5）消防水箱出水管设置

高位消防水箱出水管管径应满足消防给水设计流量的出水要求，且不应小于 DN100；出水管应位于高位消防水箱最低水位以下，并应设置防止消防用水进入高位消防水箱的止回阀。应安装流量开关，开关动作的流量值应符合设计要求。

（6）消防水箱的溢流水管、排水设施

消防水箱应设置溢流水管和排水设施，并应采用间接排水方式。

（7）高位消防水箱水位监测

应设置就地水位显示装置，并应在消防控制中心或值班室等地点设置显示消防水箱水位的装置，同时应有最高和最低报警水位。

（8）消防用水与其他用水共用水池的技术措施

应采取确保消防用水量不作他用的技术措施。

5）稳压泵及气压水罐

（1）稳压泵的数量、流量、扬程应符合设计要求。

（2）稳压泵吸水管应设置明杆闸阀，稳压泵出水管应设置消声止回阀和明杆闸阀。

（3）稳压泵的运行状态信息应能反馈至消防控制室。

（4）稳压泵的备用泵工作性能应与主泵相同；当主泵故障时，备用泵应能切换运行。

（5）气压水罐有效容积、气压、水位及设计压力应符合设计要求并应满足稳压泵的启停要求。

（6）气压水罐的间距、管道安装应符合设计要求及产品形式检验报告的要求。

6）水泵接合器

（1）室内消火栓给水系统消防水泵接合器的设置应按规范及设计要求。

（2）水泵接合器设置数量

消防水泵接合器数量应按系统设计经计算确定（消防水泵接合器的给水流量宜按每个 10L/s～15L/s 计算），且符合设计要求。

（3）水泵接合器设置位置

应设在室外便于消防车使用的地点，且距室外消火栓或消防水池的距离不宜小于 15m，并不宜大于 40m。

（4）临时高压消防给水系统消防水泵接合器的设置

临时高压消防给水系统向多栋建筑供水时，消防水泵接合器宜在每栋单体附件就近设置。

（5）水泵接合器的安装

地上式水泵接合器接口距地面的距离宜为 0.7m；墙壁消防水泵接合器的安装应符合设计要求，设计无要求时，其安装高度宜为 0.7m，与墙面上的门、窗、孔、洞的净距离不应小于 2.0m，且不应安装在玻璃幕墙下方；地下消防水泵接合器应使进水口与井盖底面的距离不大于 0.4m，且不应小于井盖的半径。

（6）水泵接合器标志

在距安装水泵接合器 3m 的范围内应设置永久性标志铭牌，并应标明供水系统、供水范围和额定压力。

7）管网

（1）管材及标识

管材及压力等级应符合规范及设计要求，管材、管件内外涂层不应有脱落、锈蚀，表面无划痕、无裂痕；架空管道外应刷红色油漆或涂红色环圈标志。

（2）防晃支架设置

架空管道每段管道设置的防晃支架不应少于 1 个；立管应在其始端和终端设防晃支架或采用管卡固定。

（3）套管与管道间隙处理

消防给水管穿过墙体或楼板时应加套管，套管与管道的间隙应采用不燃材料填塞。

（4）吸水管条数

一组消防水泵，吸水管不应少于2条，当其中一条损坏或检修时，其余吸水管应仍能通过全部消防给水设计流量。

（5）出水管数量

向室内环状消防给水管网供水的输水干管、一组消防泵向环状管网的输水干管均不应少于2条，当其中一条输水管发生故障时，其余输水管应仍能供应全部消防给水设计流量。

（6）给水管网

技术要求：室内消火栓系统管网应布置成环状（除室外消火栓设计流量不大于20L/s，且室内消火栓不超过10个时外），室内消火栓竖管管径不应小于DN100；宜与其他水灭火系统的管网分开设置，当合用消防泵时，供水管路沿水流方向应在报警阀前分开设置。

（7）管道上阀门设置

管网不同部位安装的报警阀组、闸阀、止回阀、电磁阀、信号阀、水流指示器、减压孔板、节流管、减压阀、柔性接头、排水管、排气阀、泄压阀、自动排气阀等，均应符合设计要求。

8）干式消火栓

（1）干式消火栓系统的充水时间不应大于5min，并应符合下列规定：

在进水干管上宜设雨淋阀或电磁阀、电动启动阀等快速启闭装置，当采用电磁阀或电动阀时开启；电磁阀的启动及时，应采用弹簧非浸泡在水中形式，失电开启型，且应有紧急断电启动按钮。

（2）电动阀开启时间不应超过30s。

（3）当采用雨淋阀时应在消火栓箱设置直接开启雨淋阀的手动按钮；在系统管道的最高处应设置快速排气阀。

9）室内消火栓

室内消火栓系统设置形式：

（1）消火栓栓口的动压力不应大于0.5MPa，但当大于0.70MPa时应设置减压装置。

（2）消火栓栓口的动压力应为其最有利处消火栓出水压力，应按照设计流量开启消火栓进行测试，例如设计流量为20L/s，一支消防水枪按5L/s流量计算，需要4支消防水枪出水。

（3）最不利点处消火栓栓口的静水压力，应符合规范要求。

10）消火栓箱

（1）消火栓箱的设置

① 消火栓箱设置位置和间距应符合设计要求。

② 消火栓箱外观应无缺陷。消火栓箱箱门上应设有明显的"消火栓"标识，且不应隐蔽和遮挡。

③ 消火栓箱内水带、水枪等配件应齐全，水带的放置方式应符合箱内构造的要求。

（2）消火栓

① 室内消火栓栓口和水带接扣、水枪和水带接扣应相匹配。

② 水带长度应符合设计要求。

③ 消防水枪齐全完好，无漏水，进出口口径应满足设计要求。

④ 试验消火栓的设置。

多层和高层建筑应在其屋顶设置，严寒、寒冷等冬季结冰地区可设置在顶层出口处或水箱间内等便于操作和防冻的位置；单层建筑宜设置在水力最不利处，且应靠近出入口；试验用消火栓栓口处应设置压力表。

⑤ 室内消火栓的安装与设置

A. 栓口的安装高度应便于消防水带的连接和使用，其距地面高度宜为 1.1m；出水方向应便于消防水带的敷设，并宜与设置消火栓的墙面成 90°。

B. 栓口与消火栓箱内边缘的距离不应影响消防水带的连接，栓口不应安装在门轴侧，消火栓箱门的开启角度不应小于 120°；消火栓的启闭阀门设置位置应便于操作使用，阀门的中心距箱侧面应为 140mm，距箱后内表面应为 100mm。

C. 室内消火栓按 2 支消防水枪的 2 股充实水柱布置的建筑物，消火栓的布置间距不应大于 30m；室内消火栓按 1 支消防水枪的 1 股充实水柱布置的建筑物，消火栓的布置间距不应大于 50m。

D. 建筑高度不大于 27m 的多层住宅建筑设置的干式消火栓系统可只安装 DN65 的室内消火栓接口。

⑥ 消防软管卷盘

A. 消防软管卷盘的设置位置应符合设计要求。

B. 消防软管卷盘安装应牢固，组件应齐全。

⑦ 室内消火栓布置间距

消火栓按 2 支枪的 2 股充实水柱的布置的建筑物，消火栓的布置间距不应大于 30m；按 1 支消防水枪 1 股充实水柱的布置建筑物，消火栓的布置间距不应大于 50m. 其布置间距应按照人的行走距离计算。

（3）消火栓按钮

① 设有火灾自动报警系统时，启动消火栓按钮，消防控制室应收到报警信号，显示报警部位。

② 当建筑内无自动报警系统时，启动消火栓按钮，消防水泵应启动。

2.5 系统检测验收国标版检测报告格式化

消防给水及消火栓系统检验项目 　　　　　表 2.5

检验项目		检验标准条款	检验结果	判定	重要程度
一、水源	1.市政给水管网	GB 50974—2014　4.2、13.2.4.1			A类
	2.天然水源、地下水井	GB 50974—2014　13.2.4.2～13.2.4.4、4.4.1～4.4.5	m		A类
	3.消防水池、高位消防水池	GB 50974—2014　13.2.9、4.3			
	(1)设置位置及分格	GB 50974—2014　13.2.9.1、4.3.1、4.3.6、4.3.11			A类
	(2)水池有效容积	GB 50974—2014　13.2.4.1、13.2.9.2	m³		A类
	(3)高位消防水池有效容积	GB 50974—2014　13.2.4.1、13.2.9.2	m³		A类
	(4)进、出水管	GB 50974—2014　13.2.9.3、4.3.9、4.3.11			A类
	(5)溢流管、排水管及间接排水	GB 50974—2014　13.2.9.3、4.3.9、4.3.10			A类
	(6)管道、阀门和进水浮球阀便于检修	GB 50974—2014　13.2.9.4			C类
	(7)人孔和爬梯位置合理	GB 50974—2014　13.2.9.4			C类
	(8)吸水井、吸(出)水管喇叭口设置位置	GB 50974—2014　4.3.7、13.2.9.5			C类
	(9)取水口、吸水高度及距建(构)筑物距离	GB 50974—2014　4.3.7、13.2.9.5	m		C类
	(10)共用水池	GB 50974—2014　4.3.8、13.2.9.2			A类
	(11)防冻设施	GB 50974—2014　4.1.5、13.2.4			A类
	(12)水池、水箱水位显示及报警水位	GB 50974—2014　13.2.9.2			A类
	(13)消防水池通气管、呼吸管	GB 50974—2014　4.3.10、13.2.9.4			C类
	(14)高位消防水池满足水灭火设施工作压力和流量	GB 50974—2014　4.3.11、13.2.9.1			A类
二、供水设施	1.消防水箱	GB 50974—2014　5.2.1、13.2.4.1、13.2.9.2			
	(1)设置、设置位置	GB 50974—2014　5.2.2、5.2.4、6.1.9、13.2.9.1			A类

检验项目		检验标准条款	检验结果	判定	重要程度
	(2)有效容积	GB 50974—2014 5.2.1、13.2.4.1、13.2.9.2	m³		A类
	(3)水位测量装置	GB 50974—2014 5.2.6、13.2.4.1、13.2.9.2			A类
	(4)防冻措施	GB 50974—2014 5.2.4.2、5.2.5、13.2.9.1			A类
	(5)出水、排水和水位	GB 50974—2014 5.2.6.1、13.2.9.2			A类
	(6)最低有效水位的确定	GB 50974—2014 5.2.6.2、5.1.13.4、13.2.9.2			A类
	(7)通气管、呼吸管	GB 50974—2014 5.2.6.3、13.2.9.4			C类
	(8)四周通道及距墙距离	GB 50974—2014 5.2.6.4、13.2.9.4			C类
	(9)进水管管径及位置	GB 50974—2014 5.2.6.5~5.2.6.7、13.2.9.3			A类
	(10)溢流管直径	GB 50974—2014 5.2.6.8、13.2.9.3			A类
	(11)出水管管径、位置及止回阀	GB 50974—2014 5.2.10、13.2.9.3			B类
二、供水设施	(12)进出水管及其应设置启闭标志阀门	GB 50974—2014 5.2.6.6~5.2.6.11、13.2.9.4			C类
	2.消防水泵房	GB 50974—2014 13.2.5 GB 50016—2014 8.1.6			
	(1)设置及建筑防火要求	GB 50016—2014 8.1.6 GB 50974—2014 13.2.5.1、5.5.12			B类
	(2)应急照明、安全出口	GB 50974—2014 13.2.5.2 GB 50016—2014 10.3.3、8.1.6			B类
	(3)采暖、排水和防洪及防水淹没设施	GB 50974—2014 13.1.9.4、13.2.5.3、5.5.9、11.0.10			B类
	(4)设备进出口和维修安装空间	GB 50974—2014 13.2.5.4、5.5.1~5.5.8			B类
	(5)消防水泵和控制柜安装位置和防护等级	GB 50974—2014 13.2.5.5、5.5.16、11.0.2~11.0.9			B类
	(6)消防水泵控制柜处于启泵状态	GB 50974—2014 13.2.6.7、11.0.1			A类
	(7)机械应急启泵功能及正常工作时间	GB 50974—2014 11.0.12、13.1.10.5、13.2.16.3			A类

检验项目		检验标准条款	检验结果	判定	重要程度
	(8)通信设备	GB 50116—2013　6.7.4.1			B类
	3.消防水泵	GB 50974—2014　13.2.3、13.2.6、5、12			
	(1)检测报告及合格证	GB 50974—2014　13.2.6.2、12.2.1			A类
	(2)运转平稳、无不良噪声的震动	GB 50974—2014　13.2.6.1			B类
	(3)工作泵规格、型号、数量	GB 50974—2014　13.2.6.2、5.1.6			A类
	(4)备用泵规格、型号、数量	GB 50974—2014　13.2.6.2、5.1.10			A类
	(5)吸水管规格、型号、数量	GB 50974—2014　13.2.6.2、5.1.13.1			A类
	(6)吸水管布置	GB 50974—2014　13.2.6.2、5.1.13.2、5.1.13.4、12.3.2			A类
	(7)吸水管上控制阀设置及标识	GB 50974—2014　13.2.6.2、12.3.2			A类
	(8)出水管规格、型号、数量	GB 50974—2014　13.2.6.3、5.1.13.3、12.3.2			B类
	(9)出水管上泄压阀、水锤消除设施	GB 50974—2014　13.2.6.2、13.2.6.6			A类
	(10)出水管上止回阀、控制阀设置及标识	GB 50974—2014　13.2.6.2、5.1.13.6、12.3.2.8			A类
二、供水设施	(11)出水管上设置DN65试水管	GB 50974—2014　13.2.6.5、5.1.11.4			B类
	(12)吸水管和出水管上设置压力表	GB 50974—2014　5.1.17、12.3.2.8、13.2.6.8			B类
	(13)流量和压力测试装置	GB 50974—2014　13.2.6.8、5.1.11			B类
	(14)水泵吸水管、出水管穿越外墙、墙体、楼板时，套管选用	GB 50974—2014　5.1.13.10、12.3.19、13.2.12.7			B类
	(15)水泵吸水管穿越消防水池时，套管、柔性接头及管径选用	GB 50974—2014　5.1.13.11、13.2.12.7			B类
	(16)吸水管上过滤器安装	GB 50974—2014　5.1.15			A类
	(17)系统总出水管上安装压力开关	GB 50974—2014　13.2.6.4、12.3.2.8			B类
	(18)水泵隔振装置	GB 50974—2014　12.3.2.9			B类
	(19)备用动力及双电源切换	GB 50974—2014　13.2.6.5、6.1.10、11.0.17 GB 50016—2014　10.1.8、10.1.9			B类
	(20)水泵就地启停	GB 50974—2014　13.2.6.5、11.0.5			B类
	(21)水泵远程启停	GB 50974—2014　13.2.6.5、11.0.7			B类

检验项目	检验标准条款	检验结果	判定	重要程度
4. 稳压设施	GB 50974—2014 5.2.2、5.3、13.2.7.1			
(1)稳压泵	GB 50974—2014 5.2.2、5.3、13.2.7.1			
a. 设置	GB 50974—2014 5.2.2、5.3、13.2.7.1			A类
b. 检验报告	GB 50974—2014 12.2.1.1、12.2.1.3			A类
c. 外观标识	GB 50974—2014 5.1.3			C类
d. 型号、性能	GB 50974—2014 5.3、13.2.7.1			A类
e. 稳压泵控制及防止频繁启动技术措施	GB 50974—2014 5.3.4、13.2.7.2			B类
f. 1h内启动次数	GB 50974—2014 5.3.4、13.2.7.3			B类
g. 稳压泵安装	GB 50974—2014 12.3.5、13.2.7.5			B类
h. 吸水管、出水管	GB 50974—2014 5.3.5、13.2.7.3			B类
i. 备用泵	GB 50974—2014 5.3.6、13.2.7.1			A类
j. 自动/手动启停正常	GB 50974—2014 5.3.3、13.2.7.4			B类
k. 供电及主备电源切换	GB 50974—2014 13.1.4.2、13.1.5、13.2.7.4			B类
(2)消防气压给水设备	GB 50974—2014 5.3.4、12.2.1、12.3.4、13.2.10			
a. 设置及有效容积和调节容积	GB 50974—2014 5.3.4、12.3.4.1、13.2.10.1、13.2.7.5			B类
b. 检验报告	GB 50974—2014 12.2.1.3、13.2.7.1			A类
c. 气压水罐气侧压力	GB 50974—2014 12.3.4.1、13.2.10.2			C类
d. 安装	GB 50974—2014 12.3.4、13.2.7.5	m		B类
5. 消防水泵接合器	GB 50974—2014 5.4、12.3.6、13.2.14			
(1)检验报告	GB 50974—2014 12.2.1.2、13.2.14			A类
(2)进水管位置	GB 50974—2014 5.4.4、13.2.14			B类
(3)设置数量	GB 50974—2014 5.4.3、13.2.14			B类
(4)供水最不利点压力、流量	GB 50974—2014 5.4.5、13.2.14			B类
(5)消防车压力范围内接合器设置	GB 50974—2014 5.4.6、13.2.14			B类

二、供水设施

检验项目		检验标准条款	检验结果	判定	重要程度
二、供水设施	(6)超消防车压力范围接力泵设置位置	GB 50974—2014 5.4.6、13.2.14			B类
	(7)接合器安装	GB 50974—2014 5.4.7、12.3.6、13.2.14			B类
	(8)标志铭牌、系统名称、供水范围、额定压力	GB 50974—2014 5.4.9、13.2.14			B类
三、给水形式	分区供水	GB 50974—2014 6.2.4、8.3.4、13.2.8、13.2.12			
	1)减压阀	GB 50974—2014 13.2.8			
	(1)型号、规格	GB 50974—2014 6.2.4.1、6.2.4.5、13.2.8.1			A类
	(2)设计流量和压力	GB 50974—2014 6.2.4.2、13.2.8.1			A类
	(3)阀前过滤器、过滤面积和孔径	GB 50974—2014 8.3.4.2、13.2.8.2			B类
	(4)阀前阀后压力比值	GB 50974—2014 6.2.4.6、13.2.8.3			B类
	(5)阀后应设置压力试验排水阀	GB 50974—2014 8.3.4.5、13.2.8.4			B类
	(6)不应出现噪声明显增加或管道喘振	GB 50974—2014 8.3.4.10、13.2.8.5			B类
	(7)水头损失应小于设计阀后静压和动压差	GB 50974—2014 10.3.5、13.2.8.6			A类
	(8)减压阀的设置	GB 50974—2014 6.2.4.3、8.3.4.1、12.3.26、13.2.12.4			B类
	2)消防水泵串联分区供水	GB 50974—2014 6.2.3、13.2.16、13.2.9			
	(1)转输水箱有效水容积	GB 50974—2014 6.2.3.1、13.2.9.2			A类
	(2)串联转输水箱的溢流管	GB 50974—2014 6.2.3.2、13.2.9.3			A类
	(3)水泵分区供水启动顺序	GB 50974—2014 6.2.3.3、11.0.11、13.2.16			A类
	(4)水泵直接串联时出水管上设置减压型倒流防止器	GB 50974—2014 6.2.3.4、13.2.6.2			A类
	3)减压水箱减压分区供水	GB 50974—2014 5.2.6.2、6.2.5、13.2.9			A类

续表

检验项目		检验标准条款	检验结果	判定	重要程度
四、消火栓系统	1. 系统选择	GB 50974—2014　7.1.1~7.1.5			
	2. 干式消火栓系统充水时间	GB 50974—2014　7.1.6、13.2.12			B类
	3. 干式消火栓系统报警阀组	GB 50974—2014　7.1.6、13.2.11			
	(1)各组件符合产品标准	GB 50974—2014　13.2.11.1			B类
	(2)打开系统流量压力检测装置,测试流量压力	GB 50974—2014　13.2.11.2			B类
	(3)水力警铃的设置位置及工作压力和声强	GB 50974—2014　13.2.11.3			B类
	(4)手动试水阀应可靠	GB 50974—2014　13.2.11.4			B类
	(5)控制阀均应锁定在常开位置	GB 50974—2014　13.2.11.5			C类
	(6)系统连锁控制	GB 50974—2014　13.2.11.6			B类
	4. 干式消火栓系统快速启闭装置	GB 50974—2014　13.1.6			B类
	5. 消火栓	GB 50974—2014　13.2.3.6、13.2.13			
	1)检测报告和合格证	GB 50974—2014　13.2.13.1			A类
	2)市政消火栓	GB 50974—2014　13.2.13、7.2			
	(1)设置场所、位置	GB 50974—2014　13.2.13.1、7.2.1、7.2.3~7.2.6			A类
	(2)规格型号	GB 50974—2014　13.2.13.1、7.2.2			A类
	(3)消防水鹤	GB 50974—2014　13.2.13.1、7.2.1、7.2.9、7.2.10			A类
	(4)设有市政消火栓的市政管网平时运行压力、流量	GB 50974—2014　13.2.11.1、7.2.8			B类
	3)室外消火栓	GB 50974—2014　13.2.13、7.3			
	(1)设置场所、布置	GB 50974—2014　13.2.13.1、7.3.1、7.3.3~7.3.10			A类
	(2)规格型号	GB 50974—2014　13.2.13.1、7.3.1			A类
	(3)数量	GB 50974—2014　13.2.13.1、7.3.2			A类

检验项目		检验标准条款	检验结果	判定	重要程度
四、消火栓系统	4)室内消火栓	GB 50974—2014　13.2.13、7.4			
	(1)设置场所、位置	GB 50974—2014　13.2.13.3、7.4.13～7.4.16、7.4.3～7.4.7			B类
	(2)规格型号	GB 50974—2014　13.2.13.1、7.4.1			A类
	(3)安装高度	GB 50974—2014　13.2.13.2、7.4.8			C类
	(4)消火栓布置间距	GB 50974—2014　13.2.13.1、7.4.10			A类
	(5)消火栓箱安装	GB 50974—2014　12.3.10、13.2.13.1			A类
	(6)室内消火栓的配置	GB 50974—2014　13.2.13.1、7.4.2			A类
	(7)减压装置和活动部件灵活可靠及栓后压力	GB 50974—2014　13.2.13.4、7.4.12、12.2.3			B类
	(8)栓口静压	GB 50974—2014　13.2.15、6.2.1			A类
	(9)栓口动压	GB 50974—2014　13.2.15、7.4.12			A类
五、管网	1.管道的材质	GB 50974—2014　13.2.12.1、12.2.5、8.2.4、8.2.5、8.2.8			B类
	2.管径	GB 50974—2014　13.2.12.1、8.1.1、8.1.4、8.1.5			B类
	3.接头、连接方式	GB 50974—2014　13.2.12、8.2.7、12.3.11～12.3.18			B类
	4.防腐、防冻措施	GB 50974—2014　13.2.12、8.2.6、8.2.7、8.2.10、8.2.13			B类
	5.管道标识	GB 50974—2014　13.2.12、8.3.7、12.3.24			B类
	6.管道排水坡度及辅助排水措施	GB 50974—2014　13.2.12.2、13.1.9、9.9.3.1　GB 50084—2017　5.1.7			B类
	7.系统中试验消火栓	GB 50974—2014　13.2.12.3、7.4.9			B类
	8.管网不同部位安装的各类阀门	GB 50974—2014　13.2.12、12.3.25			

检验项目		检验标准条款	检验结果	判定	重要程度
五、管网	(1)检测报告和合格证	GB 50974—2014 12.2.1.2、13.2.12.4			B类
	(2)型号、规格及公称压力	GB 50974—2014 13.2.12.4、12.3.25.1、8.3.1			B类
	(3)安装便于维修操作,安装空间满足完全启闭,有标识	GB 50974—2014 13.2.12.4、12.3.25.2、8.1.4、8.1.6、8.1.7			B类
	(4)阀门应有明显启闭标志	GB 50974—2014 13.2.12.4、12.3.25.3			B类
	(5)消防给水干管与水灭火系统连接处设独立阀门,并保证各系统独立使用	GB 50974—2014 13.2.12.4、12.3.25.4			B类
	9.水流指示器	GB 50974—2014 13.2.12.4、			B类
	10.减压孔板	GB 50974—2014 13.2.12.4、10.3.1			B类
	11.节流管	GB 50974—2014 13.2.12.4、10.3.2			B类
	12.柔性接头	GB 50974—2014 13.2.12.4、5.1.13.11			B类
	13.排水管	GB 50974—2014 13.2.12.4、9.3			B类
	14.排气阀	GB 50974—2014 13.2.12.4、7.1.6.3、8.3.2、12.3.25			B类
	15.泄压阀	GB 50974—2014 13.2.12.4			B类
	16.干式消火栓系统最大充水时间	GB 50974—2014 13.2.12.5			B类
	17.干式消火栓系统报警阀后管道消火栓及有信号显示阀门	GB 50974—2014 13.2.12.6			B类
	18.架空管道设置的支架	GB 50974—2014 13.2.12.7、12.3.19～12.3.23			B类
	19.室外埋地管道	GB 50974—2014 13.2.12.8、12.3.17、12.3.22			B类
六、	消防给水系统流量、压力	GB 50974—2014 13.1.8、13.2.15			A类

续表

	检验项目	检验标准条款	检验结果	判定	重要程度
七、控制柜	1.检测报告及合格证	GB 50974—2014　13.2.16、12.2.7			A类
	2.规格、型号、数量	GB 50974—2014　13.2.16.1、12.2.7.16			A类
	3.控制柜图纸塑封后粘贴柜门内侧	GB 50974—2014　12.2.7.15、13.2.16.2			A类
	4.控制柜安装	GB 50974—2014　12.2.7、12.3.27、13.2.16.4			A类
	5.控制柜的动作	GB 50974—2014　13.2.16.3、12.2.7.1、11.0			
	(1)平时处于自动启动状态	GB 50974—2014　13.2.16.3、11.0.1			A类
	(2)消防水泵应能手动启停自动启动不应设置自动停泵功能	GB 50974—2014　13.2.16.3、11.0.2、11.0.5			A类
	(3)消防水泵自动启动时间不应大于2min	GB 50974—2014　13.2.16.3、11.0.3			A类
	(4)消防水泵就地强制启停泵按钮,并应有保护装置	GB 50974—2014　13.2.16.3、11.0.8			A类
	(5)分区供水时消防水泵启动顺序	GB 50974—2014　13.2.16.3、11.0.11			A类
	(6)应设置机械应急启泵功能	GB 50974—2014　13.2.16.3、11.0.12			A类
	(7)火灾时消防水泵工频运行及启动方式	GB 50974—2014　13.2.16.3、11.0.14			A类
	(8)消防水泵准工作状态自动/人工巡检方式	GB 50974—2014　13.2.16.3、11.0.14			A类
	(9)工频泵启动时间	GB 50974—2014　13.2.16.3、11.0.15			A类
	(10)电动驱动消防水泵自动巡检功能	GB 50974—2014　13.2.16.3、11.0.16			A类
	(11)控制柜盘面显示及自动巡检可调	GB 50974—2014　13.2.16.3、11.0.18、12.2.7			A类
	(12)控制柜前面板的明显部位应设置紧急打开柜门装置	GB 50974—2014　13.2.16.3、11.0.13			A类
	6.控制柜的质量	GB 50974—2014　13.2.16.4、11.0.10、11.0.19、12.2.7			A类
	7.主备电源自动切换装置的设置	GB 50974—2014　13.2.16.5、11.0.17			A类

检验项目		检验标准条款	检验结果	判定	重要程度
八、系统模拟灭火功能试验	1. 干式系统	GB 50974—2014　13.1.6、13.2.12、13.2.17			
	(1)消火栓按钮	GB 50974—2014　11.0.19、13.2.11.6			B类
	(2)干式消火栓报警阀等快速启闭装置动作,水力警铃、压力开关动作	GB 50974—2014　13.2.17.1、11.0.19			C类
	(3)流量开关、压力开关和报警阀压力开关动作,有信号反馈	GB 50974—2014　13.2.17.2、13.1.11.2			A类
	(4)直接启动消防水泵或连锁的相关设备,有信号反馈	GB 50974—2014　13.2.17.2、13.1.11.2、11.0.4			A类
	(5)干式报警阀的加速排气器动作后,有信号反馈	GB 50974—2014　13.2.17.4			B类
	(6)稳压泵动作及其他消防联动控制设备启动及信号反馈	GB 50974—2014　13.2.17.5			B类
	(7)充水时间	GB 50974—2014　7.1.6、13.2.12.5			B类
	2. 湿式系统	GB 50974—2014　13.2.17.2			
	(1)管网压力开关	GB 50974—2014　13.2.17.2			A类
	(2)高位消防水箱流量开关	GB 50974—2014　13.2.17.2			A类
	(3)稳压泵动作	GB 50974—2014　13.2.17.2			A类
	(4)消防水泵动作	GB 50974—2014　13.2.17.2			A类
九、消防控制室	1. 消防控制柜或控制盘应设手动直接启泵按钮	GB 50974—2014　11.0.7.1、13.2.16.3			A类
	2. 消防控制柜或控制盘应能显示消防水泵和稳压泵运行状态	GB 50974—2014　11.0.7.2、13.2.17.3			A类
	3. 消火栓箱按钮启动快速启闭装置报警信号	GB 50974—2014　11.0.19、13.2.11.6			B类
	4. 消防控制柜或控制盘显示消防水池、高位消防水箱高低水位报警信号及正常水位	GB 50974—2014　11.0.7.3、13.2.9.1			A类

2.6 检验检测机构资质认定检验检测能力申请表

检验检测能力申请表

检验检测机构地址：

表 2.6

类别(产品/项目/参数)	产品/项目/参数		依据的标准(方法)名称及编号(含年号)	限制范围	说明
	序号	名称			
消防给水及消火栓系统	1	距离(长度、宽度、高度、距离)	《消防给水及消火栓系统技术规范》 GB 50974—2014 4.3.2 GB 50974—2014 4.3.7、5.1.13 GB 50974—2014 5.2.1、5.2.6.4 GB 50974—2014 5.4.7、5.4.8 GB 50974—2014 7.4.10 GB 50974—2014 12.3.4.2、12.3.9		
	2	角度	《消防给水及消火栓系统技术规范》 GB 50974—2014 12.3.10、12.3.10.4		
	3	照度	《建筑设计防火规范》 GB 50016—2014 10.3.3		
	4	压力	《消防给水及消火栓系统技术规范》 GB 50974—2014 6.2.1、7.4.12.1 GB 50974—2014 5.2.2、5.3.3.3、7.4.12.2		
	5	流量	《消防给水及消火栓系统技术规范》 GB 50974—2014 5.2.2、5.3.2、5.3.3		
	6	拉力	《消火栓箱》 GB 14561—2003 5.13		
	7	时间	《消防给水及消火栓系统技术规范》 GB 50974—2014 11.0.3、11.0.5 GB 50974—2014 11.0.17、13.2.7.4		
	8	设备基本功能	《消防给水及消火栓系统技术规范》 GB 50974—2014 11.0.7.1、13.1.5 《火灾自动报警系统设计规范》 GB 50116—2013 4.3		
	9	消防联动控制设备基本功能	《火灾自动报警系统施工及验收规范》 GB 50166—2019 4.17.6		
	10	联动功能试验	《消防给水及消火栓系统技术规范》 GB 50974—2014 11.0.7、11.0.8 GB 50974—2014 13.2.6.5		

2.7　检验检测机构资质认定仪器设备（标准物质）配置表

仪器设备（标准物质）配置表

检验检测机构地址：　　　　　　　　　　　　　　　　　　　　　　　　表 2.7

类别(产品/项目/参数)	产品/项目/参数		依据的标准(方法)名称及编号(含年号)	仪器设备(标准物质)			溯源方式	有效日期	确认结果
	序号	名称		名称	型号/规格/等级	测量范围			
消防给水及消火栓系统	1	距离(长度、宽度、高度、距离)	《消防给水及消火栓系统技术规范》 GB 50974—2014　4.3.2 GB 50974—2014　4.3.7、5.1.13 GB 50974—2014　5.2.1 GB 50974—2014　5.2.6.4 GB 50974—2014　5.4.7 GB 50974—2014　5.4.8 GB 50974—2014　7.4.10 GB 50974—2014　12.3.4.2 GB 50974—2014　12.3.9	钢卷尺 塞尺					
	2	角度	《消防给水及消火栓系统技术规范》 GB 50974—2014　12.3.10. GB 50974—2014　12.3.10.4	万能角度尺					
	3	照度	《建筑设计防火规范》 GB 50016—2014　10.3.3	照度计					
	4	压力	《消防给水及消火栓系统技术规范》 GB 50974—2014　6.2.1 GB 50974—2014　7.4.12.1 GB 50974—2014　5.2.2、5.3.3.3 GB 50974—2014　7.4.12.2	压力表					

| 类别(产品/项目/参数) | 产品/项目/参数 | | 依据的标准(方法)名称及编号(含年号) | 仪器设备(标准物质) | | | 溯源方式 | 有效日期 | 确认结果 |
	序号	名称		名称	型号/规格/等级	测量范围			
消防给水及消火栓系统	5	流量	《消防给水及消火栓系统技术规范》 GB 50974—2014　5.2.2 GB 50974—2014　5.3.2 GB 50974—2014　5.3.3	流量计					
	6	拉力	《消火栓箱》 GB 14561—2003　5.13.4	拉力计					
	7	时间	《消防给水及消火栓系统技术规范》 GB 50974—2014　11.0.3 GB 50974—2014　11.0.5 GB 50974—2014　11.0.17 GB 50974—2014　13.2.7.4	秒表					
	8	设备基本功能	《消防给水及消火栓系统技术规范》 GB 50974—2014　11.0.7.1 GB 50974—2014　13.1.5 《火灾自动报警系统设计规范》 GB 50116—2013　4.3	手动试验					
	9	消防联动控制设备基本功能	《火灾自动报警系统施工及验收规范》 GB 50166—2019　4.17.6	手动试验					
	10	联动功能试验	《消防给水及消火栓系统技术规范》 GB 50974—2014　11.0.7 GB 50974—2014　11.0.8 GB 50974—2014　13.2.6.5	手动试验					

2.8 系统验收检测原始记录格式化

消防给水系统原始记录

工程建筑消防情况统计表　　　　　　　　　　　年　月　日　　　　　　　　　　表 2.8-1

<table>
<tr><td rowspan="2">建筑情况</td><td>工程名称</td><td></td><td>施工单位</td><td></td></tr>
<tr><td>建筑层数</td><td></td><td>建筑高度</td><td></td></tr>
<tr><td colspan="2">依据标准</td><td colspan="3">GB 50974—2014　5.1.3、5.2、5.3;GB 50261—2017　3.2.1、4.4、4.3、7.2.4</td></tr>
<tr><td rowspan="23">消防设施</td><td rowspan="9">消防水箱</td><td>容积</td><td></td><td></td><td></td></tr>
<tr><td>补水管径</td><td></td><td>浮球阀设置安装</td><td></td></tr>
<tr><td>溢流管设置</td><td colspan="3"></td></tr>
<tr><td>泄水管设置</td><td colspan="3"></td></tr>
<tr><td>出水管管径</td><td></td><td>通道、距离</td><td></td></tr>
<tr><td>连接方式</td><td></td><td>止回阀设置</td><td></td></tr>
<tr><td>防水套管、柔性接头</td><td></td><td>合用水箱</td><td></td></tr>
<tr><td rowspan="2">稳压泵</td><td colspan="4">消火栓稳压泵　　　台　　型号:
性能:H=　　　Q=　　　L/s, n=　　　rPm
厂家:</td></tr>
<tr><td colspan="4">喷洒稳压泵　　　台　　型号:
性能:H=　　　m, Q=　　　L/s, n=　　　rPm
厂家:</td></tr>
<tr><td rowspan="2">气压给水装置</td><td colspan="4">消火栓气压罐　　套　规格型号:
厂家:</td></tr>
<tr><td colspan="4">喷洒气压罐　　套　规格型号:
厂家:</td></tr>
<tr><td rowspan="2">稳压泵控制箱</td><td colspan="4">消火栓稳压泵控制箱　　　台　　型号:
产品编号:
厂家:</td></tr>
<tr><td colspan="4">喷洒稳压泵控制箱　　　台　　型号:
产品编号:
厂家:</td></tr>
</table>

核验员:　　　　　　　　　　　　　　　检验员:

消防给水系统原始记录

工程建筑消防情况统计表　　　　　　　　　　　年　月　日　　　　　　　　　　　　表 2.8-2

<table>
<tr><td rowspan="2">建筑情况</td><td>工程名称</td><td></td><td>施工单位</td><td></td></tr>
<tr><td>建筑层数</td><td></td><td>建筑高度</td><td></td></tr>
<tr><td>依据标准</td><td colspan="4">GB 50974—2014　4.1.5、13.2.4、4.3.10、4.3、13.2.9、5.1.13、4.3.7、13.2.9.5；GB 50261—2017 8.0.4、3.2.1、4.5、8.0.10</td></tr>
<tr><td rowspan="14">消防设施</td><td rowspan="4">消防水池</td><td colspan="2">容积</td><td>m³</td><td>防冻措施</td><td></td></tr>
<tr><td>补水管径</td><td></td><td>浮球阀安装</td><td>防水套管柔性接头</td><td></td></tr>
<tr><td colspan="2">溢流管安装</td><td></td><td>设置方式</td><td></td></tr>
<tr><td colspan="2">泄水管设置</td><td></td><td>合用水池</td><td></td></tr>
<tr><td rowspan="2">市政给水管道</td><td colspan="2">进水管数量</td><td colspan="2"></td></tr>
<tr><td colspan="2">进水管直径</td><td colspan="2"></td></tr>
<tr><td>天然水源</td><td colspan="4"></td></tr>
<tr><td rowspan="2">水泵接合器</td><td colspan="4">消火栓水泵接合器　套　　　型号：　　　标志：
厂家：
防水防锈措施：　　安装位置及标高：</td></tr>
<tr><td colspan="4">喷洒水泵接合器　套　　　型号：　　　标志：
厂家：
防水防锈措施：　　安装位置及标高：</td></tr>
<tr><td>吸取水口距建（构)筑物距离</td><td colspan="2"></td><td>水池通气管、呼吸管</td><td></td></tr>
<tr><td>备注</td><td colspan="4"></td></tr>
</table>

核验员：　　　　　　　　　　　　　　　　　检验员：

消防给水系统原始记录

消防泵房　　　　　　　　　　　　年　月　日　　　　　　　　　　表 2.8-3

工程名称		施工单位		
检验项目	检验内容	依据标准	检验结果	结论
消防泵房	设置及建筑防火要求	GB 50016—2014　8.1.6 GB 50974—2014　13.2.5.1、 5.5.12		
	应急照明、安全出口	GB 50974—2014　13.2.5.2 GB 50016—2014　10.3.3、 8.1.6		
	采暖、排水、防洪及防水淹没设施	GB 50974—2014　5.5.9、 11.0.10、13.1.9.4、13.2.5.3		
	设备进出口和维修安装空间	GB 50974—2014　13.2.5.4、 5.5.1～5.5.8		
	消防水泵和控制柜安装位置和防护等级	GB 50974—2014　13.2.5.5、 5.5.16、11.0.2～11.0.9		
	消防水泵控制柜处于启泵状态	GB 50974—2014　13.2.6.7、 11.0.1		
	通信设备	GB 50116—2013　6.7.4.1		
	机械应急启泵功能及正常工作时间	GB 50974—2014　11.0.12、 13.1.10.5、13.2.16.3		
	备用动力及双电源切换	GB 50016—2014 13.2.6.5、6.1.10、11.0.17 GB 50974—2014　10.1.8、 10.1.9		
	直接启泵压力开关　喷洒（MPa）	GB 50974—2014　11.0.4		
	直接启泵压力开关　消火栓（MPa）			
消防电源情况				

核验员：　　　　　　　　　　　　　　　　检验员：

消防给水系统原始记录

消防泵功能试验 　　　　　　　　　　　　年　月　日 　　　　　　　　　　　　　表 2.8-4

工程名称		施工单位	
依据标准	GB 50974—2014　11.0.1、11.0.2、11.0.9 GB 50261—2017　8.0.6.7、7.2.3 GB 50084—2017　11.0		

检验项目	检验内容	检验结果	
		正常	不正常
泵组转换运行	喷洒泵自动互投转换功能		
	消火栓泵自动互投转换功能		
控制中心启停水泵	远程启、停喷洒泵		
	远程启、停消火栓泵		
控制柜启停泵	就地启、停喷洒泵		
	就地启、停消火栓泵		
泵故障状态指示	喷洒泵故障状态指示		
	消火栓泵故障状态指示		
泵组数量及型号	喷洒泵　　　台　　　型号： $H=$　m，$Q=$　L/s，$n=$　rpm，$N=$　kW 厂家：		
	消火栓泵　　　台　　　　型号： $H=$　m，$Q=$　L/s，$n=$　rpm，$N=$　kW 厂家：		
泵组控制柜型号及数量	喷洒泵控制柜　　台　　　型号： 厂家：		
	消火栓泵控制柜　　台　　　型号： 厂家：		

核验员： 　　　　　　　　　　　　　　　　　　　　检验员：

消防给水系统原始记录

消防泵功能试验　　　　　　　　　　　　年　月　日　　　　　　　表 2.8-5

工程名称		施工单位	
依据标准	GB 50974—2014　11.0.13、11.0.14、11.0.15、11.0.10、11.0.12 GB 50261—2017　8.0.6.7、7.2.3 GB 50084—2017　11.0		
检验项目	检验内容	检验结果	
		正常	不正常
泵组控制柜	防护等级		
	前面板设紧急时打开柜门装置		
	功率大的水泵不宜采用有源器件启动		
	启动到额定转数时间		
	机械应急启泵功能　喷泵柜		
	机械应急启泵功能　栓泵柜		
	防水淹措施		
	防潮除湿装置		
消防泵巡检功能	巡检周期且任意设定		
	低频巡检时间		
	对柜内一次回路中主要低压器件宜有巡检功能并检查动作状态		
	有启泵信号退出巡检进入工作状态		
	有故障应有声光报警并记录储存功能		
	自动巡检时电源自动切换功能		
	柜面有巡检状态和信号等		

核验员：　　　　　　　　　　　　　检验员：

消防水系统原始记录

管道安装检验　　　　　　　　　　　　年　月　日　　　　　　　　　　表 2.8-6

工程名称			施工单位		
依据标准	GB 50261—2017　5.1.8、5.1.11、5.1.12、5.1.15、5.1.16、5.1.18、8.0.8.1、8.0.8.7 GB 50084—2017　8.0.1、8.0.5、8.0.6 GB 50974—2014　8.2.8、8.2.10				
报警阀后管道无其他用水设施					
稳压装置接管接至报警阀前					
架空管道材质	□热浸锌镀锌钢管 □热浸镀锌加厚钢管 □热浸镀锌无缝钢管				
架空充水管道环境温度				℃	

检验部位	系统名称	检验项目				
		支吊架安装	套管安装	连接方式	管道色标	配水管或配水支管直径

核验员：　　　　　　　　　　　　　　　检验员：

消火栓系统原始记录

消火栓系统功能性试验 　　　　　　　年 月 日 　　　　　　　表 2.8-7

工程名称				施工单位			
依据标准	GB 50974—2014 5.2.2、5.3.3、6.2.1.2、7.4.12						

检验结果＼检验项目／检验部位	栓口静压/MPa	栓口动压/MPa	水枪充实水柱长度/m	压力开关/手动按钮功能			
				部位	确认灯	结果	
						层显	启泵

稳压泵气压罐试验	设定压力：下限　　　MPa；　上限　　　MPa		
	试验压力	下限启泵	MPa
		上限停泵	MPa
	手动启停		

核验员： 　　　　　　　　　　　　　　　　　　检验员：

消火栓系统原始记录

室内消火栓系统　　　　　　　　　　　　　　　　年　月　日　　　　　　　　　　　表 2.8-8

工程名称				施工单位			
依据标准	GB 50974—2014　7.4、12.3、7.4.2、12.3.9.5；GB 50016—2014　8.2.2、8.2.4 GB 50974—2014　11.0.4、11.0.5、11.0.3、11.0.2						
消火栓箱及组件	消火栓箱厂家						
	消防水带厂家						
	室内消火栓厂家						
	消防水枪厂家						
	消防接口厂家						
	消防水喉厂家						
检验结果　检验项目 检验部位 （层或区域）	消火栓间距 /m	栓阀杆材质	栓口安装 尺寸/m	栓口出水 方向	水带长度 /m	消防水喉	外观

核验员：　　　　　　　　　　　　　　　　　检验员：

消防水系统原始记录

消防泵房检验　　　　　　　　　　年　月　日　　　　　　　　　　表 2.8-9

工程名称			施工单位	
依据标准	GB 50084—2017　10.2；GB 50261—2017　3.2.1、4.2.1、7.2.3、8.0.6			
检验项目			检验结果	
			正确(划√)错误(划×,并注明)	
消火栓泵	吸水管单独性			
	吸水管阀门采用			
	吸水管的上平异径管采用			
	吸水管连接方式			
	出水管上试验阀安装			
	出水管上泄压阀安装			
	出水管上压力表安装			
	挠性接头安装			
	阀门标志及皮带锁位			
	管网支吊架安装			
喷洒泵	吸水管单独性			
	吸水管阀门采用			
	吸水管的上平异径管采用			
	吸水管连接方式			
	出水管上试验阀安装			
	出水管上泄压阀安装			
	出水管上压力表安装			
	挠性接头安装			
	阀门标志及皮带锁位			
	管网支吊架安装			

核验员：　　　　　　　　　　　　　　检验员：

消火栓系统原始记录

系统控制与操作   年　月　日   表 2.8-10

工程名称			施工单位		
依据标准			GB 50974—2014　11.0.4、11.0.5　11.0.3、11.0.2;GB 50116—2013　4.3		

检验结果　＼　检验项目 检验部位(层)	消火栓按钮确认灯	消防水箱间 流量开关	消火栓按钮		
				层显	启泵

泵房直接启泵压力开关	设计启泵压力:　　　　MPa							
信号蝶阀检验部位	层	层	层	层		层	层	层	层
信号蝶阀关闭指示								

核验员: 检验员:

消防给水系统原始记录

系统控制与操作　　　　　　　　　年　月　日　　　　　　　　表 2.8-11

工程名称		施工单位	
依据标准	GB 50974—2014　6.2		
检验项目	检验内容	检验结果	判定
分区供水	系统工作压力/MPa		
	消火栓栓口静压/MPa		
	自喷报警阀处工作压力或喷头处工作压力/MPa		
	消防水泵转输水箱　容积/m³		
	消防水泵转输水箱　溢流管宜连接至消防水池		
	消防水泵直接串联时启泵顺序		
	串联水泵出水管上减压型倒流防止器		
接力泵组数量及型号	喷洒接力泵　　台　　型号： $H=$　m，$Q=$　L/s，$n=$　rpm，$N=$　kW 厂家：		
	消火栓接力泵　　台　　型号： $H=$　m，$Q=$　L/s，$n=$　rpm，$N=$　kW 厂家：		
接力泵组控制柜	喷洒接力泵控制柜　台　　型号： 厂家：		
	消火栓接力泵控制柜　台　　型号： 厂家：		

核验员：　　　　　　　　　　　检验员：

消防给水系统原始记录

工程名称				施工单位	
依据标准		GB 50974—2014　6.2.4、8.3.4			
检验项目	检验内容			检验结果	判定
减压阀分区	形式		比例式		
			先导式		
	设计流量和压力				
	阀前阀后压力比值 3：1				
	串联减压阀前后压力差/MPa				
	每一供水分区		减压阀组数		
			备用减压阀组		
	阀后应设安全阀及开启压力				
减压阀的设置	报警阀组入口前				
	减压阀前过滤器、过滤面积和孔径				
	过滤器和减压阀前后设压力表、表盘、量程				
	过滤器前和减压阀后设控制阀				
	减压阀后设压力试验排水阀				
	设流量测试接口				
	比例宜垂直可调宜水平安装				
	减压阀和控制阀门宜有保护或锁定调节配件的装置				
减压阀规格型号及数量	减压阀　　　组(其中备用：　组)　型号： 厂家：				

核验员：　　　　　　　　　　　　　　检验员：

第3章 自动喷水灭火系统

3.1 自动喷水灭火系统分类

3.1.1 自动喷水灭火系统概念

自动喷水灭火系统由洒水喷头、报警阀组、水流报警装置（水流指示器或压力开关）等组件，以及管道、供水设施组成，并能在发生火灾时喷水的自动灭火系统。

3.1.2 自动喷水灭火系统分类

自动喷水灭火系统根据所使用喷头的形式，可分为闭式系统和开式系统。其中开式系统分为：雨淋系统和水幕系统；闭式系统分为：湿式系统、干式系统和预作用系统。

3.2 自动喷水灭火系统适用范围

3.2.1 湿式系统的定义及适用范围

定义：准工作状态时配水管道内充满用于启动系统的有压水的闭式系统，由供水设施、湿式报警阀组、水流指示器或压力开关、供水与配水管道、闭式喷头等组成。

适用范围：湿式系统是应用最为广泛的自动喷水灭火系统之一，适合在温度不低于4℃且不高于70℃的环境中使用。在温度低于4℃的场所使用湿式系统，存在系统管道和组件内充水冰冻的危险；在温度高于70℃的场所采用湿式系统，存在系统管道和组件内充水蒸气压力升高而破坏管道的危险。

3.2.2 干式系统定义及适用范围

定义：准工作状态时配水管道内充满用于启动系统的有压气体的闭式系统，由供水设施、充气设备、干式报警阀组、水流指示器或压力开关、供水与配水管道、闭式喷头等组成。

适用范围：干式系统适用于环境温度低于4℃或高于70℃的场所。干式系统虽然解决了湿式系统不适用于高、低温环境场所的问题，但由于准工作状态时配水管道内没有水，喷头动作、系统启动时必须经过一个管道排气、充水的过程，因此会出现滞后喷水现象，不利于系统及时控火灭火。

3.2.3 预作用系统定义及适用范围

定义：准工作状态时配水管道内不充水，发生火灾时由火灾自动报警系统、充气管道上的压力开关连锁控制预作用装置和启动消防水泵，向配水管道供水的闭式系统。由供水设施、充气设备、闭式喷头、预作用阀组、水流报警装置、供水与配水管道等组成。

适用范围：预作用系统可消除干式系统在喷头开放后延迟喷水的弊病，因此其在低温和高温环境中可代替干式系统。系统处于准工作状态时，严禁管道充水、严禁系统误喷的忌水场所应采用预作用系统。

预作用系统联动要求：

预作用系统应由火灾自动报警系统、消防水泵出水干管上设置的压力开关、高位消防水箱出水管上的流量开关和报警阀组压力开关直接自动启动消防水泵。

预作用装置的自动控制方式可采用仅有火灾自动报警系统直接控制，或由火灾自动报警系统和充气管道上设置的压力开关控制，并应符合下列要求：

（1）处于准工作状态时严禁误喷的场所，宜采用仅有火灾自动报警系统直接控制的预作用系统（单连锁）。

（2）处于准工作状态时严禁管道充水的场所和用于替代干式系统的场所，宜由火灾自动报警系统和充气管道上设置的压力开关控制的预作用系统（双连锁）。

3.2.4　雨淋系统定义及适用范围

定义：由开式洒水喷头、雨淋报警阀组等组成，发生火灾时由火灾自动报警系统或传动管控制，自动开启雨淋报警阀组和启动消防水泵，用于灭火的开式系统。由供水设施、开式喷头、雨淋阀组、水流报警装置、供水与配水管道等组成。

适用范围：雨淋系统的喷水范围由雨淋阀控制，在系统启动后立即大面积喷水。因此，雨淋系统主要适用于需大面积喷水、快速扑灭火灾的特别危险场所。火灾的水平蔓延速度快，闭式喷头的开放不能及时使喷水有效覆盖在着火区域，或室内净空高度超过一定高度且必须迅速扑救初期火灾，或火灾危险等级属于严重危险Ⅱ级的场所，应采用雨淋系统。

雨淋系统联动控制：

雨淋系统消防水泵的自动启动方式应符合下列要求：

（1）当采用火灾自动报警系统控制雨淋报警阀时，消防水泵应由火灾自动报警系统、消防水泵出水干管上设置的压力开关、高位消防水箱出水管上的流量开关或报警阀组压力开关直接自动启动。

（2）当采用充液（水）传动管控制雨淋报警阀时，消防水泵应由消防水泵出水干管上设置的压力开关、高位消防水箱出水管上的流量开关或报警阀组压力开关直接启动。

雨淋报警阀的自动控制方式可采用电动、液（水）动或气动。当雨淋报警阀采用充液（水）传动管自动控制时，闭式喷头与雨淋报警阀之间的高程差，应根据雨淋报警阀的性能确定。

3.2.5　水幕系统

定义：由开式洒水喷头或水幕喷头、雨淋报警阀组或感温雨淋报警阀等组成，发生火灾时密集喷洒形成水墙或水帘的水幕系统。分为防火分隔水幕和防火冷却水幕。

适用范围：防火分隔水幕适用于发生火灾时密集喷洒形成水墙，代替防火分隔。防护冷却水幕用于配合防火卷帘、防火玻璃墙等防火分隔设施适用，以保证该分隔设施的完整性与隔热性。

3.2.6　喷头选择

1）闭式系统

（1）闭式系统的洒水喷头，其公称动作温度宜高于环境最高温度30℃；

（2）设置闭式系统的场所，洒水喷头类型和场所的最大净空高度应符合表3.2.6的规定；仅用于保护室内钢屋架等建筑构件的洒水喷头和设置货架内置洒水喷头的场所，可不受此表规定的限制。

洒水喷头类型和最大净空高度表　　　　表 3.2.6

设置场所		喷头类型			场所净空高度 h（m）
		一只喷头的保护面积	相应时间性能	流量系数 K	
民用建筑	普通场所	标准覆盖面积洒水喷头	快速响应喷头	$K \geqslant 80$	$h \leqslant 8$
			特殊响应喷头		
			标准喷头		
	高大空间场所	扩大覆盖面积洒水喷头	快速响应喷头	$K \geqslant 115$	$8 < h \leqslant 12$
		非仓库型特殊应用喷头			
		非仓库型特殊应用喷头			$12 < h \leqslant 18$
厂房	标准覆盖面积洒水喷头	特殊响应喷头		$K \geqslant 80$	$h \leqslant 8$
		标准响应喷头			
	扩大覆盖面积洒水喷头	标准响应喷头		$K \geqslant 80$	
	标准覆盖面积洒水喷头	特殊响应喷头		$K \geqslant 115$	$8 < h \leqslant 12$
		标准响应喷头			
	非仓库型特殊应用喷头				
仓库	标准覆盖面积洒水喷头	特殊响应喷头		$K \geqslant 80$	$h \leqslant 9$
		标准响应喷头			
	仓库型特殊应用喷头				$h \leqslant 12$
	早期抑制快速响应喷头				$h \leqslant 13.5$

2）湿式系统的洒水喷头选型应符合下列规定：

（1）不做吊顶的场所，当配水支管布置在梁下时，应采用直立型洒水喷头；

（2）吊顶下布置的洒水喷头，应采用下垂型洒水喷头或吊顶型洒水喷头；

（3）顶板为水平面的轻危险级、中危险级Ⅰ级住宅建筑、宿舍、旅馆建筑客房、医疗建筑病房和办公室，可采用边墙型洒水喷头；

（4）易受碰撞的部位，应采用带保护罩的洒水喷头或吊顶型洒水喷头；

（5）顶板为水平面，且无梁、通风管道等障碍物影响喷头洒水的场所，可采用扩大覆盖面积洒水喷头；

（6）住宅建筑和宿舍、公寓等非住宅类居住建筑宜采用家用喷头；

（7）不宜选用隐蔽式洒水喷头；确需采用时，应仅适用于轻危险级和中危险级Ⅰ级场所。

3）干式系统、预作用系统应采用直立型洒水喷头或干式下垂型洒水喷头

4）水幕系统

（1）防火分隔水幕——开式洒水喷头或水幕喷头。

（2）防护冷却水幕——水幕喷头。

5）自动喷水防护冷却系统

自动喷水防护冷却系统可采用边墙型洒水喷头。

6）当采用快速响应洒水喷头时，系统应为湿式系统，下列场所宜采用快速响应洒水喷头：

（1）公共娱乐场所、中庭环廊；

（2）医院、疗养院的病房及治疗区域，老年、少儿、残疾人的集体活动场所；

（3）超出消防水泵接合器供水高度的楼层；

（4）地下商业场所。

3.2.7 报警阀组

1）报警阀组分类

湿式报警阀组、预作用报警阀组、干式报警阀组、雨淋报警阀组。

2）报警阀组设置要求

（1）自动喷水灭火系统应设报警阀组。保护室内钢屋架等建筑构件的闭式系统，应设独立的报警阀组。水幕系统应设独立的报警阀组或感温雨淋报警阀组。

（2）串联接入湿式系统配水干管的其他自动喷水系统，应分别设置独立的报警阀组，其控制的洒水喷头数计入湿式报警阀组控制的洒水喷头总数（共用配水干管，独立报警阀）。

（3）一个报警阀组控制的洒水喷头数应符合下列规定：

① 湿式系统、预作用系统不宜超过 800 只；干式系统不宜超过 500 只；

② 当配水支管同时设置保护吊顶下方和上方空间的洒水喷头时，应只将数量较多一侧的洒水喷头计入报警阀组控制的洒水喷头总数。

（4）每个报警阀组供水的最高与最低位置洒水喷头，其高程差不宜大于50m。

（5）雨淋报警阀组的电磁阀，其入口应设过滤器。并联设置雨淋报警阀组的雨淋系统，其雨淋报警阀控制腔的入口应设止回阀。

（6）报警阀组宜设在安全及易于操作的地点，报警阀距地面高度为1.2m。设置报警阀组的部位应设有排水设施。报警阀处排水立管宜为DN100。

（7）连接报警阀进出口的控制阀应采用信号阀。当不采用信号阀时，控制阀应设锁定阀位的锁具。

（8）水力警铃的工作压力不应小于0.05MPa，并应符合下列规定：

① 应设在有人值班的工作点附近或公共通道的外墙上；

② 与报警阀连接的管道，其管径应为20mm，总长不宜大于20m。

3）报警阀组现场检查（表3.2.7）

报警阀组现场检查表　　　　　　　　　表3.2.7

外观检查	(1)商标、规格型号等标志齐全，阀体上有水流指示方向的永久性标识； (2)阀组及其附件配备齐全，表面无裂纹，无加工缺陷和机械损伤
结构检查	阀体上设有放水口，放水口直径≥20mm； 干式报警阀组、雨淋阀组设自动排水阀（自动滴水阀）； 阀体的阀瓣组件的供水侧，设有在不开启阀门的情况下测试报警装置的测试管路； 阀体内清洁、无异物堵塞，报警阀阀瓣开启后能够复位
操作性能检验	报警阀阀瓣以及操作机构动作灵活，无卡涩现象； 水力警铃的铃锤转动灵活，无阻滞现象； 水力警铃传动轴密封性能良好，无渗漏水现象
渗漏试验	测试报警阀密封性，试验压力$P＝2$倍额定工作压力； 保证时间$T≥5min$，阀瓣处无渗漏

4）报警阀组安装与检测

（1）基本要求

① 报警阀组安装在供水管网试压、冲洗合格后组织实施。

② 阀组垂直安装于配水干管，水源控制阀、报警阀组水流标识与系统水流方向一致。

③ 安装报警阀组的室内地面应有排水设施。

④ 水源控制阀安装有明显开、闭标识和可靠锁定设施。

⑤ 在报警阀与管网之间的供水干管上，安装由控制阀、检测供水压力、流量用的仪表及排水管道组成的系统流量压力检测装置，其过水能力与系统启动后的过水能力一致。

⑥ 水力警铃安装在公共通道或值班室附近外墙上，并安装检修、测试用阀门。

⑦ 水力警铃和报警阀采用热镀锌钢管连接，当镀锌钢管的公称直径为20mm时，其长度不宜大于20m。

⑧ 水力警铃声强度不小于70dB。

（2）湿式报警阀组要求

① 充水快、不误喷：阀组前后管道能快速充水；压力波动时水力警铃不误报警。

② 过滤器装在报警水流管路中延迟器前，且便于排渣操作。

（3）干式报警阀组要求

① 充气连接管接口应在报警阀气室充注水位以上部位，且充气连接管的直径不应小于15mm；止回阀、截止阀应安装在充气连接管上。

② 安全排气阀应安装在气源与报警阀之间，且应靠近报警阀。

③ 加速器应安装在靠近报警阀的位置，且应有防止水进入加速器的措施。

④ 低气压预报警装置应安排在配水干管一侧。

⑤ 下列部位应安装压力表：报警阀充水一侧和充气一侧、空气压缩机的气泵和储气罐上、加速器上。

⑥ 管网充气压力应符合设计要求。

（4）雨淋报警阀组要求

① 雨淋阀组可采用电动开启、传动管开启或手动开启，开启控制装置的安装应安全可靠。水传动管的安装应符合湿式系统有关要求。

② 雨淋阀组的观测仪表和操作阀门的安装位置应符合设计要求，并应便于观测和操作。

③ 雨淋阀组手动开启装置的安装位置应符合设计要求，且在发生火灾时应能安全开启和便于操作。

（5）预作用报警阀组要求

① 供水信号蝶阀、雨淋报警阀、湿式报警阀等集中垂直安装在被保护区附近，且最低温度不低于4℃的室内，以防冰冻。

② 放水阀、电磁阀、手动快开阀、水力警铃、补水漏斗等部位设置排水设施。

③ 预作用装置安装完毕后，将雨淋报警阀组的防复位手轮转至防复位锁止位置，使系统处于伺应状态。

3.2.8　水流指示器

设置要求 表 3.2.8

作用	将水流信号转换成电信号,及时报告发生火灾部位
适用系统	湿式、干式、预作用、循环启闭系统
原理	(湿式)喷头开启——管道水流动——桨片或膜片感知水流的作用力时带动传动轴动作,接通延时线路,延时器开始计时——到达延时设定时间后叶片仍向水流方向偏转无法回位,电触点闭合输出信号——当水流停止时,叶片和动作杆复位,触点断开,信号消除
设置要求	位置:除报警阀组控制的喷头只保护不超过防火分区面积的同层场所外,每个防火分区和每个楼层均应设水流指示器; 仓库内顶板下喷头与货架内喷头应分别设置; 当水流指示器入口前设置控制阀时,应采用信号阀

3.2.9 压力开关

设置要求   表 3.2.9

概念	为了检测系统的可靠性,测试系统能否在开放一只喷头的不利条件下可靠报警并正常启动,要求在每个报警阀(闭式系统)的供水最不利设置末端试水装置。末端试水装置的试水接头是相当于一个标准喷头的流量系数
组成	试水阀、压力表、试水接头; 末端试水—装置的出水,应采取孔口出流的方式排入排水管道
作用	检验系统的可靠性,测试干式系统和预作用系统的管道充水时间
设置要求	各报警阀组控制的最不利点洒水喷头处应设末端试水装置,其他防火分区、楼层均应设置直径为 DN25 的放水阀; 末端试水装置应由试水阀、压力表以及试水接头组成。试水口接出水口的流量系数,应等同于同楼层或防火分区内的最小流量系数洒水喷头; 末端试水装置的出水,应采取孔口出流的方式排入排水管道,排水立管宜设伸顶通气管,且管径不应小于 DN75; 末端试水装置和试水阀应有标识,距地面的高度宜为 1.5m,并应采取不被他用的措施; 报警阀处的排水立管宜为 DN100; 减压阀处的压力试验排水管道直径应根据减压阀流量确定,但不应小于 DN100

3.2.10 管道系统设置要求

1) 配水管道的工作压力不应大于 1.20MPa,并不应设置其他用水设施。

2) 配水管道可采用内外壁热镀锌钢管、涂覆钢管、铜管、不锈钢管和氯化聚氯乙烯管。当报警阀入口前管道采用不防腐的钢管时,应在报警阀前设置过滤器。

3) 自动喷水灭火系统采用氯化聚氯乙烯管材及管件时,设置场所的火灾危险等级应为轻危险级或中危险级Ⅰ级,系统应为湿式系统,并采用快速响应洒水喷头。

4) 洒水喷头与配水管道采用消防洒水软管连接时,应符合下列规定:

(1) 消防洒水软管仅适用于轻危险级或中危险级Ⅰ级场所,且系统应为湿式系统;

(2) 消防洒水软管应设置在吊顶内;

(3) 消防洒水软管的长度不应超过 1.8m。

5) 配水管道的连接方式应符合下列要求:

(1) 镀锌钢管、涂覆钢管可采用沟槽式连接件（卡箍）、螺纹或法兰连接,当报警阀前采用内壁不防腐钢管时,可焊接连接;

(2) 铜管可采用钎焊、沟槽式连接件（卡箍）、法兰和卡压等连接方式;

(3) 不锈钢管可采用沟槽式连接件（卡箍）、法兰、卡压等连接方式,不宜采用焊接;

(4) 氯化聚氯乙烯（PVC-C）管材、管件可采用粘接连接,氯化聚氯乙烯（PVC-C）管材、管件与其他材质管材、管件之间可采用螺纹、法兰或沟槽式连接件（卡箍）连接;

（5）铜管、不锈钢管、氯化聚氯乙烯（PVC-C）管应采用配套的支架、吊架。

6）系统中直径等于或大于100mm的管道，应分段采用法兰或沟槽式连接件（卡箍）连接。水平管道上法兰间的管道长度不宜大于20m；立管上法兰间的距离，不应跨越3个及以上楼层。净空高度大于8m的场所内，立管上应有法兰。

7）管道的直径应经水力计算确定。配水管道的布置，应使配水管入口的压力均衡。轻危险级、中危险级场所中各配水管入口的压力均不宜大于0.40MPa。

8）配水管两侧每根配水支管控制的标准流量洒水喷头数量，轻危险级、中危险级场所不应超过8只，同时在吊顶上下设置喷头的配水支管，上下侧均不应超过8只。严重危险级及仓库危险级场所均不应超过6只。

9）轻危险级、中危险级场所中配水支管、配水管控制的标准流量洒水喷头数量，不宜超过表3.2.10的规定：

轻危险级、中危险级场所控制标准流量洒水喷头数量表　　　表 3.2.10

公称管径/mm	控制的喷头数/只	
	轻危险级	中危险级
DN25	1	1
DN32	3	3
DN40	5	4
DN50	10	8
DN65	18	12
DN80	48	32
DN100	—	65

10）短立管及末端试水装置的连接管，其管径不应小于25mm。

11）干式系统、由火灾自动报警系统和充气管道上设置的压力开关开启预作用装置的预作用系统，其配水管道充水时间不宜大于1min（干式、双联锁预作用）。

12）干式系统、预作用系统的供气管道，采用钢管时，管径不宜小于15mm；采用铜管时，管径不宜小于10mm。

13）水平设置的管道宜有坡度，并应坡向泄水阀。充水管道的坡度不宜小于2‰，准工作状态不充水管道的坡度不宜小于4‰。

14）当自动喷水灭火系统中设有2个及以上报警阀组时，报警阀组前应设环状供水管道。

（1）环状供水管道上设置的控制阀应采用信号阀。

（2）当不采用信号阀时，应设锁定阀位的锁具。

15）配水干管、配水管应做红色或红色环圈标志。红色环圈标志，宽度不应小于20mm，间隔不宜大于4m，在一个独立的单元内环圈不宜少于2处。

检查数量：抽查20％，且不得少于5处。

16）管道支架、吊架的安装位置不应妨碍喷头的喷水效果；管道支架、吊架与喷头之间的距离不宜小于300mm；与末端喷头之间的距离不宜大于750mm。

3.3 系统检测

3.3.1 系统供水设施

1）消防水源应符合第2章2.4节相关要求。

2）稳压设施应符合第2章2.4节相关要求。

3）消防水泵应符合第2章2.4节相关要求。

4）消防水泵接合器应符合第2章2.4节相关要求。

3.3.2 喷头

1）设置及选型

检测方法：对照设计，直观检查系统选用的喷头类型。

2）外观标识

检测方法：直观检查喷头外表面有无加工缺陷、机械损伤和变形。喷头溅水盘或本体处，应有永久性标识，且标识清晰。

3）喷头安装

检测方法：直观检查不得对喷头进行拆装、改动，并严禁给喷头附加任何装饰性涂层。

4）净空高度

检测方法：查阅设计资料，直观检查，用钢卷尺、激光测距仪测量，闭式喷头室内安装高度，应按规范要求。

5）保护面积和间距

检测方法：查阅设计资料，直观检查，用钢卷尺、激光测距仪测量。

6）喷头与顶板距离

检测方法：查阅设计资料，直观检查，用钢卷尺、激光测距仪测量。

7）闷顶、夹层内喷头设置

检测方法：查阅设计资料，直观检查。

8）通透性吊顶喷头设置

检测方法：查阅设计资料，直观检查。

9）防火分隔水幕喷头设置

检测方法：查阅设计资料，直观检查，用钢卷尺、激光测距仪测量。

3.3.3 报警阀组

1）设置及选型

检测方法：查阅设计资料，直观检查设置及选型应符合设计要求。

2）外观标识

直观检查：报警阀外观、组件，阀瓣启闭、密封情况，检查报警阀应设有耐久性铭牌标识，设置牢固，应设有指示水流方向的永久性标识。

3）控制喷头数

检测方法：查阅设计资料，查看施工记录，直观检查。

4）喷头高程差

检测方法：查阅设计资料，查看施工记录，直观检查。

3.3.4 报警阀组件

检测方法：查阅设计资料，直观检查安装位置、压力表、试验阀、控制阀、延时器、排气装置、水力警铃、压力开关等装置的设置及资料。

3.3.5 管网

1）管道的材质、管径

检测方法：对照设计要求尺量检查系统管道、短立管及末端试水装置连接管的管径。

2）管道防腐、防冻

检测方法：查阅设计资料，查看施工记录，直观检查。

3）管道连接方式

检测方法：查阅设计资料，直观检查。

4）管道固定

检测方法：查阅设计资料，直观检查，支架或吊架之间距离。

5）穿楼板或防火墙套管与管道间隙处理

检测方法：直观检查管道穿过变形缝处措施、套管的设置、套管与管道的间隙处理。尺量检查穿过楼板的套管高出（装饰）地面尺寸。

6）报警阀后的管路

检测方法：直观检查管路是否有其他用水设施。

7）管路末端试水装置的设置

检测方法：查阅设计资料，尺量检查；每个报警阀组控制的最不利点喷头处应设末端试水装置。

8）管道色标

检测方法：直观检查红色标志，并尺量检查色环宽度及间隔。

9）水流指示器动作信号反馈

检测方法：在该分区管网末端进行放水试验，观察水流指示器是否将报警信号传送至消防控制室。

10）信号阀安装

检测方法：直观检查阀门设置。尺量检查信号阀与水流指示器安装间距。

11）信号阀状态及信号反馈

检测方法：关闭信号阀，直观检查消防控制室是否收到阀的关闭信号。

3.3.6 末端试水装置

1）设置部位

检测方法：对照设计要求直观检查末端试水装置、试水阀设置及管径。

2）安装和标识

检测方法：直观检查标识、保护及排水设施。尺量检查距地高度。

3.3.7 系统功能

1）湿式系统检测方法

（1）开启最不利处末端试水装置的控制阀，查看启泵前、后压力表的示值，水流指示器、压力开关报警应正确，消防水泵和其他联动设备启动后是否发出声、光报警信号并有动作及其信号反馈，用秒表测试测量自开启末端试水装置至消防水泵投入运行的时间。

（2）在报警阀检测装置处测试系统压力、流量应符合设计要求。

（3）测量器具：数字声级计、卷尺、激光测距仪、超声波流量计、压力表、秒表。

2）干式系统检测方法

（1）开启最不利处末端试水装置的控制阀，查看压力表的显示，水流指示器、压力开关报警应正确，消防水泵和其他联动设备启动后是否发出声、光报警信号并有动作及其信号反馈情况，测量自开启末端试水装置至出水压力不低于设计压力的时间、自压力开关动作起至消防水泵投入运行的时间。

（2）在报警阀检测装置处测试系统压力、流量应符合设计要求。

（3）测量器具：数字声级计、卷尺、激光测距仪、超声波流量计、压力表、秒表。

3）预作用系统检测方法

（1）自动启动。向一火灾探测器输入模拟火灾信号，观察控制室消防控制设备是否发出声、光报警信号并指示报警部位，雨淋阀上的电磁阀是否动作，水力警铃是否报警，水流指示器、压力开关是否动作，消防水泵是否启动，末端试水装置的试验阀处是否有压力水流出，控制室消防控制设备是否有各部位动作信号显示。用秒表测试各部位动作时间和系统充水时间应符合设计要求。

（2）远程启动。在末端试水装置处将试验阀打开（此时管路无水）。在控制室消防控制设备上手动启动雨淋阀上的电磁阀，观察水力警铃是否报警，水流指示器、压力开关是否动作，消防水泵是否启动，末端试水装置的试验阀处是否有压力水流出，控制室消防控制设备是否发出声、光报警信号并有各部位动作信号显示。用秒表测试各部位动作时间和系统充水时间应符合设计要求。

（3）现场启动。在末端试水装置处将试验阀打开（此时管路无水）。现场手动启动雨淋阀上的快开阀，观察水力警铃是否报警，水流指示器、压力开关是否动作，消防水泵启动，末端试水装置的试验阀处是否有压力水流出，控制室消防控制设备是否发出声、光报警信号并有各部位动作信号显示。用秒表测试各部位动作时间和系统充水时间应符合设计要求。

（4）在雨淋阀检测装置处测试系统的压力、流量应符合设计要求。

4）雨淋系统检测方法

（1）自动启动

将雨淋阀后系统管路上的截止阀关闭，打开雨淋阀上的旁通阀（此时旁通阀无水）。向一火灾探测器输入模拟火灾信号，观察控制室消防控制设备是否发出声、光报警信号并指示报警部位，雨淋阀上的电磁阀是否动作，水力警铃是否报警，压力开关是否动作，消防水泵是否启动，雨淋阀上的旁通阀处是否有压力水流出，控制室消防控制设备应有各部位动作信号显示。用秒表测试各部位动作时间应符合设计要求。

（2）远程启动

将雨淋阀后系统管路上的截止阀关闭，打开雨淋阀上的旁通阀（此时旁通阀无水）。在控制室消防控制设备上手动启动雨淋阀上的电磁阀，观察电磁阀是否动作，水力警铃是否报警，压力开关是否动作，消防水泵是否启动，雨淋阀上的旁通阀处是否有压力水流出，控制室消防控制设备是否发出声、光报警信号并有各部位动作信号显示。用秒表测试各部位动作时间应符合设计要求。

（3）现场启动

将雨淋阀后系统管路上的截止阀关闭，打开雨淋阀上的旁通阀，（此时旁通阀无水）。现场手动启动雨淋阀上的快开阀，观察水力警铃是否报警，压力开关是否动作，消防水泵是否启动，雨淋阀上的旁通阀处是否有压力水流出，控制室消防控制设备是否发出声、光报警信号并有各部位动作信号显示。用秒表测试各部位动作时间应符合设计要求。

（4）在雨淋阀检测装置处测试系统的压力、流量应符合设计要求。

（5）电磁阀动作，雨淋阀开启，管路充水，水力警铃报警，控制室消防控制设备应有动作信号显示。

（6）自动状态下，先后触发防护区内两个火灾探测器或使传动管泄压后，雨淋阀应开启，消防水泵应能自压力开关应动作起 1min 内自动启动。

（7）自消防水泵启动到最不利点喷头喷出水雾的时间符合设计要求。

（8）通过系统流量压力检测装置放水进行试验，系统流量、压力应符合设计要求。

（9）消防水泵和其他消防联动控制的设备启动后，应有反馈信号显示。

（10）报警阀动作，距水力警铃 3m 远处的警铃声声强不应小于 70dB；水流开关、报警阀动作、消防水泵和其他联动设备启动后，相应的反馈信号应正确。

3.3.8 检测规则

本规则适用于建筑工程自动喷水灭火系统竣工验收检验。

1）抽样比例、数量

（1）消防水泵主、备电源切换应进行 1～2 次试验。

（2）喷头按实际安装数量的 10％ 抽检，但不得少于 40 只。

（3）喷头备用品数量不应小于安装总数的 1％，且每种备用喷头的不应少于 10 个。

（4）管网抽查 20％，且不得少于 5 处。

（5）水流指示器、信号阀等按实际安装数量检测。

（6）压力开关、电动阀、电磁阀、报警阀组等按实际安装数量全部进行检验。

（7）报警阀功能试验应按报警阀实际安装数量全部检验。

（8）末端试水装置试验按实际安装数量的 30％～50％ 抽检。

（9）系统联动功能试验应进行 1～2 次。

（10）其他项目按相关规定进行检验。

2）抽样方法

按上述规定抽样时，应在系统中分区、分楼层随机抽样。

3.4 系统检测验收国标版检测报告格式化

自动喷水灭火系统检验项目　　　　　表 3.4

检验项目		标准条款	检验结果	判定	重要程度
一、水源	1.市政或企业生产、消防给水管网	GB 50974—2014　4.2、13.2.4.1 GB 50261—2017　8.0.4			A 类
	2.天然水源、地下水井	GB 50974—2014　13.2.4.2～ 13.2.4.4、4.4.1～14.4.5 GB 50261—2017　8.0.4.2			A 类
	3.消防水池、高位消防水池	GB 50974—2014　13.2.9、4.3；GB 50261—2017　4.3			
	(1)设置位置及分格	GB 50974—2014　13.2.9.1、4.3.1、4.3.6、4.3.11			A 类
	(2)水池有效容积	GB 50974—2014　13.2.4.1、13.2.9.2			A 类
	(3)高位消防水池有效容积	GB 50974—2014　13.2.4.1、13.2.9.2			A 类
	(4)进、出水管	GB 50974—2014　13.2.9.3、4.3.9、4.3.11			A 类
	(5)溢流管、排水管及间接排水	GB 50974—2014　13.2.9.3、4.3.9、4.3.10			A 类
	(6)管道、阀门和进水浮球阀便于检修	GB 50974—2014　13.2.9.4			C 类

检验项目		标准条款	检验结果	判定	重要程度
一、水源	(7)人孔和爬梯位置合理	GB 50974—2014 13.2.9.4			C类
	(8)吸水井、吸(出)水管喇叭口设置位置	GB 50974—2014 4.3.7、13.2.9.5			C类
	(9)取水口、吸水高度及距建(构)筑物距离	GB 50974—2014 4.3.7、13.2.9.5			C类
	(10)共用水池	GB 50974—2014 4.3.8、13.2.9.2			A类
	(11)防冻设施	GB 50974—2014 4.1.5、13.2.4			A类
	(12)水池、水箱水位显示及报警水位	GB 50974—2014 13.2.9.2			A类
	(13)消防水池通气管、呼吸管	GB 50974—2014 4.3.10、13.2.9.4			C类
	(14)高位消防水池满足水灭火设施工作压力和流量	GB 50974—2014 4.3.11、13.2.9.1			A类
	(15)防水套管、柔性接头	GB 50974—2014 5.1.13.11、5.1.13.10、13.2.6.2			C类
二、供水设施	1.消防水箱	GB 50974—2014 5.2.1、13.2.4.1、13.2.9.2;GB 50261—2017 4.3			
	(1)设置及其符合规定	GB 50974—2014 5.2.2、5.2.4、6.1.9、13.2.9.1			A类
	(2)有效容积	GB 50974—2014 5.2.1、13.2.4.1、13.2.9.2			A类
	(3)设置位置及满足水灭火设施最不利点处的静水压力	GB 50974—2014 5.2.2、13.2.9			A类
	(4)水位测量装置	GB 50974—2014 5.2.6、13.2.4.1、13.2.9.2			A类
	(5)防冻措施	GB 50974—2014 5.2.4.2、5.2.5、13.2.9.1			A类
	(6)出水、排水和水位	GB 50974—2014 5.2.6.1、13.2.9.2			A类
	(7)最低有效水位的确定	GB 50974—2014 5.2.6.2、5.1.13.4、13.2.9.2			A类
	(8)通气管、呼吸管	GB 50974—2014 5.2.6.3、13.2.9.4			C类
	(9)四周通道及距墙距离	GB 50974—2014 5.2.6.4、13.2.9.4			C类

续表

检验项目		标准条款	检验结果	判定	重要程度
	(10)进水管管径及位置	GB 50974—2014　5.2.6.5~5.2.6.7、13.2.9.3			A 类
	(11)溢流管直径	GB 50974—2014　5.2.6.8、13.2.9.3			A 类
	(12)出水管管径、位置及止回阀	GB 50974—2014　5.2.10、13.2.9.3			A 类
	(13)进出水管及其应设置启闭标志阀门	GB 50974—2014　5.2.6.6~5.2.6.11、13.2.9.4			C 类
	2.消防水泵房	GB 50974—2014　13.2.5;GB 50016—2014　8.1.6			
	(1)设置及建筑防火要求	GB 50016—2014　8.1.6 GB 50974—2014　13.2.5.1、5.5.12			B 类
	(2)应急照明、安全出口	GB 50974—2014　13.2.5.2 GB 50016—2014　10.3.3、8.1.6			B 类
	(3)采暖、排水、和防洪及防水淹没设施	GB 50974—2014　13.2.5.3、5.5.9、11.0.10			B 类
二、供水设施	(4)设备进出和维修安装空间	GB 50974—2014　13.2.5.4、5.5.1~5.5.8			B 类
	(5)消防水泵控制柜安装位置和防护等级	GB 50974—2014　13.2.5.5、5.5.16、11.0.2~11.0.9			B 类
	(6)消防水泵控制柜处于启泵状态	GB 50974—2014　13.2.6.7、11.0.1			A 类
	(7)机械应急启泵功能及正常工作时间	GB 50974—2014　11.0.12、13.1.10.5、13.2.16.3			A 类
	(8)通信设备	GB 50116—2013　6.7.4.1			B 类
	3.消防水泵	GB 50974—2014　13.2.3、13.2.6、5、12;GB 50261—2017　4.2			
	(1)检测报告及合格证	GB 50974—2014　13.2.3、12.2.1			A 类
	(2)运转平稳、无不良噪声的振动	GB 50974—2014　13.2.6.1			C 类
	(3)工作泵规格、型号、数量	GB 50974—2014　13.2.6.2、5.1.6			A 类
	(4)备用泵规格、型号、数量	GB 50974—2014　13.2.6.2、5.1.10			A 类
	(5)吸水管规格、型号、数量	GB 50974—2014　13.2.6.2、5.1.13.1			A 类
	(6)吸水管布置	GB 50974—2014　13.2.6.2、5.1.13.2、5.1.13.4、12.3.2			A 类

续表

检验项目	标准条款	检验结果	判定	重要程度
(7)吸水管上控制阀设置及标识	GB 50974—2014 13.2.6.2、12.3.2			A类
(8)出水管规格、型号、数量	GB 50974—2014 13.2.6.3、5.1.13.3、12.3.2			B类
(9)出水管上泄压阀、水锤消除设施	GB 50974—2014 13.2.6.2、13.2.6.6			A类
(10)出水管上止回阀、控制阀设置及标识	GB 50974—2014 13.2.6.2、5.1.13.6、12.3.2.8			A类
(11)出水管上设置DN65试水管	GB 50974—2014 13.2.6.5、5.1.11.4			B类
(12)吸水管和出水管上设置压力表	GB 50974—2014 5.1.17、12.3.2.8、13.2.6.8			B类
(13)流量和压力测试装置	GB 50974—2014 13.2.6.8、5.1.11			B类
(14)吸水管上过滤器、柔性连接管、柔性套管等安装	GB 50974—2014 5.1.13.11、13.2.12.7			B类
(15)系统总出水管上安装压力开关	GB 50974—2014 13.2.6.4、12.3.2.8			B类
(16)水泵隔振装置	GB 50974—2014 12.3.2.9、13.2.6.1			B类
(17)备用动力及双电源切换	GB 50974—2014 13.2.6.5、6.1.10、11.0.17 GB 50016—2014 10.1.8、10.1.9			B类
(18)水泵就地启停	GB 50974—2014 13.2.6.5、11.0.5			B类
(19)水泵远程启停	GB 50974—2014 13.2.6.5、11.0.7			B类
4.稳压设施	GB 50974—2014 5.2.2、5.3、13.2.7.1；GB 50261—2017 4.4			
(1)稳压泵	GB 50974—2014 5.2.2、5.3、13.2.7.1；GB 50261—2017 4.4			
a.设置	GB 50974—2014 5.2.2、5.3、13.2.7.1			A类
b.检验报告	GB 50974—2014 12.2.1.1、12.2.1.3			A类
c.外观标识	GB 50974—2014 5.1.3			C类
d.型号、性能	GB 50974—2014 5.3、13.2.7.1			A类
e.稳压泵控制及防止频繁启动技术措施	GB 50974—2014 5.3.4、13.2.7.2			B类

左侧竖排单元格：二、供水设施

检验项目		标准条款	检验结果	判定	重要程度
	f.1h内启动次数	GB 50974—2014 5.3.4、13.2.7.3			B类
	g.稳压泵安装	GB 50974—2014 12.3.5、13.2.7.5			B类
	h.吸水管、出水管	GB 50974—2014 5.3.5、13.2.7.3			B类
	i.备用泵	GB 50974—2014 5.3.6、13.2.7.1			A类
	j.自动/手动启停正常	GB 50974—2014 5.3.3、13.2.7.4			B类
	k.供电及主备电源切换	GB 50974—2014 13.1.4.2、13.1.5、13.2.7.4			B类
	(2)消防气压给水设备	GB 50974—2014 5.3.4、12.2.1、12.3.4、13.2.10；GB 50261—2017 4.4			
	a.设置及有效容积和调节容积	GB 50974—2014 5.3.4、12.3.4.1、13.2.10.1、13.2.7.5			B类
	b.检验报告	GB 50974—2014 12.2.1.3、13.2.7.1			A类
二、供水设施	c.气压水罐气侧压力	GB 50974—2014 12.3.4.1、13.2.10.2			C类
	d.安装	GB 50974—2014 12.3.4、13.2.7.5			B类
	5.消防水泵接合器	GB 50974—2014 5.4、12.3.6、13.2.14；GB 50261—2017 4.5			
	(1)检验报告	GB 50974—2014 12.2.1.2、13.2.14			A类
	(2)进水管位置	GB 50974—2014 5.4.4、13.2.14			B类
	(3)设置数量	GB 50974—2014 5.4.3、13.2.14			B类
	(4)供水最不利点压力、流量	GB 50974—2014 5.4.5、13.2.14			B类
	(5)消防车压力范围内接合器设置	GB 50974—2014 5.4.6、13.2.14			B类
	(6)超消防车压力范围接力泵设置位置	GB 50974—2014 5.4.6、13.2.14			B类
	(7)接合器安装	GB 50974—2014 5.4.7、12.3.6、13.2.14			B类
	(8)标志铭牌、系统名称、供水范围、额定压力	GB 50974—2014 5.4.9、13.2.14			B类

	检验项目	标准条款	检验结果	判定	重要程度
三、给水形式	1.分区供水	GB 50974—2014　6.2.4、8.3.4、13.2.8			
	1)减压阀	GB 50974—2014　13.2.8			
	(1)型号、规格	GB 50974—2014　6.2.4.1、6.2.4.5、13.2.8.1			A类
	(2)设计流量和压力	GB 50974—2014　6.2.4.2、13.2.8.1			A类
	(3)阀前过滤器、过滤面积和孔径	GB 50974—2014　8.3.4.2、13.2.8.2			B类
	(4)阀前阀后动静压力	GB 50974—2014　6.2.4.6、13.2.8.3			B类
	(5)阀后应设置压力试验排水阀	GB 50974—2014　8.3.4.5、13.2.8.5			B类
	(6)不应出现噪声明显增加或管道喘振	GB 50974—2014　8.3.4.10、13.2.8.5			B类
	(7)水头损失应小于设计阀后静压和动压差	GB 50974—2014　10.3.5、13.2.8.6			A类
	(8)减压阀的设置	GB 50974—2014　6.2.4.3、8.3.4.1、12.3.26 GB 50261—2017　5.4.10、8.0.8.4			B类
	2)消防水泵串联分区供水	GB 50974—2014　13.2.8			
	(1)转输水箱有效水容积	GB 50974—2014　6.2.3.1、13.2.9.2			A类
	(2)串联转输水箱的溢流管	GB 50974—2014　6.2.3.2、13.2.9.3			A类
	(3)水泵直接串联启动顺序	GB 50974—2014　6.2.3.3、11.0.11、13.2.16			A类
	(4)水泵直接串联时出水管上设置减压型倒流防止器	GB 50974—2014　6.2.3.4、13.2.6.2			A类
	3)减压水箱分区供水	GB 50974—2014　5.2.6.2、6.2.5、13.2.9			A类
四、管网	1.管网材质	GB 50261—2017　5.1.1～5.1.5、8.0.8.1			A类
	2.管径	GB 50261—2017　5.1.6、8.0.8.1			A类
	3.接头、连接方式、防腐	GB 50261—2017　5.1.6～5.1.9、5.1.11～5.1.13、8.0.8.1			A类

检验项目		标准条款	检验结果	判定	重要程度
四、管网	4.管道安装位置	GB 50261—2017　5.1.14、8.0.8.1			A类
	5.管道支撑、吊架、防晃支架安装	GB 50261—2017　5.1.15、8.0.8.1			A类
	6.管道抗变形措施及套管	GB 50261—2017　5.1.16、8.0.8.1			A类
	7.管道标识色环	GB 50261—2017　5.1.18、8.0.8.1			A类
	8.管道安装	GB 50261—2017　5.1.20～5.1.24、8.0.8.1			A类
	9.管网排水坡度及辅助排水设施	GB 50261—2017　5.1.17、8.0.8.2			C类
	10.防腐、防冻措施	GB 50974—2014　13.2.12、GB 50261—2017　5.1.10、5.1.13、8.0.8.1			A类
	11.系统管道充水时间	GB 50261—2017　8.0.8.5			
	(1)干式系统配水管道充水时间	GB 50261—2017　8.0.8.5			B类
	(2)预作用系统配水管道充水时间	GB 50261—2017　8.0.8.5			B类
	(3)雨淋系统配水管道充水时间	GB 50261—2017　8.0.8.5			B类
五、报警阀组	(一)报警阀组	GB 50261—2017;GB 50084—2017			
	1.各组件应符合产品标准、要求	GB 50261—2017　8.0.3.5、8.0.7.1			B类
	2.系统流量、压力	GB 50261—2017　8.0.7.2			A类
	3.水力警铃	GB 50261—2017　8.0.7.3、5.4.4			B类
	4.打开手动试水阀或电磁阀、雨淋阀组动作可靠	GB 50084—2017　11.0.6、11.0.7　GB 50261—2017　5.4.2、8.0.7.4			B类
	5.控制阀锁定在常开位置	GB 50261—2017　5.4.2、8.0.7.5			C类
	6.空气压缩机或火警联动控制	GB 50261—2017　8.0.7.6			B类
	7.打开末端试(放)水装置、湿式报警阀压力开关动作时间	GB 50261—2017　8.0.7.7			B类
	8.雨淋阀报警阀压力开关动作时间	GB 50261—2017　8.0.7.7			B类

续表

	检验项目	标准条款	检验结果	判定	重要程度
五、报警阀组	9.预作用装置、雨淋阀、自动控制水幕系统消防控制室(盘)远程控制	GB 50084—2017 11.0.7			A类
	10.预作用装置或雨淋报警阀处现场手动应急操作	GB 50084—2017 11.0.7			A类
	(二)报警阀组安装	GB 50261—2017 5.3、8.0.8.4			
	1.报警阀组安装	GB 50261—2017 5.3.1、8.0.8.4			B类
	2.报警阀组附件安装	GB 50261—2017 5.3.2、8.0.8.4			B类
	3.湿式系统	GB 50261—2017 5.3.3、8.0.8.4			B类
	4.干式系统	GB 50261—2017 5.3.4、8.0.8.4			B类
	5.雨淋阀组安装	GB 50261—2017 5.3.5、8.0.8.4			B类
六、其他组件	1.水流指示器安装	GB 50261—2017 5.4.1、8.0.8.4			B类
	2.控制阀规格、型号及安装	GB 50261—2017 5.4.2、8.0.8.4			B类
	3.压力开关竖直安装及管网上压力控制装置	GB 50261—2017 5.4.3、8.0.8.4			B类
	4.水力警铃安装	GB 50261—2017 5.4.4、8.0.8.4			B类
	5.末端试水装置、试水阀	GB 50261—2017 5.4.5、8.0.8.4			B类
	6.信号阀安装	GB 50261—2017 5.4.6、8.0.8.4			B类
	7.排气阀	GB 50261—2017 5.4.7、8.0.8.4			B类
	8.节流管和减压孔板	GB 50261—2017 5.4.8、8.0.8.4			B类
	9.压力开关、信号阀、水流指示器的引出线	GB 50261—2017 5.4.9、8.0.8.4			B类
	10.减压阀安装	GB 50261—2017 5.4.10、8.0.8.4			B类
	11.多功能水泵控制阀安装	GB 50261—2017 5.4.11、8.0.8.4			B类
	12.倒流防止器安装	GB 50261—2017 5.4.12、8.0.8.4			B类

检验项目		标准条款	检验结果	判定	重要程度
七、喷头	1. 设置场所	GB 50084—2017 6.1.1、8.0.9.1、6.1.3～6.1.9、			A类
	2. 规格、型号、公称动作指示、响应时间指数	GB 50261—2017 3.2.7、5.2.2、8.0.9.1			A类
	3. 喷头安装间距及喷头与墙距离	GB 50084—2017 7.1.2～7.1.5、8.0.9.2			B类
	4. 喷头溅水盘与吊顶、楼板距离	GB 50261—2017 5.2.5、8.0.9.2 GB 50084—2017 7.1.6、7.1.7			B类
	5. 喷头与梁等障碍物距离	GB 50084—2017 7.2、8.0.9.2			B类
	6. 有腐蚀性气体环境和冰冻危险场所喷头防护措施	GB 50261—2017 8.0.9.3			C类
	7. 有碰撞危险场所安装喷头加设防护罩	GB 50261—2017 5.2.4;8.0.9.4			C类
	8. 喷头备用品	GB 50261—2017 8.0.9.5			C类
八、消防给水系统流量、压力		GB 50974—2014 13.1.8、13.2.15、GB 50261—2017 8.0.11			A类
九、控制柜	1. 检测报告及合格证	GB 50974—2014 13.2.16、12.2.7			A类
	2. 规格、型号、数量	GB 50974—2014 13.2.16.1、12.2.7.16			A类
	3. 控制柜图纸塑封后粘贴柜门内侧	GB 50974—2014 12.2.7.15、13.2.16.2			A类
	4. 控制柜安装	GB 50974—2014 12.2.7、12.3.27、13.2.16.4			A类
	5. 控制柜的动作	GB 50974—2014 13.2.16.3、12.2.7.1;GB 50261—2017 8.0.6			
	(1)平时处于自动启动状态	GB 50974—2014 13.2.16.3、11.0.1、GB 50261—2017 8.0.6			A类
	(2)不应设置自动停泵功能	GB 50974—2014 13.2.16.3、11.0.2、11.0.5			A类

检验项目		标准条款	检验结果	判定	重要程度
九、控制柜	(3)消防水泵自动启动时间不应大于2min	GB 50974—2014　13.2.16.3、11.0.3			A类
	(4)消防水泵应能手动启停自动启动	GB 50974—2014　13.2.16.3、11.0.5			A类
	(5)消防水泵就地强制启停泵按钮,并应有保护装置	GB 50974—2014　13.2.16.3、11.0.8			A类
	(6)分区供水时消防水泵启动顺序	GB 50974—2014　13.2.16.3、11.0.11			A类
	(7)应设置机械应急启泵功能	GB 50974—2014　13.2.16.3、11.0.12			A类
	(8)火灾时消防水泵工频运行及启动方式	GB 50974—2014　13.2.16.3、11.0.14			A类
	(9)消防水泵准工作状态自动/人工巡检方式	GB 50974—2014　13.2.16.3、11.0.14			A类
	(10)工频泵启动时间	GB 50974—2014　13.2.16.3、11.0.15			A类
	(11)电动驱动消防水泵自动巡检功能	GB 50974—2014　13.2.16.3、11.0.16			A类
	(12)控制柜盘面显示及自动巡检可调	GB 50974—2014　13.2.16.3、11.0.18、12.2.7			A类
	(13)控制柜前面板的明显部位应设置紧急打开柜门装置	GB 50974—2014　13.2.16.3、11.0.13			A类
	6.控制柜的质量	GB 50974—2014　13.2.16.4、11.0.10、11.0.19、12.2.7			A类
	7.主备电源自动切换装置的设置	GB 50974—2014　13.2.16.5、11.0.17			A类
十、消防控制室	1.控制盘应设手动直接启泵按钮	GB 50974—2014　11.0.7.1、13.2.16.3			A类
	2.控制盘应能显示消防水泵和稳压泵运行状态	GB 50974—2014　11.0.7.2、13.2.17.3			A类
	3.显示消防水池、高位消防水箱高低水位报警信号及正常水位	GB 50974—2014　11.0.7.3、13.2.9.1			A类

检验项目		标准条款	检验结果	判定	重要程度
十一、系统功能试验	1.消防泵启动功能	GB 50261—2017　7.2.3；GB 50084—2017　11.0.2、11.0.5			
	(1)自动启动	GB 50261—2017　8.0.12、7.2.3.1	s		A类
	(2)远程启动	GB 50084—2017　11.0.2、11.0.5	s		A类
	(3)现场启动	GB 50261—2017　7.2.3.1、8.0.6.4	s		A类
	(4)备用泵启动	GB 50261—2017　7.2.3.2、8.0.6.6	s		A类
	(5)稳压泵启动	GB 50261—2017　7.2.4、8.0.6.6			A类
	(6)消防气压给水设备	GB 50261—2017　8.0.6.6			A类
	2.报警阀功能试验	GB 50261—2017　7.2.5、8.0.7	s		B类
	3.系统模拟灭火功能试验	GB 50261—2017　7.2.7、8.0.12			
	1)报警阀动作,水力警铃应鸣响	GB 50261—2017　8.0.12.1			C类
	2)水流指示器动作,应有反馈信号显示	GB 50261—2017　8.0.12.2			C类
	3)压力开关动作,应启动消防水泵及其联动的相关设备,并应有反馈信号显示	GB 50261—2017　8.0.12.3			A类
	4)电磁阀打开,雨淋阀应开启,并应有反馈信号显示	GB 50261—2017　8.0.12.4			A类
	5)消防水泵启动后,应有反馈信号显示	GB 50261—2017　8.0.12.5			B类
	6)加速器动作后,应有反馈信号显示	GB 50261—2017　8.0.12.6			B类
	7)其他消防联动控制设备启动后,应有反馈信号显示	GB 50261—2017　8.0.12.7			B类

判定：A＝0，B≤2，B＋C≤6

3.5 检验检测机构资质认定检验检测能力申请表

检验检测能力申请表

检验检测机构地址：

表 3.5

序号	类别(产品/项目/参数)	产品/项目/参数		依据的标准(方法)名称及编号(含年号)	限制范围	说明
		序号	名称			
(三)	自动喷水灭火系统	1	距离(长度、宽度、高度)	《消防给水及消火栓系统技术规范》 GB 50974—2014 4.3.2、4.3.7、5.2.1、13.2.9.2 《自动喷水灭火系统施工及验收规范》 GB 50261—2017 4.3.3、4.4.2、4.5.2、4.5.3、5.1.7、5.1.8、5.1.8.3、5.1.8.4、5.1.8.5、5.1.8.6、5.1.11、5.2.1、5.2.5、5.2.7、5.2.8、5.2.9、5.2.10、5.3.1、5.3.4、5.3.5、5.4.4、5.4.6、8.0.8.3、8.0.9.2 《自动喷水灭火系统设计规范》 GB 50084—2017 6.1.1、6.2.4、7.1.2、7.1.3、7.1.4、7.1.5、7.1.6、7.1.7、7.1.8、7.1.11、7.1.12、7.1.13、7.1.14、7.1.15、7.2.1、7.2.2、7.2.3、7.2.4、7.2.5、8.0.10		
		2	声压级	《自动喷水灭火系统施工及验收规范》 GB 50261—2017 5.4.4		
		3	时间	《自动喷水灭火系统施工及验收规范》 GB 50261—2017 7.2.3、7.2.5、8.0.8.5		
		4	照度	《建筑设计防火规范》 GB 50016—2014 10.3.3 《自动喷水灭火系统施工及验收规范》 GB 50261—2017 8.0.5.2		

序号	类别(产品/项目/参数)	产品/项目/参数		依据的标准(方法)名称及编号(含年号)	限制范围	说明
		序号	名称			
(三)	自动喷水灭火系统	5	坡度	《自动喷水灭火系统施工及验收规范》 GB 50261—2017　5.1.17		
		6	流量	《消防给水及消火栓系统技术规范》 GB 50974—2014　5.2.2 《自动喷水灭火系统施工及验收规范》 GB 50261—2017　8.0.7		
		7	压力	GB 50974—2014　5.2.2 GB 50261—2017　8.0.7		
		8	设备基本功能	《建筑设计防火规范》 GB 50016—2014　10.1.4、10.1.8 《消防给水及消火栓系统技术规范》 GB 50974—2014　11.0.3、11.0.5、11.0.18 《火灾自动报警系统施工及验收规范》 GB 50166—2019　4.14 《自动喷水灭火系统施工及验收规范》 GB 50261—2017　7.2.3、7.2.4、7.2.5 《火灾自动报警系统设计规范》 GB 50116—2013　4.2		
		9	消防联动控制设备基本功能	《火灾自动报警系统施工及验收规范》 GB 50166—2019　4.16.5、4.16.8、4.15.1、4.16.12、4.16.16、4.15.17 《消防给水及消火栓系统技术规范》 GB 50974—2014　11.0.7.1		
		10	联动功能试验	《自动喷水灭火系统施工及验收规范》 GB 50261—2017　7.2.7		

3.6 检验检测机构资质认定仪器设备（标准物质）配置表

仪器设备（标准物质）配置表

检验检测机构地址：   表3.6

| 序号 | 类别(产品/项目/参数) | 产品/项目/参数 | | 依据的标准(方法)名称及编号(含年号) | 仪器设备(标准物质) | | | 溯源方式 | 有效日期 | 确认结果 |
		序号	名称		名称	型号/规格/等级	测量范围			
（三）	自动喷水灭火系统	1	距离(长度、宽度、高度、距离)	《消防给水及消火栓系统技术规范》 GB 50974—2014　4.3.2、4.3.7、5.2.1、13.2.9.2 《自动喷水灭火系统施工及验收规范》 GB 50261—2017　4.3.3、4.4.2、4.5.2、4.5.3、5.1.7、5.1.8、5.1.8.3、5.1.8.4、5.1.8.5、5.1.8.6、5.1.11、5.2.1、5.2.5、5.2.7、5.2.8、5.2.9、5.2.10、5.3.1、5.3.4、5.3.5、5.4.4、5.4.6、8.0.8.3、8.0.9.2 《自动喷水灭火系统设计规范》 GB 50084—2017　6.1.1、6.2.4、7.1.2～7.1.8、7.1.11～7.1.15、7.2.1～7.2.5、8.0.8	钢卷尺塞尺					
		2	声压级	《自动喷水灭火系统施工及验收规范》 GB 50261—2017　5.4.4 《消防设施检测技术规程》 DB21/T 2869—2017　6.4.4.5.6	声级计					
		3	时间	《自动喷水灭火系统施工及验收规范》 GB 50261—2017　7.2.3、7.2.5、8.0.8.5	秒表					

序号	类别(产品/项目/参数)	产品/项目/参数		依据的标准(方法)名称及编号(含年号)	仪器设备(标准物质)			溯源方式	有效日期	确认结果
		序号	名称		名称	型号/规格/等级	测量范围			
(三)	自动喷水灭火系统	4	照度	《建筑设计防火规范》 GB 50016—2014　10.3.3 《自动喷水灭火系统施工及验收规范》 GB 50261—2017　8.0.5.2 《自动喷水灭火系统施工及验收规范》 GB 50261—2017　8.0.5.2	照度计					
		5	坡度	《自动喷水灭火系统施工及验收规范》 GB 50261—2017　5.1.17	坡度仪					
		6	流量	GB 50974—2014　5.2.2 GB 50261—2017　8.0.7	流量计					
		7	压力	GB 50974—2014　5.2.2 GB 50261—2017　8.0.7	压力表					
		8	设备基本功能	《建筑设计防火规范》 GB 50016—2014　10.1.4、10.1.8 《消防给水及消火栓系统技术规范》 GB 50974—2014　11.0.3、11.0.5、11.0.18 《火灾自动报警系统施工及验收规范》 GB 50166—2019　4.14 《自动喷水灭火系统施工及验收规范》 GB 50261—2017　7.2.3~7.2.5 《火灾自动报警系统设计规范》 GB 50116—2013　4.2	手动试验					
		9	消防联动控制设备基本功能	《火灾自动报警系统施工及验收规范》 GB 50166—2019　4.16.5、4.16.8、4.15.1、4.16.12、4.16.16、4.15.17 《消防给水及消火栓系统技术规范》 GB 50974—2014　11.0.7.1	手动试验					
		10	联动功能试验	《自动喷水灭火系统施工及验收规范》 GB 50261—2017　7.2.7	手动试验					

3.7 系统验收检测原始记录格式化

消防给水系统原始记录

工程建筑消防情况统计表　　　　　　　年　月　日　　　　　　表 3.7-1

建筑情况	工程名称			施工单位	
	建筑层数			建筑高度	
依据标准	GB 50974—2014　5.1.3、5.2、5.3；GB 50261—2017　3.2.1、4.4、4.3、7.2.4				
消防设施	消防水箱	容积			
		补水管径		浮球阀设置安装	
		溢流管设置			
		泄水管设置			
		出水管管径		通道、距离	主道 1m、0.8m
		连接方式		止回阀设置	
		防水套管、柔性接头		合用水箱	
	稳压泵	消火栓稳压泵　　台　　型号： 性能：$H=$　　m，$Q=$　　L/s，$n=$　　rpm 厂家：			
		喷洒稳压泵　　台　　型号： 性能：$H=$　　m，$Q=$　　L/s，$n=$　　rpm 厂家：			
	气压给水装置	消火栓气压罐　　套　　规格型号： 厂家：			
		喷洒气压罐　　套　　规格型号： 厂家：			
	稳压泵控制箱	消火栓稳压泵控制箱　　台　　型号： 产品编号： 厂家：			
		喷洒稳压泵控制箱　　台　　型号： 产品编号： 厂家：			

核验员：　　　　　　　　　　　　　　检验员：

消防给水系统原始记录

工程建筑消防情况统计表　　　　　　　　　年　月　日　　　　　　　　　表 3.7-2

<table>
<tr><td rowspan="2">建筑
情况</td><td>工程名称</td><td></td><td>施工单位</td><td></td></tr>
<tr><td>建筑层数</td><td></td><td>建筑高度</td><td></td></tr>
<tr><td>依据标准</td><td colspan="4">GB 50974—2014　4.1.5、13.2.4、4.3.10、4.3、13.2.9、5.1.13、4.3.7、13.2.9.5；GB 50261—2017
8.0.4、3.2.1、4.5、8.0.10</td></tr>
<tr><td rowspan="10">消防
设施</td><td rowspan="4">消防
水池</td><td>容积</td><td>m³</td><td>防冻措施</td><td></td></tr>
<tr><td>补水管径</td><td>浮球阀安装</td><td>防水套管柔性接头</td><td></td></tr>
<tr><td>溢流管安装</td><td></td><td>设置方式</td><td></td></tr>
<tr><td>泄水管设置</td><td></td><td>合用水池</td><td></td></tr>
<tr><td rowspan="2">市政给水管道</td><td colspan="2">进水管数量</td><td></td></tr>
<tr><td colspan="2">进水管直径</td><td></td></tr>
<tr><td>天然水源</td><td colspan="3"></td></tr>
<tr><td rowspan="2">水泵接合器</td><td colspan="3">消火栓水泵接合器　　套　　型　号：　　标志：
厂家：
防水防锈措施：　　安装位置及标高：</td></tr>
<tr><td colspan="3">喷洒水泵接合器　　套　　型　号：　　标志：
厂家：
防水防锈措施：　　安装位置及标高：</td></tr>
<tr><td>吸取水口距建
(构)筑物距离</td><td></td><td>水池通气管、呼吸管</td><td></td></tr>
<tr><td>备注</td><td colspan="4"></td></tr>
</table>

核验员：　　　　　　　　　　　　　　　检验员：

消防给水系统原始记录

消防泵房 　　　　　　　　　　　　　年　月　日　　　　　　　　　　　　　表 3.7-3

工程名称		施工单位		
检验项目	检验内容	依据标准	检验结果	结论
消防泵房	设置及建筑防火要求	GB 50016—2014　8.1.6 GB 50974—2014　13.2.5.1、 5.5.12		
	应急照明、安全出口	GB 50974—2014　13.2.5.2 GB 50016—2014　10.3.3、 8.1.6		
	采暖、排水和防洪及防水淹没设施	GB 50974—2014　5.5.9、 11.0.10、13.1.9.4、13.2.5.3		
	设备进出口和维修安装空间	GB 50974—2014　13.2.5.4、 5.5.1～5.5.8		
	消防水泵和控制柜安装位置和防护等级	GB 50974—2014　13.2.5.5、 5.5.16、11.0.2～11.0.9		
	消防水泵控制柜处于启泵状态	GB 50974—2014　13.2.6.7、 11.0.1		
	通信设备	GB 50116—2013　6.7.4.1		
	机械应急启泵功能及正常工作时间	GB 50974—2014　11.0.12、 13.1.10.5、13.2.16.3		
	备用动力及双电源切换	GB 50016—2013 13.2.6.5、6.1.10、11.0.17 GB 50974—2014　10.1.8、 10.1.9		
	直接启泵 压力开关　喷洒/MPa	GB 50974—2014　11.0.4		
	消火栓/MPa			
消防电源情况				

核验员：　　　　　　　　　　　　　　　　　　检验员：

98

消防给水系统原始记录

消防泵功能试验	年　月　日		表 3. 7-4

工程名称		施工单位	
依据标准	GB 50974—2014　11. 0. 1、11. 0. 2、11. 0. 9；GB 50261—2017　8. 0. 6. 7、7. 2. 3 GB 50084—2017　11. 0		

检验项目	检验内容	检验结果	
		正常	不正常
泵组转换运行	喷洒泵自动互投转换功能		
	消火栓泵自动互投转换功能		
控制中心启停水泵	远程启、停喷洒泵		
	远程启、停消火栓泵		
控制柜启停泵	就地启、停喷洒泵		
	就地启、停消火栓泵		
泵故障状态指示	喷洒泵故障状态指示		
	消火栓泵故障状态指示		
泵组数量及型号	喷洒泵　　台　　　型号： $H=$　m，$Q=$　L/s，$n=$　rpm，$N=$　kW 厂家：		
	消火栓泵　　台　　　型号： $H=$　m，$Q=$　L/s，$n=$　rpm，$N=$　kW 厂家：		
泵组控制柜型号及数量	喷洒泵控制柜　台　　　型号： 厂家：		
	消火栓泵控制柜　台　　　型号： 厂家：		

核验员：　　　　　　　　　　　　　　　　检验员：

消防给水系统原始记录

消防泵功能试验 年 月 日 表3.7-5

工程名称		施工单位	
依据标准	GB 50974—2014　11.0.13、11.0.14、11.0.15、11.0.10、11.0.12 GB 50261—2017　8.0.6.7、7.2.3；GB 50084—2017　11.0		

检验项目	检验内容	检验结果	
		正常	不正常
泵组控制柜	防护等级		
	前面板设紧急时打开柜门装置		
	功率大的水泵不宜采用有源器件启动		
	启动到额定转数时间		
	机械应急启泵功能　喷泵柜		
	机械应急启泵功能　栓泵柜		
	防水淹措施		
	防潮除湿装置		
消防泵巡检功能	巡检周期且任意设定		
	低频巡检时间		
	对柜内一次回路中主要低压器件宜有巡检功能并检查动作状态		
	有启泵信号退出巡检进入工作状态		
	有故障应有声光报警并记录储存功能		
	自动巡检时电源自动切换功能		
	柜面有巡检状态和信号等		

核验员：　　　　　　　　　　　　检验员：

100

自动喷水灭火系统原始记录

自动喷水灭火系统联动功能检验　　　　　　年　月　日　　　　　　　表 3.7-6

工程名称				施工单位				
依据标准		GB 50261—2017　7.2.4、7.2.7、8.0.6.6、8.0.12						

检验项目		试验结果			
		层	层	层	层
末端试水装置启动功能	水流指示器动作				
	区域、中心控制报警信号				
	水泵启动				
	系统/最不利点工作压力				
	水力报警阀功能 延迟器、警铃报警				
	压力开关报警				
	阀前压力(MPa)				
	阀后压力(MPa)				
	手动试铃阀试验				
	放水阀排水				

信号蝶阀检验部位	层	层	层	层	层	层	层	层
信号蝶阀关闭指示								

稳压泵气压罐试验	设定压力	下限　　MPa；上限　　MPa	
	试验压力	下限启动泵　　MPa	
		上限停泵　　MPa	
	手动启停		

核验员：　　　　　　　　　　　　　　　检验员：

自动喷水灭火系统原始记录

喷头检验　　　　　　　　　　年　月　日　　　　　　　　　　表 3.7-7

工程名称		施工单位	
喷头型号温度等级		依据标准	GB 50261—2017　5.2、8.0.9 GB 50084—2017　7.1、7.2、6.1

检验结果＼检验项目＼检验部位	喷头外观	喷头间距保护面积/m	喷头距墙尺寸/m	喷头距梁尺寸/m	喷头距吊顶,楼(屋面)板尺寸/mm	喷头距隔断尺寸/mm

核验员：　　　　　　　　　　　　　　检验员：

自动喷水灭火系统原始记录

仓库喷头检验　　　　　　　　　　　年　月　日　　　　　　　　　　　表 3.7-8

工程名称		施工单位			
喷头型号温度等级		依据标准	GB 50261—2017　5.2、8.0.9 GB 50084—2017　7.1、7.2、6.1		
检验结果＼检验项目 检验部位	喷头与下方保护物垂直距离/m	喷头距堆垛边距离/m	货架		
			货架内喷头间距/m	货架内喷头/mm	集热板安装
				与上方层板距离	与下方货品顶面距离

核验员：　　　　　　　　　　　　　　　检验员：

消防水系统原始记录

管道安装检验　　　　　　　　　　年　月　日　　　　　　　　　　表 3.7-9

工程名称				施工单位		
依据标准	GB 50261—2017　5.1.8、5.1.11、5.1.12、5.1.15、5.1.16、5.1.18、8.0.8.1、8.0.8.7 GB 50084—2017　8.0.1、8.0.5、8.0.6;GB 50974—2014　8.2.8、8.2.10					
报警阀后管道无其他用水设施						
稳压装置接管接至报警阀前						
架空管道材质		□热浸锌镀锌钢管　　□热浸锌镀锌加厚钢管　　□热浸锌镀锌无缝钢管				
架空充水管道环境温度						℃

检验部位	系统名称	检验项目				
		支吊架安装	套管安装	连接方式	管道色标	配水管或配水支管直径

核验员:　　　　　　　　　　　　　　　检验员:

自动喷水灭火系统原始记录

自动喷水灭火系统组件检验　　　　　　年　月　日　　　　　　表 3.7-10

工程名称			施工单位	
依据标准	GB 50261—2017　5.3、5.4、8.0.8；GB 50084—2017　6.5			
检验项目			检验结果	
			正确(划√)错误(划×,并注明)	
报警阀组	报警阀安装位置及标高			
	报警阀组排水措施			
	报警阀总控阀信号反馈或皮带锁位			
	报警阀前后压力表安装			
	报警阀旁通稳压管安装			
	报警阀环管安装(两个或两个以上)			
	报警阀前管道连接方式及过滤器安装			
	喷头高程差			
	压力开关			
	水力警铃			
	报警阀型号、规格：　　　数量： 厂家：			
水流指示器和信号蝶阀	水流指示器外观标志			
	水流指示器设置部位			
	水流指示器安装方式			
	信号阀安装			
	布线方式			
	水流指示器型号、规格：　　　数量： 厂家：			
	信号蝶阀型号、规格：　　　数量： 厂家：			
末端试水装置	设置部位			
	装置组件			
	连接管及排水管直径			

核验员：　　　　　　　　　　　　　　检验员：

105

消防给水系统原始记录

消防泵房检验   年 月 日   **表 3.7-11**

工程名称		施工单位	
依据标准	GB 50084—2017 10.2；GB 50261—2017 3.2.1、4.2.1、7.2.3、8.0.6		
检验项目		检验结果	
		正确(划√)错误(划×,并注明)	
消火栓泵	吸水管单独性		
	吸水管阀门采用		
	吸水管的上平异径管采用		
	吸水管连接方式		
	出水管上试验阀安装		
	出水管上泄压阀安装		
	出水管上压力表安装		
	挠性接头安装		
	阀门标志及皮带锁位		
	管网支吊架安装		
喷洒泵	吸水管单独性		
	吸水管阀门采用		
	吸水管的上平异径管采用		
	吸水管连接方式		
	出水管上试验阀安装		
	出水管上泄压阀安装		
	出水管上压力表安装		
	挠性接头安装		
	阀门标志及皮带锁位		
	管网支吊架安装		

核验员：   检验员：

消防给水系统原始记录

年 月 日

表 3.7-12

工程名称			施工单位	
依据标准	GB 50974—2014 6.2			
检验项目	检验内容		检验结果	判定
分区供水	系统工作压力/MPa			
	消火栓栓口静压/MPa			
	自喷报警阀处工作压力或喷头处工作压力/MPa			
	消防水泵转输水箱	容积/m³		
		溢流管宜连接至消防水池		
	消防水泵直接串联时启泵顺序			
	串联水泵出水管上减压型倒流防止器			
接力泵组数量及型号	喷洒接力泵 台 型号： $H=$ m，$Q=$ L/s，$n=$ rpm，$N=$ kW 厂家：			
	消火栓接力泵 台 型号： $H=$ m，$Q=$ L/s，$n=$ rpm，$N=$ kW 厂家：			
接力泵组控制柜	喷洒接力泵控制柜 台 型号： 厂家：			
	消火栓接力泵控制柜 台 型号： 厂家：			

核验员：   检验员：

消防给水系统原始记录

年　月　日   表 3.7-13

工程名称				施工单位	
依据标准			GB 50974—2014　6.2.4、8.3.4		
检验项目	检验内容			检验结果	判定
减压阀分区	型式		比例式		
			先导式		
	设计流量和压力				
	阀前阀后压力比值 3∶1				
	串联减压阀前后压力差/MPa				
	每一供水分区		减压阀组数		
			备用减压阀组		
	阀后应设安全阀及开启压力				
减压阀的设置	报警阀组入口前				
	减压阀前过滤器、过滤面积和孔径				
	过滤器和减压阀前后设压力表、表盘、量程				
	过滤器前和减压阀后设控制阀				
	减压阀后设压力试验排水阀				
	设流量测试接口				
	比例宜垂直可调宜水平安装				
	减压阀和控制阀门宜有保护或锁定调节配件的装置				
减压阀规格型号及数量	减压阀　　　组(其中备用:　组)　型号: 厂家:				

核验员: 检验员:

自动喷水灭火系统原始记录

自动喷水灭火系统模拟灭火功能　　　　　　年　月　日　　　　　　表 3.7-14

工程名称								施工单位					
依据标准	GB 50261—2017　7.2.7、8.0.7、8.0.8.5、8.0.12												
检验项目						检测结果							
	启动方式	系统类别	部位	水流指示器动作（信号）	报警阀动作、水力警铃鸣响	压力开关动作时间（信号）	消防水泵及其他相关设备动作(信号)	电磁阀开启、雨淋阀动作（信号）	消防水泵动作（信号）	加速器动作（信号）	其他消防联动控制设备动作（信号）	管网充水时间	信号反馈
喷洒系统模拟灭火功能试验													

核验员：　　　　　　　　　　　　　检验员：

第4章 水喷雾及细水雾灭火系统

4.1 水喷雾灭火系统分类

按启动方式可分为电动启动水喷雾灭火系统和传动管启动水喷雾灭火系统。

4.2 水喷雾灭火系统的组成

水喷雾灭火系统是由水源、供水设备、管道、雨淋报警阀（或电动控制阀、气动控制阀）、过滤器和水雾喷头等组成。

4.3 水喷雾灭火系统适用范围

水喷雾灭火系统的防护目的主要有两个，即灭火和防护冷却。

1）灭火适用范围

水喷雾灭火系统可用于扑救固体物质火灾、丙类液体火灾、饮料酒火灾和电气火灾。并可用于可燃气体和甲、乙、丙类液体的生产、储存装置或装卸设施的防护冷却。某些危险固体如火药和烟花爆竹引起的火灾。

可燃固体（A类）火灾：水喷雾、细水雾灭火系统可以有效扑灭一般的 A 类燃烧物，包括纸张、木材和纺织品的深位火灾和塑料泡沫、橡胶等危险固体火灾等。

可燃液体（B类）火灾：水喷雾统可以有效扑灭可燃液体火灾，适用范围包括了甲、乙、丙类液体的生产、储存装置或装卸设施的防护冷却。

电气火灾：水喷雾灭火系统的离心雾化喷头喷出的水雾具有良好的电绝缘性，因此可用于扑救油浸式电力变压器、电缆隧道、电缆沟、电缆井、电缆夹层等处发生的电气火灾。

厨房火灾：厨房内的烹饪油料火灾十分难以扑灭，因为它们燃烧温度高且易于复燃。这种火灾不能被泡沫、干粉或二氧化碳有效扑灭。近期烹饪油被划分为一类新的火灾，即 K 类火灾。

2）防护冷却的适用范围

可燃气体和甲、乙、丙类液体的生产、储存装置和装卸设施的防护冷却。

火灾危险性大的化工装置及管道，如加热器、反应器、蒸馏塔等的防护冷却。

4.4 水喷雾灭火系统设计参数

水喷雾灭火系统的基本设计参数应根据系统的防护目的和保护对象来确定。

4.4.1 水雾喷头的工作压力

用于灭火时，水雾喷头的工作压力不应小于 0.35MPa；用于防护冷却时，水雾喷头的工作压力不应小于 0.2MPa。但对于甲、乙、丙类液体储罐不应小于 0.15MPa。

4.4.2 水喷雾灭火系统的响应时间

响应时间是指由火灾报警设备发出信号并启动系统供水设施起，至系统中最不利点水雾喷头喷出水雾的时间，它是系统由报警到实施喷水灭火的时间参数。

用于灭火时，系统的响应时间不应大于 60s；

用于液化气生产、储存装置或装卸设施的防护冷却时，系统的响应时间不应大于 60s；

用于其他设施的防护冷却时，系统的响应时间不应大于 300s。

4.4.3 水喷雾灭火系统的保护面积按以下原则确定：

1) 按保护对象的规则外表面面积确定；

2) 当保护对象的外表面面积不规则时，应按包容保护对象的最小规则形体的外表面面积确定；

3) 变压器的保护面积除应按扣除底面面积以外的变压器油箱外表面面积确定外，还应包括散热器的外表面面积和储油柜（油枕）及集油坑的投影面积；

4) 分层敷设电缆的保护面积应按整体包容电缆的最小规则形体的外表面面积确定；

5) 输送机皮带的保护面积应按上行皮带的上表面面积确定；

6) 开口可燃液体容器的保护面积应按液面面积确定；

7) 当水喷雾灭火系统用于室内保护对象时，保护面积可按室内建筑面积或保护对象的外表面面积确定。

4.4.4 喷雾强度和持续喷雾时间

系统的供给强度、持续供给时间和响应时间应符合《水喷雾灭火系统技术规范》GB 50219—2014 的要求。

4.5 水喷雾灭火系统组件及设置要求

4.5.1 系统组件

水喷雾灭火系统由水雾喷头、雨淋阀、过滤器、供水管道等主要部件组成。

4.5.2 设置要求

1) 水雾喷头布置要求

（1）基本原则

水雾喷头布置的基本原则是：保护对象的水雾喷头数量应根据设计喷雾强度、保护面积和水雾喷头特性，按水雾喷头流量确定；水雾喷头的布置应使水雾直接喷射和完全覆盖保护对象，水雾喷头与保护对象之间的距离不得大于水雾喷头的有效射程；水雾喷头、管道与电气设备带电（裸露）部分的安全净距应符合国家有关标准的规定。

（2）布置方式

水雾喷头的平面布置方式可为矩形或菱形。当按矩形布置时，水雾喷头之间的距离不应大于水雾喷头水雾锥底圆半径的 1.4 倍；当按菱形布置时，水雾喷头之间的距离不应大于水雾喷头水雾锥底圆半径的 1.7 倍。

2）雨淋阀设置要求

雨淋阀作为水喷雾灭火系统中的系统报警控制阀，起着十分重要的作用。

（1）雨淋阀组宜设在环境温度不低于 4℃ 并有排水设施的室内，其位置宜靠近保护对象并便于操作；雨淋阀组设在室外时，雨淋阀组配件应具有防腐功能；设在防爆区的雨淋阀组配件应符合防爆要求。

（2）寒冷地区的雨淋阀组应采用电伴热或蒸汽伴热进行保温。

（3）并联设置的雨淋阀组，雨淋阀入口处应设止回阀。

（4）雨淋阀前的管道应设置可冲洗的过滤器。

4.6 细水雾灭火系统分类

4.6.1 按压力分

低压系统：系统工作压力小于或等于 1.21MPa 的细水雾灭火系统。

中压系统：系统工作压力大于 1.21MPa 且小于 3.50MPa 的细水雾灭火系统。

高压系统：系统工作压力大于或等于 3.50MPa 的细水雾灭火系统。

4.6.2 按应用范围分：全淹没应用方式、局部应用方式。

4.6.3 按照喷放形式：开式系统、闭式系统。

4.6.4 按照压力源形式分：瓶组式、泵组式系统。

4.6.5 按照流体介质分

单流体介质系统，只有水。

双流体介质系统，水、空气或氮气等惰性介质。

4.7 细水雾灭火系统组成

4.7.1 开式系统的特点及组成

特点：系统一旦动作，保护区内将全面喷雾。其抑制和扑救火灾效果好。

系统组成：由高压供水装置（泵组或者瓶组）、开式区域阀组（高压进、出水球、电动球阀、压力开关、压力表、接线盒、手动启动按钮、调试放水阀等）、开式喷头、不锈钢管及配件、火灾自动报警联动控制系统。

4.7.2　湿式系统的特点与组成

湿式系统平时管道内充满水，管道内维持在 1.0～1.2MPa 的压力。发生火灾时，闭式喷头玻璃泡达到动作温度后打开喷雾灭火。

系统由供水装置（泵组或者瓶组）、闭式区域阀（高压球阀、流量开关、信号开关、止回阀、接线盒等）、闭式喷头、手动放气阀、末端试水装置、不锈钢管及配件等组成。

4.7.3　预作用系统的特点与组成

预作用系统平时区域控制阀组前管道内充满水，管道内维持在 1.0～1.2MPa 的压力，阀组后的管道为空管。发生火灾时，由两路独立设置的火灾探测器确认火灾后开启区域控制组，闭式喷头玻璃泡达到动作温度后打开喷雾灭火。此系统可有效地避免误喷。

预作用系统由供水装置（泵组或者瓶组）、预作用区域阀组（高压进、出水球阀、电动球阀、压力开关、压力表、接线盒、手动启动按钮调试放水阀等）、闭式喷头、手动放气阀、末端试水装置、不锈钢管及配件、火灾自动报警联动控制系统等组成。

4.8　细水雾灭火机理与适用范围

4.8.1　灭火机理

吸热冷却、隔氧窒息、辐射热阻隔、浸湿作用。

4.8.2　细水雾系统适用范围

1）可燃固体（A 类）火灾

细水雾灭火系统可以有效扑灭一般的 A 类燃烧物，包括纸张、木材和纺织品的深位火灾和塑料泡沫、橡胶以及书库、档案资料库、文物库等场所的危险固体火灾等。

2）可燃液体（B 类）火灾

细水雾灭火系统可以有效扑灭可燃液体火灾，适用范围包括甲、乙、丙类液体的生产、储存装置或装卸设施的防护冷却。例如，液压站、油浸电力变压器室、润滑油仓库、透平油仓库、柴油发电机房、燃油锅炉房、燃油直燃机房、油开关柜室等场所的可燃液体火灾；以及燃气轮机房、燃气直燃机房等场所的可燃气体喷射火灾。

3）电气火灾

细水雾灭火系统可以有效扑灭电气火灾，包括配电室、计算机房、数据处理机房、通信机房、中央控制室、大型电缆室、电缆隧（廊）道、电缆竖井等场所的电气设备火灾。

4）厨房火灾

厨房内的烹饪油料火灾十分难以扑灭，因为它们燃烧温度高且易于复燃。这种火灾不能被泡沫、干粉或二氧化碳有效扑灭。近期烹饪油被划分为一类新的火灾，即 K 类火灾。

5）引擎测试间、交通隧道等适用细水雾灭火的其他场所的火灾。

4.8.3　不适用范围

1）细水雾灭火系统不能直接用于存在遇水能发生反应并导致燃烧、爆炸或产生大量有害物质的火灾；不能直接应用于存在遇水产生剧烈沸溢性可燃液体的火灾。这些物体如下：

（1）活性金属，如锂、钠、钾、镁、铁、铀、钚等；

（2）金属醇盐，如甲醇钠等；

（3）金属氨基化合物，如氨基钠等；

（4）碳化物，如碳化钙等；

（5）卤化物，如氯化钾、氯化铝等；

（6）氢化物，如氢化铝锂等；

（7）卤氧化物，如三溴氧化磷等；

（8）硅烷，如三氯氟化甲烷等；

（9）硫化物，如五硫化二磷等；

（10）氯酸盐，如甲基氯酸盐等。

2）细水雾灭火系统不可以用在存在遇水能产生可燃性气体的火灾。

3）可燃固体深位火灾。

4.9　细水雾灭火系统的联动控制要求

1）需针对开式和预作用系统的每个保护区设置两路火灾探测器或两路不同种类的火警信号；对于湿式系统，火灾探测器的设置按照火灾报警控制系统设计规范设计。

2）需针对开式和预作用系统的每个保护区主要出入口的内侧设置消防警铃或声光报警器，外侧设置声光报警器和喷雾指示灯。

3）需针对闭式湿式系统保护区入口处设置声光报警装置和系统动作指示灯。

4）针对高压细水雾泵组，在消防控制中心设置远程手动控制高压细水雾泵组启动、停止，并能接收泵组运行及泵组故障信号的装置。

5）控制每个保护区对应的消防警铃、声光报警器、释放指示灯。

6）控制每个保护区对应的（开式和预作用）区域阀组，并接收压力开关的返回信号。

7）对流量开关和信号开关进行状态监视（湿式系统）。

8）系统启动时，联动切断带电保护对象的电源，并同时切断或关闭可燃气体、液体或粉体供应的设备和设施。

9）在实施灭火前，应自动关闭相应通风、空调系统等。

10）在实施灭火完毕后，应对房间进行通风。

4.10　细水雾灭火系统检测

4.10.1　消防水箱

消防水箱检测见2.4章节内容。

4.10.2　泵组式供水设备

1）水泵设置与选型

检测方法：对照设计，查看说明书，直观检查，系统应设置独立的水泵，水泵的流量、压力应满足系统和设计要求。

2）水泵供电

检测方法：对照设计，直观检查。

3）泵组位置

检测方法：对照设计，直观检查，泵组应设在防护区外的专用设备间内。

4）水泵吸水方式

检测方法：直观检查；水泵的吸水方式：水泵应采用自灌式引水或其他可靠的引水方式。

5）水泵启停、远程控制

检测方法：通过现场和远程分别启停水泵，观察水泵的运转情况。

6）备用泵设置

检测方法：直观检查；备用泵的工作性能并与主泵比较。模拟主泵故障，直观检查；备用泵能否自动投入运行，测量切换时间。

7）水泵动作、故障信号反馈

检测方法：直观检查；各状态信息、动作信号能否反馈至控制室。

8）水泵控制柜

检测方法：直观检查；控制柜的设置位置。

9）稳压泵的设置

检测方法：将系统水压放至设定压力值以下，观察稳压泵、水泵动作情况。

4.10.3　瓶组式供水设备

1）设置与选型

检测方法：对照设计要求直观检查储水容器和储气容器的型号、储存压力设置情况。

2）安全阀设置

检测方法：直观检查；储水容器、储气容器安全阀的设置。

3）瓶组安装

检测方法：直观检查；支框架的固定和防腐措施。

4）瓶组位置、操作距离

检测方法：对照设计要求直观检查容器的安装位置；尺量检查操作面的距离。

5）压力表安装

检测方法：直观检查；压力表的安装高度和方向。

6）瓶组的机械应急操作设置

检测方法：直观检查；瓶组的机械应急操作处标志的设置和保护措施。

7）瓶组动作信号反馈

检测方法：直观检查；各动作信号能否反馈至控制室。

8）远程启动功能

检测方法：远程启动瓶组，直观检查。

4.10.4　区域控制阀

1）开式系统控制阀的设置

检测方法：对照设计，直观检查；防护区分区控制阀设置情况。

2）开式系统控制阀的安装

检测方法：直观检查；选择阀的安装位置。尺量检查安装尺寸。

3）开式系统控制阀的操作方式

检测方法：直观检查；分区控制阀的控制方，开式系统的分区控制阀应具有自动、手动启动和机械应急操作启动功能，关闭阀门应采用手动操作方式。

4）开式系统控制阀的性能

检测方法：直观检查；控制阀门启闭或故障信号反馈功能。

5）闭式系统分区控制阀的设置

检测方法：对照设计，直观检查；按楼层或防火分区设置分区控制阀。

6）闭式系统分区控制阀的锁定装置

检测方法：直观检查；分区控制阀的控制方式和阀门的锁定措施。

7）闭式系统分区控制阀的试水装置

检测方法：对照设计，直观检查；每个分区控制阀后管网试水装置及其压力表设置。

4.10.5　喷头

1）设置及选型

检测方法：对照设计，直观检查；喷头数量、规格型号及闭式喷头的公称动作温度等。

2）安装

检测方法：核查设计要求和喷头现场安装位置，尺量喷头的安装间距。

3）闭式系统的喷头布置

检测方法：尺量喷头与顶棚的距离，喷头设置是否能保证细水雾喷放均匀，完全覆盖保护区域。

4）开式系统的喷头布置

检测方法：直观检查；喷头能否完全覆盖保护区域，遮挡物的设置是否影响喷放。

5）采用局部应用方式的开式系统喷头布置

检测方法：直观检查；尺量喷头的与保护对象的间距。

4.10.6　管网

1）管材性能

检测方法：对照设计，查看出厂合格证及产品说明，直观检查。

2）管道连接

检测方法：对照设计，直观检查。

3）防静电接地装置

检测方法：直观检查；设置在有爆炸危险环境中的系统，其管网和组件防静电接地情况。

4）配水干管上系统动作信号反馈装置

检测方法：直观检查；动作反馈装置的设置。

5）管网泄水阀

检测方法：直观检查；泄水阀的设置。

4.10.7　防护区

1）防护区报警装置

检测方法：直观检查；防护区或保护场所的入口处声光报警装置设置。

2）防护区内应急照明和疏散指示标志设置

检测方法：直观检查；防护区内疏散走道与出口处事故照明和疏散指示标志设置。

3）防护区门

检测方法：对照设计，直观检查；疏散门开启方向，是否能自动关闭。

4）开式系统手动启动装置位置

检测方法：对照设计，直观检查；在消防控制室内和防护区入口处设置的系统手动启动装置。

5）手动启动装置和机械应急启动装置的操作

检测方法：对照设计，直观检查；手动启动装置和机械应急操作装置，是否具有防止误操作的措施。

6）手动启动装置、机械应急启动装置的标识和操作说明

检测方法：直观检查。

7）局部系统周围环境

检测方法：直观检查；局部应用方式时的挡风措施的设置。用风速仪测量风速。

8）全淹没应用

检测方法：直观检查；采用全淹没应用方式时，防护区数量不应大于规定要求。防护区内影响灭火有效性的开口宜在系统动作时联动关闭。

4.10.8 系统功能

1）瓶组系统控制方式

检测方法：对照设计，直观检查；瓶组启动方式是否具有自动、手动和机械应急操作三种控制方式，机械应急操作应在瓶组内直接手动启动系统。

2）泵组系统控制方式

检测方法：直观检查；泵组启动方式的种类。

3）开式系统联动控制功能

检测方法：模拟火灾，使相关探测器报警，查看系统设备的动作情况。

4）闭式系统自动控制功能

检测方法：利用模拟信号试验和系统流量压力检测装置通过泄放试验，直观检查。

5）开式系统响应时间

检测方法：用秒表测定系统从报警到动作的时间。

6）开式系统各瓶组动作相应时间差

检测方法：用秒表测定瓶组动作的时间差。

7）保护对象是带电、可燃气体、液体或可燃粉体设施的联动要求

检测方法：直观检查；系统启动时应联动切断带电保护对象的电源，并应同时切断或关闭防护区内或保护对象的可燃气体、液体或可燃粉体的设备和设施。

8）远程启动功能

检测方法：直观检查；通过火灾报警联动控制系统远程启动水泵或瓶组、开式系统分区控制阀。

9）系统动作信号反馈

检测方法：查看系统设备的动作情况和联动逻辑关系。

10）联动功能试验

检测方法：利用模拟信号试验。直观检查；系统设备的动作情况和联动逻辑关系。

11）冷喷试验

检测方法：自动启动系统，采用秒表直观检查。

4.10.9 抽检规则

1）抽样比例、数量

（1）储气瓶组和储水瓶组应按实际安装数量全部检验。

（2）控制阀、试水阀、管道的材质等按实际安装数量全部检验。

（3）喷头按实际安装数量全部检验。

（4）系统联动功能试验应进行1~3次。

（5）储水容器按全数的20%（不足5个按5个计）称重检查。

（6）管道固定支、吊架的固定方式按总数抽查20%，且不少于5处。

（7）冷喷试验抽检方法：至少一个系统、一个防护区或一个保护对象。

（8）其他项目按相关规定进行检验。

2）抽样方法

按上述规定抽样时，应在系统中分区、分楼层随机抽样。

4.11 水喷雾系统检测验收国标版检测报告格式化

水喷雾灭火系统检验项目　　　　　　表4.11

检验项目		标准条款	检验结果	判定	重要程度
一、消防水源	1.室外给水管网	GB 50219—2014　5.1.1、9.0.7.1			A类
	2.天然水源、地下水井	GB 50219—2014　5.1.1、9.0.7.2			A类
	3.消防水池(罐)	GB 50219—2014　5.1.1、5.1.3、5.1.5、5.1.7、5.1.8、8.3.5、8.4.4、9.0.7.1			
	(1)水池(罐)有效容积	GB 50219—2014　5.1.5、8.3.5、9.0.7			A类
	(2)水池(罐)分格	GB 50219—2014　8.3.5、9.0.7			A类
	(3)进、出水管	GB 50219—2014　5.1.5、9.0.7			A类
	(4)溢流管、排水管及间接排水	GB 50219—2014　5.1.8、9.0.7			A类
	(5)管道、阀门和进水浮球阀便于检修	GB 50219—2014　8.3.5、9.0.7			A类
	(6)人孔和爬梯位置合理	GB 50219—2014　8.3.5、9.0.7			A类
	(7)吸水井、吸(出)水管喇叭口设置位置	GB 50219—2014　8.3.5、9.0.7			A类
	(8)取水口、吸水高度及距建(构)筑物距离	GB 50219—2014　8.3.5、9.0.7			A类
	(9)共用水池	GB 50219—2014　8.3.5、8.4.4、9.0.7			A类
	(10)防冻设施	GB 50219—2014　8.3.5、9.0.7			A类
	(11)水池、水箱水位显示及报警水位	GB 50219—2014　8.3.5、9.0.7			A类
	(12)消防水池通气管、呼吸管	GB 50219—2014　8.3.5、9.0.7			A类
	(13)防水套管、柔性接头	GB 50219—2014　5.1.5、9.0.7.1			A类
	4.消防水箱	GB 50219—2014　5.1.1、5.1.3、9.0.7.1			
	(1)有效容积	GB 50219—2014　5.1.1、9.0.7.1	m³		A类
	(2)防冻措施	GB 50219—2014　5.1.3、9.0.7.1			A类

119

检验项目		标准条款	检验结果	判定	重要程度
二、消防泵房	消防水泵房	GB 50219—2014　5.1.2、9.0.9.5 GB 50974—2014　13.2.5.1、5.5.12			
	(1)设置及建筑防火要求	GB 50219—2014　5.1.2 GB 50974—2014　13.2.5.1、5.5.12			B类
	(2)应急照明、安全出口	GB 50219—2014　5.1.2 GB 50974—2014　13.2.5.2			B类
	(3)采暖、排水、和防洪及防水淹没设施	GB 50219—2014　5.1.2 GB 50974—2014　13.2.5.3			B类
	(4)消防水泵控制柜处于启泵状态	GB 50219—2014　5.1.2、9.0.9.5			B类
	(5)机械应急启泵功能及正常工作时间	GB 50219—2014　5.1.2、9.0.9.3			A类
三、供水设施	1.消防水泵	GB 50219—2014　5.2.1、5.2.3~5.2.6、8.4.5、9.0.9.1~9.0.9.3、9.0.11.4、9.0.14.5			
	(1)消防泵规格、型号、性能	GB 50219—2014　8.2.6、9.0.9.1			B类
	(2)备用消防泵	GB 50219—2014　5.2.2、9.0.9.1			B类
	(3)吸水管方式	GB 50219—2014　5.2.1、9.0.9.2			B类
	(4)吸水管阀门采用	GB 50219—2014　5.2.3、9.0.9.1			B类
	(5)吸水管数量	GB 50219—2014　5.2.3、9.0.9.1			B类
	(6)吸水管防杂物堵塞措施	GB 50219—2014　5.2.1、9.0.9.2			B类
	(7)出水管数量	GB 50219—2014　5.2.4、9.0.9.1			B类
	(8)出水管上控制阀设置	GB 50219—2014　5.2.4、9.0.9.1			B类
	(9)出水管上止回阀设置	GB 50219—2014　5.2.4、9.0.9.1			B类
	(10)出水管上防超压措施	GB 50219—2014　5.2.1、9.0.9.1			B类
	(11)出水管上手动测试阀	GB 50219—2014　5.2.5、9.0.9.3			A类
	(12)出水管上试泵回流管道	GB 50219—2014　5.2.5、9.0.9.3			A类
	(13)出水管上超压回流管道	GB 50219—2014　5.2.5、9.0.9.1			B类

检验项目		标准条款	检验结果	判定	重要程度
三、供水设施	(14)出水管上压力表安装	GB 50219—2014 5.2.4、9.0.9.1			B类
	(15)柴油机排气管应通向室外	GB 50219—2014 5.2.6			A类
	(16)阀门标志及皮带锁位	GB 50219—2014 8.3.9、9.0.9.1			B类
	(17)主、备电源互投切换	GB 50219—2014 8.4.5、9.0.9.3			A类
	2.气压给水设备	GB 50219—2014 5.1.6、8.3.6、8.4.7、9.0.9.4 GB 50974—2014 5.2.2、5.3、13.2.7.1			
	(1)稳压泵	GB 50219—2014 8.3.6;GB 50974—2014 5.2.2、5.3、13.2.7.1			
	a.设置	GB 50219—2014 8.3.6; GB 50974—2014 5.2.2、5.3、13.2.7.1			A类
	b.检验报告	GB 50219—2014 8.3.6; GB 50974—2014 12.2.1.1、12.2.1.3			A类
	c.外观标识	GB 50219—2014 8.3.6; GB 50974—2014 5.1.3			C类
	d.型号、性能	GB 50219—2014 8.3.6; GB 50974—2014 5.3、13.2.7.1			A类
	e.稳压泵控制及防止频繁启动技术措施	GB 50219—2014 8.3.6、8.4.7; GB 50974—2014 13.2.7.2			B类
	f.1h内启动次数	GB 50219—2014 8.3.6; GB 50974—2014 5.3.4			B类
	g.稳压泵安装	GB 50219—2014 8.3.6.4; GB 50974—2014 12.3.5			B类
	h.吸水管、出水管	GB 50219—2014 8.3.6; GB 50974—2014 5.3.5			B类
	i.备用泵	GB 50219—2014 8.3.6; GB 50974—2014 5.3.6			A类
	j.自动/手动启停正常	GB 50219—2014 8.3.6; GB 50974—2014 13.2.7.4			B类

续表

检验项目		标准条款	检验结果	判定	重要程度
	k.供电及主备电源切换	GB 50219—2014　8.3.6 GB 50974—2014　13.2.7.4			B类
	(2)消防气压给水设备	GB 50219—2014　8.3.6			
	a.设置及有效容积和调节容积	GB 50219—2014　8.3.6.1			B类
	b.检验报告	GB 50219—2014　8.3.6.3			A类
	c.气压水罐气侧压力	GB 50219—2014　8.3.6.1			B类
	d.安装	GB 50219—2014　5.1.6、8.3.6.2			B类
三、供水设施	3.消防水泵接合器	GB 50219—2014　5.4.2~5.4.5、8.2.6、8.3.7、9.0.13			
	(1)检验报告	GB 50219—2014　8.2.6、9.0.13			B类
	(2)进水管位置	GB 50219—2014　5.4.3~5.4.5、9.0.13			B类
	(3)设置数量	GB 50219—2014　5.4.2、9.0.13			B类
	(4)供水最不利点压力、流量	GB 50219—2014　8.4.4.2、9.0.13			B类
	(5)接合器安装	GB 50219—2014　8.3.7、9.0.13			B类
	(6)标志铭牌、系统名称、供水范围、额定压力	GB 50219—2014　8.3.7、9.0.13			B类
四、管网	1.管网材质	GB 50219—2014　4.0.6、8.2.2、9.0.11.1			A类
	2.管径	GB 50219—2014 4.0.6、8.2.4、9.0.11.1			A类
	3.管道接头、连接方式	GB 50219—2014　4.0.6、9.0.11.1			
	(1)管道焊接的坡口形式、加工方法尺寸及管道间或与管接头间对口焊接	GB 50219—2014　4.0.6.4~4.0.6.6、8.3.14.9、9.0.11.1			A类
	(2)管道卡箍采用沟槽式连接,法兰连接或丝扣连接	GB 50219—2014　4.0.6.4、9.0.11.1			A类
	(3)沟槽式连接件外壳材料球墨铸铁	GB 50219—2014　4.0.6.5、9.0.11.1			A类

检验项目	标准条款	检验结果	判定	重要程度
(4)防护区内沟槽管接件密封圈、非金属法兰垫片通过干烧试验	GB 50219—2014　4.0.6.6、9.0.11.1			A类
(5)管道末端沟槽尺寸	GB 50219—2014　8.3.14.10、9.0.11.1			A类
(6)镀锌管道焊接后再镀锌且不得气割	GB 50219—2014　8.3.14.11、9.0.11.1			A类
4.管道安装位置	GB 50219—2014　3.2.12、3.2.13、8.3.14、9.0.11.1			
(1)水平管道安装坡度、坡向	GB 50219—2014　8.3.14.1、9.0.11.1			A类
(2)立管用管卡固定在支架上,间距	GB 50219—2014　8.3.14.2、9.0.11.1			A类
(3)埋地管道安装	GB 50219—2014　8.3.14.3、9.0.11.1			A类
(4)用于保护甲B、乙、丙类液体储罐系统的设置	GB 50219—2014　3.2.12、3.2.13、9.0.11.1			A类
5.管墩、管道支架、吊架固定方式及间距	GB 50219—2014　3.2.14、8.3.14.4、9.0.11.4			C类
6.管道支架、吊架与水雾喷头和末端水雾喷头距离	GB 50219—2014　8.3.14.5、9.0.11.1			A类
7.管道安装前分段清洗	GB 50219—2014　8.3.14.6、9.0.11.1			A类
8.同排管道法兰间距	GB 50219—2014　8.3.14.7、9.0.11.1			A类
9.管道抗变形措施及套管	GB 50219—2014　8.3.14.8、9.0.11.1			A类
10.管网放空坡度及辅助排水设施	GB 50219—2014　4.0.6.7、5.1.7、5.3.1、9.0.11.2			C类
11.防腐、防冻措施	GB 50219—2014　5.1.3、5.3.3、8.3.14、9.0.11.1			A类
12.管网不同部位安装的各类阀门	GB 50219—2014　5.2.4、5.3.1、8.2.5、8.2.6、8.3.8、8.3.9、8.4.10、9.0.11.3			
(1)检测报告和合格证	GB 50219—2014　8.2.6、9.0.11.3			B类
(2)阀门的外观质量	GB 50219—2014　8.2.5、9.0.11.3			B类
(3)型号、规格及公称压力	GB 50219—2014　8.2.6、9.0.11.3			B类

（四、管网）

	检验项目	标准条款	检验结果	判定	重要程度
四、管网	(4)安装便于维修操作,安装空间满足完全启闭,有标识	GB 50219—2014　5.3.1、8.3.8、8.3.9、9.0.11.3			B类
	(5)阀门应有明显启闭标志	GB 50219—2014　8.3.8、8.3.9、9.0.11.3			B类
	13.节流管和减压孔板安装	GB 50219—2014　8.3.12、9.0.11.3			B类
	14.减压阀安装	GB 50219—2014　8.3.13、9.0.11.3			B类
五、供水控制阀	(一)雨淋报警阀组	GB 50219—2014　5.1.4、5.2.4、5.3.1～5.3.5、8.3.8～8.3.11、8.4.10、9.0.10.1、9.0.11.3			
	1.各组件应符合产品标准、要求	GB 50219—2014　8.2.6、9.0.10.1			B类
	2.系统流量、压力	GB 50219—2014　8.4.11、9.0.10.3			B类
	3.警力水铃	GB 50219—2014　8.3.11、9.0.10.4			B类
	4.打开手动试水阀或电磁阀、雨淋阀组动作可靠	GB 50219—2014　8.3.8.3、9.0.10.2			B类
	5.控制阀锁定在常开位置	GB 50219—2014　8.3.8.2、9.0.10.5			C类
	6.与火灾报警系统联动控制	GB 50219—2014　9.0.10.6			B类
	7.与手动启动装置联动控制	GB 50219—2014　9.0.10.6			B类
	8.雨淋阀组安装	GB 50219—2014　5.3.1、9.0.11.3			B类
	9.报警阀组附件安装	GB 50219—2014　5.2.3、5.2.4、9.0.11.3			B类
	10.控制阀规格、型号及安装	GB 50219—2014　5.2.3、5.2.4、9.0.11.3			B类
	11.压力开关竖直安装及管网上压力信号反馈装置	GB 50219—2014　9.0.11.3			B类
	12.泄压阀安装	GB 50219—2014　5.2.5、9.0.11.3			B类
	13.止回阀安装	GB 50219—2014　5.1.6.1、5.2.4、9.0.11.3			B类
	14.试水阀安装	GB 50219—2014　5.2.5、9.0.11.3			B类
	(二)电动控制阀或气动控制阀	GB 50219—2014　4.0.4、5.2.3、5.2.4、9.0.11.3			

检验项目		标准条款	检验结果	判定	重要程度
五、供水控制阀	1.型号、规格	GB 50219—2014　5.2.3、5.2.4、9.0.11.3			B类
	2.显示阀门开、闭状态	GB 50219—2014　4.0.4、9.0.11.3			B类
	3.接受控制信号开、闭阀门功能	GB 50219—2014　4.0.4、9.0.11.3			B类
	4.阀门开启时间	GB 50219—2014　4.0.4、9.0.11.3			B类
	5.故障报警并显现原因	GB 50219—2014　4.0.4、9.0.11.3			B类
	6.现场应急机械启动功能	GB 50219—2014　4.0.4、9.0.11.3			B类
	7.阀门井内阀杆加长	GB 50219—2014　4.0.4、9.0.11.3			B类
	8.气动阀储气量	GB 50219—2014　4.0.4、9.0.11.3			B类
六、喷头	1.喷头规格、型号	GB 50219—2014　4.0.2、8.2.6、8.3.18.1、9.0.12.1			A类
	2.喷头数量	GB 50219—2014　3.2.1、7.1.1、7.1.2、9.0.12.1			A类
	3.喷头安装	GB 50219—2014　3.2.2～3.2.12、3.3.7～3.3.18、9.0.12.2			
	(1)水雾直接喷向并覆盖保护对象	GB 50219—2014　3.2.1、9.0.12.2			B类
	(2)水雾喷头与保护对象之间距离	GB 50219—2014　3.2.3、9.0.12.2			B类
	(3)矩形布置水雾喷头之间距离	GB 50219—2014　3.2.4、9.0.12.2			B类
	(4)菱形布置水雾喷头之间距离	GB 50219—2014　3.2.4、9.0.12.2			B类
	(5)水雾喷头与电气设备带电(裸露)部分安全净距	GB 50219—2014　3.2.2、9.0.12.2			B类
	(6)甲、乙、丙类液体和可燃气体储罐喷头安装	GB 50219—2014　3.2.6、9.0.12.2			B类
	(7)油浸式电力变压器喷头安装	GB 50219—2014　3.2.5、9.0.12.2			B类
	(8)球罐水雾喷头安装	GB 50219—2014　3.2.7、9.0.12.2			B类
	(9)电缆水雾喷头安装	GB 50219—2014　3.2.9、9.0.12.2			B类
	(10)输送机皮带水雾喷头安装	GB 50219—2014　3.2.10、9.0.12.2			B类

续表

检验项目		标准条款	检验结果	判定	重要程度
六、喷头	(11)卧式储罐水雾喷头安装	GB 50219—2014 3.2.8、9.0.12.2			B类
	(12)室内燃油锅炉、发电机等装置水雾喷头安装	GB 50219—2014 3.2.11、9.0.12.2			B类
	4.喷头备用量	GB 50219—2014 9.0.12.3			C类
七、系统控制设备	1.监控消防水泵启动状态	GB 50219—2014 6.0.8.1、9.0.14.4			A类
	2.监控消防水泵停止状态	GB 50219—2014 6.0.8.1、9.0.14.4			A类
	3.监控主、备用电源的自动切换	GB 50219—2014 6.0.8.4、9.0.14.4			A类
	4.监控雨淋报警阀开启状态	GB 50219—2014 6.0.8.2、9.0.14.4			A类
	5.监视雨淋报警阀关闭状态	GB 50219—2014 6.0.8.2、9.0.14.4			A类
	6.监控电动控制阀开启状态	GB 50219—2014 6.0.8.3、9.0.14.4			A类
	7.监控电动控制阀关闭状态	GB 50219—2014 6.0.8.3、9.0.14.4			A类
	8.监控气动控制阀开启状态	GB 50219—2014 6.0.8.3、9.0.14.4			A类
	9.监控气动控制阀关闭状态	GB 50219—2014 6.0.8.3、9.0.14.4			A类
八、系统模拟、冷喷联动试验	1.区域、中心控制报警信号	GB 50219—2014 4.0.4、8.4.11、9.0.14、9.0.15			A类
	2.消防水泵启动	GB 50219—2014 8.4.11、9.0.14.2、9.0.15			A类
	3.系统流量和压力	GB 50219—2014 3.1.3、8.4.11.3、9.0.14.3、9.0.15			A类
	4.系统响应时间	GB 50219—2014 3.1.3、4.0.4、8.4.9、8.4.11.3、9.0.15			A类
	5.雨淋报警阀组功能	GB 50219—2014 4.0.3、8.4.8、8.4.11.2、9.0.10、9.0.14、9.0.15			A类
	6.电动控制阀或气动控制阀功能	GB 50219—2014 4.0.4、8.4.9、8.4.11、9.0.14.2、9.0.15			A类

判定：A＝0，B≤2，B＋C≤6

4.12　水喷雾检验检测机构资质认定检验检测能力申请表

检验检测能力申请表

检验检测机构地址：　　　　　　　　　　　　　　　　　　　　　　　　　　　　　**表 4.12**

序号	类别(产品/项目/参数)	产品/项目/参数 序号	产品/项目/参数 名称	依据的标准(方法)名称及编号(含年号)	限制范围	说明
（四）	水喷雾灭火系统	1	距离(长度、宽度、高度、距离)	《水喷雾灭火系统技术规范》 GB 50219—2014　3.1.6、3.2.6、3.2.7.3、3.2.12.4、3.2.14、5.1.6、5.3.1、5.3.5、5.4.3、5.4.4、5.4.5、6.0.3.1、7.3.2、7.3.3、8.3.4.1、8.3.5.2、8.3.6.2、8.3.8.1、8.3.12、8.3.14.2、8.3.14.4、8.3.14.5、8.3.14.7、8.3.14.8、8.3.18.3、8.3.18.4、8.3.18.5、8.4.4.1、9.0.7、9.0.10.4、9.0.11.2、9.0.12.2		
		2	坡度	GB 50219—2014　8.3.14.1、9.0.11.2		
		3	时间	GB 50219—2014　3.1.2、4.0.4、8.3.15、8.4.6、8.4.8、8.4.11.3、9.0.9.3、9.0.14.5、9.0.15		
		4	声级计	GB 50219—2014　8.3.11、8.4.8、8.4.9、9.0.10.4		
		5	电压	GB 50219—2014　8.4.6.2		
		6	电流	GB 50219—2014　8.4.6.2		
		7	电阻	GB 50219—2014　8.4.6.2		
		8	压力	GB 50219—2014　3.1.3、8.4.8、8.4.11.3、9.0.10.3、9.0.10.4、9.0.13、9.0.14.3		
		9	流量	GB 50219—2014　8.4.8、8.4.11.3、9.0.10.3、9.0.13、9.0.14.3		
		10	手动试验	GB 50219—2014　8.4.9		
		11	控制设备功能	GB 50219—2014　6.0.8		
		12	联动试验	GB 50219—2014　8.4.11、9.0.10.6、9.0.14、9.0.15、9.0.15		

4.13 水喷雾检验检测机构资质认定仪器设备（标准物质）配置表

仪器设备（标准物质）配置表

检验检测机构地址：　　　　　　　　　　　　　　　　　　　　　　　　　　　　　**表 4.13**

序号	类别(产品/项目/参数)	产品/项目/参数		依据的标准(方法)名称及编号(含年号)	仪器设备(标准物质)			溯源方式	有效日期	确认结果
		序号	名称		名称	型号/规格/等级	测量范围			
（四）	水喷雾灭火系统	1	距离(长度、宽度、高度、距离)	《水喷雾灭火系统技术规范》GB 50219—2014　3.1.6、3.2.6、3.2.7.3、3.2.12.4、3.2.14、5.1.6、5.3.1、5.3.5、5.4.3、5.4.4、5.4.5、6.0.3.1、7.3.2、7.3.3、8.3.4.1、8.3.5.2、8.3.6.2、8.3.8.1、8.3.12、8.3.14.2、8.3.14.4、8.3.14.5、8.3.14.7、8.3.14.8、8.3.18.3、8.3.18.4、8.3.18.5、8.4.4.1、9.0.7、9.0.10.4、9.0.11.2、9.0.12.2	钢卷尺					
		2	坡度	《水喷雾灭火系统技术规范》GB 50219—2014　8.3.14.1、9.0.11.2	数字坡度仪					
		3	时间	《水喷雾灭火系统技术规范》GB 50219—2014　3.1.2、4.0.4、8.3.15、8.4.6、8.4.8、8.4.11.3、9.0.9.3、9.0.14.5、9.0.15	电子秒表					
		4	声压级	《水喷雾灭火系统技术规范》GB 50219—2014　8.3.11、8.4.8、8.4.9、9.0.10.4	声级计					

续表

序号	类别(产品/项目/参数)	产品/项目/参数		依据的标准(方法)名称及编号(含年号)	仪器设备(标准物质)			溯源方式	有效日期	确认结果
		序号	名称		名称	型号/规格/等级	测量范围			
(四)	水喷雾灭火系统	5	电压	《水喷雾灭火系统技术规范》GB 50219—2014 8.4.6.2	数字万用表					
		6	电流	《水喷雾灭火系统技术规范》GB 50219—2014 8.4.6.2	数字万用表					
		7	电阻	《水喷雾灭火系统技术规范》GB 50219—2014 8.4.6.2	数字万用表					
		8	压力	《水喷雾灭火系统技术规范》GB 50219—2014 3.1.3、8.4.8、8.4.11.3、9.0.10.3、9.0.10.4、9.0.13、9.0.14.3	压力表					
		9	流量	《水喷雾灭火系统技术规范》GB 50219—2014 8.4.8、8.4.11.3、9.0.10.3、9.0.13、9.0.14.3	流量计					
		10	手动试验	《水喷雾灭火系统技术规范》GB 50219—2014 8.4.9	手动试验					
		11	控制设备功能	《水喷雾灭火系统技术规范》GB 50219—2014 6.0.8	手动试验					
		12	联动试验	《水喷雾灭火系统技术规范》GB 50219—2014 8.4.11、9.0.10.6、9.0.14、9.0.15	手动试验					

4.14 水喷雾系统验收检测原始记录格式化

水喷雾灭火系统检验原始记录

年 月 日

表 4.14-1

建筑情况	工程名称		施工单位	
	建筑层数		建筑高度	
依据标准	GB 50219—2014 5.1.1、5.1.6、8.4.7、9.0.7、9.0.9.4			
消防设施	消防水箱	容积			
		补水管径		浮球阀设置安装	
		溢流管设置			
		泄水管设置			
		出水管管径		通道、距离	
		连接方式		止回阀设置	
		防水套管、柔性接头		合用水箱	
	消防气压给水设备	稳压泵　　台　型号： 性能：$H=$　　m，$Q=$　　L/s，$n=$　　rpm 厂家：			
		气压罐　　套　规格型号： 厂家：			
		稳压泵控制箱　　台　型号： 产品编号： 厂家：			
		设定：上限压力	MPa	上限压力	MPa
		稳压装置下限启泵		上限停泵	
		设置	出水管上设止回阀		
			四周设检修通道（≥0.7m）		
			顶部至梁底或楼板距离（≥0.6m）		

核验员：　　　　　　　　　　　　　　检验员：

水喷雾灭火系统检验原始记录

年　月　日

表 4.14-2

工程名称					施工单位	
依据标准		GB 50219—2014　5.1.1~5.1.3、5.1.5、5.1.7、5.1.8、5.4.2~5.4.5、9.0.7、9.0.11.2、9.0.13				
消防设施	消防水池	容积		m³	防冻措施	
		补水管径		浮球阀安装	防水套管柔性接头	
		溢流管安装			设置方式	
		泄水管设置			合用水池	
	市政给水管道		进水管数量			
			进水管直径			
	天然水源					
	水泵接合器	水泵接合器　套　　型号：　标志：厂家：				
		便于消防车接近地段				
		距室外消火栓或消防水池距离				
		墙壁式	距地面高度			
			与门、窗、洞口静距离			
		地下式	接口距井盖距离			
			防水、排水措施			
泵房	消防泵房电话				消防泵房应急照明	
管网	设置系统场所应设有排水设施					

核验员：　　　　　　　　　　　　　检验员：

<h1 style="text-align:center">水喷雾灭火系统检验原始记录</h1>

消防泵功能试验　　　　　　　　　年　月　日　　　　　　　　　　　　表 4.14-3

工程名称		施工单位		
依据标准	GB 50219—2014　5.2.1～5.2.2、8.4.5、8.4.6、6.0.8.1、6.0.9、9.0.8、9.0.9.1、9.0.14.5			
检验项目	检验内容	检验结果		
		正常	不正常	判定结论
泵组转换运行	水雾泵自动互投转换功能			
控制中心启停水泵	远程启、停水雾泵			
控制柜启停泵	就地启、停水雾泵			
泵故障状态指示	水雾泵故障状态指示			
泵启动时间				
	水雾泵　　台　　　型号： H＝　m，Q＝　L/s，n＝　rpm，N＝　kW 厂家：			
泵组控制柜	水雾泵控制柜　台　　型号： 厂家：			
供水泵动力源	一级电力负荷的电源			
	二级电力负荷＋柴油机			
	主、备动力全部采用柴油机			
主、备电源切换试验				

核验员：　　　　　　　　　　　　　　　　　检验员：

水喷雾灭火系统检验原始记录

年　月　日　　　　　　　　　　　　　　　　　　　表 4.14-4

工程名称			施工单位			
依据标准		GB 50219—2014　4.0.3、8.4.8、8.4.11、9.0.10、9.0.14.2、9.0.15				

检验项目			试验结果			
			区	区	区	区
系统模拟、冷喷联动试验	区域、中心控制报警信号					
	消防水泵启动					
	系统流量和压力					
	系统响应时间					
	雨淋报警阀组功能及配置	电动开启				
		液动或气动开启				
		远程手动控制				
		现场应急机械启动				
		控制盘上显示其开、闭状态				
		雨淋报警阀启动时间				
		压力开关动作				
		宜驱动水力警铃报警				
		雨淋报警阀前后应设压力表　阀前压力/MPa				
		阀后压力/MPa				
		电磁阀前设过滤器				

控制阀检验部位	层	层	层	层	层	层	层	层
控制阀关闭指示								

核验员：　　　　　　　　　　　　　　检验员：

水喷雾灭火系统检验原始记录

年 月 日

表 4.14-5

工程名称						施工单位			

依据标准　GB 50219—2014　3.1.3、4.0.4、8.4.9、8.4.11、9.0.14.2、9.0.15

检验项目			试验结果			
			区	区	区	区
区域、中心控制报警信号						
水泵起动						
系统流量、压力						
系统响应时间						
系统模拟、冷喷联动试验	□电动控制阀 □或气动控制阀	电动开启				
		液动或气动开启				
		远程手动控制				
		现场应急机械启动				
		接收控制信号开、闭阀门功能				
		控制盘上应显示阀门开、闭状态				
		压力开关动作				
		阀门开启时间不宜大于45s				
		阀门故障时报警,并显现故障原因				
		阀门安装在阀门井采取措施				
		气动阀门储备气罐气量				

控制阀检验部位	层	层	层	层	层	层	层	层
控制阀关闭指示								

核验员：　　　　　　　　　　　　　　检验员：

水喷雾灭火系统检验原始记录

喷头检验 　　　　　　　　　　　　　年 月 日 　　　　　　　　　　　　表 4.14-6

工程名称		施工单位	
水雾喷头选型	□离心雾化型 □离心应带柱状过滤网 □撞击型 □粉尘场所带防尘帽	依据标准	GB 50219—2014 3.2.1～3.2.4、3.2.6、7.1.1、7.1.2、4.0.2、8.3.18、9.0.12.1、9.0.12.2、9.0.12.3
水雾喷头数量		喷头备用量	

检验部位 ＼ 检验项目 ＼ 检验结果	水雾直接喷向并覆盖保护对象	水雾喷头与保护对象之间距离/m	矩形布置水雾喷头之间距离/m	菱形布置水雾喷头之间距离/m	水雾喷头与电气设备带电(裸露)部分安全净距/m	甲、乙、丙类液体和可燃气体储罐 水雾喷头与保护储罐外壁之间距离不应大于0.7m

核验员： 　　　　　　　　　　　　　　　　　　检验员：

水喷雾灭火系统检验原始记录

水雾喷头　　　　　　　　　　　　　　年　月　日　　　　　　　　　　　　　　　　表 4.14-7

工程名称					施工单位	
依据标准	GB 50219—2014　3.2.5、8.3.18、9.0.12.2					
检验结果＼检验项目＼检验部位	油浸式电力变压器					
	设水雾喷头				满足水雾锥相交	
	绝缘子升高座孔口	油枕	散热器	集油坑	喷头之间水平距离	喷头之间垂直距离

核验员：　　　　　　　　　　　　　　　　检验员：

水喷雾灭火系统检验原始记录

水雾喷头　　　　　　　　　　　　　年　月　日　　　　　　　　　　　表 4.14-8

工程名称				施工单位			
依据标准	GB 50219—2014　3.2.7、8.3.18、9.0.11.1、9.0.12.2						
检验结果　检验项目　检验部位	球罐						
	喷口朝向球心	水雾锥沿纬线方向应相交,经线方向应(球罐容积≥1000m³宜)相接	球罐容积≥1000m³时,赤道以上环管之间距离≤3.6m	无防护层部位应设喷头保护			
					球罐钢支柱	罐体液位计	阀门等

核验员：　　　　　　　　　　　　　　检验员：

水喷雾灭火系统检验原始记录

水雾喷头   年 月 日   表 4.14-9

工程名称					施工单位		
依据标准	GB 50219—2014 3.2.8、3.2.9、3.2.10、8.3.18、9.0.12.2						
检验结果＼检验项目　　检验部位	电缆	输送机皮带			卧式储罐		
	水雾完全包围电缆	水雾完全包络着火输送机的机头、机尾	水雾完全包络上行皮带上表面		裸露表面	罐体液位计	阀门等

核验员：   检验员：

水喷雾灭火系统检验原始记录

水雾喷头　　　　　　　　　　年　月　日　　　　　　　　　　表 4.14-10

工程名称						施工单位	
依据标准	GB 50219—2014　3.2.11、8.3.18、9.0.12.2						
检验结果＼检验项目＼检验部位	水雾喷头宜布置在保护对象顶部周围,并使水雾直接喷向并完全覆盖保护对象						
	室内燃油锅炉	电液装置	氢密封油装置	发电机	油断路器	汽轮机油箱	磨煤机润滑油箱

核验员：　　　　　　　　　　　　　　　　检验员：

水喷雾灭火系统检验原始记录

管道安装检验　　　　　　　　　　　　年　月　日　　　　　　　　　　　　表 4.14-11

检验项目 / 检验部位	水平管道安装	立管	埋地管道			
检验结果	坡度、坡向	用管卡固定在支架间距	基础	防腐	焊缝的防腐处理	埋地管道回填前隐蔽工程验收
工程名称			施工单位			

依据标准　GB 50219—2014　8.3.14、9.0.11.1

（表格空白行若干）

核验员：　　　　　　　　　　　　检验员：

140

水喷雾灭火系统检验原始记录

管道安装检验 年 月 日 表 4.14-12

检验结果 检验部位 检验项目	管墩砌筑应 规整及间距	管道支架、吊架			管道安装前 分段清洗保 护内部清洁	同排管道 法兰间距
		平整牢固 及间距	与水雾喷头 距离	与末端水雾 喷头距离		

工程名称 ／ 施工单位

依据标准 GB 50219—2014 8.3.14、9.0.11.1

核验员： 检验员：

水喷雾灭火系统检验原始记录

管道安装检验 　　　　　　　　　　　年　月　日 　　　　　　　　　表 4.14-13

工程名称				施工单位		
依据标准	GB 50219—2014　4.0.5、8.3.14、8.3.17、9.0.11.1					
检验结果＼检验部位＼检验项目	管道套管安装	管道焊接	管道采用沟槽式连接时,管道末端沟槽尺寸	镀锌钢管焊接后镀锌且不得气割	地上管道在试压、冲洗合格后进行涂漆防腐	雨淋报警阀前管道设过滤器

核验员：　　　　　　　　　　　　　　　　检验员：

水喷雾灭火系统检验原始记录

给水管道   年　月　日   表 4.14-14

工程名称			施工单位					
依据标准	GB 50219—2014	4.0.6、8.2.2、8.2.4、9.0.11.1、9.0.11.2						
检验结果　　检验部位　　检验项目	过滤器与雨淋报警阀之间管道材质 □热浸镀锌钢管 □不锈钢管 □铜管	雨淋报警阀后管道材质 □热浸镀锌钢管 □不锈钢管 □铜管	弯管加工管道应采用无缝钢管	管道工作压力不应大于1.6MPa	系统管道公称直径	系统管道连接方式 □卡箍 □法兰 □丝扣 □焊接	沟槽式管接件（卡箍）外壳材料	防护区内密封圈、非金属法兰垫片通过干烧试验	应在管道的低处设置放水阀和排污口

核验员：   检验员：

水喷雾灭火系统检验原始记录

减压阀　　　　　　　　　　　　　　　年　月　日　　　　　　　　　　　表 4.14-15

工程名称			施工单位	
依据标准	GB 50219—2014　8.3.13、9.0.11.3			
减压阀	规格、型号			
	外观质量			
	阀内无异物			
	阀外控制管路和导向阀连接件无松动			
	减压阀的安装应在供水管路试压、冲洗合格后进行			

检验结果／检验项目 检验部位 (层或区域)	减压阀水流方向	减压阀进水侧安装过滤器	减压阀前后安装控制阀	可调式减压阀安装	比例式减压阀垂直安装	比例式减压阀水平安装	减压阀前后压力表安装

核验员：　　　　　　　　　　　　　　检验员：

144

水喷雾灭火系统检验原始记录

年 月 日

表 4.14-16

工程名称			施工单位	
依据标准		GB 50219—2014 5.1.4、5.2.4、5.3.1～5.3.5、8.3.8～8.3.11、8.4.10、9.0.11.3		

	检验项目	检验结果
		正确(划√)错误(划×,并注明)

	检验项目	检验结果 正确(划√)错误(划×,并注明)	
供水控制阀	报警阀安装位置及标高	距地: 两侧与墙距离:	
		正面与墙距离: 凸出部位之间距离:	
	报警阀组室内排水设施		
	□雨淋报警阀 □电动控制阀 □气动控制阀宜靠近保护对象并便于人员安全操作		
	室外设置 □雨淋报警阀 □电动控制阀 □气动控制阀及其管道伴热保温措施		
	雨淋报警阀之后的供水干管上应设置排放试验检测装置		
	水力警铃设置位置		
	水力警铃设置检修、测试用阀门		
	水力警铃工作时警铃强度		
	报警阀与水力警铃连接管径及长度		
	报警阀环管安装(两个或两个以上)		
	报警阀前管道连接方式及过滤器安装		
	压力开关竖直安装		
	压力开关引出线防水套管锁定		
	雨淋报警阀型号、规格: 数量: 厂家:		
	电动控制阀型号、规格: 数量: 厂家:		
	液动控制阀型号、规格: 数量: 厂家:		
	控制阀安装方向和启闭标志和位置标识		
	报警阀组室内防冻措施		

核验员: 检验员:

水喷雾灭火系统检验原始记录

年 月 日

表 4.14-17

	工程名称		施工单位	
	依据标准	GB 50219—2014　5.1.4、5.2.4、5.3.1～5.3.5、6.0.8、8.3.8～8.3.11、9.0.11.3		

检验项目		检验结果
		正确(划√)错误(划×,并注明)
雨淋报警阀组	水源控制阀、雨淋报警阀及辅助管道连接及顺序,应使水流方向一致	
	压力表应安装在报警阀上便于观测位置	
	雨淋报警阀水源一侧设置安装压力表	
	排水管和试验阀应安装在便于操作位置	
	雨淋报警阀手动开启装置安装位置	
	雨淋报警阀手动开启装置安全开启和便于操作	
	水源控制阀安装方向和启闭标志和位置标识	
控制设备	监控消防水泵启动状态	
	监控消防水泵停止状态	
	监控主、备用电源的自动切换	
	监控雨淋报警阀开启状态	
	监视雨淋报警阀关闭状态	
	监控电动控制阀开启状态	
	监控电动控制阀关闭状态	
	监控气动动控制阀开启状态	
	监控气动动控制阀关闭状态	

核验员：　　　　　　　　　　检验员：

水喷雾灭火系统检验原始记录

消防泵房检验　　　　　　　　　　年　月　日　　　　　　　　　　表 4.14-18

工程名称			施工单位	
依据标准		GB 50219—2014　5.2.1、5.2.3～5.2.6、8.4.5、9.0.9.1、9.0.9.2、9.0.11.4、9.0.14.5		
	检验项目		检验结果	
			正确(划√)错误(划×,并注明)	
水雾泵	吸水管方式			
	吸水管阀门采用			
	吸水管的上平异径管采用			
	吸水管数量			
	吸水管防杂物堵塞措施			
	出水管数量			
	出水管上控制阀设置			
	出水管上止回阀设置			
	出水管上防超压措施			
	出水管上手动测试阀			
	出水管上试泵回流管道			
	出水管上超压回流管道			
	出水管上压力表安装			
	柴油机排气管应通向室外			
	挠性接头安装			
	阀门标志及皮带锁位			
	管网支吊架安装			
	主、备电源互投切换			

核验员：　　　　　　　　　　　　　检验员：

4.15 细水雾系统检测验收国标版检测报告格式化

细水雾灭火系统检测项目　　　　　　　　　　　　　表 4.15

	检验项目	标准条款	检验结果	判定	重要程度
一、储水箱	1. 保证水质措施及容积	GB 50898—2013　5.0.3.1、3.5.4.1(2)	m³		B类
	2. 水箱自动补水	GB 50898—2013　5.0.3.1、3.5.4.3			B类
	3. 过滤器	GB 50898—2013　3.5.9、5.0.3.3			
	(1)设置	GB 50898—2013　3.5.9、5.0.3.3			B类
	(2)过滤器材质	GB 50898—2013　3.5.10.1、5.0.3.3			C类
	(3)过滤器网孔	GB 50898—2013　3.5.10.2、5.0.3.3			C类
	4. 储水箱液位显示	GB 50898—2013　3.5.4.3、5.0.3.1			B类
	5. 储水箱水位报警装置	GB 50898—2013　3.5.4.3、5.0.3.1			B类
	6. 储水箱的溢流、透气、排水	GB 50898—2013　3.5.4.3、5.0.3.1			B类
二、泵组式供水设备	1. 水泵设置与选型	GB 50898—2013　3.5.5、5.0.4.3			B类
	2. 外观	GB 50898—2013　4.2.5、5.0.4			C类
	3. 水泵供电	GB 50898—2013　3.5.7、5.0.4			A类
	4. 水泵吸水方式	GB 50898—2013　3.5.5.2、5.0.4.2			A类
	5. 水泵启停、远程控制	GB 50898—2013　3.5.4.4、5.0.4.6			A类
	6. 水泵备用泵设置	GB 50898—2013　3.5.5.1、5.0.4.1、4.4.3.2、4.4.3.3			A类
	7. 水泵运行、故障信号反馈	GB 50898—2013　3.6.10、5.0.4			A类
	8. 水泵进出水管	GB 50898—2013　5.0.4.1	mm		B类
	9. 泵出口止回阀	GB 50898—2013　5.0.4.1			B类
	10. 检修阀	GB 50898—2013　5.0.4.1			C类
	11. 泵出水总管管件安装	GB 50898—2013　3.5.5.3、5.0.4			B类
	12. 水泵控制柜	GB 50898—2013　3.5.5.5、5.0.4.7			B类
	13. 稳压泵设置	GB 50898—2013　3.5.6、4.4.4、5.0.4.5			A类
	14. 稳压泵的性能	GB 50898—2013　3.5.6、5.0.4.5			B类

续表

检验项目		标准条款	检验结果	判定	重要程度
三、瓶组式供水设备	1.设置与选型	GB 50898—2013 5.0.5.1			A类
	2.外观	GB 50898—2013 4.2.5、5.0.5			C类
	3.铭牌与标识	GB 50898—2013 4.2.5.4、5.0.5			C类
	4.安全阀设置	GB 50898—2013 3.5.2、5.0.5			B类
	5.瓶组安装	GB 50898—2013 4.3.3.2、5.0.5			B类
	6.瓶组位置、操作距离	GB 50898—2013 3.5.2、5.0.5	m		C类
	7.压力表安装	GB 50898—2013 4.3.3.3、5.0.5			B类
	8.瓶组的机械应急操作	GB 50898—2013 5.0.5.3			B类
	9.瓶组动作信号反馈	GB 50898—2013 5.0.9.4			A类
	10.远程启动功能	GB 50898—2013 3.6.7、5.0.5			A类
四、区域控制阀	1.分区控制阀外观及铭牌	GB 50898—2013 4.2.5、5.0.6			C类
	2.开式系统控制阀的设置	GB 50898—2013 3.6.6.3、4.3.6、5.0.6			B类
	3.开式系统控制阀的安装	GB 50898—2013 4.3.6.2、5.0.6	m		C类
	4.开式系统控制阀的操作方式	GB 50898—2013 3.6.6.2、5.0.6			B类
	5.开式系统控制阀的性能	GB 50898—2013 4.3.6.3、3.6.6.1、5.0.6			B类
	6.开式系统分区控制阀的标志	GB 50898—2013 4.3.6.1、5.0.6			C类
	7.闭式系统分区控制阀的设置	GB 50898—2013 3.3.3、5.0.6			B类
	8.闭式系统分区控制阀的锁定	GB 50898—2013 3.3.3、4.3.6.3、5.0.6			B类
	9.闭式系统分区试水装置	GB 50898—2013 4.3.6.4、5.0.6			B类
五、喷头	1.设置及选型	GB 50898—2013 4.3.11、5.0.8.1			A类
	2.喷头安装	GB 50898—2013 4.3.11、5.0.8.1	mm		A类
	3.闭式系统的喷头布置	GB 50898—2013 4.3.11、3.2.2.3、5.0.8	mm		B类
	4.开式系统的喷头布置	GB 50898—2013 4.3.11、3.2.3、5.0.8			B类
	5.局部应用方式开式系统的喷头布置	GB 50898—2013 3.2.4、4.3.11、5.0.8	m		B类

	检验项目	标准条款	检验结果	判定	重要程度
六、管网	1. 管材性能	GB 50898—2013 3.3.10、5.0.7.1			B类
	2. 管道连接	GB 50898—2013 3.3.11、5.0.7.1			B类
	3. 管道防晃支、吊架	GB 50898—2013 5.0.7.3			C类
	4. 防静电接地装置	GB 50898—2013 5.0.7.3			C类
	5. 配水干管上系统动作信号反馈装置	GB 50898—2013 3.3.4、5.0.7.2			B类
	6. 管道与套管间隙处理	GB 50898—2013 4.3.7.4、5.0.7.1	mm		B类
	7. 管网泄水阀	GB 50898—2013 3.3.7、5.0.7.2			B类
七、防护区	1. 防护区报警装置及系统动作指示灯	GB 50898—2013 3.6.5			B类
	2. 防护区内应急照明与疏散指示系统				C类
	3. 防护区门				B类
	4. 开式系统手动启动装置设置	GB 50898—2013 3.6.3			A类
	5. 手动启动装置和机械应急启动装置的操作	GB 50898—2013 3.6.4			A类
	6. 手动启动装置和机械应急启动装置的标识和操作说明	GB 50898—2013 3.6.4			C类
	7. 局部系统周围环境	GB 50898—2013 3.1.6	m/s		B类
	8. 全淹没应用	GB 50898—2013 3.1.5、3.4.5			B类
八、系统功能	1. 瓶组系统控制方式	GB 50898—2013 3.6.1			A类
	2. 泵组系统控制方式	GB 50898—2013 3.6.1、5.0.4.8			A类
	3. 开式系统自动控制功能	GB 50898—2013 3.6.2			A类
	4. 闭式系统自动控制功能	GB 50898—2013 3.6.2			A类
	5. 开式系统响应时间	GB 50898—2013 3.4.8	s		B类
	6. 开式系统各瓶组动作相应时间差	GB 50898—2013 3.4.8	s		B类
	7. 保护对象是带电等设施的联动要求	GB 50898—2013 3.6.9、4.4.9			B类
	8. 远程启动功能	GB 50898—2013 3.6.7			A类
	9. 系统动作信号反馈	GB 50898—2013 3.6.7			B类
	10. 联动功能试验	GB 50898—2013 5.0.9			A类
	11. 冷喷试验	GB 50898—2013 5.0.10			A类

4.16　细水雾检验检测机构资质认定检验检测能力申请表

检验检测能力申请表

检验检测机构地址：　　　　　　　　　　　　　　　　　　　　　　　　表 4.16

序号	类别(产品/项目/参数)	产品/项目/参数		依据的标准(方法)名称及编号(含年号)	限制范围	说明
		序号	名称			
（四）	细水雾灭火系统技术规范	1	距离(长度、宽度、高度、距离)	《细水雾灭火系统技术规范》 GB 50898—2013　3.2.2.3、3.2.3.1、3.2.4、3.2.5、3.3.9、3.4.2、3.4.4、3.5.2、4.3.3、4.3.6.1、4.3.6.2、4.3.6.4、4.3.7.2、4.3.7.4、4.3.7.5、4.3.11.3、5.0.8.2		
		2	速度	《细水雾灭火系统技术规范》 GB 50898—2013　3.1.6		
		3	时间	《细水雾灭火系统技术规范》 GB 50898—2013　3.4.8、3.4.9、3.5.5.1、3.5.5.6、4.3.9、4.4.3.3、5.0.9.5		
		4	压力	《细水雾灭火系统技术规范》 GB 50898—2013　4.3.9、5.0.4.3、5.0.4.5、5.0.9		
		5	流量	《细水雾灭火系统技术规范》 GB 50898—2013　5.0.4.3、5.0.9		
		6	温度	《细水雾灭火系统技术规范》 GB 50898—2013　3.5.11		
		7	手动启动装置功能	《细水雾灭火系统技术规范》 GB 50898—2013　3.6.4		
		8	系统联动功能	《细水雾灭火系统技术规范》 GB 50898—2013　4.4.7、4.4.8、4.4.9、5.0.9、5.0.10		

4.17 细水雾检验检测机构资质认定仪器设备（标准物质）配置表

仪器设备（标准物质）配置表

检验检测机构地址：　　　　　　　　　　　　　　　　　　　　　　　　　　表 4.17

序号	类别(产品/项目/参数)	产品/项目/参数		依据的标准(方法)名称及编号(含年号)	仪器设备(标准物质)			溯源方式	有效日期	确认结果
		序号	名称		名称	型号/规格/等级	测量范围			
（四）	细水雾灭火系统技术规范	1	距离(长度、宽度、高度、距离)	《细水雾灭火系统技术规范》GB 50898—2013　3.2.3.1、3.2.2.3、3.2.4、3.2.5、3.3.9、3.4.2、3.4.4、3.5.2、4.3.3、4.3.6.1、4.3.6.2、4.3.6.4、4.3.7.2、4.3.7.4、4.3.7.5、4.3.11.3、5.0.8.2	钢卷尺					
		2	速度	《细水雾灭火系统技术规范》GB 50898—2013　3.1.6	风速仪					
		3	时间	《细水雾灭火系统技术规范》GB 50898—2013　3.4.8、3.4.9、3.5.5.1、3.5.5.6、4.3.9、4.4.3.3、5.0.9.5	电子秒表					
		4	压力	《细水雾灭火系统技术规范》GB 50898—2013　4.3.9、5.0.4.3、5.0.4.5、5.0.9	压力表					
		5	流量	《细水雾灭火系统技术规范》GB 50898—2013　5.0.4.3、5.0.9	流量计					
		6	温度	《细水雾灭火系统技术规范》GB 50898—2013　3.5.11	温度计					
		7	手动启动装置功能	《细水雾灭火系统技术规范》GB 50898—2013　3.6.4、4.4.7	手动试验					
		8	系统联动功能	《细水雾灭火系统技术规范》GB 50898—2013　4.4.8、4.4.9、5.0.9、5.0.10	手动试验					

4.18 细水雾系统验收检测原始记录格式化

细水雾灭火系统原始记录

细水雾灭火系统　　　　　　　　　年 月 日　　　　　　　表 4.18-1

工程名称				施工单位		
		检验项目	依据标准	检验结果	结论	检验部位
泵组系统水源	储水箱	有效容积	GB 50898—2013　3.5.1.1、5.0.3			
		进(补)水管径及供水能力	GB 50898—2013　3.5.1.1、5.0.3			
		采用密闭结构,并应采用不锈钢等材质	GB 50898—2013　3.5.4.1、5.0.3			
		具有防尘、避光的技术措施	GB 50898—2013　3.5.4.2、5.0.3			
		保证自动补水的装置	GB 50898—2013　3.5.4.3、5.0.3			
		设置液位显示、高低液位报警装置	GB 50898—2013　3.5.4.3、5.0.3			
		溢流装置	GB 50898—2013　3.5.4.3、5.0.3			
		透气装置	GB 50898—2013　3.5.4.3、5.0.3			
		放空装置	GB 50898—2013　3.5.4.3、5.0.3			
	水质	泵组系统水质	GB 50898—2013　3.5.1.1、5.0.3			
		补水水源水质	GB 50898—2013　3.5.1.3、5.0.3			
	过滤器	设置	GB 50898—2013 3.5.9、3.5.10、5.0.3			

核验员：　　　　　　　　　　　　　　　　检验员：

153

细水雾灭火系统原始记录

工程名称			施工单位		
依据标准	GB 50898—2013 3.5.6、5.0.4.5				
稳压泵	稳压泵 台 型号： 性能：$H=$ m，$Q=$ L/s，$n=$ rpm，$N=$ kW 厂家：				
稳压泵控制箱	稳压泵控制箱 台 型号： 产品编号： 厂家：				
手动启动稳压泵					
稳压泵自动功能	设定压力		下限 MPa； 上限 MPa		
	试验压力		下限启泵 MPa		
			上限停泵 MPa		
泵出水管上	安全阀	型号、规格/数量			
		动作压力 （1.15 倍 $P_{工作}$）			
	止回阀型号、规格/数量				
	信号阀型号、规格/数量				
主、备电源互投切换					
稳压泵吸、出水管明杆闸阀			出水管消声止回阀		稳压泵设备用泵

核验员：   检验员：

细水雾灭火系统原始记录

细水雾灭火系统　　　　　　　　　　年　月　日　　　　　　　　　　表 4.18-3

工程名称			施工单位		
检验项目			标准条款	检验结果	结论
泵组转换运行	水雾泵自动互投转换功能/时间		GB 50898—2013 3.5.5.1、5.0.4		
消防控制室启停水泵	远程启、停水雾泵		GB 50898—2013 3.5.5、3.6.3、5.0.4		
控制柜启停泵	就地启、停水雾泵		GB 50898—2013 3.5.4.4、5.0.4		
泵工作状态指示	水雾泵故障状态指示		GB 50898—2013 3.6.7、5.0.4		
	水雾泵运行状态指示				
水雾泵　台　型号： $H=$ m，$Q=$ L/s，$n=$ rpm，$N=$ kW 厂家：			GB 50898—2013 3.5.7、5.0.4.3		
水雾泵控制柜　台 厂家： 控制柜防护等级			GB 50898—2013 3.5.4、3.5.5、5.0.4.7	数量： 型号：	
水泵控制柜位置	干燥、通风		GB 50898—2013 3.5.4、3.5.5.5、5.0.4		
	便于操作和检修				
水泵巡检功能	正常巡检		GB 50898—2013 3.5.4.4、5.0.4		
	巡检中接到启动指令时，退出巡检进入正常运行状态				
柴油泵	作为备用泵时启动时间不大于 5s		GB 50898—2013 3.5.5.6、4.4.3.4、5.0.4		
	运行时间不少于 60min				

核验员：　　　　　　　　　　　　　　检验员：

细水雾灭火系统原始记录

细水雾灭火系统 　　　　　　　　　　　　　年　月　日 　　　　　　　　　　　表 4.18-4

工程名称			施工单位			
闭式喷头公称 动作温度			数量：　　只			
			备用量			
检验项目			标准条款	检验部位(区域)	检验结果	结论
喷头标志应 齐全、清晰	商标		GB 50898—2013 4.2.6、5.0.8.1			
	型号					
	制造厂					
	生产时间					
	合格证/检验报告					
喷头外观	无加工缺陷和机械损伤		GB 50898—2013 4.2.6、5.0.8			
喷头螺纹密封面	无伤痕、毛刺、缺丝或断丝 现象		GB 50898—2013 4.2.6、5.0.8			
喷头安装	喷孔方向		GB 50898—2013 4.3.11.1、5.0.8			
	喷头安装高度	闭式系统	GB 50898—2013　3.4.2、 3.4.4、4.3.11.3、5.0.8.2			
		开式系统				
	间距	闭式系统				
		开式系统				
	与吊顶的距离		GB 50898—2013　3.2.2、 3.2.3、4.3.11.3、5.0.8.2			
	与门、窗、洞口的距离		GB 50898—2013　3.1.5、 5.0.8.2			
	与墙的距离		GB 50898—2013　3.2.2、 3.2.3、4.3.11.3、5.0.8.2			
	与障碍物的距离					
	不带装饰罩的喷头		GB 50898—2013 4.3.11.4、5.0.8.2			
	带装饰罩的喷头					
	带有外置式过滤网的喷头					
	喷头与管道的连接密封及 密封材料		GB 50898—2013 4.3.11.5、5.0.8.2			

核验员： 　　　　　　　　　　　　　　　　　　　　检验员：

156

细水雾灭火系统原始记录

开式系统的喷头布置　　　　　　　　　　　年　月　日　　　　　　　　　　　表 4.18-5

工程名称				施工单位			
标准条款	GB 50898—2013　3.2.3、3.2.4、5.0.8.2						
喷头型号温度等级							
检验结果＼检验项目＼检验部位	电缆隧道或夹层,喷头宜布置	喷头布置应能保证细水雾完全包络或覆盖保护对象或部位	喷头与保护对象的距离不宜小于 0.5m	局部应用方式的开式系统			
				保护室内油浸变压器			
				当变压器高度超过 4m 时,喷头宜分层布置	当冷却器距变压器本体超过 0.7m 时,应在其间隙内增设喷头	喷头不应直接对准高压进线套管	当变压器下方设置集油坑时,喷头布置应能使细水雾完全覆盖集油坑

核验员:　　　　　　　　　　　　　　　　检验员:

157

细水雾灭火系统原始记录

管道安装检验   年 月 日   表 4.18-6

工程名称				施工单位		
检验项目			标准条款	检验部位	检验结果	结论
管材及管件	材质		GB 50898—2013 4.2.2、5.0.7.1			
	规格、型号					
	管径(规格、尺寸、壁厚)		GB 50898—2013 4.2.4、5.0.7.1			
	外观	表面应无明显的裂纹等缺陷				
		法兰密封面	GB 50898—2013 4.2.3、5.0.7.1			
		螺纹法兰的螺纹表面				
		密封垫片表面				
	防冻措施		GB 50898—2013 5.0.7.1			
管道和管件安装	安装前应分段进行清洗		GB 50898—2013 4.3.7.1、5.0.7.1			
	施工过程中,应保证管道内部清洁,施工过程中的开口应及时封闭					
	并排管道法兰应方便拆装,间距不宜小于100mm		GB 50898—2013 4.3.7.2、5.0.7.1			
	管道之间或管道与管接头之间的焊接应采用对口焊接		GB 50898—2013 4.3.7.3、5.0.7.1			
	套管	穿过墙体的套管长度	GB 50898—2013 4.3.7.4、5.0.7.1			
		穿过楼板的套管长度				
		穿过墙体的套管长度				
		管道与套管间的空隙处理				
		设置在有爆炸危险场所的管道应采取导除静电的措施				
管道支架、吊架	固定方式		GB 50898—2013 3.3.9、5.0.7.3			
	支架、吊架应能承受管道充满水时的重量					
	间距					
	防腐蚀处理,并防止与管道发生电化学腐蚀					

核验员: 检验员:

细水雾灭火系统原始记录

细水雾灭火系统 年 月 日 表 4.18-7

工程名称		施工单位	

依据标准　GB 50898—2013　4.2.5、5.0.5、5.0.6

设备名称　□储水瓶组　□储气瓶组　□泵组单元　□控制柜(盘)　□储水箱　□控制阀　□过滤器
　　　　　□安全阀　□减压装置　□信号反馈装置

检验结果　検验项目　检验部位/设备序号	型号	规格	外观				产品检验报告、合格证等
			应无变形及其他机械性损伤	外露非机械加工表面保护涂层应完好	所有外露口均应设有保护堵盖,且密封应良好	铭牌标记应清晰、牢固、方向正确	

核验员： 检验员：

159

细水雾灭火系统原始记录

年 月 日 表4.18-8

工程名称				施工单位			
检验项目			标准条款		检验部位	检验结果	结论
储水瓶组	安装位置	布置方便性	GB 50898—2013 4.3.3.1、5.0.5				
		操作面距墙距离					
		操作面之间距离					
	固定方式	安装	GB 50898—2013 4.3.3.2、5.0.5				
		固定					
		支撑					
		固定支架防腐					
	标志		GB 50898—2013 5.0.5				
	压力表朝向、安装高度和方向		GB 50898—2013 4.3.3.3、5.0.5				
储水容器组	布置方便性		GB 50898—2013 3.5.2、5.0.5				
	操作面距墙距离						
	操作面之间距离						
瓶组备用量	驱动气体设置备用量		GB 50898—2013 3.5.3、5.0.5				
	储水量设置备用量						
储气瓶组	安装位置	布置方便性	GB 50898—2013 4.3.3.1、5.0.5				
		操作面距墙距离					
		操作面之间距离					
	固定方式	安装	GB 50898—2013 4.3.3.2、5.0.5				
		固定					
		支撑					
		固定支架防腐					
	标志		GB 50898—2013 5.0.5				
	压力表朝向、安装高度和方向		GB 50898—2013 4.3.3.3、5.0.5				

核验员： 检验员：

细水雾灭火系统原始记录

年 月 日   **表 4.18-9**

工程名称				施工单位			
检验项目			标准条款		检验部位	检验结果	结论
储水瓶组	机械应急操作	安全阀的设置	GB 50898—2013 3.5.2、5.0.5				
		标志	GB 50898—2013 3.6.1、3.6.4、5.0.5.3				
		有铅封的安全销或保护罩等防误操作措施					
		水的充装量、充装压力	GB 50898—2013 3.5.2、5.0.5.2				
储气瓶组	机械应急操作	安全阀的设置	GB 50898—2013 3.5.2、5.0.5				
		标志	GB 50898—2013 3.6.1、3.6.4、5.0.5.3				
		有铅封的安全销或保护罩等防误操作措施					
		气的充装量、充装压力	GB 50898—2013 3.5.2、5.0.5.2				
控制阀组	安装位置	阀组观测仪表	GB 50898—2013 4.3.6.1、5.0.6.1				
		操作阀门					
	启闭标志便于识别						
	标明所控制防护区的永久性标志牌						
	闭式系统试水阀安装位置		GB 50898—2013 4.3.6.4、5.0.6.1、5.0.7.2				
	分区控制阀	安装高度	GB 50898—2013 4.3.6.2、5.0.6.1				
		操作面与墙或其他设备距离					
		明显启闭标志和可靠锁定设施	GB 50898—2013 4.3.6.3、5.0.6.1				
		具有启闭状态信号反馈功能					
		分区控制阀前后阀门均应处于常开位置	GB 50898—2013 5.0.6.4				

核验员：   检验员：

细水雾灭火系统原始记录

细水雾灭火系统   年 月 日   表 4.18-10

工程名称				施工单位		
检验项目			标准条款	检验部位	检验结果	结论
开式系统分区控制阀	按防护区设置分区控制阀		GB 50898—2013 3.3.2、5.0.7.2			
	每个分区控制阀上或阀后泄放试验阀					
	接受控制信号实现启动功能		GB 50898—2013 3.6.6.1、5.0.6.2			
	反馈阀门启闭功能					
	反馈阀门故障功能					
	启动功能	自动	GB 50898—2013 3.6.6.2、4.2.7.4、5.0.6.2			
		手动				
		机械应急操作				
	关闭阀门手动操作					
	对应于防护区或保护对象永久性标识		GB 50898—2013 3.6.6.3、4.2.7.3、5.0.6.2			
	水流方向					
设置系统操作说明			GB 50898—2013 3.6.4			
闭式系统分区控制阀组应采用手动关闭			GB 50898—2013 5.0.6.3			
阀组规格	止回阀规格		GB 50898—2013 4.2.7.1、5.0.7.2			
	试水阀规格					
	排气阀规格					
阀组安装位置	闭式系统排气阀、试水阀	最高点处设置手动排气阀	GB 50898—2013 3.3.5、5.0.7.2			
		每个分区控制阀后的管网设置试水阀				
		试水阀前应设压力表				
		试水阀出口流量系数等效一只喷头				
		试水阀接口大小及测试水排放				
分区控制阀上(后)设置系统动作信号反馈装置			GB 50898—2013 3.3.4、5.0.7.2			

核验员：   检验员：

细水雾灭火系统原始记录

细水雾灭火系统联动试验　　　　　　　　年　月　日　　　　　　　　表 4.18-11

启动方式				火灾探测器动作		报警控制器报警信号	声光报警	消防控制中心指令	控制阀组动作	消防泵组或瓶组动作	联动关闭防火门或防火阀等	水雾喷头	保护对象	声报警	系统流量、压力	主、备电源
自动	人员发现			烟感	温感											
	手报按钮	紧急启动按钮	现场手动控制阀													

核验员：　　　　　　　　　　　　　　　　检验员：

第5章　气体灭火系统

5.1　气体灭火系统分类

主要有：
1）七氟丙烷
2）IG541 混合气体
3）热气溶胶
4）氮气灭火系统等

5.2　气体灭火系统工作原理

平时，系统处于准工作状态。当防护区发生火灾，产生烟雾、高温和光辐射使烟感、温感、感光等探测器探测到火灾信号，探测器将火灾信号转变为电信号传送到报警灭火控制器，控制器自动发出声光报警并经逻辑判断后，启动联动装置，经过一段时间延时，发出系统启动信号，启动驱动气体瓶组上的容器阀释放驱动气体，打开通向发生火灾的防护区的选择阀，同时打开灭火剂瓶组的容器阀，各瓶组的灭火剂经连接管汇集到集流管，通过选择阀到达安装在防护区内的喷头进行喷放灭火。同时安装在管道上的信号反馈装置动作，将信号传送到控制器，由控制器启动防护区外的释放警示灯和警铃。

另外，通过压力开关监测系统是否正常工作。若启动指令发出，而压力开关的信号未反馈，则说明系统存在故障，值班人员应在听到事故报警后尽快到储瓶间，手动开启储存容器上的容器阀，实施人工启动灭火。

5.3　灭火机理与适用范围

灭火机理：

通过降低防护区内的氧气浓度（由空气正常含氧量的 21％降至 12.5％），使其不能维持燃烧而达到灭火的目的。

适用范围：

1）电气火灾；

2）固体表面火灾；

3）液体火灾；

4）灭火前能切断气源的气体火灾。

5.4　系统组件及设置要求

系统主要组件：

储气瓶、启动瓶、电磁启动器、气启动器、液体单向阀、气体单向阀、低压泄漏阀、安全阀、释放软管、减压装置、选择阀、自锁压力阀、火灾自动报警灭火控制器、喷嘴、火灾探测器、手动启动器、喷放指示灯、声光报警器、称重装置、失重报警显示器。

系统设置要求：

1）采用气体灭火系统保护的防护区，其灭火设计用量或惰化设计用量，应根据防护区内可燃物相应的灭火设计浓度或惰化设计浓度经计算确定；

2）有爆炸危险的气体、液体类火灾的防护区，应采用惰化设计浓度；无爆炸危险的气体、液体类火灾和固体类火灾的防护区，应采用灭火设计浓度；

3）几种可燃物共存或混合时，灭火设计浓度或惰化设计浓度，应按其中最大的灭火设计浓度或惰化设计浓度确定；

4）两个或两个以上的防护区采用组合分配系统时，一个组合分配系统所保护的防护区不应超过 8 个；

5）组合分配系统的灭火剂储存量，应按储存量最大的防护区确定；

6）灭火系统的灭火剂储存量，应为防护区的灭火设计用量与储存容器内的灭火剂剩余量和管网内的灭火剂剩余量之和；

7）灭火系统的储存装置 72h 内不能重新充装恢复工作的，应按系统原储存量的 100% 设置备用量；

8）灭火系统的设计温度，应采用 20℃；

9）同一集流管上的储存容器，其规格、充压压力和充装量应相同；

10）同一防护区，当设计两套或三套管网时，集流管可分别设置，系统启动装置必须共用。各管网上喷头流量均应按同一灭火设计浓度、同一喷放时间进行设计；

11）管网上不应采用四通管件进行分流；

12）喷头的保护高度和保护半径，应符合下列规定：

（1）最大保护高度不宜大于 6.5m；

（2）最小保护高度不应小于 0.3m；

（3）喷头安装高度小于 1.5m 时，保护半径不宜大于 4.5m；

（4）喷头安装高度不小于 1.5m 时，保护半径不应大于 7.5m。

13）喷头宜贴近防护区顶面安装，距顶面的最大距离不宜大于 0.5m；

14）一个防护区设置的预制灭火系统，其装置数量不宜超过 10 台；

15）同一防护区内的预制灭火系统装置多于 1 台时，必须能同时启动，其动作响应时差不得大于 2s；

16）单台热气溶胶预制灭火系统装置的保护容积不应大于 $160m^3$；设置多台装置时，其相互间的距离不得大于 10m；

17）采用热气溶胶预制灭火系统的防护区，其高度不宜大于 6.0m；

18）热气溶胶预制灭火系统装置的喷口宜高于防护区地面 2.0m。

5.5 气体灭火系统检测

5.5.1 系统设置

检测方法：核查设计文件，采用管网灭火系统或预制灭火系统以及灭火剂种类。

5.5.2 储存装置间

1）储存装置间设置

检测方法：查看设计要求，直观检查。

2）应急照明

检测方法：查看设计要求，直观检查，设置数量，并切断储瓶间正常电源，观察应急灯是否投入工作，并用照度计测量照度。

3）通风排风

检测方法：直观检查。尺量检查。手动启动机械排风装置，观察运转情况。

5.5.3 灭火剂贮存容器

1）外观标识

检测方法：直观检查。

2）容器规格

检测方法：查阅设计资料，直观检查。

3）容器色标

检测方法：直观检查。

4）称重检漏装置

检测方法：查阅设计资料，直观检查。

5）安装泄压装置

检测方法：查阅设计资料，直观检查。

6）安装要求

（1）位置

检验方法：直观检查，用钢卷尺测量灭火剂贮存容器设置情况。

（2）压力表朝向

检测方法：直观检查，储气瓶上的压力表的安装方向。

（3）固定方式

检测方法：直观检查，支、框架固定状况及防腐处理。

（4）泄压口方向

检测方法：直观检查。

7）备用贮存容器

检测方法：直观检查，备用灭火剂贮存容器的数量，备用贮存容器与主贮存容器应连接于同一集流管上，并应设置自动切换装置。

8）容器阀和集流管之间连接

检测方法：直观检查，容器阀和集流管之间是否采用挠性连接。

9）低压二氧化碳储存装置

检测方法：直观检查，报警压力设定值，模拟试验：调节压力设定上下限，观察达到高、低压值时是否报警。

5.5.4　容器阀

1）设置

检测方法：查阅设计资料检查容器阀型号规格。

2）外观标识

检测方法：直观检查，容器阀外观有无缺陷。容器阀明显部位应设有耐久性标识，其内容清晰，设置牢固。

3）操作装置

检测方法：直观检查容器阀手动操作装置是否设有加铅封的安全销或防护罩。

5.5.5　选择阀

1）选择阀的设置

检测方法：查阅设计资料，直观检查。

2）外观标识

检验方法：直观检查。

3）手动操作装置

检测方法：直观检查，选择阀操作手柄处固定、铭牌，对应防护区的名称或编号，以及手动操作装置加铅封的安全销或防护罩的设置情况。

4）安装

检测方法：直观检查，用钢卷尺测量选择阀的位置和高度，应便于操作。

5.5.6　单向阀

1）设置与选型

查阅设计资料，直观检查，其型号规格应符合设计要求。

2）设置位置

检测方法：直观检查。

5.5.7　集流管

1）设置与选型

检测方法：查阅设计资料，直观检查。

2）安装

检测方法：直观检查，手试。

3）泄压装置

检测方法：查阅设计资料，直观检查。

4）水压试验和气密性试验

检测方法：查阅设计资料，查看施工单位提供的水压试验和气密性试验记录。

5.5.8　驱动装置安装

1）电磁驱动装置

检测方法：直观检查，电气连接线的固定。

2）拉索式手动驱动装置

检测方法：直观检查，专用导向滑轮的设置。

3）机械驱动装置

检测方法：查看施工记录，直观检查，重物下落行程中有无阻挡，尺量检查驱动所需距离。

4）气体驱动装置

（1）气瓶规格

检测方法：直观检查，用钢卷尺测量。

（2）固定方式

检测方法：直观检查。

（3）标识

检测方法：直观检查。

（4）管道安装

检测方法：直观检查，用钢卷尺测量。

（5）驱动气瓶紧急手动启动装置

检测方法：直观检查，紧急手动启动装置的设置。

5.5.9　预制灭火系统装置

1）设置

检测方法：直观检查，预制灭火系统装置规格和数量。

2）预制灭火系统装置安装：

（1）单台热气溶胶预制灭火系统装置保护容积；设置多台装置时的距离。

检测方法：尺量检查保护容积、预制灭火系统装置的设置距离。

（2）热气溶胶预制灭火系统装置的喷口设置。

检测方法：尺量检查喷口距地高度。

（3）一台以上灭火装置之间的电启动线路连接。

检测方法：直观检查电启动线路连接方式。

（4）装置的喷口前、装置的背面、侧面、顶部等处情况。

检测方法：直观检查装置的喷口前、背面、侧面、顶部相应范围内设备、器具的设置。

（5）防护区内设置的预制灭火系统装置工作压力。

检测方法：直观检查铭牌、产品充装报告及说明书。

3）动作信号反馈

检测方法：模拟每台灭火系统装置动作，报警控制器应有报警信号，并传送至消防控制室。

5.5.10　喷嘴

1）设置

检测方法：对照设计，直观检查喷嘴的数量、规格型号、安装位置和方向。

2）外观标识

检测方法：直观检查。

3）安装

检测方法：对照设计，直观检查。

5.5.11　灭火剂输送管道

1）管道及管件

检测方法：查阅设计资料，直观检查管道材质。尺量检查管径，检验报告。

2）管道色标

检验方法：直观检查灭火剂输送管道的外表面红色油漆标记。尺量检查色环宽度、间距。

3）管道安装

（1）连接方式

检验方法：查阅设计资料，查看施工记录，直观检查。

（2）管道穿越墙壁、楼板及变形缝

检测方法：查阅设计资料，查看施工记录，直观检查。

（3）管道支架、吊架安装

检测方法：查阅设计资料，直观检查管道支架、吊架最大间距、防晃支架。

4）水压试验和气密性试验

检测方法：查阅设计资料，查看施工单位提供的水压试验记录。

5）管道吹扫

检测方法：查阅设计资料，查看施工单位提供的管道吹扫记录。

6）防静电接地

检测方法：查阅设计资料，查看施工记录，直观检查。

5.5.12　防护区

1）疏散通道、出口

检测方法：查阅设计资料，直观检查走道和出口设置是否通畅。

2）应急照明、疏散指示

检测方法：直观检查应急照明与灯光疏散指示灯的设置，切断正常电源，观察应急灯与灯光疏散指示灯是否投入工作，并用照度计测量照度。

3）声光报警、防护标识

检测方法：直观检查火灾声、光警报器的设置。

4）手动控制装置和手动与自动装置安装

检测方法：直观检查自动、手动转换开关的设置。尺量检查转换开关安装高度，手动切换自动、手动状态，观察现场显示装置及消防控制室状态显示是否正确。

5）机械应急操作装置

检测方法：直观检查机械应急操作装置。

6）防护区排风

检测方法：直观检查机械排风装置、排风口设置。手动启动机械排风装置进行试验检查排风情况。

7）防护区泄压口设置

检测方法：查阅设计资料，直观检查。

8）防护区入口处报警设施

检测方法：直观检查喷放指示门灯的设置。

9）防护区标志

检测方法：直观检查系统标志牌的设置。

5.5.13　贮瓶间

1）设置位置

检测方法：查阅设计资料，直观检查。

2）温度、湿度

检测方法：在贮瓶间测两点的室温取其平均值。

3）应急照明

检测方法：查阅设计资料，直观检查。

4）机械排风

检测方法：直观检查。

5.5.14　消防控制设备

1）设置与选型

检验方法：查阅设计资料，直观检查。

2）基本功能

控制功能、功能报警、延时启动、显示功能、紧急中断功能。

检测方法：分别做控制功能试验，观察消防控制设备能否实现上述功能。

5.5.15　系统控制功能

1）自动启动

检测方法：模拟自动启动试验时，先关断相关灭火剂贮存容器上的驱动器，安装上相应的指示灯、压力表或其他装置，再使被试防护区内的感烟、感温火灾探测器分别发出模拟火灾信号。试验结果应符合下列技术要求：

（1）指示灯显示正常或压力表测定的气压足以驱动容器阀和选择阀；

（2）有关声、光警报装置均能给出符合设计要求的正常信号；

（3）有关联动设备动作正确，符合设计要求。

2）远程启动

检测方法：在贮瓶间的试验气瓶上操作，先关断试验气瓶，安装上相应的指示灯、压力表或其他装置，然后手动启动控制室消防控制设备上的气体灭火装置，试验结果应符合要求。

3）现场启动

检测方法：在贮瓶间的试验气瓶上操作，先关断试验气瓶，安装上指示灯、压力表或其他装置，然后手动启动防护区外的紧急启动按钮，试验结果应符合要求。

4）机械应急启动

检测方法：在贮瓶间的试验气瓶上操作，观察其动作情况及控制室消防控制设备信号显示情况。

5）紧急中断

检测方法：在一防护区内模拟感烟、感温火灾报警信号（或启动防护区外紧急启动按钮，或启动控制室消防控制设备上的紧急启动装置），在延时的 30s 内，启动防护区外（或控制室消防控制设备上）的紧急中断按钮，观察气体灭火装置的动作情况及控制室消防控制设备上中断动作的信号反馈情况。

5.6 系统检测验收国标版检测报告格式化

气体灭火系统检验项目   表5.6

检验项目		检验标准条款	检验结果	判定	重要程度
一、防护区或保护对象与储存装置间	1.防护区或保护对象	GB 50370—2005 3.2.1～3.2.6、3.2.9、3.2.10、6.0.2、6.0.4 GB 50263—2007 7.2.2			
	(1)位置	GB 50370—2005 3.2.1～3.2.3 GB 50263—2007 7.2.2			A类
	(2)用途	GB 50370—2005 3.2.1 GB 50263—2007 7.2.2			A类
	(3)划分	GB 50370—2005 3.2.4 GB 50263—2007 7.2.2			B类
	(4)几何尺寸	GB 50370—2005 3.2.4 GB 50263—2007 7.2.2			A类
	(5)开口	GB 50370—2005 3.2.9 GB 50263—2007 7.2.2			A类
	(6)通风	GB 50370—2005 6.0.2、6.0.4 GB 50263—2007 7.2.2			A类
	(7)环境温度	GB 50370—2005 3.2.10 GB 50263—2007 7.2.2			B类
	(8)可燃物的种类	GB 50370—2005 3.2.1 GB 50263—2007 7.2.2			A类
	(9)围护结构的耐压区	GB 50370—2005 3.2.6 GB 50263—2007 7.2.2			B类
	(10)耐火极限	GB 50370—2005 3.2.5 GB 50263—2007 7.2.2			B类
	(11)门窗可自行关闭装置	GB 50370—2005 3.2.9 GB 50263—2007 7.2.2			A类
	(12)防护区安全设施的设置	GB 50370—2005 3.2.7、6.0.1～6.0.4、6.0.11 GB 50263—2007 7.2.2			

检验项目		检验标准条款	检验结果	判定	重要程度
一、防护区或保护对象与储存装置间	1)防护区疏散通道	GB 50370—2005　6.0.1、6.0.3 GB 50263—2007　7.2.2.1			A类
	2)疏散指示标志和应急照明装置	GB 50370—2005　6.0.2 GB 50263—2007　7.2.2.1	lx		A类
	3)内、外声光报警装置	GB 50370—2005　6.0.2 GB 50263—2007　7.2.2.2			A类
	4)入口处安全标志	GB 50370—2005　6.0.2 GB 50263—2007　7.2.2.2			B类
	5)机械排风装置	GB 50370—2005　6.0.4 GB 50263—2007　7.2.2.3			A类
	6)泄压装置	GB 50370—2005　3.2.7 GB 50263—2007　7.2.2.4			B类
	7)空气、氧气呼吸器	GB 50370—2005　6.0.11 GB 50263—2007　7.2.2.5			C类
	2.储存装置间	GB 50370—2005　4.1.1、6.0.5 GB 50263—2007　7.2.3			
	(1)位置	GB 50370—2005　4.1.1 GB 50263—2007　7.2.3			B类
	(2)应急照明	GB 50370—2005　6.0.5 GB 50263—2007　7.2.3	lx		B类
	(3)耐火等级	GB 50370—2005　4.1.1.4 GB 50263—2007　7.2.3			B类
	(4)通风排风	GB 50370—2005　6.0.5 GB 50263—2007　7.2.3			B类
	(5)环境温度	GB 50370—2005　4.1.1.4 GB 50263—2007　7.2.3	℃		C类

检验项目		检验标准条款	检验结果	判定	重要程度
二、设备和灭火剂输送管道	1.灭火剂贮存容器	GB 50370—2005　4.1.1 GB 50263—2007　7.3.1、7.3.2、4.3.1～4.3.3			
	(1)外观标识	GB 50370—2005　4.1.1 GB 50263—2007　4.3.1、7.3.1			C类
	(2)容器数量	GB 50263—2007　4.3.1、7.3.1	mm		C类
	(3)型号和规格	GB 50370—2005　4.1.1 GB 50263—2007　4.3.2、7.3.1			C类
	(4)位置和固定方式	GB 50370—2005　4.1.1.5 GB 50263—2007　5.2.5、7.3.1			C类
	(5)容器内灭火剂充装量和储存压力	GB 50263—2007　4.3.3、7.3.2			A类
	(6)储存装置安装	GB 50370—2005　4.1、4.2.3、7.3.1 GB 50263—2007　5.2.1～5.2.6、5.2.8			
	a.位置	GB 50263—2007　5.2.1 GB 50370—2005　4.1、7.3.1	m		C类
	b.压力计、液位计、称重显示装置便于人观察	GB 50263—2007　5.2.3、7.3.1			C类
	c.支、框架固定及防腐	GB 50263—2007　5.2.4、7.3.1			C类
	d.储存装置泄压装置泄压方向	GB 50263—2007　5.2.2、7.3.1			C类
	e.低压 CO_2 系统安全阀泄压管	GB 50263—2007　5.2.2、7.3.1			B类
	f.储存容器宜涂红色油漆、标明灭火剂名称及编号	GB 50263—2007　5.2.5、7.3.1			C类
	g.集流管内腔清洁	GB 50263—2007　5.2.6、7.3.1			C类
	h.储存容器与集流管间单向阀方向	GB 50370—2005　4.2.3 GB 50263—2007　5.2.8、7.3.1			B类
	(7)备用贮存装置数量	GB 50370—2005　3.1.7 GB 50263—2007　7.3.1			B类

检验项目		检验标准条款	检验结果	判定	重要程度
二、设备和灭火剂输送管道	2.选择阀及信号反馈装置	GB 50370—2005　4.1.6 GB 50263—2007　7.3.4、5.3.4、4.3.2、4.1.6			
	(1)数量	GB 50370—2005　4.1.6 GB 50263—2007　7.3.4			B类
	(2)标志	GB 50370—2005　4.1.6 GB 50263—2007　5.3.4、7.3.4			C类
	(3)型号、规格	GB 50263—2007 4.3.2、7.3.4			A类
	(4)位置	GB 50263—2007　4.1.6、7.3.4			C类
	(5)选择阀及信号反馈装置安装	GB 50263—2007　5.3、7.3.4			
	a.选择阀操作手柄安装	GB 50263—2007　5.3.1、7.3.4			B类
	b.采用螺纹连接的选择阀活接头的采用	GB 50263—2007　5.3.2、7.3.4			B类
	c.选择阀流向指示箭头	GB 50263—2007　5.3.3、7.3.4			C类
	d.选择阀对应保护区永久性标识	GB 50263—2007　5.3.4、7.3.4			C类
	e.信号反馈装置安装	GB 50263—2007　5.3.5、7.3.4			C类
	3.集流管	GB 50370—2005　4.1.4、4.1.9 GB 50263—2007　5.2、7.3.3、4.3.2、7.3.1			
	(1)材料、规格	GB 50370—2005　4.1.9 GB 50263—2007　4.3.2、7.3.3			B类
	(2)连接方式	GB 50370—2005　4.1.9.4 GB 50263—2007　7.3.3			B类
	(3)集流管固定在支架、框架上,支架、框架防腐	GB 50263—2007　5.2.9、7.3.1			C类
	(4)泄压装置泄压方向	GB 50370—2005　4.1.4 GB 50263—2007　5.2.7、7.3.3			B类

检验项目		检验标准条款	检验结果	判定	重要程度
	(5)色标	GB 50263—2007　5.2.10、7.3.3			C类
	4.阀驱动装置安装	GB 50263—2007　7.3.5、4.3.1、4.3.2、5.4.4、4.3.4、5.4.5、5.4.6			
	(1)阀驱动装置数量	GB 50263—2007　5.4、7.3.5			C类
	(2)规格、型号及外观质量	GB 50263—2007　4.3.1、4.3.2、7.3.5			A类
	(3)标志	GB 50263—2007　5.4.4、7.3.5			C类
	(4)安装位置	GB 50263—2007　5.4.4、7.3.5			C类
	(5)气动驱动装置安装	GB 50263—2007　5.4.4、7.3.5			
	a.驱动气瓶的支、框架或箱体固定牢固,并防腐	GB 50263—2007　5.4.4.1、7.3.5			C类
二、设备和灭火剂输送管道	b.标明驱动介质名称对应防护区或保护对象名称	GB 50263—2007　5.4.4.2、7.3.5			C类
	(6)驱动装置气体充装量、充装压力	GB 50370—2005　5.0.8 GB 50263—2007　4.3.4、7.3.5			A类
	(7)气动驱动装置管道的规格	GB 50370—2005　4.1.9.3 GB 50263—2007　7.3.5			A类
	(8)气动驱动装置管道安装	GB 50263—2007　5.4、7.3.5			
	a.管道的布置	GB 50263—2007　5.4.5、7.3.5			C类
	b.竖直管道的始端和终端的固定	GB 50263—2007　5.4.5、7.3.5			C类
	c.水平管道管卡固定及管卡间距	GB 50263—2007　5.4.5、7.3.5			C类
	d.气体驱动管道上单向阀	GB 50263—2007　4.3.4.2、7.3.5			C类
	(9)气动驱动装置的管道气压严密性试验	GB 50263—2007　5.4.6、7.3.5			B类

检验项目		检验标准条款	检验结果	判定	重要程度
二、设备和灭火剂输送管道	(10)阀驱动装置的安装	GB 50263—2007　5.4、7.3.5、4.3.4.1、4.3.4.2			
	a.电磁驱动装置	GB 50263—2007　4.3.4.1、5.4.3、7.3.5			C类
	b.拉索式手动驱动装置	GB 50263—2007　4.3.4.2、5.4.1、7.3.5			B类
	c.重力式机械驱动装置	GB 50263—2007　4.3.4.2、5.4.2、7.3.5	mm		B类
	(11)驱动气瓶机械应急手动操作	GB 50263—2007　7.3.6			
	a.永久标志	GB 50263—2007　7.3.6			C类
	b.设安全销和铅封	GB 50263—2007　7.3.6			C类
	c.现场手动启动按钮防护罩	GB 50263—2007　7.3.6			C类
	5.喷嘴	GB 50263—2007　5.6、7.3.8、4.3.1、4.3.2			
	(1)数量	GB 50263—2007　5.6、7.3.8			B类
	(2)规格、型号	GB 50263—2007　4.3.2、7.3.8			A类
	(3)安装位置和方向	GB 50263—2007　5.6.1、7.3.8			C类
	(4)安装在吊顶下喷嘴	GB 50263—2007　5.6.2、7.3.8			C类
	(5)外观标识	GB 50263—2007　4.3.1			C类
	6.管子及管件	GB 50263—2007　4.2、7.3.7			
	(1)品种、规格、性能	GB 50263—2007　4.2.1、7.3.7			A类
	(2)管材、管道连接件外观质量	GB 50263—2007　4.2.2、7.3.7			C类
	(3)管材、管道连接件规格尺寸、厚度	GB 50263—2007　4.2.3、7.3.7			A类

检验项目		检验标准条款	检验结果	判定	重要程度
二、设备和灭火剂输送管道	(4)管道安装	GB 50263—2007　5.5、7.3.7			
	a.连接方式	GB 50263—2007　5.5.1、7.3.7			B类
	b.管道穿过墙壁、楼板处安装套管及变形缝处柔性管段设置	GB 50263—2007　5.5.2、7.3.7			C类
	c.管道支架、吊架安装	GB 50263—2007　5.5.3、7.3.7			C类
	d.管道强度试验和气压严密性试验	GB 50263—2007　5.5.4、7.3.7			B类
	e.管道色标	GB 50263—2007　5.5.5、7.3.7			C类
	f.压力信号器或流量信号器	GB 50370—2005　4.1.5 GB 50263—2007　7.3.7			B类
	(5)防静电接地	GB 50370—2005　6.0.6			B类
三、系统功能	1.系统模拟启动试验	GB 50263—2007　E.2、7.4.1			
	a.手动模拟启动试验	GB 50263—2007　E.2.1、7.4.1			A类
	b.自动模拟启动试验	GB 50263—2007　E.2.2、7.4.1			A类
	c.模拟启动试验结果	GB 50263—2007　E.2.3、7.4.1			A类
	2.模拟喷气试验	GB 50263—2007　E.3、7.4.2			
	a.模拟喷气试验条件	GB 50263—2007　E.3.1、7.4.2			A类
	b.模拟喷气试验结果	GB 50263—2007　E.3.2、7.4.2			A类
	3.设有灭火剂备用量系统进行模拟切换操作试验	GB 50263—2007　E.4、7.4.3			A类
	4.系统主、备电源互投切换	GB 50263—2007　E.2、7.4.4			
	a.系统主、备电源互投切换	GB 50263—2007　E.2、7.4.4			A类
	b.切换备用电源状态模拟启动试验	GB 50263—2007　E.2、7.4.4			A类

检验项目		检验标准条款	检验结果	判定	重要程度
四、消防控制设备	1. 设置与选型	GB 50116—2013 4.4.1			A类
	2. 外观标识	GB 50116—2013 2.2			C类
	3. 基本功能	GB 50116—2013 4.4			
	(1)控制功能	GB 50116—2013 4.4			A类
	(2)报警功能	GB 50116—2013 4.4			A类
	(3)延时启动	GB 50116—2013 4.4	s		A类
	(4)显示功能	GB 50116—2013 4.4			A类
	(5)紧急中断	GB 50116—2013 4.4			A类
	4. 备用电源	GB 4717—2005 5.2.10			A类
	5. 消防配电线路	GB 50116—2013 4.4	mm		A类
五、系统控制功能	1. 自动启动	GB 50116—2013 4.4	s		A类
	2. 远程启动	GB 50116—2013 4.4	s		A类
	3. 现场启动	GB 50116—2013 4.4	s		A类
	4. 机械应急启动	GB 50370—2005 5.0.7			A类
	5. 紧急中断	GB 50116—2013 4.4	s		A类

5.7 检验检测机构资质认定检验检测能力申请表

检验检测能力申请表

检验检测机构地址：　　　　　　　　　　　　　　　　　　　　　　表 5.7

序号	类别(产品/项目/参数)	产品/项目/参数		依据的标准(方法)名称及编号(含年号)	限制范围	说明
		序号	名称			
(五)	气体灭火系统	1	距离(长度、宽度、高度、距离)	《气体灭火系统设计规范》GB 50370—2005　3.1、4.1.1.5、6.0.10《气体灭火系统施工及验收规范》GB 50263—2007　5.3.1、4.3.1.6、5.4.2、5.4.5.3、5.5		
		2	时间	《火灾自动报警系统设计规范》GB 50116—2013　4.4.2~4.4.4		
		3	温度	《气体灭火系统设计规范》GB 50370—2005　4.1.1.4		
		4	照度	《气体灭火系统设计规范》GB 50370—2005　6.0		
		5	消防联动控制设备基本功能	《火灾自动报警系统施工及验收规范》GB 50166—2019　4.15.8、4.15.9、4.15.12、4.15.13		
		6	联动功能试验	《火灾自动报警系统设计规范》GB 50116—2013　4.4.2~4.4.5		

5.8　检验检测机构资质认定仪器设备（标准物质）配置表

仪器设备（标准物质）配置表

检验检测机构地址：　　　　　　　　　　　　　　　　　　　　　　　　　　　　　表 5.8

| 序号 | 类别(产品/项目/参数) | 产品/项目/参数 | | 依据的标准(方法)名称及编号 | 仪器设备(标准物质) | | | 溯源方式 | 有效日期 | 确认结果 |
		序号	名称	(含年号)	名称	型号/规格/等级	测量范围			
(五)	气体灭火系统	1	距离(长度、宽度、高度、距离)	《气体灭火系统设计规范》GB 50370—2005　3.1、4.1.1.5、6.0.10 《气体灭火系统施工及验收规范》GB 50263—2007　5.3.1、4.3.1.6、5.4.2、5.4.5.3、5.5	钢卷尺塞尺					
		2	时间	《火灾自动报警系统设计规范》GB 50116—2013　4.4.2~4.4.4	秒表					
		3	温度	《气体灭火系统设计规范》GB 50370—2005　4.1.1.4	数字温度表					
		4	照度	《气体灭火系统设计规范》GB 50370—2005　6.0 《消防设施检测技术规程》DB21/T 2869—2017　6.8.2.2	照度计					
		5	消防联动控制设备基本功能	《火灾自动报警系统施工及验收规范》GB 50166—2019　4.15.8、4.15.9、4.15.12、4.15.13	手动试验					
		6	联动功能试验	《火灾自动报警系统设计规范》GB 50116—2013　4.4.2~4.4.5	手动试验					

5.9 系统验收检测原始记录格式化

气体灭火系统检测原始记录

气体灭火系统   年 月 日   **表 5.9-1**

工程名称					施工单位		
依据标准	GB 50370—2005 3.2、4.1.1、6.0.5;GB 50263—2007 7.3						
检测结果							
系统形式	1.全淹没系统 2.局部应用系统				系统类型		
	1.有管网 2.无管网				设备厂家		
系统设置部位							
贮存容器数量				防护区数量			
贮存容器标志	钢瓶编号						
	容器皮重						
	总重						
	容积						
	充装量						
	充装压力						
	充装日期						
	出厂编号						
钢瓶间示意图							
判定							

核验员: 检验员:

气体灭火系统检测原始记录

气体灭火系统   年 月 日   表 5.9-2

工程名称					施工单位		
检测部位及编号							

检测项目			标准条款	检测方法	检测结果	结论
灭火剂储存容器	灭火剂名称		GB 50370—2005 4.1.1	目测		
	容器规格		GB 50263—2007 4.3.1	钢卷尺		
	容器色标		GB 50263—2007 5.2.5	目测		
	称重检漏装置		GB 50193—93 5.1.4 GB 16670—2006 5.12	目测		
	安装泄压装置		GB 50370—2005 4.1.4	目测		
	储存容器安装要求	位置	GB 50370—2005 4.1	钢卷尺		
		压力表朝向	GB 50263—2007 5.2.3	目测		
		固定方式	GB 50263—2007 5.2.4	目测		
		泄压口方向	GB 50263—2007 5.2.7	目测		
		贮存容器规格、尺寸	GB 50263—2007 4.3.1	钢卷尺		
	备用贮存容器		GB 50370—2005 3.1.7	目测		
	容器阀和集流管之间连接		GB 50370—2005 4.1.1	目测		
	低压二氧化碳储存装置应设报警装置		GB 50193—93 5.1.1A.2	手试		

核验员：   检验员：

气体灭火系统检测原始记录

气体灭火系统	年 月 日	表 5.9-3

工程名称			施工单位	
依据标准	GB 50370—2005 4.1.1、4.1.5、4.1.6;GB 50263—2007 4.3.1、7.3.6、5.2、5.3、5.4、5.5.4			

检测项目			检测方法	检测结果		结论
钢瓶间设备质量检验	容器阀	钢瓶编号				
		外观				
		标志				
		手动操作装置				
	选择阀	防护区名称				
		外观				
		标志				
		手动操作装置				
		安装 位置				
		安装 连接方式				
	单向阀	钢瓶编号				
		外观、标志				
		安装				
	连接管外观					
	集流管	外观、色标				
		泄压装置				
		安装				
	压力讯号装置 GB 50370—2005 4.1.5					

核验员: 检验员:

气体灭火系统检测原始记录

气体灭火系统　　　　　　　　　年　月　日　　　　　　　　　　表 5.9-4

工程名称		施工单位		
依据标准	GB 50370—2005　4.1.1、4.1.5、4.1.6;GB 50263—2007　4.3.1、7.3.6、5.2、5.3、5.4、5.5.4			
钢瓶间设备质量检验	驱动装置 标准条款:GB 50263—2007　5.4、4.3.1、5.4.4、5.4.5、7.3.6			
	电磁驱动装置	拉索式手动驱动装置	机械驱动装置	气体驱动装置
	1.符 合 □ 2.不符合 □	1.符 合 □ 2.不符合 □	1.符 合 □ 2.不符合 □	气瓶规格
				固定方式
				标识
				管道安装
				手动启动装置

核验员:　　　　　　　　　　　　检验员:

气体灭火系统检测原始记录

气体灭火系统　　　　　　　　　　　　年　月　日　　　　　　　　　　　　　　表 5.9-5

工程名称					施工单位				
检测项目 \ 检测结果 \ 检测方法及部位			标准条款	检测方法	检测部位		检测部位		
					检测结果	结论	检测结果	结论	
灭火剂输送管道检验	外观标志		GB 50263—2007 4.2.1	目测					
	色标		GB 50263—2007 5.5.5	目测					
	安装	连接方式	GB 50370—2005 4.1.9	目测					
		管道穿越楼板变形缝	GB 50263—2007 5.5.2	钢卷尺					
		管道支吊架	GB 50263—2007 5.5.3	钢卷尺					
		末端固定	GB 50263—2007 5.5.3	钢卷尺					
		防晃支架	GB 50263—2007 5.5.3	钢卷尺					
		分流出口安装	GB 50370—2005 3.1.11	目测					
喷嘴检验	外观、标志		GB 50263—2007 4.3.1	目测					
	防护罩		GB 50370—2005 4.1.7	目测					
	安装	间距	GB 50370—2005 3.1.12	钢卷尺					
		位置	GB 50370—2005 3.1.13 GB 50263—2007 5.6.1	钢卷尺					
		方式	GB 50370—2005 3.1.18 GB 50263—2007 5.6.2	钢卷尺					
备注									

核验员：　　　　　　　　　　　　　　　　　　检验员：

气体灭火系统检测原始记录

气体灭火系统　　　　　　　　　　年　月　日　　　　　　　　　　表 5.9-6

检测项目		检测方法及部位标准条款	检测方法	检测部位 检测结果	结论	检测部位 检测结果	结论
防护区	火灾探测器安装	GB 50263—2007　5.8.1	卷尺				
	手动/自动转换开关　安装位置	GB 50263—2007　5.8.2	目测				
	距地高度		卷尺				
	手动启动/停止按钮　安装位置	GB 50263—2007　5.8.3	目测				
	距地高度		钢卷尺				
	声光报警装置	GB 50370—2005　6.0.2 GB 50263—2007　5.8.3、7.2.2.2	目测				
	气体喷放指示灯	GB 50263—2007　5.8.4	钢卷尺				
喷嘴检验	外观、标志	GB 50263—2007　4.3.1	目测				
	防护罩	GB 50370—2005　4.1.7	目测				
	安装　间距	GB 50370—2005　3.1.12	钢卷尺				
	位置	GB 50370—2005　3.1.13 GB 50263—2007　5.6.1	钢卷尺				
	方式	GB 50370—2005　3.1.18 GB 50263—2007　5.6.2	钢卷尺				
备注							

工程名称　　　　　施工单位

核验员：　　　　　　　　　　检验员：

气体灭火系统检测原始记录

气体灭火系统				年　月　日			表 5.9-7	

工程名称					钢瓶间温度		钢瓶间湿度	

检测项目			标准条款	检测方法	防护区			
					检测结果	结论	检测结果	结论
防护区状况	防护区容积		GB 50370—2005　3.2.4	钢卷尺				
	防护区泄压口		GB 50370—2005　3.2.7 GB 50263—2007　7.2.2.4	钢卷尺				
	疏散门		GB 50370—2005　6.0.1、6.0.3 GB 50263—2007　7.2.2.1	目测				
	应急照明设施		GB 50370—2005 6.0.2、6.0.4 GB 50263—2007 7.2.2.1、7.2.2.2、 7.2.2.3、7.2.2.5	目测				
	放气指示灯			目测				
	空气、氧气呼吸器			目测				
	机械排风装置			目测				
	入口处安全标志							
储瓶间	设置位置		GB 50370—2005　6.0.5 GB 50263—2007　7.2.3	目测				
	安全出口			目测				
	耐火等级							
	温度、湿度		GB 50370—2005　4.1.1.4 GB 50193—93　5.1.1	温湿度计				
	应急照明		GB 50370—2005　6.0.5	目测				
	机械排风			目测				
预制灭火系统	设置		GB 50370—2005　3.1.14	目测				
	安装	容积及间距	GB 50370—2005 3.1.16、3.1.18、4.4.1、6.0	钢卷尺				
		喷口高于地面						
		启动线路串联连接						
		装置相应范围内设备、器具的设置						
	动作信号反馈		GB 50370—2005　4.4.2					

核验员：　　　　　　　　　　　　　　　　检验员

气体灭火系统检测原始记录

气体灭火系统　泡沫灭火系统　　　　　　年　月　日　　　　　　　表 5.9-8

工程名称				防护区名称		
检测项目			标准条款	检测方法	检测结果	结论
系统联动控制	自动启动	首次火灾探测器或手动火灾报警按钮	GB 50116—2013　4.4.1、4.4.2、4.4.3、4.4.5、4.4.6　GB 50166—2019　5.3.25　GB 50263—2007　E.2.2、E.2.3、7.4.1	手试		
		防护区内火灾声光警报器		目测		
		第二触发信号		手试		
		联动设备　关闭防护区送(排)风机及阀门		目测		
		联动设备　停止通风和空调关闭电动防火阀		目测		
		联动设备　联动开口封闭装置启动		目测		
		联动设备　延时响应时间		秒表		
		联动设备　组合分配系统选择阀开启		目测		
		联动设备　启动装置动作		目测		
		联动设备　入口处上方气体喷洒火灾声光警报器		目测		
	防护区手动启动、停止	防护区部位	GB 50116—2013　4.4.1、4.4.4　GB 50166—2019　5.3.25　GB 50263—2007　E.2.1、E.2.3、7.4.1	手试		
		联动设备动作		目测		
		延时响应时间		秒表		
		选择阀、启动装置动作		目测		
		气体喷洒火灾声光警报器		目测		
		停止按钮按下停止联动操作		目测		
	控制器手动启动、停止	对应防护区部位	GB 50116—2013　4.4.1、4.4.4　GB 50166—2019　5.3.25　GB 50263—2007　E.2.1、E.2.3、7.4.1	手试		
		联动设备动作		目测		
		延时响应时间		秒表		
		选择阀、启动装置动作		目测		
		气体喷洒火灾声光警报器		目测		
		停止按钮按下停止联动操作		目测		
	机械应急启动	选择阀开启	GB 50116—2013　4.4.4　GB 50166—2019　5.3.25　GB 50263—2007　E.2.1、E.2.3、7.4.1	手试		
		瓶头阀开启				
	信号反馈		GB 50116—2013　4.4.5、4.4.6　GB 50166—2019　5.3.25　GB 50263—2007　7.4.1	目测		

核验员：　　　　　　　　　　　　　　检验员

气体灭火系统检测原始记录

气体灭火系统　　　　　　　　　　　年　月　日　　　　　　　　表 5.9-9

工程名称				防护区名称		
	检测项目		标准条款	检测方法	检测结果	结论
模拟放气试验	试验介质、数量		GB 50263—2007 E.3.1、7.4.2	目测		
	自动启动方式			目测		
	首次探测器			目测		
	声光报警功能		GB 50263—2007 E.2、7.4.2			
	第二触发信号			目测		
	联动设备情况			目测		
	延时响应时间			秒表		
	组合分配系统选择阀开启			目测		
	气体喷洒火灾声光警报器			目测		
	信号反馈		GB 50263—2007 E.3.2、7.4.2	目测		
	信号反馈			目测		
	容器间设备和输送管网无晃动和机械性损坏			目测		
	试验气体能喷入防护区或保护对象上，且能从每个喷嘴喷出			目测		

核验员：　　　　　　　　　　　　　　　　检验员

第6章　泡沫灭火系统

泡沫灭火系统是通过机械作用将泡沫灭火剂、水与空气充分混合并产生泡沫实施灭火的灭火系统，具有安全可靠、经济实用、灭火效率高、无毒性等优点。

6.1　泡沫灭火系统适用范围

水溶性液体火灾必须选用抗溶性泡沫液。扑救水溶性液体火灾应采用液上喷射或半液下喷射泡沫，不能采用液下喷射泡沫。

非水溶性液体火灾，当采用液上喷射泡沫灭火时，选用蛋白、氟蛋白、成膜氟蛋白或水成膜泡沫液均可；当采用液下喷射泡沫灭火时，必须选用氟蛋白、成膜氟蛋白或水成膜泡沫液。泡沫液的储存温度应为0℃～40℃。

6.2　泡沫灭火系统组成和分类

6.2.1　系统的组成

泡沫灭火系统一般由泡沫液储罐、泡沫消防泵、泡沫比例混合器（装置）、泡沫产生装置、火灾探测与启动控制装置、控制阀门及管道等系统组件组成。

6.2.2　系统的分类

1）按喷射方式划分

（1）液上喷射系统

液上喷射系统是指泡沫从液面上喷入被保护储罐内的灭火系统，与液下喷射系统相比较，这种系统具有泡沫不易受油的污染、可以使用廉价的普通蛋白泡沫等优点。它有固定式、半固定式和移动式三种应用形式。

（2）液下喷射系统

液下喷射系统是指泡沫从液面下喷入被保护储罐内的灭火系统。泡沫在注入液体燃烧层下部之后，上升至液体表面并扩散开，形成一个泡沫层的灭火系统。该系统通常设计为固定式和半固定式。

（3）半液下喷射系统

半液下喷射系统是指泡沫从储罐底部注入，并通过软管浮升到液体燃料表面进行灭火的灭火系统。

2）按系统结构划分

（1）固定式系统

固定式系统是指由固定的泡沫消防泵或泡沫混合液泵、泡沫比例混合器（装置）、泡沫产生器（或喷头）和管道等组成的灭火系统。

（2）半固定式系统

半固定式系统是指由固定的泡沫产生器与部分连接管道，泡沫消防车或机动消防泵，用水带连接组成的灭火系统。

（3）移动式系统

移动式系统是指由消防车、机动消防泵或有压水源、泡沫比例混合器、泡沫枪、泡沫炮或移动式泡沫产生器，用水带等连接组成的灭火系统。

3）按发泡倍数划分

（1）低倍数泡沫灭火系统

低倍数泡沫灭火系统是指发泡倍数小于 20 的泡沫灭火系统。该系统是甲、乙、丙类液体储罐及石油化工装置区等场所的首选灭火系统。

（2）中倍数泡沫灭火系统

中倍数泡沫灭火系统中倍数泡沫灭火系统是指发泡倍数为 20～200 的泡沫灭火系统。中倍数泡沫灭火系统在实际中应用较少，且多用作于辅助灭火设施。

（3）高倍数泡沫灭火系统

高倍数泡沫灭火系统是指发泡倍数大于 200 的泡沫灭火系统。

4）按系统形式划分

（1）全淹没系统

由固定式泡沫产生器将泡沫喷洒到封闭或被围挡的防护区内，并在规定的时间内达到一定泡沫淹没深度的灭火系统。

（2）局部应用系统

由固定式泡沫产生器直接或通过导泡筒将泡沫喷洒到火灾部位的灭火系统。

（3）移动系统

移动系统是指车载式或便携式系统，移动式高倍数灭火系统可作为固定系统的辅助设施，也可作为独立系统用于某些场所。移动式中倍数泡沫灭火系统适用于发生火灾部位难以接近的较小火灾场所、流淌面积不超过 $100m^2$ 的液体流淌火灾场所。

（4）泡沫—水喷淋系统

由喷头、报警阀组、水流报警装置（水流指示器或压力开关）等组件，以及管道、泡沫液与水供给设施组成，并能在发生火灾时按预定时间与供给强度向防护区依次喷洒泡沫与水的自动喷水灭火系统。

（5）泡沫喷雾系统

采用泡沫喷雾喷头，在发生火灾时按预定时间与供给强度向被保护设备或防护区喷洒泡沫的自动灭火系统。

6.3　系统组件及设置要求

泡沫灭火系统一般由泡沫液、泡沫消防水泵、泡沫混合液泵、泡沫液泵、泡沫比例混合器（装置）、压力容器、泡沫产生装置、火灾探测与启动控制装置、控制阀门及管道等系统组件组成。系统组件必须经国家产品质量监督检验机构检验合格，并且必须符合设计要求。

6.3.1　泡沫消防泵

1）泡沫消防水泵、泡沫混合液泵的选择与设置要求

泡沫消防水泵、泡沫混合液泵应选择特性曲线平缓的离心泵，且其工作压力和流量应满足系统设计要求；当采用水力驱动时，应将其消耗的水流量计入泡沫消防水泵的额定流量；当采用环泵式比例混合器时，泡沫混合液泵的额定流量宜为系统设计流量的 1.1 倍；泵出口管道上应设置压力表、单向阀和带控制阀的回流管。

2）泡沫液泵的选择与设置要求

泡沫液泵的工作压力和流量应满足系统最大设计要求，并应与所选比例混合装置的工作压力范围和流量范围相匹配，同时应保证在设计流量下泡沫液供给压力大于最大水压力；泡沫液泵的结构形式、密封或填充类型应适宜输送所选的泡沫液，其材料应耐泡沫液腐蚀且不影响泡沫液的性能；除水力驱动型泵外，泡沫液泵应按《泡沫灭火系统设计规范》GB 50151 对泡沫消防泵的相关规定设置动力源和备用泵，备用泵的规格、型号应与工作泵相同，工作泵故障时应能自动与手动切换到备用泵；泡沫液泵应耐受时长不低于 10min 的空载运转。

6.3.2　泡沫比例混合器

泡沫比例混合器是一种使水与泡沫原液按规定比例混合成混合液，以供泡沫产生设备发泡的装置。我国目前生产的泡沫比例混合器有环泵式泡沫比例混合器、压力式泡沫比例混合器、平衡式泡沫比例混合器、管线式泡沫比例混合器。

1）环泵式泡沫比例混合器

环泵式泡沫比例混合器固定安装在泡沫消防泵的旁路上。环泵式泡沫比例混合器的限制条件较多，设计难度较大，达到混合比时间较长，但其结构简单、工程造价低且配套的泡沫液储罐为常压储罐，便于操作、维护、检修、试验。

2）压力式泡沫比例混合器

压力式泡沫比例混合器适用于低倍数泡沫灭火系统，也可用于集中控制流量基本不变的一个或多个防护区的全淹没式高倍数泡沫灭火系统和局部应用式高倍数泡沫灭火系统。压力式泡沫比例混合器分为无囊式压力比例混合装置和囊式压力比例混合装置两种，它们主要由比例混合器与泡沫液压力储罐及管路构成。

3）平衡式泡沫比例混合器

平衡式比例混合装置的比例混合精度较高，适用的泡沫混合液流量范围较大，泡沫液储罐为常压储罐。平衡压力流量控制阀与泡沫比例混合器有分体式和一体式两种。

4）管线式泡沫比例混合器

管线式泡沫比例混合器是利用文丘里管的原理在混合腔内形成负压，在大气压力作用下将容器内的泡沫液吸入腔内与水混合。不同的是管线式泡沫比例混合器直接安装在主管线上，泡沫液与水直接混合形成混合液，系统压力损失较大。

6.3.3　泡沫产生装置

泡沫产生装置的作用是将泡沫混合液与空气混合形成空气泡沫，输送至燃烧物的表面，分为低倍数泡沫产生器、高背压泡沫产生器、高倍数泡沫产生器、中倍数泡沫产生器四种。

1）低倍数泡沫产生器

低倍数泡沫产生器有横式和竖式两种，均安装在油罐壁的上部，仅安装形式不同，构造和工作原理是相同的。

2）高背压泡沫产生器

高背压泡沫产生器是从储罐内底部液下喷射空气泡沫扑救油罐火灾的主要设备。

3）高倍数泡沫产生器

高倍数泡沫产生器是高倍数泡沫灭火系统中产生并喷放高倍数泡沫的装置。

4）中倍数泡沫产生器

中倍数泡沫产生器分为吸气型和吹气型两种，吸气型的发泡原理和低倍数泡沫产生器相同，吹气型的发泡原理和高倍数泡沫产生器相同。吸气型泡沫产生器的发泡倍数要低于吹气型泡沫产生器。

6.4　泡沫灭火系统联动控制设计

1）泡沫灭火系统应由专用的泡沫灭火控制器控制。

2）泡沫灭火控制器直接连接火灾探测器时，泡沫灭火系统的自动控制方式应符合下列规定：

（1）应由同一防护区域内两只独立的火灾探测器的报警信号、一只火灾探测器与一只手动火灾报警按钮的报警信号或防护区外的紧急启动信号，作为系统的联动触发信号，探测器的组合宜采用感烟火灾探测器和感温火灾探测器，各类探测器应按第6.2节的规定分别计算保护面积。

（2）泡沫灭火控制器在接收到满足联动逻辑关系的首个联动触发信号后，应启动设置在该防护区内的火灾声光警报器，且联动触发信号应为任一防护区域内设置的感烟火灾探测器、其他类型火灾探测器或手动火灾报警按钮的首次报警信号；在接收到第二个联动触发信号后，应发出联动控制信号，且联动触发信号应为同一防护区域内与首次报警的火灾探测器或手动火灾报警按钮相邻的感温火灾探测器、火焰探测器或手动火灾报警按钮的报警信号。

（3）联动控制信号应包括下列内容：

① 关闭防护区域的送（排）风机及送（排）风阀门；

② 停止通风和空气调节系统及关闭设置在该防护区域的电动防火阀；

③ 联动控制防护区域开口封闭装置的启动，包括关闭防护区域的门、窗；

④ 启动泡沫灭火装置，泡沫灭火控制器，可设定不大于30s的延迟喷射时间。

（4）平时无人工作的防护区，可设置为无延迟的喷射，应在接收到满足联动逻辑关系的首个联动触发信号后按第（3）款规定执行除泡沫灭火装置外的联动控制；在接收到第二个联动触发信号后，应启动泡沫灭火装置。

（5）启动泡沫灭火装置的同时，应启动设置在防护区入口处的火灾声光警报器；组合分配系统应首先开启相应防护区域的选择阀，然后启动泡沫灭火装置。

3）泡沫灭火控制器不直接连接火灾探测器时，泡沫灭火系统的自动控制方式应符合下列规定：

（1）泡沫灭火系统的联动触发信号应由火灾报警控制器或消防联动控制器发出。

（2）泡沫灭火系统的联动触发信号和联动控制均应符合第（2）款的规定。

4）泡沫灭火系统的手动控制方式应符合下列规定：

（1）在防护区疏散出口的门外应设置泡沫灭火装置的手动启动和停止按钮，手动启动按钮按下时，泡沫灭火控制器应执行符合第2）条第（3）款和第（5）款规定的联动操作；手动停止按钮按下时，泡沫灭火控制器应停止正在执行的联动操作。

（2）泡沫灭火控制器上应设置对应于不同防护区的手动启动和停止按钮，手动启动按钮按下时，泡沫灭火控制器应执行符合第2）条第（3）款和第（5）款规定的联动操作；手动停止按钮按下时，泡沫灭火控制器应停止正在执行的联动操作。

5）泡沫灭火装置启动及喷放各阶段的联动控制及系统的反馈信号，应反馈至消防联动控制器。系统的联动反馈信号应包括下列内容：

（1）泡沫灭火控制器直接连接的火灾探测器的报警信号。

（2）选择阀的动作信号。

（3）压力开关的动作信号。

6）在防护区域内设有手动与自动控制转换装置的系统，其手动或自动控制方式的工作状态应在防护区内、外的手动和自动控制状态显示装置上显示，该状态信号应反馈至消防联动控制器。

6.5　泡沫灭火系统检测

6.5.1　供水系统

1）消防水泵及固定消防泵组

参见第 2.1 节相关内容。

2）泡沫消防泵站与泡沫站

（1）设置要求

检测方法：查阅设计资料，查看施工记录，直观检查泡沫泵站与保护对象距离，泡沫消防泵站的门、窗设置和泡沫站建筑耐火等级。

（2）泡沫站的位置

检测方法：观察泡沫站的设置位置。

（3）泡沫液站与甲、乙、丙类液体储罐的距离

检查方法：尺量泡沫站与各甲、乙、丙类液体储罐罐壁的间距。远程启动控制泡沫混合液进入管网的电动阀门，能按指令正常开启。

（4）供水管数量

检测方法：查阅设计资料，直观检查。

（5）备用动力

检测方法：查阅设计资料，直观检查，手动切换试验。

（6）水位指示装置

检测方法：查阅设计资料，直观检查。

（7）控制装置

检测方法：直观检查，转换手、自动开关，切断水泵供电电源，查看消防控制室信息显示；将水泵置于运行、停止等状态，查看消防控制室水泵的状态信息。

（8）通信设备

检测方法：观察泵站内是否设有直接与本单位消防站或消防保卫部门联络的通信设备，测试该通信设备，能相互呼叫并通话，铃声和通话语音清晰。

（9）消防应急照明

检测方法：直观检查，用照度计测量。

3）泡沫液泵

（1）泡沫液泵的设置及选型

检测方法：查阅设计资料，观察备用泵的规格型号。

（2）主备泵的切换

检测方法：手动操控泡沫液泵，泡沫液泵能按命令启动、停止。运行时状态稳定。模拟工作泵故障，远程发出启泵命令，此时水泵控制柜应能自动启动备用泵。

（3）控制装置

检测方法：转换手、自动开关，切断水泵供电电源，查看消防控制室信息显示；将泡沫液泵置于运行、停止等状态，查看消防控制室水泵的状态信息。

（4）泡沫液泵的空载运行

检测方法：查阅设计资料，查看说明书。

6.5.2　系统组件

1）泡沫液储罐

（1）外观标识

检测方法：直观检查观察泡沫液储罐的储量、规格、型号并与设计要求核对。

（2）强度和严密性试验

检测方法：查阅设计资料，查看施工单位提供的泡沫液储罐强度和严密性试验记录。

（3）安装要求

检测方法：查阅设计资料，直观检查泡沫液储罐的安装位置。用尺测量泡沫液储罐的安装高度、检修通道宽度、操作面距离、泡沫液储罐上的控制阀距地面高度。

（4）防护措施

检测方法：查阅设计资料，直观检查。

（5）防腐要求

检测方法：查阅设计资料，查看施工记录，直观检查泡沫液储罐的涂色。

2）泡沫比例混合器

（1）泡沫比例混合器的设置与选型

检测方法：查阅设计资料，查看产品铭牌，核对型式试验报告。

（2）外观标识

检测方法：直观检查。

3）安装要求

（1）液流方向

检测方法：直观检查。

（2）环泵式泡沫比例混合器安装

检测方法：直观检查防止水倒流泡沫液储罐的措施，直观检查备用的环泵式比例混合器的标志。尺量检查。

（3）压力式泡沫比例混合器安装

检测方法：直观检查，手试。

（4）平衡压力式泡沫比例混合器安装

检验方法：查阅设计资料，直观检查，用钢卷尺测量。

（5）整体平衡式比例混合器

检测方法：直观检查整体平衡式比例混合装置的安装方式。尺量检查压力表与进口处的距离。

（6）分体平衡式比例混合器

检测方法：直观检查平衡压力流量控制阀的安装方式。

（7）水力驱动平衡式比例混合器

检测方法：直观检查泡沫液泵的安装方式、管道的连接方式并核对设计要求。尺量检查泡沫液泵的安装尺寸。

（8）管线式、负压式泡沫比例混合器安装

检测方法：对照设计，直观检查管线式比例混合器的安装位置。尺量检查吸液口与泡沫液储罐或泡沫液桶最低液面的高度。

4）泡沫发生器

（1）低倍数泡沫产生器安装

检测方法：查阅设计资料，直观检查安装方式、位置。

（2）中倍数泡沫发生器安装

检测方法：查阅设计资料，直观检查安装方式、位置。

（3）高倍数泡沫发生器安装

检测方法：查阅设计资料，直观检查安装方式、位置，用钢卷尺测量。

5）泡沫消火栓

（1）设置与选型

检测方法：查阅设计资料，对照设计和检查产品质量质量证明文件，直观检查。

（2）地上式消火栓安装

检测方法：直观检查地上式消火栓其大口径出水口应面向消防车通道。

（3）室内消火栓安装

检测方法：直观检查，用钢板尺测量室内消火栓或消火栓箱，栓口应朝外或面向通道，其坐标及标高。

6.5.3　泡沫液

1）泡沫液选择

检测方法：查阅设计资料，查看检验报告、出厂合格证等。

2）泡沫混合液的发泡倍数

检测方法：核查设计要求、泡沫液检验报告及合格证，根据系统类型、使用场所、是否水溶性、发泡倍数等核查其选用是否正确。

6.5.4　系统管道

1）规格型号

检测方法：直观检查，查阅设计资料及检验报告、合格证等。

2）管道穿越防火堤、楼板、墙壁处理

检测方法：查阅设计资料，查看施工记录，直观检查。

3）泡沫混合液管道

（1）立管安装

检测方法：查看施工记录，直观检查。

（2）水平管道安装

检验方法：查阅设计资料，查看施工记录，直观检查。

（3）排气阀安装

检测方法：查阅设计资料，查看施工记录，直观检查。

（4）压力表、过滤器、控制阀安装

检测方法：直观检查。

4）泡沫液管道

（1）立管安装

检测方法：查看施工记录，直观检查。

（2）水平管道安装

检测方法：查阅设计资料，查看施工记录，直观检查。

（3）埋地安装

检测方法：查阅设计资料，查看施工记录。

6.5.5　防护区

1）声、光警报装置

检测方法：查阅设计资料，直观检查。

2）紧急启动按钮

检测方法：直观检查，在做系统联动功能试验时，观察紧急按钮启动功能是否正常。

3）手动和应急机械装置的标志

检测方法：查阅设计资料，直观检查。

6.5.6　系统控制功能

消防水泵及固定消防泵组启动功能

（1）远程启动

检测方法：在控制室消防控制设备上和手动控制装置上分别手动启、停消防水泵，观察消防水泵动作情况和消防控制设备启动的信号显示情况。并用秒表测试消防水泵启动运行时间。

（2）现场启动

检测方法：在消防泵房水泵控制柜上手动操作消防水泵启、停按钮，观察消防泵动作情况和控制室消防控制设备信号显示情况。并用秒表测试消防水泵启动运行时间。

（3）备用泵启动

检测方法：模拟工作泵故障，观察并记录备用泵动作情况及控制室消防控制设备信号显示情况。并用秒表测试备用泵启动运行时间。

6.5.7　系统联动功能

1）自动启动

检测方法：低、中倍数泡沫灭火系统选择一最不利点的防护区，高倍数泡沫灭火系统任选一防护区，模拟喷射泡沫，观察并记录泡沫灭火装置动作情况及相关设施的动作情况和控制室消防控制设备信号显示情况。

在测实际喷射中低倍数泡沫时，对大型油罐或防护区难度很大且检验后清理困难的，可选定一定数量的泡沫发生器向外部空间喷射。

2）远程启动

检测方法：在控制室消防控制设备上手动启动一防护区的泡沫灭火装置，观察并记录泡沫灭火装置动作情况及相关设施动作情况和消防控制设备信号显示情况。

3）现场启动

检测方法：手动启动防护区外泡沫灭火装置启动按钮，观察并记录泡沫灭火装置动作情况及相关设施动作情况和控制室消防控制设备信号显示情况。

6.5.8　检测规则

1）抽样比例、数量

（1）工作与备用消防水泵或固定式消防泵组在设计负荷下连接运转不应小于 30min，其间转换运行试验 1～2 次。

（2）系统组件（泡沫液储罐、泡沫比例混合器、泡沫发生装置、消火栓、阀门等）实际安装数量不足 5 个（含 5 个）的全检，超过 5 个的按实际安装数量的 20％抽检，但不少于 5 个。

（3）防护区应按实际设置数量全部检查。

（4）按防护区总数（不足 5 个的按 5 个计）20％的比例抽检，分别进行自动、手动启动和紧急中断试验 1～2 次。

（5）每个工程抽一个防护区以自动控制方式进行实际喷射试验。如不合格，应在排除故障后，对全部防护区进行实际喷射试验。

（6）其他项目按相关规定进行检验。

2）抽样方法

按上述规定抽样时，应在系统中分区、分楼层随机抽样。

6.6 系统检测验收国标版检测报告格式化

泡沫灭火系统检验项目

表 6.6

检验项目		检验标准条款	检验结果	判定	重要程度
一、水源	1.水源水质	GB 50281—2006 7.2.1.6 GB 50151—2010 8.2.1			A类
	2.水源水温	GB 50281—2006 7.2.1.6 GB 50151—2010 8.2.1			A类
	3.水源水量	GB 50281—2006 7.2.1.6 GB 50151—2010 8.2.3	m^3		A类
二、消防泵	1.检验报告/合格证	GB 50281—2006 4.3.3、7.2.1.1			A类
	2.外观标识	GB 50281—2006 4.3.1、7.2.1.1			C类
	3.吸水方式	GB 50281—2006 5.1.1、7.2.1.1			B类
	4.水泵吸水管	GB 50281—2006 5.1.1、 5.2.3、7.2.1.1 GB 50151—2010 8.1.2			C类
	5.水泵出水管	GB 50281—2006 5.1.1、 5.2.3、7.2.1.1 GB 50151—2010 8.2.4			C类
	6.消防泵整体安装	GB 50281—2006 5.2.1、7.2.1.1			C类
	7.消防泵以底座为基准找平、找正	GB 50281—2006 5.2.2、7.2.1.1	mm		C类
	8.泵吸水口处滤网架安装及清洗	GB 50281—2006 5.2.4、7.2.1.1			C类
	9.消防泵内燃机冷却器泄水管的排水设施	GB 50281—2006 5.2.5、7.2.1.1			C类
	10.消防泵内燃机排气管安装	GB 50281—2006 5.2.6、7.2.1.1			C类
	11.消防泵性能	GB 50281—2006 6.2.2.1、7.2.1.1	L/s、 MPa、s		A类
	12.备用泵	GB 50281—2006 6.2.2.2、 8.1.3、7.2.1.1	L/s、 MPa、s		A类

检验项目		检验标准条款	检验结果	判定	重要程度
三、泡沫消防泵站与泡沫站	1.泵房(站)设置及耐火等级	GB 50281—2006　7.2.1.6 GB 50151—2010　8.1.1			A类
	2.供水管数量	GB 50281—2006　7.2.1.6 GB 50151—2010　8.1.2			C类
	3.备用动力	GB 50281—2006　7.2.1.7 GB 50151—2010　8.1.4			A类
	4.水位指示装置	GB 50281—2006　7.2.1.6 GB 50151—2010　8.1.5			C类
	5.控制装置	GB 50281—2006　7.2.1.7 GB 50151—2010　8.1.1.1			A类
	6.通信设备	GB 50151—2010　8.1.5			A类
	7.消防应急照明	GB 50281—2006　7.2.1.6 GB 50151—2010　8.1.1.1	lx		B类
	8.泡沫站的设置	GB 50281—2006　7.2.1.6 GB 50151—2010　8.1.6	m		B类
四、水泵接合器	1.设置	GB 50151—2010　8.2.5、7.2.1.1			B类
	2.数量	GB 50151—2010　8.2.5、7.2.1.1			B类
五、系统组件	1.系统类型	GB 50281—2006　4.2.1、7.2.1.1			A类
	2.泡沫液储罐	GB 50281—2006　4.3、5.3、7.2.1.1			
	(1)外观质量及标志	GB 50281—2006　4.3.1、7.2.1.1 GB 50151—2010　3.5.3			B类
	(2)规格、型号及检验报告(压力式)	GB 50151—2010　3.5.1、3.5.2 GB 50281—2006　4.3.3.1、7.2.1.1			B类
	(3)安装位置和高度	GB 50281—2006　5.3.1、7.2.1.1	m		C类
	(4)现场制作的常压钢质泡沫液储罐符合性	GB 50281—2006　5.3.2、7.2.1.1			C类
	(5)安装方式	GB 50281—2006　5.3.2.4、5.3.3			C类
	(6)防腐要求	GB 50281—2006　5.3.2.3、 5.3.2.5、7.2.1.1			B类
	(7)泡沫液压力储罐安装	GB 50281—2006　5.3.3、 5.3.4、7.2.1.1			B类

续表

检验项目		检验标准条款	检验结果	判定	重要程度
五、系统组件	3.泡沫比例混合器	GB 50281—2006　5.4、7.2.1.1			
	(1)检验报告	GB 50281—2006　4.3.3、7.1.2.3、7.2.1.1			A类
	(2)外观标识	GB 50281—2006　4.3.1、7.2.1.1			C类
	(3)液流方向	GB 50281—2006　5.4.1、7.2.1.1			B类
	(4)环泵式安装	GB 50281—2006　5.4.2、7.2.1.1	mm		A类
	(5)压力式安装	GB 50281—2006　5.4.3、7.2.1.1			A类
	(6)整体平衡式安装	GB 50281—2006　5.4.4.1、7.2.1.1	m		A类
	(7)分体平衡式安装	GB 50281—2006　5.4.4.2、7.2.1.1			A类
	(8)水力驱动平衡式安装	GB 50281—2006　5.4.4.3、7.2.1.1			A类
	(9)管线式、负压式	GB 50281—2006　5.4.5、7.2.1.1	m		A类
	4.泡沫产生装置	GB 50281—2006　4.3、5.6、7.2.1.1			
	(1)检验报告	GB 50281—2006　4.3.3、7.2.1.1			A类
	(2)外观标识	GB 50281—2006　4.3.1、7.2.1.1			C类
	(3)低倍数泡沫产生器安装	GB 50281—2006　5.6.1、7.2.1.1			A类
	(4)中倍数泡沫产生器安装	GB 50281—2006　5.6.2、7.2.1.1			A类
	(5)高倍数泡沫产生器安装	GB 50281—2006　5.6.3、7.2.1.1			A类
	(6)泡沫喷头安装	GB 50281—2006　5.6.4、7.2.1.1			A类
	(7)固定式泡沫炮安装	GB 50281—2006　5.6.5、7.2.1.1			A类
	5.泡沫消火栓	GB 50281—2006　4.3.3、5.5.7、7.2.1.1			
	(1)检验报告	GB 50281—2006　4.3.3、7.2.1.1			A类
	(2)外观质量	GB 50281—2006　4.3.1、7.2.1.1			C类
	(3)规格、型号、数量、位置、安装方式、间距	GB 50281—2006　5.5.7.1、7.2.1.1 GB 50151—2010　4.1.8			B类

	检验项目	检验标准条款	检验结果	判定	重要程度
五、系统组件	(4)地上式消火栓安装	GB 50281—2006　5.5.7.2、5.5.7.3、7.2.1.1			A类
	(5)地下式消火栓安装	GB 50281—2006　5.5.7.2、5.5.7.4、7.2.1.1			A类
	(6)室内消火栓安装	GB 50281—2006　5.5.7.5、7.2.1.1			A类
	6.泡沫灭火剂	GB 50281—2006　4.2.1、7.2.1.1			
	(1)检验报告	GB 50281—2006　4.2.1、7.2.1.1			A类
	(2)泡沫液选择和储存	GB 50281—2006　4.2.2、7.2.1.1 GB 50151—2010　3.2			B类
六、管道与阀门	1.规格型号	GB 50281—2006　7.2.1			B类
	2.管道连接方式	GB 50281—2006　7.2.1.2、5.5.1			C类
	3.管道固定方式	GB 50281—2006　7.2.1.3、5.5.1			C类
	4.管道穿越防火堤、楼板、墙壁及变形缝处理	GB 50281—2006　7.2.1.4、5.5.1			C类
	5.泡沫混合液管道	GB 50281—2006　5.5.1、5.5.2、7.2.1.2			
	(1)立管安装	GB 50281—2006　5.5.2.1、5.5.2.2、7.2.1.	m		C类
	(2)水平管道安装	GB 50281—2006　5.5.1.1、7.2.1.2 GB 50151—2010　4.2.7	3‰		C类
	(3)排气阀、放空阀安装	GB 50281—2006　5.5.6.5、5.5.6.10、7.2.1.2			C类
	(4)压力表、过滤器、控制阀安装	GB 50281—2006　5.5.6.1(3、4、6、8)、7.2.1.2	m		C类
	6.泡沫液管道	GB 50281—2006　5.5.4、7.2.1.2	m、mm		C类
	7.泡沫喷淋管道	GB 50281—2006　5.5.5、7.2.1.2	m		C类
	8.管道试压与冲洗	GB 50281—2006　5.5.1.7(8)、7.2.1.2			C类
	9.管道防腐	GB 50281—2006　5.5.1.9、7.2.1.5			C类
	10.管道防冻、防热	GB 50151—2010　3.7.7、7.2.1.2			C类

续表

检验项目		检验标准条款	检验结果	判定	重要程度
六、管道与阀门	11.管道涂色	GB 50151—2010　3.1.2、7.2.1.2			C类
	12.阀门	GB 50281—2006　5.5.6.2 (6、7、9)、7.2.1.2			C类
七、防护区	1.声、光警报装置	GB 50281—2006　7.2.2； GB 50116—2013　6.5.2、6.5.3 GB 50151—2010　6.1.2.3			B类
	2.紧急启停按钮	GB 50281—2006　7.2.2； GB 50116—2013　6.3； GB 50151—2010　6.1.2、6.1.3			B类
	3.排水设施	GB 50151—2010　6.2.2.6			C类
八、消防控制设备	1.检验报告	GB 50116—2013　3.1.3			A类
	2.外观标识	GB 50116—2013　3.1.3			C类
	3.控制功能	GB 50116—2013　3.4.9			A类
	4.显示功能	GB 50116—2013　3.4.9			A类
	5.备用电源	GB 50116—2013　10.1.2			A类
	6.手动直接控制装置	GB 50116—2013　4.1.4			A类
	7.配电线路	GB 50116—2013　11.2.3			A类
九、系统控制功能	1.消防泵	GB 50281—2006　6.2.2			
	(1)远程启动	GB 50281—2006　6.2.2	s		A类
	(2)现场启动	GB 50281—2006　6.2.2	s		A类
	(3)备用泵启动	GB 50166—2019　4.16.1	s		A类
	2.系统联动功能	GB 50281—2006　6.2.6、7.2.2			
	(1)自动控制	GB 50281—2006　7.2.2.1、6.2.6.2	MPa、L/s、s		A类
	(2)(远程)手动控制	GB 50281—2006　7.2.2.1、6.2.6.3	MPa、L/s、s		A类
	(3)(现场)手动控制	GB 50281—2006　6.2.2、7.2.2	MPa、L/s、s		A类

6.7 检验检测机构资质认定检验检测能力申请表

检验检测能力申请表

检验检测机构地址：   表 6.7

序号	类别(产品/项目/参数)	产品/项目/参数		依据的标准(方法)名称及编号(含年号)	限制范围	说明
		序号	名称			
（六）	泡沫灭火系统	54	距离(长度、宽度、高度、距离)	《泡沫灭火系统施工及验收规范》GB 50281—2006 5.3.1、5.3.2、5.4.4、5.4.2、5.4.5、5.5.1.2、5.5.1.4、5.5.1.6、5.5.2.2、5.5.2.3、5.5.2.4、5.5.2.6、5.5.5、5.5.6.6、5.5.6.8、5.5.6.9、5.5.7、5.6.1.2、5.6.1.4、5.6.1.5、5.6.1.7、5.6.1.8、5.6.1.9、5.6.3、5.6.4、7.2.1.1、7.2.1.3		
		55	坡度	《泡沫灭火系统施工及验收规范》GB 50281—2006 5.5.1.1、7.2.1.2		
		56	角度	《泡沫灭火系统施工及验收规范》GB 50281—2006 5.6.1.2、5.6.1.7		
		57	压力	《泡沫灭火系统施工及验收规范》GB 50281—2006 6.2.2、6.2.4、6.5.2		
		58	时间	《泡沫灭火系统施工及验收规范》GB 50281—2006 6.2.2、6.2.6		
		59	混合比	《泡沫灭火系统施工及验收规范》GB 50281—2006 6.2.3		
		60	照度	《建筑防火设计规范》GB 50016—2014 10.3.3		
		61	设备基本功能	《泡沫灭火系统施工及验收规范》GB 50281—2006 6.2.1、6.2.2、7.2.1(7)《消防给水及消火栓系统技术规范》GB 50974—2014 11.0.7、11.0.8、13.2.6.5		
		62	消防联动控制设备基本功能	《消防给水及消火栓系统技术规范》GB 50974—2014 11.0.7.1		
		63	联动功能试验	《火灾自动报警系统设计规范》GB 50116—2013 4.4.2～4.4.5		

6.8 检验检测机构资质认定仪器设备（标准物质）配置表

仪器设备（标准物质）配置表

检验检测机构地址：   表 6.8

| 序号 | 类别(产品/项目/参数) | 产品/项目/参数 | | 依据的标准(方法)名称及编号 | 仪器设备(标准物质) | | | 溯源方式 | 有效日期 | 确认结果 |
		序号	名称	(含年号)	名称	型号/规格/等级	测量范围			
(六)	泡沫灭火系统	1	距离(长度、宽度、高度、距离)	《泡沫灭火系统施工及验收规范》 GB 50281—2006 5.3.1、5.3.2、5.4.4、5.4.2、5.4.5、5.5.1.2、5.5.1.4、5.5.1.6、5.5.2.2、5.5.2.3、5.5.2.4、5.5.2.6、5.5.5、5.5.6.6、5.5.6.8、5.5.6.9、5.5.7、5.6.1.2、5.6.1.4、5.6.1.5、5.6.1.7、5.6.1.8、5.6.1.9、5.6.3、5.6.4、7.2.1.1、7.2.1.3	钢卷尺 塞尺					
		2	坡度	《泡沫灭火系统施工及验收规范》 GB 50281—2006 5.5.1.1、7.2.1.2	万能角度尺					
		3	角度	《泡沫灭火系统施工及验收规范》 GB 50281—2006 5.6.1.2、5.6.1.7	万能角度尺					
		4	功能	《泡沫灭火系统施工及验收规范》 GB 50281—2006 6.2.2、6.2.4、6.5.2	手动试验					
		5	时间	《泡沫灭火系统施工及验收规范》 GB 50281—2006 6.2.2、6.2.6	秒表					
		6	混合比	《泡沫灭火系统施工及验收规范》 GB 50281—2006 6.2.3	流量计					
		7	照度	《建筑设计防火规范》 GB 50016—2014 10.3.3	照度计					
		8	设备基本功能	《泡沫灭火系统施工及验收规范》 GB 50281—2006 6.2.1、6.2.2、7.2.1(7) 《消防给水及消火栓系统技术规范》 GB 50974—2014 11.0.7、11.0.8、13.2.6.5	手动试验					
		9	消防联动控制设备基本功能	《消防给水及消火栓系统技术规范》 GB 50974—2014 11.0.7.1	手动试验					
		10	联动功能试验	《火灾自动报警系统设计规范》 GB 50116—2013 4.4.2~4.4.5	手动试验					

6.9　系统验收检测原始记录格式化

泡沫灭火系统检测原始记录

工程名称：　　　　　　　　　　　　　　　　　　　　　　　　　　　　　表 6.9-1

建筑面积		建筑高度		地址	
设计单位				施工单位	
检验依据	GB 50281—2006　4.3.1　4.3.3、7.2.1；GB 50151—2010　3.5.3				

产品名称	型号规格	生产厂名称	外观质量				数量	位置
			无变形及其他机械性损伤	外露非机械加工表面保护涂层完好	无保护涂层的机械加工面无锈蚀	铭牌、标志标记清晰、牢固		
泡沫产生装置								
泡沫比例混合器(装置)								
泡沫液压力储罐								
泡沫消火栓								
阀门								
压力表								
管道过滤器								
金属软管								
消防泵								

泡沫灭火系统检测原始记录

工程名称：

表 6.9-2

检验项目			标准条款	检测部位		检测部位	
				检测结果	结论	检测结果	结论
系统组件	泡沫液储罐	1.规格、型号及检验报告（压力式）	GB 50151—2010　3.5.1、3.5.2；GB 50281—2006　4.3.3.1、7.2.1.1				
		1)压力式储罐的规格、型号及性能	GB 50281—2006 4.3.3.1、7.2.1.1				
		2)常压泡沫液储罐的符合性	GB 50151—2010 3.5.2				
		a.储罐热膨胀空间和沉淀损失部分空间	GB 50151—2010 3.5.2.1				
		b.出液口的设置	GB 50151—2010 3.5.2.2				
		c.出液口、液位计、进料孔、排渣孔、人孔、取样孔、呼吸阀或通气孔	GB 50151—2010 3.5.2.3				
		2.现场制作的常压钢质泡沫液储罐安装符合性	GB 50281—2006　5.3.2、7.2.1.1				
		1)泡沫液管道出液口和吸液口	GB 50281—2006 5.3.2.1、7.2.1.1				
		2)防腐要求	GB 50281—2006 5.3.2.3、5.3.2.5、7.2.1.1				
		3)安装方式	GB 50281—2006 5.3.2.4、7.2.1.1				
		3.压力式储罐安装	GB 50281—2006 5.3.3、7.2.1.1				

泡沫灭火系统检测原始记录

工程名称：   表 6.9-3

检验项目			标准条款	检测部位		检测部位	
				检测结果	结论	检测结果	结论
系统组件	泡沫比例混合器	1.泡沫比例混合器（装置）的选择符合性	GB 50281—2006 5.4、7.2.1；GB 50151—2010 3.4.1				
		1)进口工作压力与流量应在标定参数范围内	GB 50281—2006 5.4、7.2.1.1 GB 50151—2010 3.4.1.1	实测参数		实测参数	
				标定参数		标定参数	
		2) V 非水溶 ≥20000m³ □固定顶储罐 □按固定顶储罐对待的内浮顶储罐	GB 50281—2006 5.4、7.2.1.1 GB 50151—2010 3.4.1.2	计量注入式比例混合装置		计量注入式比例混合装置	
				平衡式比例混合装置		平衡式比例混合装置	
		V 水溶 ≥5000m³		计量注入式比例混合装置		计量注入式比例混合装置	
				平衡式比例混合装置		平衡式比例混合装置	
		V 水溶 ≥50000m³ □内浮顶储罐 □外浮顶储罐		计量注入式比例混合装置		计量注入式比例混合装置	
				平衡式比例混合装置		平衡式比例混合装置	
		3)泡沫液密度低 1.12g/ml 时,不应选择无囊式压力比例混合装置	GB 50281—2006 5.4、7.2.1.1 GB 50151—2010 3.4.1.3				
		4)全淹没高倍数或局部高倍数、中倍数 集中控制保护多个防护区	GB 50281—2006 5.4、7.2.1.1 GB 50151—2010 3.4.1.4、3.4.1.5	应选用平衡式或囊式		应选用平衡式或囊式	
		保护一个防护区		宜选用平衡式或囊式		宜选用平衡式或囊式	
		2.标注方向与液流方向一致	GB 50281—2006 5.4.1、7.2.1.1				

检验项目		标准条款	检测部位		检测部位	
			检测结果	结论	检测结果	结论
系统组件	泡沫比例混合器	3.环泵式泡沫比例混合装置安装		GB 50281—2006 5.4.2			
		1)安装标高	GB 50281—2006 5.4.2.1、7.2.1.1				
		2)备用环泵式泡沫比例混合装置并联安装	GB 50281—2006 5.4.2.2、7.2.1.1 GB 50151—2010 3.4.5.4				
		3)出口背压	GB 50151—2010 3.4.5.1、7.2.1.1	P进口=0.7~0.9MPa		P进口=0.7~0.9MPa	
		4)吸液口不应高于泡沫液储罐最低液面1m	GB 50151—2010 3.4.5.2、7.2.1.1				
		4.压力式比例混合装置		GB 50281—2006 5.4.3、7.2.1.1;GB 50151—2010 3.4.4			
		1)压力式比例混合装置应整体安装	GB 50281—2006 5.4.3、7.2.1.1				
		2)泡沫液储罐的单罐容积V≤10m³	GB 50151—2010 3.4.4.1、7.2.1.1				
		3)无囊式装置,当V单罐>5m³且储罐内无分隔设施时,宜设1台小装置V单罐>0.5m³	GB 50151—2010 3.4.4.2、7.2.1.1	宜设1台小装置V单罐>0.5m³		宜设1台小装置V单罐>0.5m³	
				并应保证Q_{max}泡沫混合液时间3min		并应保证Q_{max}泡沫混合液时间3min	
				并应保证Q_{max}泡沫混合液时间3min		并应保证Q_{max}泡沫混合液时间3min	
		5.平衡式比例混合装置		GB 50281—2006 5.4.4、7.2.1;GB 50151—2010 3.4.2			
		1)整体式装置竖直安装及压力表安装	GB 50281—2006 5.4.4.1、7.2.1.1				
		2)分体式装置平衡压力流量控制阀竖直安装	GB 50281—2006 5.4.4.2、7.2.1.1				

续表

检验项目			标准条款	检测部位		检测部位	
				检测结果	结论	检测结果	结论
系统组件	泡沫比例混合器	3)水力驱动装置泡沫液泵水平安装	GB 50281—2006 5.4.4.3、7.2.1.1				
		4)平衡阀泡沫液和水进口压力压差	GB 50151—2010 3.4.2.1、7.2.1.1				
		5)泡沫液进口管道上单向阀设置	GB 50151—2010 3.4.2.2、7.2.1.1				
		6)泡沫液管道上冲洗及防空设施设置	GB 50151—2010 3.4.2.3、7.2.1.1				
		6.管线式比例混合器安装及吸液口距最低泡沫液面高度	GB 50281—2006 5.4.5、7.2.1.1				
		7.计量注入式压力比例混合装置	GB 50151—2010 3.4.3、7.2.1				
		1)泡沫液注入点泡沫液液流压力大于水流压力,且其压差满足产品要求	GB 50151—2010 3.4.3.1、7.2.1.1				
		2)流量计进、出口前后管段的长度不应小于管径的10倍	GB 50151—2010 3.4.3.2、7.2.1.1				
		3)泡沫液进口管道上应设单向阀	GB 50151—2010 3.4.3.3、7.2.1.1				
		4)泡沫液管道上应设置冲洗及防空设施	GB 50151—2010 3.4.3.4、7.2.1.1				

泡沫灭火系统检测原始记录

工程名称：   表 6.9-4

检验项目			标准条款	检测部位		检测部位	
				检测结果	结论	检测结果	结论
系统组件	泡沫产生装置	1. 低倍数泡沫产生器		GB 50151—2010 3.6.1；GB 50281—2006 5.6.1			
		1)固定顶储罐、按固定顶储罐对待的内浮顶储罐	GB 50151—2010 3.6.1.1、7.2.1.1	宜选用立式泡沫产生器		宜选用立式泡沫产生器	
		2)泡沫产生器进口的工作压力应为其额定值±0.1MPa	GB 50151—2010 3.6.1.2、7.2.1.1	额定值		额定值	
				实测值		实测值	
		3)泡沫产生器的空气吸入口及露天的泡沫喷射口,应设金属网	GB 50151—2010 3.6.1.3、7.2.1.1				
		4)横式泡沫产生器的出口,应设长度不小于1m的泡沫管	GB 50151—2010 3.6.1.4、7.2.1.1				
		5)外浮顶储罐上的泡沫产生器,不应设置密封玻璃	GB 50151—2010 3.6.1.5、7.2.1.1				
		6)低倍数泡沫产生器安装		GB 50281—2006 5.6.1、7.2.1			
		a.液上喷射的泡沫产生器安装	GB 50281—2006 5.6.1.1、7.2.1.1				
		b.水溶性液体储罐内泡沫溜槽的安装	GB 50281—2006 5.6.1.2、7.2.1.1	距罐底 1.0~1.5m		距罐底 1.0~1.5m	
				溜槽与罐底夹角宜为 30°~45°		溜槽与罐底夹角宜为 30°~45°	
				垂直安装 / 允许偏差5‰且≤30mm		垂直安装 / 允许偏差5‰且≤30mm	
				坐标允许偏差25mm		坐标允许偏差25mm	
				标高允许偏差±20mm		标高允许偏差±20mm	
		c.液下及半液下喷射高背压泡沫产生器水平安装防火堤外	GB 50281—2006 5.6.1.3、7.2.1.1				
		d.高背压泡沫产生器进出口侧压力表、背压调节阀等安装	GB 50281—2006 5.6.1.4、7.2.1.1	进口工作压力应在标定范围内 / 标定		进口工作压力应在标定范围内 / 标定	
				实测		实测	
				出口工作压力应大于泡沫管道阻力和罐内液体静压压力之和 / 压力之和		出口工作压力应大于泡沫管道阻力和罐内液体静压压力之和 / 压力之和	
				出口压力		出口压力	

检验项目			标准条款	检测部位		检测部位	
				检测结果	结论	检测结果	结论
系统组件	泡沫产生装置	d.高背压泡沫产生器进出口侧压力表、背压调节阀等安装	GB 50281—2006 5.6.1.4、7.2.1.1	2≤发泡倍数≤4		2≤发泡倍数≤4	
				背压调节阀安装		背压调节阀安装	
				泡沫取样口安装		泡沫取样口安装	
				环境温度为0℃及以下背压调节阀和取样口控制阀应为钢质阀门		环境温度为0℃及以下背压调节阀和取样口控制阀应为钢质阀门	
		e.液上喷射泡沫产生器或泡沫导流罩安装间距偏差不宜大于100mm	GB 50281—2006 5.6.1.5、7.2.1.1				
		f.外浮顶储罐泡沫喷射口设置	浮顶上时	GB 50281—2006 5.6.1.6、7.2.1.1 GB 50151—2010 4.3.4	混合液支管固定支架		混合液支管固定支架	
					喷射口T型管横管水平安装		喷射口T型管横管水平安装	
					伸入泡沫堰板后向下倾斜30°～60°		伸入泡沫堰板后向下倾斜30°～60°	
					泡沫堰板与罐壁间距不宜小于0.6m		泡沫堰板与罐壁间距不宜小于0.6m	
			罐壁顶部、密封或挡雨板上方时	GB 50281—2006 5.6.1.7、7.2.1.1 GB 50151—2010 4.3.3	泡沫堰板应高出密封0.2m		泡沫堰板应高出密封0.2m	
					泡沫堰板与罐壁间距不应小于0.6m		泡沫堰板与罐壁间距不应小于0.6m	
			或金属挡雨板下部时		泡沫堰板高度不应小于0.3m		泡沫堰板高度不应小于0.3m	

检验项目			标准条款	检测部位		检测部位	
				检测结果	结论	检测结果	结论
系统组件	泡沫产生装置	g. 泡沫堰板最低部位设置排水孔数量和尺寸	按 280mm²/m² 开口，间距误差不宜大于 20mm	GB 50281—2006 5.6.1.8、7.2.1.1				
			给水孔高度不宜大于 9mm	GB 50151—2010 4.3.3				
		h. 单、双盘式内浮顶储罐泡沫堰板	高度	GB 50281—2006 5.6.1.9、7.2.1.1				
			与罐壁间距	GB 50151—2010 4.4.2.1				
		i. 高倍压泡沫产生器并联安装固定支架		GB 50281—2006 5.6.1.11、7.2.1.1				
		j. 半液下泡沫喷射装置应整体安装	钢质明杆闸阀与止回阀之间的水平管道上	GB 50281—2006 5.6.1.11、7.2.1.1				
			应采用扩张器(伸缩器)或金属软管与止回阀连接					
		2. 中倍数泡沫产生器安装		GB 50281—2006　5.6.2、7.2.1；GB 50151—2010　5.2.6				
		a. 沿罐周均匀布置		GB 50151—2010 5.2.6、7.2.1.1				
		b. 数量大于或等于 3 个时,可每 2 个共用一根管道引至防火堤外						
		3. 高倍数泡沫产生器安装		GB 50281—2006　5.6.3、7.2.1；GB 50151—2010　5.2.6				
		1)	安装位置	GB 50281—2006 5.6.3.1、7.2.1.1				
			安装高度	GB 50151—2010 6.1.4				
		2) 距离进气端小于或等于 0.3m 处不应有遮挡物		GB 50281—2006 5.6.3.2、7.2.1.1				

检验项目			标准条款	检测部位		检测部位	
				检测结果	结论	检测结果	结论
系统组件	泡沫产生装置	3)发泡网前小于或等于1.0m处无障碍物	GB 50281—2006 5.6.3.3、7.2.1.1				
		4)整体安装,牢固固定	GB 50281—2006 5.6.3.4、7.2.1.1				
		4.泡沫喷头	GB 50281—2006　5.6.5.3、7.2.1.1				
		1)规格、型号	GB 50281—2006 5.6.4.1、7.2.1.1				
		2)安装牢固、规整	GB 50281—2006 5.6.4.2、7.2.1.1				
		3)顶板安装　坐标偏差	GB 50281—2006 5.6.4.3、7.2.1.1				
		3)顶板安装　标高偏差					
		4)侧向安装泡沫喷头	GB 50281—2006 5.6.4.4、7.2.1.1				
		5)地下安装的泡沫喷头　保护物下方并在地面以下	GB 50281—2006 5.6.4.5、7.2.1.1				
		5)地下安装的泡沫喷头　未喷射时顶部低于地面					
		5.固定式泡沫炮	GB 50281—2006　5.6.5.3、7.2.1.1				
		1)立管、炮口	GB 50281—2006 5.6.5.1、7.2.1.1				
		2)炮塔和炮架牢固	GB 50281—2006 5.6.5.2、7.2.1.1				
		3)电动泡沫炮	GB 50281—2006　5.6.5.3、7.2.1.1				
		a.控制设备规格、型号	GB 50281—2006 5.6.5.3、7.2.1.1				
		b.电源线和控制线规格、型号					
		c.控制设备等设置位置不影响炮的正常操作					

泡沫灭火系统检测原始记录

工程名称：   表 6.9-5

检验项目			标准条款	检测部位		检测部位	
				检测结果	结论	检测结果	结论
管道、阀门、泡沫消火栓	管道	1.水平管道安装坡向、坡度及U形管防空措施	GB 50281—2006 5.5.1.1、5.5.6.10、7.2.1.1、7.2.1.2 GB 50151—2010 4.2.7.3、4.2.8.3				
		2.立管管卡间距	GB 50281—2006 5.5.1.2、7.2.1.3				
		3.埋地管道安装	GB 50281—2006 5.5.1.3、7.2.1.3				
		1)基础	GB 50281—2006 5.5.1.3、7.2.1.2				
		2)防腐					
		3)埋地管道焊缝处理					
		4)埋地管道隐蔽工程处理					
		4.管道安装允许偏差	GB 50281—2006 5.5.1.4				
		5.管道 支、吊架安装	GB 50281—2006 5.5.1.5、5.5.2.1、7.2.1.3				
		5.管道 管墩砌筑					
		5.管道 间距					
		6.管道 穿防火堤、防火墙套管	GB 50281—2006 5.5.1.6、7.2.1.4				
		6.管道 穿楼板套管长度/底部与楼板平齐					
		6.管道 与套管间空隙封堵					
		6.管道 穿建筑物变形缝时采取措施					
		7.地上管道涂漆防腐	GB 50281—2006 5.5.1.9、7.2.1.5				
	液下喷射泡沫管道	长度	GB 50281—2006 5.5.3.1、7.2.1.2				
		泡沫喷射口安装					
		高背压泡沫产生器快装接口应该水平安装	GB 50281—2006 5.5.3.2				
		液下防油品渗漏设施安装	GB 50281—2006 5.5.3.3、7.2.1.1				
		液下防油品渗漏的密封膜安装及保护					
		钢质阀门和止回阀安装及标注方向	GB 50281—2006 5.5.6.3、7.2.1.1				

泡沫灭火系统检测原始记录

工程名称：

表 6.9-6

检验项目			标准条款	检测部位		检测部位	
				检测结果	结论	检测结果	结论
管道、阀门、泡沫消火栓	泡沫混合液管道	储罐上立管安装	GB 50281—2006 5.5.2.1、7.2.1.1				
		储罐上立管设锈渣清扫口	GB 50281—2006 5.5.2.2、7.2.1.1				
		从外浮顶储罐内通过泡沫混合液耐压软管安装	GB 50281—2006 5.5.2.3、7.2.1.1				
		外浮顶储罐管牙接口安装	GB 50281—2006 5.5.2.4、7.2.1.1				
		连接泡沫产生装置泡沫混合液管道上压力表安装	GB 50281—2006 5.5.2.5、7.2.1.1				
		泡沫产生装置入口、出口管道安装	GB 50281—2006 5.5.2.6				
		管道上流量检测仪器安装	GB 50281—2006 5.5.2.7、7.2.1.1				
		低、中倍数泡沫灭火系统	1. 储罐区泡沫混合液流量大于或等于100L/s 时，泵、比例混合装置及其管道上的控制阀、干管控制阀宜具备远程控制功能	GB 50281—2006 5.5.6.1、7.2.1.1 GB 50151—2010 4.1.5				
			2. 泡沫混合液管道设放空阀	GB 50281—2006 5.5.6.1、7.2.1.1 GB 50151—2010 4.2.8.3、 4.3.8.3、5.2.7				

续表

检验项目			标准条款	检测部位		检测部位	
				检测结果	结论	检测结果	结论
管道、阀门、泡沫消火栓	泡沫混合液管道	低、中倍数泡沫灭火系统	固定顶储罐	3. 固定式液上喷射系统,对每个泡沫产生器,应在防火堤外设置独立的控制阀	GB 50281—2006 5.5.6.1、7.2.1.1 GB 50151—2010 4.2.8.1、5.2.7				
			外浮顶储罐	4. 3个及3个以上泡沫产生器的立管合用一根管道时,宜在每个立管上设常开控制阀	GB 50281—2006 5.5.6.1、7.2.1.1 GB 50151—2010 6.1.6				
				5. 每组泡沫产生器应在防火堤外设独立的控制阀	GB 50281—2006 5.5.6.1、7.2.1.1 GB 50151—2010 6.1.8				
		高倍数泡沫灭火系统		1. 固定安装的高倍数泡沫产生器前应设置管道过滤器、压力表和手动阀门					
				2. 系统干式水平管道最低点应设置排液阀					
				3. 系统管道上的控制阀门应设置在防护区以外,自动控制阀门应具有手动启闭功能	GB 50281—2006 5.5.6.1、7.2.1.1 GB 50151—2010 6.1.9				
		具有遥控、自动控制功能阀门安装			GB 50281—2006 5.5.6.2、7.2.1.1				
		排气阀安装			GB 50281—2006 5.5.6.5、7.2.1.1				
		立管上控制阀安装及启闭标识			GB 50281—2006 5.5.6.1、5.5.6.8、7.2.1.1				
		高倍数泡沫产生器压力表、过滤器、控制阀宜安装水平支管上			GB 50281—2006 5.5.6.4、7.2.1.1				

检验项目			标准条款	检测部位		检测部位	
				检测结果	结论	检测结果	结论
管道、阀门、泡沫消火栓	泡沫混合液管道	连接泡沫产生装置的泡沫混合液管道上控制阀安装	防火堤外压力表接口外侧,并有明显启闭标识	GB 50281—2006 5.5.6.6、7.2.1.1				
			地上安装控制阀高度				
			铸铁控制阀安装位置及防冻措施				
		具备半固定泡沫灭火系统功能管道控制阀和带闷盖管牙接口安装		GB 50281—2006 5.5.6.7、7.2.1.1				
		消防泵回流管上控制阀安装		GB 50281—2006 5.5.6.9、7.2.1.1				
	泡沫消火栓	安装方式和间距		GB 50281—2006 5.5.6.9、7.2.1.1				
		地上式安装		GB 50281—2006 5.5.7.1、7.2.1.1				
		地下式安装		GB 50281—2006 5.5.7.2、7.2.1.1				
		地上式泡沫消火栓安装出液口朝向		GB 50281—2006 5.5.7.3、7.2.1.1				
		地下式泡沫消火栓安装及标志		GB 50281—2006 5.5.7.4、7.2.1.1				
		室内泡沫消火栓安装		GB 50281—2006 5.5.7.5、7.2.1.1				
		泵站内泡沫消火栓安装		GB 50281—2006 5.5.7.6、7.2.1.1				

泡沫灭火系统检测原始记录

工程名称：

表 6.9-7

检验项目		标准条款	检测部位		检测部位	
			检测结果	结论	检测结果	结论
管道、阀门、泡沫消火栓	泡沫液管道冲洗及放空管道设置	GB 50281—2006 5.5.1、5.5.4、7.2.1.2				
	支架、吊架与泡沫喷头距离	GB 50281—2006 5.5.1、5.5.5、7.2.1.3				
	支架、吊架与末端泡沫喷头之间距离					
	分支管上设置的支、吊架及间距不宜大于 3.6m					
	泡沫喷头设置高度大于 10m 时,支、吊架间距不宜大于 3.2m					

注：第四、五、六、七行左侧合并为"泡沫喷淋管道"

泡沫灭火系统检测原始记录

工程名称：   表 6.9-8

检验项目		标准条款	检测部位	
			检测结果	结论
动力源	一级电力负荷电源	GB 50281—2006 7.2.1.7 GB 50151—2010 8.1.4		
	二级电力负荷电源＋备用电力柴油机			
	全部采用柴油机			
电气设备				
主备电源互投切换	1次			
	2次			
	3次			
备注				

检验项目：系统功能试验　□低、中倍数　□高倍数　　　标准条款：GB 50281—2006　6.2.6.2、6.2.6.3、7.2.2

检验结果

防护区名称	容器编号	控制方式	混合比	发泡倍数	到达最不利点防护区时间	喷射泡沫时间	喷水-泡沫转换时间	高倍数	
								泡沫供给速率	自接火警至开始喷泡沫时间

检验人员：   记录人：

第7章 建筑防排烟系统

7.1 建筑防烟排烟系统概述

7.1.1 系统定义

防排烟系统是建筑内设置的用以控制烟气运动，防止火灾初期烟气蔓延扩散，确保室内人员的安全疏散和安全避难，并为消防救援创造有利条件的防烟系统和排烟系统的总称。

7.1.2 系统构成

防排烟系统按照其控制烟气的原理，分为防烟系统和排烟系统，通常称为防烟设施和排烟设施。防烟设施分为机械加压送风设施和可开启外窗的自然通风设施；排烟设施分为机械排烟设施和可开启外窗的自然排烟排烟设施。

1）防烟系统

（1）机械加压送风设施

机械加压送风的防烟设施包括加压送风机、加压送风管道、加压送风口等。

（2）自然通风设施

作为防烟方式之一的可开启外窗的自然通风设施，通常指位于防烟楼梯间及其前室、消防电梯前室或合用前室外墙上的洞口或便于人工开启的普通外窗。

2）排烟系统

分为机械排烟系统和自然排烟系统。

（1）机械排烟设施

机械排烟设施包括排烟风机、排烟管道、排烟防火阀、排烟阀、排烟口、挡烟垂壁等。

（2）自然排烟设施

具有排烟作用的可开启外窗或开口，可通过自动、手动、温控释放等方式开启。发生火灾时，在消防控制中心发出火警信号或直接接收烟感信号后开启，同时具有自动和手动开启功能。

7.1.3 主要部件及要求

1）风机

机械加压送风风机宜采用轴流风机或中、低压离心风机；

排烟风机一般可采用离心风机、排烟专用的混流风机或轴流风机。

2）管道

防排烟系统防火风管本体、框架与固定材料、密封垫料、柔性短管等必须采用不燃材料，防火风管的耐火极限时间应符合系统防火设计的规定。

3）排烟防火阀门

① 防火阀

安装在通风、空气调节系统的送、回风管道上，平时呈开启状态，火灾时当管道内烟气温度达到70℃时关闭，并在一定时间内能满足漏烟量和耐火完整性要求，起隔烟阻火作用的阀门。防火阀一般由阀体、叶片、执行机构和温感器等部件组成。

② 排烟防火阀

安装在机械排烟系统的管道上，平时呈开启状态，火灾时当排烟管道内烟气温度达到280℃时关闭，并在一定时间内能满足漏烟量和耐火完整性要求，起隔烟阻火作用的阀门。排烟防火阀一般由阀体、叶片、执行机构和温感器等部件组成。

③ 排烟阀

安装在机械排烟系统各支管端部（烟气吸入口）处，平时呈关闭状态，满足漏风量要求，火灾或需要排烟时手动和电动打开，起排烟作用的阀门。带有装饰口或进行过装饰处理的阀门称为排烟口。排烟阀一般由阀体、叶片、执行机构等部件组成。

4）余压阀

余压阀通过阀体上的重锤平衡来限制加压送风系统的余压不超过规范规定的余压值。

5）余压传感器及余压监控系统设置

余压传感器设置在每个楼层防烟前室，其探测点一侧设于前室，另一侧设于走道，余压设定值为25～30Pa，当系统控制区域超压时，系统联动控制泄压阀执行器，根据实际余压值的差异调节泄压阀，以保证前室正压为设定值。

余压传感器设置在楼梯间高度1/3处，其探测点一侧设于楼梯间，另一侧设于走道，余压设定值为40～50Pa，当系统控制区域超压时，系统联动控制泄压阀执行器，根据实际余压值的差异调节泄压阀，以保证楼梯间正压为设定值。

6）挡烟垂壁

用不燃材料制成，垂直安装在建筑顶棚、梁或吊顶下，能在火灾时形成一定的蓄烟空间的挡烟分隔设施。

7.2 防烟系统设计要求

7.2.1 一般规定

1）建筑防烟系统的设计应根据建筑高度、使用性质等因素，采用自然通风系统或机械加压送风系统。

2）建筑高度大于50m的公共建筑、工业建筑和建筑高度大于100m的住宅建筑，其防烟楼梯间、独立前室、合用前室、共用前室及消防电梯前室应采用机械加压送风系统。

3）建筑高度小于等于50m的公共建筑、工业建筑和建筑高度小于等于100m的住宅建筑，其防烟楼梯间、独立前室、共用前室、合用前室（除共用前室与消防电梯前室合用外）及消防电梯前室应采用自然通风系统；当不能设置自然通风系统时，应采用机械加压送风系统。

4）建筑地下部分的防烟楼梯间前室及消防电梯前室，当无自然通风条件或自然通风不符合要求时，应采用机械加压送风系统。

5）防烟楼梯间及其前室的机械加压送风系统的设置尚应符合下列要求：

（1）建筑高度小于或等于50m的公共建筑、工业建筑和建筑高度小于或等于100m的住宅建筑，当采用独立前室且其仅有一个门与走道或房间相通时，可仅在楼梯间设置机械加压送风系统；当独立前室有多个门时，楼梯间、独立前室应分别独立设置机械加压送风系统；

（2）当采用合用前室时，楼梯间、合用前室应分别独立设置机械加压送风系统；

（3）当采用剪刀楼梯时，其两个楼梯间及其前室的机械加压送风系统应分别独立设置。

6）封闭楼梯间应采用自然通风系统，不能满足自然通风条件的封闭楼梯间，应设置机械加压送风系统。当地下、半地下建筑（室）的封闭楼梯间不与地上楼梯间共用且地下仅为一层时，可不设置机械加压送风系统，但首层应设置有效面积不小于$1.2m^2$的可开启外窗或直通室外的疏散门。

7）设置机械加压送风系统的场所，楼梯间应设置常开风口，前室应设置常闭风口。

8）避难层的防烟系统可根据建筑构造、设备布置等因素选择自然通风系统或机械加压送风系统。

9）避难走道应在其前室及避难走道分别设置机械加压送风系统，但下列情况可仅在前室设置机械加压送风系统：

（1）避难走道一端设置安全出口，且总长度小于30m；

（2）避难走道两端设置安全出口，且总长度小于60m。

7.2.2 自然通风设施

建筑防烟自然通风设施的设置应满足如下要求：

1）采用自然通风方式的封闭楼梯间、防烟楼梯间，应在最高部位设置面积不小于$1.0m^2$的可开启外窗或开口；当建筑高度大于10m时，尚应在楼梯间的外墙上每5层内设置总面积不小于$2.0m^2$可开启外窗或开口，且布置间隔不大于3层；

2）前室采用自然通风方式时，独立前室、消防电梯前室可开启外窗或开口的面积不应小于$2.0m^2$，合用前室、共用前室不应小于$3.0m^2$；

3）采用自然通风方式的避难层（间）应设有不同朝向的可开启外窗，其有效面积不应小于该避难层（间）地面面积的 2%，且每个朝向的面积不应小于 2.0m²；

4）可开启外窗应方便直接开启；设置在高处不便于直接开启的可开启外窗应在距地面高度为 1.3～1.5m 的位置设置手动开启装置。

7.2.3 机械加压送风设施

建筑机械加压送风设施的设置应满足如下要求：

1）建筑高度大于 100m 的建筑，其机械加压送风系统应竖向分段独立设置，且每段高度不应超过 100m；

2）采用机械加压送风系统的防烟楼梯间及其前室应分别设置送风井（管）道，送风口（阀）和送风机；

3）建筑高度小于等于 50m 的建筑，当楼梯间设置加压送风井（管）道确有困难时，楼梯间可采用直灌式加压送风系统，并应符合下列规定：

（1）建筑高度大于 32m 的高层建筑，应采用楼梯间两点部位送风的方式，送风口之间距离不宜小于建筑高度的 1/2；

（2）送风量应按计算值或 GB 51251 规定的送风量增加 20%；

（3）加压送风口不宜设在影响人员疏散的部位。

4）设置机械加压送风系统的楼梯间的地上部分与地下部分，其机械加压送风系统应分别独立设置；

5）加压送风口的设置应符合下列要求：

（1）除直灌式加压送风方式外，楼梯间宜每隔 2～3 层设一个常开式百叶送风口；

（2）前室应每层设一个常闭式加压送风口，并应设手动开启装置；

（3）送风口的风速不宜大于 7m/s；

（4）送风口不宜设置在被门挡住的部位。

6）机械加压送风系统应采用管道送风，且不应采用土建风道；送风管道应采用不燃材料制作且内壁应光滑；当送风管道内壁为金属时，设计风速不应大于 20m/s；当送风管道内壁为非金属时，设计风速不应大于 15m/s；送风管道的厚度应符合现行国家标准《通风与空调工程施工质量验收规范》GB 50243—2016 的规定；

7）机械加压送风管道的设置和耐火极限应符合下列要求：

（1）竖向设置的送风管道应独立设置在管道井内，当确有困难时，未设置在管道井内或与其他管道合用管道井的送风管道，其耐火极限不应低于 1.0h；

（2）水平设置的送风管道，当设置在吊顶内时，其耐火极限不应低于 0.5h；当未设置在吊顶内时，其耐火极限不应低于 1.0h。

8）机械加压送风系统的管道井应采用耐火极限不低于 1.0h 的隔墙与相邻部位分隔，当墙上必须设置检修门时应采用乙级防火门；

9）采用机械加压送风的场所不应设置百叶窗，且不宜设置可开启外窗；

10）设置机械加压送风系统的封闭楼梯间、防烟楼梯间，尚应在其顶部设置不小于

$1m^2$ 的固定窗。靠外墙的防烟楼梯间，尚应在其外墙上每5层内设置总面积不小于 $2m^2$ 的固定窗；

11）设置机械加压送风系统的避难层（间），尚应在外墙设置可开启外窗，其有效面积不应小于该避难层（间）地面面积的 1%。

7.3　排烟系统设计要求

7.3.1　一般规定

1）建筑排烟系统的设计应根据建筑的使用性质、平面布局等因素，优先采用自然排烟系统。

2）同一个防烟分区应采用同一种排烟方式。

3）建筑的中庭、与中庭相连通的回廊及周围场所的排烟系统的设计应符合下列要求：

（1）中庭应设置排烟设施；

（2）周围场所应按现行国家标准《建筑设计防火规范》GB 50016—2014 要求设置排烟设施；

（3）回廊排烟设施的设置应符合下列要求：

当周围场所各房间均设置排烟设施时，回廊可不设，但商店建筑的回廊应设置排烟设施；当周围场所任一房间未设置排烟设施时，回廊应设置排烟设施；

（4）当中庭与周围场所未采用防火隔墙、防火玻璃隔墙、防火卷帘时，中庭与周围场所之间应设置挡烟垂壁；

（5）中庭及其周围场所和回廊的排烟设计计算应符合《建筑防烟排烟系统技术标准》GB 51251—2017 的规定；

（6）中庭及其周围场所和回廊应根据建筑构造及《建筑防烟排烟系统技术标准》GB 51251—2017 相关规定，选择设置自然排烟系统或机械排烟系统。

7.3.2　防烟分区

1）设置排烟系统的场所或部位应采用挡烟垂壁、结构梁及隔墙等划分防烟分区。防烟分区不应跨越防火分区。采用隔墙等形成了独立的分隔空间，实际就是一个防烟分区和储烟仓，该空间应作为一个防烟分区设置排烟口，不能与其他相邻区域或房间叠加面积作为防烟分区的设计值。

2）挡烟垂壁等挡烟分隔设施的深度不应小于储烟仓厚度。对于有吊顶的空间，当吊顶开孔不均匀或开孔率小于等于 25% 时，吊顶内空间高度不得计入储烟仓厚度。

3）公共建筑、工业建筑防烟分区的最大允许面积及其长边最大允许长度应符合《建筑防烟排烟系统技术规范》GB 51251—2017 规定。

7.3.3　自然排烟系统

自然排烟方式是利用火灾产生的热烟气流的浮力和外部风力通过建筑物的外开口（如

门、窗、阳台等）或排烟竖井把室内烟气排至室外。其实质是热烟气与室外冷空气的对流运动。

自然排烟系统主要设施有：排烟窗（口）、挡烟垂壁、补风口等。

7.3.4　机械排烟系统

机械排烟系统通常由挡烟壁（挡烟墙或挡烟梁）、排烟口、排烟防火阀门、排烟管道、排烟风机等组成。

排烟系统设计要求主要有：

1）建筑的机械排烟系统沿水平方向布置时，每个防火分区的机械排烟系统应独立设置；

2）建筑高度超过 50m 的公共建筑和建筑高度超过 100m 的住宅，其排烟系统应竖向分段独立设置，且公共建筑每段高度不应超过 50m，住宅建筑每段高度不应超过 100m；

3）排烟系统与通风、空气调节系统应分开设置；当确有困难时，可以合用，但应符合排烟系统的要求，且当排烟口打开时，每个排烟合用系统的管道上，需联动关闭的通风和空气调节系统的控制阀门不应超过 10 个；

4）排烟风机宜设置在排烟系统的最高处，烟气出口宜朝上，并应高于加压送风机和补风机的进风口，两者垂直距离或水平距离应符合《建筑防烟排烟系统技术标准》GB 51251—2017 的规定；

5）排烟风机应设置在专用机房内，并应符合《建筑防烟排烟系统技术标准》GB 51251—2017 的规定，且风机两侧应有 600mm 以上的空间；对于排烟系统与通风空气调节系统共用的系统，其排烟风机与排风风机的合用机房，应符合下列规定：

（1）机房内应设置自动喷水灭火系统；

（2）机房内不得设置用于机械加压送风的风机与管道；

（3）排烟风机与排烟管道连接部件应能在 280℃ 连续 30min 保证其结构完整性。

6）排烟风机应满足 280℃ 时连续工作 30min 的要求，排烟风机应与风机入口处的排烟防火阀联锁，当该阀关闭时，排烟风机应能停止运转；

7）机械排烟系统应采用管道排烟，且不应采用土建风道；排烟管道应采用不燃材料制作且内壁应光滑；当排烟管道内壁为金属时，管道设计风速不应大于 20m/s；当排烟管道内壁为非金属时，管道设计风速不应大于 15m/s；排烟管道的厚度应按现行国家标准《通风与空调工程施工质量验收规范》GB 50243—2016 的有关规定执行；

8）排烟管道的设置和耐火极限应符合下列要求：

（1）排烟管道及其连接部件应能在 280℃ 时连续 30min 保证其结构完整性；

（2）竖向设置的排烟管道应设置在独立的管道井内，排烟管道的耐火极限不应低于 0.5h；

（3）水平设置的排烟管道应设置在吊顶内，其耐火极限不应低于 0.5h；当确有困难时，可直接设置在室内，但管道的耐火极限不应小于 1.0h；

（4）设置在走道部位吊顶内的排烟管道，以及穿越防火分区的排烟管道，其管道的耐火极限不应小于1.0h，但设备用房和汽车库的排烟管道耐火极限可不低于0.5h。

9）当吊顶内有可燃物时，吊顶内的排烟管道应采用不燃材料进行隔热，并应与可燃物保持不小于150mm的距离；

10）设置排烟管道的管道井应采用耐火极限不小于1.0h的隔墙与相邻区域分隔；当墙上必须设置检修门时，应采用乙级防火门。

7.3.5 补风系统

建筑物的排烟系统中补风的作用非常重要，恰当的补风可提高排烟效率。

1）除地上建筑的走道或建筑面积小于500m²的房间外，设置排烟系统的场所应设置补风系统。

2）补风系统应直接从室外引入空气，且补风量不应小于排烟量的50%。

3）补风系统可采用疏散外门、手动或自动可开启外窗等自然进风方式以及机械送风方式。防火门、窗不得用作补风设施。风机应设置在专用机房内。

4）补风口与排烟口设置在同一空间内相邻的防烟分区时，补风口位置不限；当补风口与排烟口设置在同一防烟分区时，补风口应设在储烟仓下沿以下；补风口与排烟口水平距离不应少于5m。

5）补风系统应与排烟系统联动开启或关闭。

6）机械补风口的风速不宜大于10m/s，人员密集场所补风口的风速不宜大于5m/s；自然补风口的风速不宜大于3m/s。

7）补风管道耐火极限不应低于0.5h，当补风管道跨越防火分区时，管道的耐火极限不应小于1.5h。

7.4 通风空调系统防火防爆设计

1）甲、乙类厂房或仓库内的空气不应循环使用。丙类厂房或仓库内含有燃烧或爆炸危险粉尘、纤维的空气，在循环使用前应经净化处理，并应使空气中的含尘浓度低于其爆炸下限的25%。空气中含有的易燃易爆气体，且气体浓度大于或等于其爆炸下限值的10%的其他厂房或仓库、建筑物内的甲、乙类火灾危险性的房间，不得采用循环空气。

2）为甲、乙类厂房服务的送风设备与排风设备应分别布置在不同通风机房内，且排风设备不应和其他房间的送、排风设备布置在同一通风机房内。

3）工业建筑在下列任一情况下，通风系统均应单独设置：

（1）甲、乙类厂房、仓库中不同的防火分区；

（2）不同的有害物质混合后能引起燃烧或爆炸时；

（3）建筑物内的甲、乙类火灾危险性的单独房间或其他有防火防爆要求的单独房间。

4）民用建筑内空气中含有容易起火或爆炸危险物质的房间，应设置自然通风或独立的机械通风设施，且其空气不应循环使用。

5）当空气中含有比空气轻的可燃气体时，水平排风管全长应顺气流方向向上坡度敷设，其值不应小于 0.005。

6）可燃气体管道和甲、乙、丙类液体管道不应穿过通风机房和通风管道，且不应紧贴通风管道的外壁敷设。

7）通风和空气调节系统，横向宜按防火分区设置，竖向不宜超过 5 层。当管道设置防止回流设施或防火阀时，管道布置可不受此限制。竖向风管应设置在管井内。

8）厂房内有爆炸危险场所的排风管道，严禁穿过防火墙和有爆炸危险的房间隔墙。

9）甲、乙、丙类厂房内的送、排风管道宜分层设置。当水平或竖向送风管在进入生产车间处设置防火阀时，各层的水平或竖向送风管可合用一个送风系统。

10）空气中含有易燃、易爆危险物质的房间，其送、排风系统应采用防爆型的通风设备，风机和电机之间不得采用皮带传动。当送风机布置在单独分隔的通风机房内且送风干管上设置防止回流设施时，可采用普通型的通风设备。

11）含有燃烧和爆炸危险粉尘的空气，在进入排风机前应采用不产生火花的除尘器进行处理。对于遇水可能形成爆炸的粉尘，严禁采用湿式除尘器。

12）处理有爆炸危险粉尘的除尘器、排风机的设置应与其他普通型的风机、除尘器分开设置，并宜按单一粉尘分组布置。

13）净化有爆炸危险粉尘的干式除尘器和过滤器宜布置在厂房外的独立建筑内，建筑外墙与所属厂房的防火间距不应小于 10m。

14）净化或输送有爆炸危险粉尘和碎屑的除尘器、过滤器或管道，均应设置泄压装置。净化有爆炸危险粉尘的干式除尘器和过滤器应布置在系统的负压段上。

15）排除有燃烧或爆炸危险气体、蒸气和粉尘的排风系统，应符合下列规定：

（1）排风系统应设置导除静电的接地装置；

（2）排风设备不应布置在地下或半地下建筑（室）内；

（3）排风管应采用金属管道，并应直接通向室外安全地点，不应暗设。

16）排除和输送温度超过 80℃的空气或其他气体以及易燃碎屑的管道，与可燃或难燃物体之间的间隙不应小于 150mm，或采用厚度不小于 50mm 的不燃材料隔热；当管道上下布置时，表面温度较高者应布置在上面。

17）直接布置在空气中含有爆炸危险物质场所内的通风系统和排除有爆炸危险物质的通风系统上的防火阀、调节阀等部件，应符合在防爆场合应用的要求。

18）排除有爆炸危险粉尘的风管宜采用圆形风管，宜垂直或倾斜敷设。水平敷设管道时不宜过长，需用水冲洗清除积灰时，管道应沿气体流动方向具有下倾的坡度，其值不应小于 0.01。

19）设有可燃气体探测报警装置时，防爆通风设备应与可燃气体探测报警装置连锁。

20）用于甲、乙类厂房、仓库的爆炸危险区域的送风机房应采取通风措施，排风机房的换气次数不应小于每小时 1 次。

21）燃油或燃气锅炉房应设置自然通风或机械通风设施。燃气锅炉房应选用防爆型的事故排风机。

22）风管穿过需要封闭的防火、防爆墙体或楼板时，必须设置厚度不小于 1.6mm 的钢制防护套管。

23）通风空调、防排烟系统的风管穿过防火隔墙、楼板及防火墙处时，穿越处风管上的防水阀、排烟防火阀两侧各 2m 范围内的风管应采用耐火风管或风管外壁应采取防火保护措施，且耐火极限不应低于该防火分隔体的耐火极限。风管穿过处的缝隙应用防火封堵材料封堵。

24）通风、空气调节系统的风管在下列部位应设置公称动作温度为 70℃ 的防火阀：

（1）穿越防火分区处；

（2）穿越通风、空气调节机房的房间隔墙和楼板处；

（3）穿越重要或火灾危险性大的场所的房间隔墙和楼板处；

（4）穿越防火分隔处的变形缝两侧；

（5）竖向风管与每层水平风管交接处的水平管段上。当建筑内每个防火分区的通风、空气调节系统均独立设置时，水平风管与竖向总管的交接处可不设置防火阀。

25）公共建筑的浴室、卫生间和厨房的竖向排风管，应采取防止回流措施并宜在支管上设置公称动作温度为 70℃ 的防火阀。

公共建筑内厨房的排油烟管道宜按防火分区设置，且在与竖向排风管连接的支管处应设置公称动作温度为 150℃ 的防火阀。

26）防火阀的设置应符合下列规定：

（1）防火阀宜靠近防火分隔处设置；

（2）防火阀暗装时，应在安装部位设置方便维护的检修口；

（3）在防火阀两侧各 2.0m 范围内的风管及其绝热材料应采用不燃材料；

（4）防火阀应符合现行国家标准《建筑通风和排烟系统用防火阀门》GB 15930—2007 的规定。

27）除下列情况外，通风、空气调节系统的风管应采用不燃材料：

（1）接触腐蚀性介质的风管和柔性接头可采用难燃材料；

（2）体育馆、展览馆、候机（车、船）建筑（厅）等大空间建筑，单、多层办公建筑和丙、丁、戊类厂房内通风、空气调节系统的风管，当不跨越防火分区且在穿越房间隔墙处设置防火阀时，可采用难燃材料。

28）设备和风管的绝热材料、用于加湿器的加湿材料、消声材料及其胶粘剂，宜采用不燃材料，确有困难时，可采用难燃材料。

风管内设置电加热器时，电加热器的开关应与风机的启停联锁控制。电加热器前后各 0.8m 范围内的风管和穿过有高温、火源等容易起火房间的风管，均应采用不燃材料。

7.5　防烟排烟系统检测

7.5.1　防烟系统的设置

1）独立前室、合用前室及消防电梯前

检测方法：查阅设计资料，核对场所设置、数量等是否合理，用激光测距仪、尺测量检查。

2）裙房

检测方法：查阅设计资料，核对场所设置、数量等是否合理。当防烟楼梯间在裙房高度以上部分采用自然通风时，不具备自然通风条件的裙房的独立前室、合用前室及消防电梯前室应采用机械加压送风系统。其送风口的设置方式应满足技术要求。

3）防烟楼梯间前室

检测方法：查阅设计资料，核对场所设置、数量等是否合理。

4）封闭楼梯间

应采用自然通风系统，不能满足自然通风条件的封闭楼梯间，应设置机械加压送风系统。

检测方法：查阅设计资料，核对场所设置、数量等是否合理。

5）地下室

建筑的地下部分不能采用自然通风的防烟楼梯间及消防电梯前室应采用机械加压送风系统。

检测方法：查阅设计资料，核对场所设置、数量等是否合理。

6）封闭避难层（间）

避难层的防烟系统可根据建筑构造、设备布置等因素选择自然通风系统或机械加压送风系统。

检测方法：查阅设计资料，核对场所设置、数量等是否合理。

7）避难走道

除长度小于60m两端直通室外的避难走道外，避难走道应在其前室及避难走道分别设置机械加压送风系统。

检测方法：查阅设计资料，核对场所设置、数量等是否合理。

8）机械加压送风设施

（1）机械加压送风机

检验方法：查阅设计资料，查看检查验产品合格证和市场准入证明文件。

（2）外观标识

检测方法：观察检查。

（3）设置数量

检测方法：查阅设计资料，观察检查，核对加压送风机的数量。

（4）加压送风机安装

检测方法：查阅设计资料，观察检查，送风机应安装牢固，风机与风道连接应严密牢靠。送风机在室外安装时应有防雨、防水设施，在室内安装时应当有检查、维修的通道。进出风口处应加金属安全网，皮带轮上应设防护罩。

（5）加压送风系统控制柜

检测方法：观察检查，查看检验报告，做系统控制功能试验时，观察控制室消防控制设备信号显示情况。

9）加压送风口（阀）

（1）设置部位

检测方法：查阅设计资料，观察检查，用风速测定仪测量送风口的风速。

（2）安装技术要求

检测方法：查阅设计资料，观察检查，手动操作。

10）送风管道

（1）材料

检测方法：查阅设计资料，查看检验报告，观察检查。

（2）设置

检测方法：查阅设计资料，查看检验报告，观察检查。

11）挡烟垂壁

检测方法：查阅设计资料，观察检查。

12）机械加压送风风速

检测方法：启动送风机，用风速仪测量其送风口的风速，测风速时在每个送风口四个角和中间位置各取一个测量点，取所测各点风速的算术平均值作为所测送风口风速。独立的送风系统或竖井取最有利点检查。

13）机械加压送风余压

（1）前室、合用前室等

检测方法：启动送风机，用微压计测量其前室、防烟楼梯间等部位的余压值。

（2）防烟楼梯间

检测方法：启动送风机，用微压计测量其前室、防烟楼梯间等部位的余压值。

14）机械加压送风量

检测方法：分别模拟顶层，中间层及最下层发生火灾，打开送风口，联动启动加压送风机，当封闭楼梯间、防烟楼梯间、前室、合用前室、消防电梯前室及封闭避难层（间）门全闭时，用数字微压计分别测试所模拟发生火灾各层的防烟楼梯间、前室、合用前室、消防电梯前室及封闭避难层（间）与走道间的压差。

7.5.2　机械排烟系统

1）一般规定

（1）排烟方式

检测方法：查阅设计资料，核对检查；同一个防烟分区应采用同一种排烟方式。

（2）建筑中庭、与中庭相连通的回廊及周围场所的排烟系统设置

检测方法：查阅设计资料，观察检查：中庭排烟设施、回廊排烟设施、中庭与周围场所排烟方式设置情况。

2）防烟分区

（1）设置

检测方法：查阅设计资料，用激光测距仪、卷尺测量，核对检查。

（2）公共建筑、工业建筑防烟分区的最大允许面积

检测方法：查阅设计资料，用激光测距仪、卷尺测量，核对检查。

3）自然排烟

（1）排烟窗或开口的设置

检测方法：查阅设计资料，用激光测距仪、卷尺测量，核对检查。

（2）自然排烟窗的开启方式

检测方法：查阅设计资料，用激光测距仪、卷尺测量，核对检查。

4）机械排烟设施

（1）设置

检测方法：查阅设计资料，观察检查。机械排烟系统横向应按每个防火分区独立设置。建筑高度超过50m的公共建筑和建筑高度超过100m的住宅排烟系统应竖向分段独立设置，且每段高度，公共建筑不应超过50m，住宅建筑不应超过100m。

（2）机械排烟风机

① 设置

机械排烟风机可采用离心风机或采用排烟轴流风机，其风量、风压符合设计技术要求。

检验方法：查阅设计资料，核对设计技术要求。

② 外观标识

检测方法：观察检查。

③ 设置数量

检测方法：查阅设计资料，观察检查。机械排烟风机设置数量应符合设计技术要求。

④ 设置部位

检测方法：查阅设计资料，观察检查，用激光测距仪、钢卷尺测量。

排烟风机宜设置在建筑物的顶部、排烟系统最高排烟口之上的专用风机房内。机房围护结构的耐火极限应不小于2h，机房的门应采用甲级防火门。轴流风机外露动力线路应采

用耐火电线（缆）或进行耐火保护。排烟风机的烟气出口宜朝上，并应高于加压送风机的进风口，两者垂直距离不应小于 6m 或水平距离不应小于 20m。风机外壳至墙壁或其他设备的距离不应小于 600mm。

⑤ 排烟系统与通风空气调节系统共用的系统

检测方法：查阅设计资料，观察检查。

⑥ 控制装置

检测方法：查看检验报告，做系统控制功能试验时，观察控制室消防控制设备信号显示情况。

（3）排烟口（阀）

① 设置

检测方法：查阅设计资料，查看检查验产品合格证和市场准入证明文件。

② 设置部位

检测方法：查阅设计资料，观察检查，用钢卷尺测量。

（4）排烟防火阀

① 设置部位

检测方法：查阅设计资料，观察检查。应设在排烟风机的入口处以及排烟支管穿过防火墙处。

② 排烟防火阀动作温度

检测方法：对照设计，观察检查产品标识。

（5）排烟管道

① 设置

检测方法：查看有关资料，观察检查。排烟管道必须采用不燃材料制作。垂直风管应设置在管道井内；水平风管应设置在吊顶内，当吊顶内有可燃物时，吊顶内的排烟管道应采用不燃材料进行隔热，并应与可燃物保持不小于 150mm 的距离。当确有困难时，可直接设置在室内，但管道的耐火极限应符合有关规定的要求。

② 烟管道耐火极限

检测方法：查看有关资料，对照设计、产品合格、证准入证核对检查。

（6）机械排烟风速

检测方法：启动排烟风机，用风速仪测量其排烟管道、排烟口的风速。

5）补风系统

（1）设置

检测方法：查看有关资料，对照设计观察检查。

（2）补风量

检测方法：查看有关资料，对照设计观察检查。

6）机械排烟风量

（1）建筑净高小于等于 6m 的场所。

（2）建筑净高大于 6m 的公共建筑、工业建筑。

（3）中庭。

（4）走道或回廊。

检测方法：查阅设计资料，对照设计测量检查。

7）防火阀

检验方法：查阅设计资料，查看检查验产品合格证和市场准入证明文件。

7.5.3　系统控制功能

1）机械送风系统控制功能

（1）送风机控制功能

① 自动启动

检测方法：由被试防烟分区的火灾探测器发出模拟火灾信号，观察该防烟分区送风机动作情况及控制室消防联动设备信号显示情况。开启被测防烟分区内任一常闭式送风口，观察送风机动作情况及控制室消防控制设备信号显示情况。

② 远程启动

检测方法：在控制室消防控制设备上和手动直接控制装置上分别手动启动任一防烟分区的送风机组，观察送风机组动作情况及消防控制设备启动的信号显示情况。

③ 现场启动

检测方法：手动操作送风机组控制柜上的启、停按钮，观察送风机组动作情况及控制室消防控制设备信号显示情况。

（2）送风口（阀）控制功能

① 自动启动

检测方法：由被试防烟分区的火灾探测器发出模拟火灾信号，观察其前室送风口（阀）、送风机动作情况及控制室消防控制设备信号显示情况。

② 远程启动

检测方法：手动启动消防控制设备上送风口（阀）的控制装置，观察送风口（阀）、送风机组动作情况及消防控制设备信号显示情况。

③ 现场启动

检测方法：手动试验，观察送风口（阀）、送风机组作情况及控制室消防控制设备信号显示情况。

④ 手动复位

检验方法：手动试验，观察送风口（阀）复位动作情况及控制室消防控制设备信号显示情况。

⑤ 挡烟垂壁控制功能

检测方法：由被检测防烟分区的火灾探测器发出模拟火灾信号，观察该防烟分区的活动挡烟垂壁动作情况及控制室消防控制设备信号反馈情况。

2）机械排烟系统控制功能

（1）排烟风机控制功能

① 自动启动

检测方法：由被试防烟分区的火灾探测器发出模拟火灾信号，观察排烟风机动作情况及控制室消防控制设备信号显示情况。开启被试防烟分区的任一排烟口或排烟阀，观察与其联动的排烟风机动作情况和控制室消防控制设备信号显示情况。

② 远程启动

检测方法：在控制室消防控制设备上和手动直接控制装置上分别手动启动一防烟分区的排烟风机，观察排烟风机动作情况及消防控制设备启动的信号显示情况。

③ 现场启动

检测方法：手动操作排烟风机控制柜上的启、停按钮，观察排烟风机动作情况及控制室消防控制设备上信号显示情况。

（2）排烟口（阀）控制功能

① 自动启动

检测方法：由被试防烟分区的火灾探测器发出模拟火灾信号，观察排烟口（阀）、排烟风机动作情况及控制室消防控制设备信号显示情况。

② 远程启动

检测方法：消防控制设备上手动启动排烟口（阀）的控制装置，观察排烟口（阀）、排烟风机动作情况及消防控制设备信号显示情况。

③ 现场启动

检测方法：手动试验，观察排烟口（阀）、排烟风机动作情况及控制室消防控制设备上信号显示情况。

（3）排烟防火阀控制功能

检测方法：在排烟风机运转情况下，手动关闭其入口处的排烟防火阀，观察排烟风机是否停止运行，控制室消防控制设备是否有信号显示。手动复位排烟防火阀，观察其动作情况。

3）系统联动功能

检测方法：由任一防烟分区发出火灾报警信号，观察防烟排烟系统自动消防设施动作况和工作情况，并察看控制室消防控制设备上各部位动作信号显示情况。

4）自动切换功能

检验方法：查阅设计资料，观察检查，手动切换试设置在最末一级配电箱处的自动切换装置。

7.5.4　抽样规则

适用于建筑工程防排烟系统竣工验收检验。

1) 抽样比例、数量

（1）送风机、排烟风机应按实际安装数量全部进行检验。

（2）送风口（阀）、排烟口（阀）等实际安装数量不足 10 个的全部检验，大于 10 个的按 30% 抽检，但不少于 10 个。

（3）机械防烟系统的余压值全部进行检验。

（4）系统联动功能试验应进行 1～2 次。

（5）其他项目按有效文件规定及本规定的技术要求进行检验。

2) 抽样方法

按上述规定抽样时，应在系统中分区、分楼层随机抽样。

7.6 系统检测验收国标版检测报告格式化

防排烟系统检验项目   表 7.6

	检验项目	检验标准条款	检验结果	判定	重要程度
一、防烟排烟系统观感质量	（一）风管制作安装	GB 51251—2017　6.2.1、6.3.1～6.3.4、8.1.4、8.2.1			
	1. 风管的材料	GB 51251—2017　6.2.1、6.3.2、8.1.4			
	（1）品种	GB 51251—2017　6.2.1、6.3.2、8.1.4			A 类
	（2）规格	GB 51251—2017　6.2.1、6.3.2、8.1.4			A 类
	（3）厚度	GB 51251—2017　6.2.1、6.3.2、8.1.4			A 类
	（4）有耐火极限要求	GB 51251—2017　6.2.1、6.3.2、8.1.4			A 类
	（5）质量合格证明文件、性能报告	GB 51251—2017　6.2.1、6.3.2、8.1.4			A 类
	2. 金属风管的制作、连接	GB 51251—2017　6.3.1、8.2.1			
	（1）法兰连接	GB 51251—2017　6.3.1、8.2.1			C 类
	（2）咬口连接或铆焊	GB 51251—2017　6.3.1、8.2.1			C 类
	（3）焊接	GB 51251—2017　6.3.1、8.2.1			C 类
	（4）风管的密封	GB 51251—2017　6.3.1、8.2.1			C 类
	（5）排烟风管的隔热层	GB 51251—2017　6.3.1、8.2.1			C 类
	3. 非金属风管的制作连接	GB 51251—2017　6.3.2、8.2.1			
	（1）法兰规格	GB 51251—2017　6.3.2、8.2.1			C 类

检验项目		检验标准条款	检验结果	判定	重要程度
一、防烟排烟系统观感质量	(2)套管连接时套管厚度	GB 51251—2017 6.3.2、8.2.1			C类
	(3)无机玻璃钢风管的表面	GB 51251—2017 6.3.2、8.2.1			C类
	4.风管(道)安装	GB 51251—2017 6.3.4、8.2.1			
	(1)风管规格、安装位置、标高、接口有效面积	GB 51251—2017 6.3.4、8.2.1			C类
	(2)风管接口连接严密牢固、垫片厚度	GB 51251—2017 6.3.4、8.2.1			C类
	(3)排烟风管法兰垫片不燃材料	GB 51251—2017 6.3.4、8.2.1			C类
	(4)薄钢板法兰风管螺栓连接	GB 51251—2017 6.3.4、8.2.1			C类
	(5)风管支、吊架安装	GB 51251—2017 6.3.4、8.2.1			C类
	(6)风管与风机连接、导流叶片	GB 51251—2017 6.3.4、8.2.1			C类
	(7)风管穿越隔墙或楼板空隙处理	GB 51251—2017 6.3.4、8.2.1			C类
	5.风管(道)强度、严密性试验	GB 51251—2017 6.3.3、6.3.3、8.1.4			B类
	(二)部件安装	GB 51251—2017 4.4.10、6.1.5、6.2.2、6.4.1、8.2.1			
	1.排烟防火阀	GB 51251—2017 4.4.10、6.1.5、6.2.2、6.4.1、8.2.1			
	(1)型号	GB 51251—2017 6.2.2			A类
	(2)规格	GB 51251—2017 6.2.2			A类
	(3)手动开启灵活、关闭可靠严密	GB 51251—2017 6.2.2			C类
	(4)数量	GB 51251—2017 6.2.2			C类
	(5)驱动装置动作可靠性,在最大工作压力下工作正常	GB 51251—2017 6.2.2			C类
	(6)柔性短管的制作材料	GB 51251—2017 6.2.2			C类
	(7)标识	GB 51251—2017 6.1.5			C类
	(8)产品质量检测报告	GB 51251—2017 6.2.2			A类
	(9)排烟防火阀设置部位	GB 51251—2017 4.4.10			C类
	① 垂直风管与每层水平风管交接处的水平管段上	GB 51251—2017 4.4.10			C类

续表

	检验项目	检验标准条款	检验结果	判定	重要程度
一、防烟排烟系统观感质量	② 一个排烟系统负担多个防烟分区的排烟支管上	GB 51251—2017　4.4.10			C类
	③ 排烟风机入口处	GB 51251—2017　4.4.10			C类
	④ 穿越防火分区处	GB 51251—2017　4.4.10			C类
	(10)排烟防火阀安装	GB 51251—2017　6.4.1、8.2.1			
	① 阀门应顺气流方向关闭	GB 51251—2017　6.4.1、8.2.1			C类
	② 防火分区隔墙两侧的排烟防火阀距墙端面不应大于200mm	GB 51251—2017　6.4.1、8.2.1			C类
	③ 控制装置手动和电动装置应灵活、可靠，阀门关闭严密	GB 51251—2017　6.4.1、8.2.1			A类
	④ 应设独立支架、吊架	GB 51251—2017　6.4.1、8.2.1			C类
	⑤ 当风管采用不燃材料防火隔热时，阀门处应有明显标识	GB 51251—2017　6.4.1、8.2.1			C类
	2. 送风口	GB 51251—2017　4.4.10、6.1.5、6.2.2			
	(1)型号	GB 51251—2017　6.2.2			A类
	(2)规格	GB 51251—2017　6.2.2			A类
	(3)手动开启灵活、关闭可靠严密	GB 51251—2017　6.2.2			C类
	(4)数量	GB 51251—2017　6.2.2			B类
	(5)驱动装置动作可靠性，在最大工作压力下工作正常	GB 51251—2017　6.2.2			C类
	(6)柔性短管的制作材料	GB 51251—2017　6.2.2			B类
	(7)标识	GB 51251—2017　6.1.5			C类
	(8)产品质量检测报告	GB 51251—2017　6.2.2			C类
	(9)送风口设置	GB 51251—2017　3.3.3、3.3.6			
	① 建筑高度≤50m的建筑，楼梯间可采用直灌式加压送风系统	GB 51251—2017　3.3.3			C类
	② 楼梯间宜每隔2～3层设一个常开式百叶送风口	GB 51251—2017　3.3.6			C类

检验项目	检验标准条款	检验结果	判定	重要程度
③ 前室应每层设一个常闭式加压送风口,并应设手动开启装置	GB 51251—2017 3.3.6			C类
④ 送风口的风速不宜大于 7m/s	GB 51251—2017 3.3.6	m/s		A类
⑤ 送风口不宜设置在被门挡住的部位	GB 51251—2017 3.3.6			A类
(10)送风口安装	GB 51251—2017 4.5.6、6.4.2、6.4.3			
① 送风口安装固定牢靠,表面平整、不变形,调节灵活	GB 51251—2017 6.4.2、6.4.3			C类
② 常闭送风口的手动驱动装置应固定安装在明显可见、距楼地面 1.3～1.5m 处	GB 51251—2017 6.4.2、6.4.3			C类
③ 预埋套管不得有死弯及瘪陷,手动驱动装置操作应灵活	GB 51309—2018 6.4.2、6.4.3			A类
④ 机械补风口的风速	GB 50166—2019 4.5.6			C类
3.排烟阀或排烟口	GB 51251—2017 4.4.12、6.1.5、6.2.2、4.4.13、6.4.2、6.4.3、8.2.1			
(1)型号	GB 51251—2017 6.2.2			A类
(2)规格	GB 51251—2017 6.2.2			A类
(3)手动开启灵活、关闭可靠严密	GB 51251—2017 6.2.2			C类
(4)数量	GB 51251—2017 6.2.2			C类
(5)驱动装置动作可靠性,在最大工作压力下工作正常	GB 51251—2017 6.2.2			C类
(6)柔性短管的制作材料	GB 51251—2017 6.2.2			C类
(7)标识	GB 51251—2017 6.1.5			C类
(8)产品质量检测报告	GB 51251—2017 6.2.2			A类
(9)排烟口设置	GB 51251—2017 4.4.12、8.2.1			
① 防烟分区内任一点与最近的排烟口之间的水平距离不应大于 30m	GB 51251—2017 4.4.12			C类
② 排烟口宜设置在顶棚或靠近顶棚的墙面上	GB 51251—2017 4.4.12			C类

左侧合并单元格（纵向）：一、防烟排烟系统观感质量

检验项目		检验标准条款	检验结果	判定	重要程度
一、防烟排烟系统观感质量	③ 排烟口应设在储烟仓内,但走道、室内空间净高不大于 3m 的区域,其排烟口可设置在其净空高度的 1/2 以上	GB 51251—2017　4.4.12			C类
	④ 当设置在侧墙时,吊顶与其最近边缘的距离不应大于 0.5m	GB 51251—2017　4.4.12			C类
	⑤ 需设机械排烟系统的房间,当其建筑面积小于 50m² 时,可通过走道排烟,排烟口可设置在疏散走道	GB 51251—2017　4.4.12			C类
	⑥ 由火灾报警系统联动开启排烟阀或排烟口,应在现场设置手动开启装置	GB 51251—2017　4.4.12			C类
	⑦ 防烟分区内任一点与最近的排烟口之间的水平距离不应大于 30m	GB 51251—2017　4.4.12			C类
	⑧ 排烟口的设置宜使烟流方向与人员疏散方向相反,排烟口与附近安全出口相邻边缘之间的水平距离不应小于 1.5m	GB 50166—2019　4.4.12			C类
	⑨ 每个排烟口的排烟量不应大于该标准第 4.6.14 条的规定计算确定值	GB 50166—2019　4.4.12			C类
	(10)排烟阀(口)安装	GB 51251—2017　4.4.13、6.4.2、6.4.3、8.2.1			
	① 排烟口设吊顶内且通过吊顶上部空间进行排烟	GB 51251—2017　4.4.13、6.4.2			
	a.吊顶应采用不燃材料,且吊顶内不应有可燃物	GB 51251—2017　4.4.13、6.4.2			C类
	b.封闭式吊顶上设置的烟气流入口的颈部烟气速度不宜大于 1.5m/s	GB 51251—2017　4.4.13、6.4.2			C类
	c.非封闭式吊顶的开孔率不应小于吊顶净面积的 25%,且孔洞应均匀布置	GB 51251—2017　4.4.13、6.4.2			C类
	② 排烟阀(口)的手驱动装置应固装在明显可见、距楼地面 1.3~1.5m 便于操作的位置,预埋套管不得有死弯及瘪陷	GB 51251—2017　6.4.3			C类
	③ 手动驱动装置操作应灵活	GB 51251—2017　6.4.3			C类
	④ 排烟口距可燃物或可燃构件的距离不应小于 1.5m	GB 51251—2017　6.4.2			C类

检验项目		检验标准条款	检验结果	判定	重要程度
	4. 挡烟垂壁设置安装	GB 51251—2017 4.2.1、4.2.3、6.2.4、6.4.4、8.2.1、8.2.7			
	(1)型号	GB 51251—2017 6.4.4、8.2.7			C类
	(2)规格	GB 51251—2017 6.4.4、8.2.7			C类
	(3)下垂的长度	GB 51251—2017 6.4.4、8.2.1			C类
	(4)安装位置	GB 51251—2017 4.1.3、4.2.1、4.2.3、8.2.1			
	① 当中庭与周围场所未采用防火隔设施时,中庭与周围场所之间应设置挡烟垂壁	GB 51251—2017 4.1.3			C类
	② 划分防烟分区	GB 51251—2017 4.2.1			C类
	③ 设排烟设施建筑,敞开楼梯和自动扶梯穿越楼板的开口部应设置挡烟垂壁	GB 51251—2017 4.2.3			C类
	(5)活动挡烟垂壁与建构(柱或墙)面的缝隙不应大于60mm	GB 51251—2017 6.4.4			C类
一、防烟排烟系统观感质量	(6)由两块或两块以上组成的连续性挡烟垂壁,各块之间搭接宽度不应小于100mm	GB 51251—2017 6.4.4			C类
	(7)活动挡烟垂壁的手动安装距楼地面1.3～1.5m便于操作、明显可见处	GB 51251—2017 6.4.4			C类
	(8)活动挡烟垂壁电动驱动装置和控制装置,其型号、规格、数量应符合设计要求,动作可靠	GB 51251—2017 6.2.4			A类
	5. 排烟窗	GB 51251—2017 4.4.14、4.4.15、4.4.16、6.4.5、8.2.1、8.2.7			
	(1)型号	GB 51251—2017 6.4.5、8.2.7			A类
	(2)规格	GB 51251—2017 6.4.5、8.2.7			A类
	(3)安装位置及有效面积	GB 51251—2017 4.4.14、4.4.15、4.4.16、8.2.1			
	① 非顶层区域的固定窗应布置在每层的外墙上	GB 51251—2017 4.4.14、4.4.15、8.2.1			
	a. 单窗面积(m²)	GB 51251—2017 4.4.14、4.4.15			C类
	b. 安装间距和距地高度(m)	GB 51251—2017 4.4.14、4.4.15			C类

检验项目		检验标准条款	检验结果	判定	重要程度
一、防烟排烟系统观感质量	② 顶层区域的固定窗的位置及面积(不应小于楼地面面积的2%)	GB 51251—2017　4.4.14、4.4.15			
	a.设屋顶及总面积(m²)	GB 51251—2017　4.4.14、4.4.15			C类
	b.设顶层的外墙上及总面积(m²)	GB 51251—2017　4.4.14、4.4.15			C类
	c.未设自喷系统的以及采用钢结构屋顶或预应力钢筋混凝土屋面板的建筑应布在屋顶总面积(m²)	GB 51251—2017　4.4.14、4.4.15			C类
	③ 中庭区域的固定窗总面积(m²)不应小于中庭楼地面面积的5%	GB 51251—2017　4.4.15			C类
	④ 固定玻璃窗	GB 51251—2017　4.4.15			C类
	⑤ 固定窗不应跨越防火分区	GB 51251—2017　4.4.16			C类
	⑥ 安装应牢固、可靠,开启、关闭灵活	GB 51251—2017　6.4.5			C类
	⑦ 手动开启机构或按钮安装距地1.3~1.5m便于操作、明显可见的位置	GB 51251—2017　6.4.5			C类
	⑧ 自动排烟窗驱动装置的安装应灵活、可靠	GB 51251—2017　6.4.5			C类
	⑨ 固定窗标识	GB 51251—2017　6.1.5			C类
	⑩ 自动排烟窗驱动装置质量文件	GB 51251—2017　6.2.5			C类
	6.风机安装	GB 51251—2017　6.5.1~6.5.5、8.2.1、8.2.7			
	(1)型号、规格	GB 51251—2017　6.5.1、8.2.7			A类
	(2)出口方向正确	GB 51251—2017　6.5.1、8.2.1			C类
	(3)排烟风机出口与加压送风机进口之间距离	GB 51251—2017　3.3.5、6.5.1、8.2.1			C类
	(4)风机外壳至墙壁或其他设备的距离	GB 51251—2017　6.5.2、8.2.1			C类
	(5)风机基础及减振装置	GB 51251—2017　6.5.3、8.2.1			C类
	(6)吊装风机的支、吊架	GB 51251—2017　6.5.4、8.2.1			C类
	(7)风机驱动装置的外露部位装设防护罩	GB 51251—2017　6.5.5、8.2.1			C类
	(8)直通大气进出风口装设防护网、防雨措施等	GB 51251—2017　6.5.5、8.2.1			C类

续表

检验项目		检验标准条款	检验结果	判定	重要程度
二、防烟排烟系统设备手动功能	(一)送风机	GB 51251—2017　8.2.2			
	(1)现场手动启动、停止送风机	GB 51251—2017　8.2.2			A类
	(2)控制室手动启动、停止送风机	GB 51251—2017　8.2.2			A类
	(3)状态信号应在消防控制室显示	GB 51251—2017　8.2.2			A类
	(二)排烟机	GB 51251—2017　8.2.2			
	(1)现场手动启动、停止送风机	GB 51251—2017　8.2.2			A类
	(2)控制室手动启动、停止排烟机	GB 51251—2017　8.2.2			A类
	(3)状态信号应在消防控制室显示	GB 51251—2017　8.2.2			A类
	(三)送风口(阀)	GB 51251—2017　8.2.2			
	(1)现场启动/复位送风口(阀)	GB 51251—2017　8.2.2			A类
	(2)控制室手动启动送风口(阀)	GB 50116—2013　4.5 GB 51251—2017　8.2.2			A类
	(3)状态信号应在消防控制室显示	GB 51251—2017　8.2.2			A类
	(四)排烟口(阀)	GB 51251—2017　8.2.2			
	(1)现场启动/复位排烟口(阀)	GB 51251—2017　8.2.2			A类
	(2)控制室手动启动排烟口(阀)	GB 51251—2017　8.2.2; GB 50116—2013　4.5			A类
	(3)状态信号应在消防控制室显示	GB 51251—2017　8.2.2			A类
	(五)活动挡烟垂壁	GB 51251—2017　8.2.2			
	(1)现场手动开启/复位活动挡烟垂壁	GB 51251—2017　8.2.2			A类
	(2)控制室手动开启/复位活动挡烟垂壁	GB 51251—2017　8.2.2 GB 50116—2013　4.5			A类
	(3)状态信号应在消防控制室显示	GB 51251—2017　8.2.2			A类
	(六)自动排烟窗	GB 51251—2017　6.4.5、7.2.4、8.2.2;GB 50116—2013　4.5			
	(1)现场手动开启/关闭自动排烟窗	GB 51251—2017　6.4.5、7.2.4、8.2.2			A类
	(2)控制室手动开启/关闭自动排烟窗	GB 51251—2017　8.2.2 GB 50116—2013　4.5			A类
	(3)状态信号应在消防控制室显示	GB 51251—2017　8.2.2			A类

续表

检验项目		检验标准条款	检验结果	判定	重要程度
三、防烟排烟系统设备联动	(一)送风口开启和送风机启动	GB 51251—2017　5.1.2、5.1.3、8.2.3			
	(1)火灾确认	GB 51251—2017　5.1.2、8.2.3			A类
	(2)或任一常闭加压送风口开启	GB 51251—2017　5.1.2、8.2.3			A类
	(3)联动时间	GB 51251—2017　5.1.2、8.2.3			A类
	(4)开启着火层及其上、下层前室或合用前室常闭送风口	GB 51251—2017　5.1.3、8.2.3			A类
	(5)开启防火分区全部加压风机	GB 51251—2017　5.1.3、8.2.3			A类
	(二)排烟口(阀)开启和排烟风机、补风机启动	GB 51251—2017　5.2.2、5.2.3、5.2.4、8.2.3			
	(1)火灾确认	GB 51251—2017　5.2.2、5.2.3、8.2.3			A类
	(2)联动时间	GB 51251—2017　5.2.3、8.2.3			A类
	(3)联动开启着火防烟分区全部排烟阀(口)	GB 51251—2017　5.2.3、5.2.4、8.2.3			A类
	(4)联动防烟分区排烟风机启动	GB 51251—2017　5.2.2、5.2.3、8.2.3			A类
	(5)联动补风机启动	GB 51251—2017　5.2.3、8.2.3			A类
	(6)30s联动关闭与排烟无关的通风、空调系统	GB 51251—2017　5.2.3、8.2.3			A类
	(7)排烟防火阀280℃关闭时联锁排烟风机和补风机停止	GB 51251—2017　5.2.2、8.2.3			A类
	(三)活动挡烟垂壁开启	GB 51251—2017　5.2.5、8.2.3			
	(1)火灾确认	GB 51251—2017　5.2.5、8.2.3			A类
	(2)联动时间(15s)	GB 51251—2017　5.2.5、8.2.3	s		A类
	(3)联动相应防烟分区全部活动挡烟垂壁	GB 51251—2017　5.2.5、8.2.3			A类
	(4)活动挡烟垂壁开启到位时间	GB 51251—2017　5.2.5、8.2.3			A类

检验项目		检验标准条款	检验结果	判定	重要程度
三、防烟排烟系统设备联动	(四)自动排烟窗开启	GB 51251—2017　5.2.6、8.2.3			
	(1)火灾确认	GB 51251—2017　5.2.6、8.2.3			A类
	(2)自动排烟窗开启	GB 51251—2017　5.2.6、8.2.3			A类
	(3)排烟窗开启到位时间	GB 51251—2017　5.2.6、8.2.3			A类
	(4)温度释放装置温控释放温度	GB 51251—2017　5.2.6、8.2.3			A类
	(五)消防控制室信号反馈	GB 51251—2017　5.2.7、8.2.3			A类
四、机械防烟系统性能	(1)送风最不利三个连续楼层的选取	GB 51251—2017　8.2.5			A类
	(2)封闭避难层(间)选取	GB 51251—2017　8.2.5			A类
	(3)前室及封闭避难层(间)风压值(Pa)	GB 51251—2017　3.4.4、8.2.5			A类
	(4)疏散门的门洞断面风速值(m/s)	GB 51251—2017　3.4.6、8.2.5			A类
	(5)楼梯间风压值(Pa)	GB 51251—2017　3.4.6、8.2.5			A类
五、机械排烟系统性能	(一)开启任一防烟分区全部排烟口	GB 51251—2017　8.2.6			A类
	(二)排烟风机启动	GB 51251—2017　8.2.6			A类
	(三)排烟口风速(m/s)	GB 51251—2017　8.2.6			A类
	(四)除中厅外有关场所一个防烟分区的排烟量(m³/h)	GB 51251—2017　4.6.3、8.2.6			
	1)建筑净高小于等于6m 场所排烟量(m³/h)	GB 51251—2017　4.6.3、8.2.6			A类
	2)公共建筑、工业建筑空间净高大于6m 场所排烟量(m³/h)	GB 51251—2017　4.6.3、8.2.6			A类
	3)公共建筑仅需在走道或回廊排烟风量(m³/h)	GB 51251—2017　4.6.3、8.2.6			A类
	4)公共建筑房间与走道或回廊同时设排烟量(m³/h)	GB 51251—2017　4.6.3、8.2.6			A类
	(五)一个排烟系统担负多个防烟分区时系统排烟量(m³/h)	GB 51251—2017　4.6.4、8.2.6			A类

检验项目		检验标准条款	检验结果	判定	重要程度
五、机械排烟系统性能	(六)中厅排烟量/m³/h	GB 51251—2017　4.6.5、8.2.6			
	1)中厅周围场所设排烟系统时中厅排烟量/m³/h	GB 51251—2017　4.6.5、8.2.6			A类
	2)中厅周围场所不需设排烟,仅在回廊设排烟系统时排烟量/m³/h	GB 51251—2017　4.6.5、8.2.6			A类
	(七)需机械排烟且面积小于50m²房间排烟量/m³/h	GB 51251—2017　4.4.12.3、4.6.3.3、8.2.6			A类
	(八)补风机启动	GB 51251—2017　8.2.6			A类
	(九)补风口风速/m/s	GB 51251—2017　4.5.6、8.2.6			A类
	(十)补风量/m³/h	GB 51251—2017　4.5.2、8.2.6			A类

7.7 检验检测机构资质认定检验检测能力申请表

检验检测能力申请表

检验检测机构地址：

表 7.7

序号	类别(产品/项目/参数)	产品/项目/参数		依据的标准(方法)名称及编号(含年号)	限制范围	说明
		序号	名称			
（七）	防烟排烟系统	1	距离(长度、宽度、高度、距离)	《建筑防烟排烟系统技术标准》 GB 51251—2017 3.1.3.1.2、3.1.6、3.1.9、3.2.1、3.2.2、3.2.3、3.2.4、3.3.1、3.3.3.1、3.3.5.3、3.3.11、3.3.12、4.1.4、4.2.2、4.2.4、4.3.2、4.3.3、4.3.4、4.3.5、4.3.6、4.3.7、4.4.2、4.4.4、4.4.5、4.4.9、4.4.12、4.5.4、4.6.2、4.6.3、4.6.4、4.6.9、6.2.1、6.3.1、6.3.2、6.3.4、6.4.1、6.4.2、6.4.3、6.4.4、6.4.5、6.5.1、6.5.2、8.2.4		
		2	风速	《建筑消防设施检测技术规程》 GA503—2004 4.9.4.2、4.10.4.2 《建筑防烟排烟系统技术标准》 GB 51251—2017 3.3.6.7、3.3.7、4.4.7、4.4.12、4.4.13、4.5.6、4.6.3、4.6.5、7.2.6、7.2.7		
		3	风量	《建筑防烟排烟系统技术标准》 GB 51251—2017 4.6.1、4.6.3、4.6.5、4.6.13、4.6.14、7.2.7		
		4	余压	《建筑消防设施检测技术规程》 GA 503—2004 4.9.4.3 《建筑防烟排烟系统技术标准》 GB 51251—2017 3.4.4、7.2.6		
		5	时间	《建筑防烟排烟系统技术标准》 GB 51251—2017 5.1.3、5.2.3、5.2.5、5.2.6、7.2.3、8.2.3.3		
		6	斜度角度	《建筑防烟排烟系统技术标准》 GB 51251—2017 4.3.4、4.3.5		

序号	类别(产品/项目/参数)	产品/项目/参数		依据的标准(方法)名称及编号(含年号)	限制范围	说明
		序号	名称			
(七)	防烟排烟系统	7	温度	《建筑防烟排烟系统技术标准》 GB 51251—2017 5.2.6		
		8	消防控制设备	《火灾自动报警系统施工及验收规范》 GB 50166—2019 4.18.1、4.18.2 《建筑防烟排烟系统技术标准》 GB 51251—2017 5.1.2、5.1.5、5.2.2、5.2.7、 8.2.2、8.2.3		
		9	系统控制功能	《火灾自动报警系统施工及验收规范》 GB 50166—2019 4.18.5、4.18.8 《火灾自动报警系统设计规范》 GB 50116—2013 4.1.4 《建筑防烟排烟系统技术标准》 GB 51251—2017 5.1.1、5.1.2.1、5.1.2.2、 5.1.2.3、5.1.2.4、5.1.3、5.1.4、5.1.5、5.2.1、 5.2.2.1、5.2.2.2、5.2.2.3、5.2.2.4、5.2.2.5、 5.2.3、5.2.4、5.2.5、5.2.6、5.2.7、7.3.1、 7.3.2、7.3.3、7.3.4、8.2.2、8.2.3		
		10	系统联动功能	《火灾自动报警系统设计规范》 GB 50116—2013 4.5.1、4.5.2、4.5.3、4.5.4、 4.5.5 《建筑消防设施检测技术规程》 GA 503—2004 5.9.1.2、5.9.2.2、5.9.3.2、 5.9.4.1、5.10.1.2、5.10.2.2、5.10.3.2、 5.10.4.1 《建筑防烟排烟系统技术标准》 GB 51251—2017 5.1.1～5.1.3、5.2.1～ 5.2.7、7.3.1～7.3.4、8.2.3～8.2.6		

7.8　检验检测机构资质认定仪器设备（标准物质）配置表

仪器设备（标准物质）配置表

检验检测机构地址：　　　　　　　　　　　　　　　　　　　　　　　　表 7.8

序号	类别(产品/项目/参数)	产品/项目/参数 序号	名称	依据的标准(方法)名称及编号 (含年号)	仪器设备(标准物质) 名称	型号/规格/等级	测量范围	溯源方式	有效日期	确认结果
（七）	防烟排烟系统	1	距离(长度、宽度、高度、距离)	《建筑防烟排烟系统技术标准》GB 51251—2017　3.1.3.1.2、3.1.6、3.1.9、3.2.1、3.2.2、3.2.3、3.2.4、3.3.1、3.3.3.1、3.3.5.3、3.3.11、3.3.12、4.1.4、4.2.2、4.2.4、4.3.2、4.3.3、4.3.4、4.3.5、4.3.6、4.3.7、4.4.2、4.4.4、4.4.5、4.4.9、4.4.12、4.5.4、4.6.2、4.6.3、4.6.4、4.6.9、5.1.3、6.2.1、6.3.1、6.3.2、6.3.4、6.4.1、6.4.2、6.4.3、6.4.4、6.4.5、6.5.1、6.5.2、8.2.4	钢卷尺塞尺					
		2	风速	《建筑防烟排烟系统技术标准》GB 51251—2017　3.3.6.7、3.3.7、4.4.7、4.4.12、4.4.13、4.5.6、4.6.3、4.6.5、7.2.6、7.2.7	风速仪					
		3	风量	《建筑防烟排烟系统技术标准》GB 51251—2017　4.6.1、4.6.3、4.6.5、4.6.13、4.6.14、7.2.7						
		4	余压	《建筑防烟排烟系统技术标准》GB 51251—2017　3.4.4、7.2.6	微压计					
		5	时间	《建筑防烟排烟系统技术标准》GB 51251—2017　5.1.3、5.2.3、5.2.5、5.2.6、7.2.3、8.2.3.3	秒表					
		6	斜度、角度	《建筑防烟排烟系统技术标准》GB 51251—2017　4.3.4、4.3.5	角度仪					

续表

序号	类别(产品/项目/参数)	产品/项目/参数		依据的标准(方法)名称及编号	仪器设备(标准物质)			溯源方式	有效日期	确认结果
		序号	名称	(含年号)	名称	型号/规格/等级	测量范围			
(七)	防烟排烟系统	7	温度	《建筑防烟排烟系统技术标准》GB 51251—2017 5.2.6	温度计					
		8	消防控制设备	《火灾自动报警系统施工及验收规范》GB 50166—2019 4.18.1、4.18.2《建筑防烟排烟系统技术标准》GB 51251—2017 5.1.2、5.1.5、5.2.2、5.2.7、8.2.2、8.2.3	手动试验					
		9	系统控制功能	《火灾自动报警系统施工及验收规范》GB 50166—2019 4.18.5、4.18.8《火灾自动报警系统设计规范》GB 50116—2013 4.1.4《建筑防烟排烟系统技术标准》GB 51251—2017 5.1.1、5.1.2.1~5.1.2.4、5.1.3、5.1.4、5.1.5、5.2.1、5.2.2.1~5.2.2.5、5.2.3~5.2.7、7.3.1~7.3.4、8.2.2、8.2.3	手动试验					
		10	系统联动功能	《火灾自动报警系统设计规范》GB 50116—2013 4.5.1~4.5.5《建筑防烟排烟系统技术标准》GB 51251—2017 5.1.1、5.1.2、5.1.3、5.2.1~5.2.7、7.3.1~7.3.4、8.2.3~8.2.6	手动试验					

7.9　系统验收检测原始记录格式化

防排烟系统原始记录

年　月　日　　　　　　　　　　　　　　　　　　　表 7.9-1

工程名称		施工单位	
标准条款	GB 16806—2006　4.4	风阀厂家	
风机控制柜型号		风机控制柜厂家	

送风机检验					
检验项目	标准条款	检验部位			
		检验结果	判定	检验结果	判定
风机序号	GB 50016—2014　8.5.1				
使用场所	GB 50067—2014　8.2.10 GB 51251—2017　3.1.2、3.1.3、3.1.4				
风机类型	GB 51251—2017　3.3.5、6.2.3				
型号	GB 51251—2017　6.2.3				
流量(m^3/h)	GB 51251—2017　6.2.3				
余压(Pa)	GB 51251—2017　6.2.3				
转速(r/min)	GB 51251—2017　6.2.3				
功率(kW)	GB 51251—2017　6.2.3				
出厂日期	GB 50016—2014　8.5.1				
生产厂家	GB 50016—2014　8.5.1				
设置部位	GB 51251—2017　3.3.5				
安装要求	GB 51251—2017　3.3.5				
现场手动启停	GB 51251—2017　5.1.2				
控制中心远程启停	GB 51251—2017　5.1.2				
信号反馈	GB 51251—2017　5.1.5； GB 50116—2013　4.5； GB 16806—2006　4.4				

核验员：　　　　　　　　　　　　　　检验员：

防排烟系统原始记录

年　月　日

表 7.9-2

工程名称		施工单位	
风机控制柜型号		风阀厂家	
		风机控制柜厂家	

排烟风机检验					
检验项目	标准条款	检验部位			
		检验结果	判定	检验结果	判定
风机序号	GB 50016—2014　8.5				
使用场所	GB 51251—2017　4.1.3、4.1.4 GB 50067—2014　8.2.2				
风机类型	GB 51251—2017　6.2.3				
型号	GB 51251—2017　6.2.3				
流量(m³/h)	GB 51251—2017　6.2.3				
余压(Pa)	GB 51251—2017　6.2.3				
转速(r/min)	GB 51251—2017　6.2.3				
功率(kW)	GB 51251—2017　6.2.3				
出厂日期	GB 50016—2014　8.5				
生产厂家	GB 50016—2014　8.5				
风机设置部位	GB 51251—2017　4.4.4、4.4.5				
安装要求	GB 51251—2017　4.4.4、4.4.5				
排烟防火阀安装	GB 51251—2017　4.4.10				
排烟防火阀与风机联锁	GB 51251—2017　4.4.6、5.2.2				
与通风系统是否合用	GB 51251—2017　4.4.3、4.4.5				
现场手动启停	GB 51251—2017　5.2.2、8.2.2				
控制中心远程启停	GB 51251—2017　5.2.2、8.2.2				
信号反馈	GB 51251—2017　5.2.7、 8.2.2、8.2.3.6				

核验员：　　　　　　　　　　　　　　　　检验员：

防排烟系统原始记录

年　月　日

表 7.9-3

工程名称				施工单位		
风机控制柜型号				风阀厂家		
				风机控制柜厂家		
补风机检验						
检验项目	标准条款	检验部位				
		检验结果	判定	检验结果	判定	
风机序号	GB 50016—2014　8.5					
使用场所	GB 50016—2014　8.5.2、8.5.3、8.5.4 GB 51251—2017　4.1.3、4.1.4 GB 50067—2014　8.2.2					
风机类型	GB 50016—2014　8.5 GB 51251—2017　6.2.3					
型号	GB 50016—2014　8.5 GB 51251—2017　6.2.3					
流量(m³/h)	GB 50016—2014　8.5 GB 51251—2017　6.2.3					
余压(Pa)	GB 50016—2014　8.5 GB 51251—2017　6.2.3					
转速(r/min)	GB 50016—2014　8.5 GB 51251—2017　6.2.3					
功率(kW)	GB 50016—2014　8.5 GB 51251—2017　6.2.3					
出厂日期	GB 50016—2014　8.5					
生产厂家	GB 50016—2014　8.5					
风机设置部位	GB 50016—2014　9.4.7 GB 51251—2017　4.4.4、4.4.5					
安装要求	GA503—2004　4.9.2 GB 51251—2017　4.4.4、4.4.5					
补风口的设置	GB 51251—2017　4.5.1、4.5.4					
补风口的风速	GB 51251—2017　4.5.6					
与排烟系统联动	GB 51251—2017　4.5.5					
补风管道耐火极限	GB 51251—2017　4.5.7					

核验员：　　　　　　　　　　　　　　　检验员：

防排烟系统原始记录

年　月　日

表 7.9-4

工程名称		施工单位	
建筑层数		建筑高度	
正压送风系统设置部位标准条款		GB 51251—2017　3.1.2～3.1.4、3.1.6～3.1.9	

正压送风系统设置部位				
防烟楼梯间 □ 剪刀楼梯间 □	独立前室 □　共用前室 □ 消梯前室及合用前室 □	封闭避难层 □	地下室 □	裙　房 □

机械排烟系统设置部位标准条款	GB 51251—2017　4.1.3、4.1.4

机械排烟系统设置部位				
内走道 □	无窗房间 □ 固定窗房间 □	中　庭 □	地 下 室 □ 地下停车场 □	人防工程 □

防火阀设置部位标准条款	GB 51251—2017　4.4.10

排烟防火阀设置部位	
1.垂直风管与每层水平风管交接处的水平管段上	
2.一个排烟系统负担多个防烟分区的排烟支管上	
3.排烟风机入口处	
4.穿越防火分区处	
备注	

核验员：　　　　　　　　　　　　检验员：

防排烟系统原始记录

年　月　日　　　　　　　　　　　　　　　　　　　　　　　　表 7.9-5

工程名称				施工单位			
建筑层数				建筑高度			
正压送风系统				机械排烟系统			
检验项目	标准条款	检验部位		检验项目	标准条款	检验部位	
		结果/m/s	判定			结果/m/s	判定
金属风管送风风速	GB 51251—2017 3.3.7			金属风管排烟风速	GB 51251—2017 4.4.7		
非金属风管送风风速	GB 51251—2017 3.3.7			非金属风管排烟风速	GB 51251—2017 4.4.7		
送风口风速	GB 51251—2017 3.3.6			排烟口风速	GB 51251—2017 4.4.12		
机械加压送风余压							
检验项目	标准条款		检验部位				
		检验结果	判定	检验结果	判定		
前室、合用前室等	GB 51251—2017　3.4.4、3.4.9						
防烟楼梯间	GB 51251—2017　3.4.4、3.4.9						
备注							

核验员：　　　　　　　　　　　　　　检验员：

防排烟系统原始记录

年 月 日 表 7.9-6

工程名称					施工单位		
建筑层数					建筑高度		
标准条款			GB 51251—2017 6.2.2、6.1.5				
检验项目		检测部位					
		检测结果	判定	检测结果	判定	检测结果	判定
□ 排烟防火阀 □ 排烟阀（口） □ 送风口	型号						
	规格						
	手动开启灵活、关闭可靠严密						
	数量						
	驱动装置动作可靠性,在最大工作压力下工作正常						
	柔性短管的制作材料						
	标识						
	产品质量检测报告						
备注							

核验员： 检验员：

防排烟系统原始记录

年　月　日　　　　　　　　　　　　　　　　　　　　　　　　　表 7.9-7

工程名称				施工单位			
建筑层数				建筑高度			
排烟口（阀）							
检验项目		标准条款	检测部位				
			检测结果	判定	检测结果	判定	
排烟口（阀）	设置部位	任一点至最近排烟口距离	GB 51251—2017　4.4.12、4.4.13、6.1.5、6.4.2、6.4.3				
		排烟口与安全出口距离					
		与可燃构件或可燃物距离					
		手动或自动开启装置					
		手动操作机构					
		标识					
	安装要求		GB 51251—2017　6.4.2、6.4.3				
备注							

核验员：　　　　　　　　　　　　　　检验员：

防排烟系统原始记录

年　月　日　　　　　　　　　　　　　　　　　　　表 7.9-8

工程名称			施工单位			
机械加压送风量、机械排烟风量						
检验项目		标准条款	检测部位			
设置部位	系统分担高度/m		检测结果	判定	检测结果	判定
消防电梯前室送风量/m³/h	$h \leq 24$	GB 51251—2017　3.4.1、3.4.2、3.4.5、3.4.8				
	$24 < h \leq 50$					
	$50 < h \leq 100$					
楼梯间自然通风,独立前室和合用前室送风量/m³/h	$h \leq 24$	GB 51251—2017　3.4.1、3.4.2、3.4.5、3.4.8				
	$24 < h \leq 50$					
	$50 < h \leq 100$					
前室不送风,封闭楼梯间、防烟楼梯间送风量/m³/h	$h \leq 24$	GB 51251—2017　3.4.1、3.4.2、3.4.5、3.4.8				
	$24 < h \leq 50$					
	$50 < h \leq 100$					
防烟楼梯间和合用前室分别送风的送风量/m³/h	$h \leq 24$　楼梯间	GB 51251—2017　3.4.1、3.4.2、3.4.5、3.4.8				
	$h \leq 24$　合用前室					
	$24 < h \leq 50$　楼梯间					
	$24 < h \leq 50$　合用前室					
	$50 < h \leq 100$　楼梯间					
	$50 < h \leq 100$　合用前室					
封闭避难层(间)送风量/m³/h						
避难走道、避难走道前室送风量/m³/h	走道	GB 51251—2017　3.4.1、3.4.3				
	走道前室					

核验员：　　　　　　　　　　　　　　　　检验员：

防排烟系统原始记录

年 月 日   表 7.9-9

工程名称			施工单位		
机械排烟烟量					
检验项目	标准条款	检测部位			
		检测结果	判定	检测结果	判定
中厅周围场所设排烟中厅排烟量/m³/h	GB 51251—2017 4.6.5、4.6.13、4.6.14				
中厅周围场所不需设排烟+仅在回廊设排烟系统时排烟量/m³/h（中厅）	GB 51251—2017 4.6.5.2、4.6.13、4.6.14				
中厅周围场所不需设排烟+仅在回廊设排烟系统时排烟量/m³/h（回廊）	GB 51251—2017 4.6.3.3、4.6.5.2、4.6.13、4.6.14				
除中厅外建筑净高小于等于 6m 场所排烟量/m³/h	GB 51251—2017 4.6.1、4.6.3.1				
需机械排烟且面积小于 50m² 房间排烟风量/m³/h	GB 51251—2017 4.4.12.3、4.6.3.3				

核验员：   检验员：

防排烟系统原始记录

年　月　日

表 7.9-10

工程名称				施工单位		
建筑空间净高/m		□≤6　□>6　□≥7　□≥8　□≥9				
建筑使用性质		□办公、学校　□商店、展览　□厂房、其他公共建筑　□仓库				
机械排烟风量						
检验项目		标准条款	检测部位			
			检测结果	判定	检测结果	判定
建筑净高小于等于6m场所排烟量/m³/h		GB 51251—2017　4.6.1、4.6.3.1				
公共建筑、工业建筑	净高大于6m场所排烟量/m³/h　无喷淋	GB 51251—2017　4.6.1、4.6.3、4.6.6、4.6.13				
	有喷淋					
	净高大于等于7m场所排烟量/m³/h　无喷淋					
	有喷淋					
	净高大于等于8m场所排烟量/m³/h　无喷淋					
	有喷淋					
	净高大于等于9m场所排烟量/m³/h　无喷淋					
	有喷淋					
公共建筑	仅需在走道或回廊排烟风量/m³/h	GB 51251—2017　4.6.1、4.6.3				
	房间与走道或回廊同时设排烟风量/m³/h					

核验员：　　　　　　　　　　　　　　　　检验员：

防排烟系统原始记录

年　月　日

表 7.9-11

工程名称				施工单位			
风管（制作）安装							
检验项目			标准条款	检测部位			
				检测结果		判定	检测结果		判定
				送风□	排烟□		送风□	排烟□	
风管的材料	品种	金属	GB 51251—2017 6.2.1、6.3.2						
		非金属							
	规格								
	厚度								
	有耐火极限	风管本体							
		框架与固定材料							
		密封材料							
	性能								
	质量合格证明文件								
金属风管的制作、连接	法兰连接		GB 51251—2017 6.3.1						
	咬口连接或铆焊								
	焊接								
	风管的密封								
	排烟风管的隔热层								

核验员：　　　　　　　　　　　　　　检验员：

防排烟系统原始记录

年 月 日

表 7.9-12

工程名称			施工单位	
风管（制作）安装				
检验项目		标准条款	检测部位	
			检测结果	判定	检测结果	判定

非金属风管的制作连接

法兰规格
- 风管边长 B/mm、连接螺栓
- 法兰宽度与厚度/mm
- 螺孔间距
- 矩形法兰四角螺孔

套管连接时套管厚度

无机玻璃钢风管的表面

GB 51251—2017 6.3.2
GB 51251—2017 8.2.1

风管（道）安装

- 风管规格、安装位置、标高、接口有效面积
- 风管接口连接严密牢固、垫片厚度
- 排烟风管法兰垫片不燃材料
- 薄钢板法兰风管螺栓连接
- 风管支架、吊架安装
- 风管与风机连接、导流叶片
- 风管穿越隔墙或楼板空隙处理
- 吊顶内排烟管道隔热及与可燃物距离

GB 51251—2017 6.3.4、8.2.1

核验员：   检验员：

264

防排烟系统原始记录

表 7.9-13

工程名称		施工单位	
子分部工程	部件安装	分项工程	□排烟防火阀
检验依据	GB 51251—2017 6.4.1		GB 51251—2017 4.4.10

年 月 日

检测项目	排烟防火阀安装						排烟管道设置排烟防火阀部位			
检测结果 检测部位	型号	规格	阀门应顺气流方向关闭	防火分区隔墙两侧的排烟防火阀距墙端面不应大于200mm	手动和电动装置应灵活、可靠，阀门关闭严密	应设独立支、吊架	当风管采用不燃材料防火隔热时，阀门处应有明显标识	垂直风管与每层水平风管交接处的水平管段上	一个排烟系统负担多个防烟分区的排烟支管上	排烟风机入口处	穿越防火分区处

核验员：　　　　　　检验员：

表 7.9-14

防排烟系统原始记录

工程名称			
子分部工程		施工单位	
检验依据		分项工程	
		年 月 日	

检测项目	部件安装 GB 51251—2017 3.3.3	□送风口 GB 51251—2017 3.3.6	□送风口 GB 51251—2017 6.4.2、6.4.3、6.4.5.6
	建筑高度小于等于50m的建筑,楼梯间可采用直灌式加压送风系统		机械补风口
	建筑高度大于32m建筑,两点部位送风,风口间距不宜小于建筑高度的1/2	送风口的风速不宜大于7m/s	机械补风口的风速
	送风量按计算值或第3.4.2条规定的送风量增加20%	送风口不宜设置在被门挡住的部位	预埋套管不得有死弯及瘪陷,手动驱动装置操作灵活
	加压送风口不宜设在影响人员疏散的部位	送风口安装固定牢靠,表面平整,不变形,调节灵活	
	楼梯间宜每隔2~3层设一个常开式百叶送风口	常闭送风口的手动驱动装置应固定安装在明显可见,距楼地面1.3~1.5m处	
	前室应每层设一个常闭式加压送风口,并应设手动开启装置		
检测结果			
检测部位			

核验员：

检验员：

266

表 7.9-15

防排烟系统原始记录

工程名称		施工单位	
子分部工程	部件安装	分项工程	□排烟阀或排烟口

年 月 日

检验依据

GB 51309—2018				
4.4.12	4.4.13	4.4.13	6.4.3	6.4.2

检测项目

GB 51309—2018 4.4.12：
- 排烟口宜设置在顶棚或靠近顶棚的墙面上
- 排烟口应设在储烟仓内，但走道、室内空间净高不大于3m的区域，其排烟口可设置在其净空高度的1/2以上
- 当设置在侧墙时，吊顶与其最近边缘的距离不应大于0.5m
- 防烟分区内任一点与最近的排烟口之间的水平距离不应大于30m
- 需设机械排烟系统的房间，当其建筑面积小于50m²时，可通过走道排烟，排烟口可设置在疏散走道
- 由火灾报警系统联动开启排烟阀或排烟口，应在现场设置手动开启装置
- 排烟口的设置宜使烟流方向与人员疏散方向相反，排烟口与附近安全出口相邻边缘之间的水平距离不应小于1.5m
- 每个排烟口的排烟量不应大于上述第4.6.14条的规定计算确定值
- 排烟口的风速不宜大于10m/s

GB 51309—2018 4.4.13：排烟口设吊顶内且通过吊顶上部空间进行排烟
- 封闭式吊顶应采用不燃材料，且吊顶内不应有可燃物
- 非封闭式吊顶上的开孔率不应小于吊顶净面积的25%，且孔洞应均匀布置
- 烟气流入口的顶部颈部烟气速度不宜大于1.5m/s

6.4.3：
- 排烟阀（口）的手动驱动装置固定安装在便于操作、明显可见的位置，距楼地面1.3～1.5m便于操作的位置，预埋套管不得有死弯及瘪陷
- 手动驱动装置操作应灵活

6.4.2：
- 排烟口距可燃物或可燃构件的距离不应小于1.5m

检测结果

检测部位

核验员：

▶ 建筑消防设施检测技术实用手册

表 7.9-16

防排烟系统原始记录

工程名称 _____

施工单位 _____

子分部工程 部件安装　　分项工程 □挡烟垂壁

检验依据 GB 51309—2018　4.2.1.4.2.3.6.2.4.6.4.4

年　月　日

检测部位	检测项目 检测结果	型号	规格	下垂的长度	安装位置		挡烟垂壁设置安装		
					当中庭与周围场所未采用防火隔离设施,敞开楼梯和自动扶梯穿越楼板的开口部应设置挡烟垂壁	划分防烟分区	活动挡烟垂壁与建构(柱)或墙)面的缝隙不应大于60mm	由两块或两块以上组成的连续性挡烟垂壁,各块之间搭接宽度不应小于100mm	活动挡烟垂壁的安装距楼地面1.3～1.5m便于手动操作,明显且可见处	活动挡烟垂壁电动驱动装置和控制装置.其型号、规格、数量应符合设计要求.动作可靠

核验员: _____　　　　检验员: _____

268

表 7.9-17

防排烟系统原始记录

年　月　日

工程名称					施工单位		
子分部工程		部件安装			分项工程	□排烟窗	
检验依据		GB 51309—2018　4.4.14、4.4.15、4.4.16			6.4.5	6.1.5	6.2.5

检测项目：排烟窗

检测部位	规格				安装位置及有效面积				手动开启机构或按钮		自动排烟窗驱动装置的安装应灵活、可靠	固定窗标识	自动排烟窗驱动装置质量文件
	型号	规格	单窗面积/m²	安装间距和离地高度/m	非顶层区域的固定窗应布置在每层的外墙上	顶层区域的固定窗应布置在□屋顶□顶层的外墙上（未设自喷系统的钢结构屋顶或预应力钢筋混凝土屋面板应布置在屋顶）	中庭区域的固定窗		固定玻璃窗				
							总面积（m²）不应小于楼地面面积的2%	总面积（m²）不应小于中庭楼地面面积的5%	固定窗不应跨越防火分区	安装应牢固、可靠、开闭灵活、关闭严密	安装距楼地面1.3～1.5m	便于操作、明显可见	

检测结果

核验员：　　　　　　　　　　　　　　　　　　检验员：

防排烟系统原始记录

年　月　日

表 7.9-18

工程名称							施工单位						
检验项目	送风机控制功能试验						检验项目	送风口(阀)控制功能试验					
标准条款	GB 50116—2013　4.5 GB 51251—2017　5.1.1、5.1.2、5.1.5、8.2.2、8.2.3、8.2.5 GB 16806—2006　4.4						标准条款	GB 50116—2013　4.5 GB 51251—2017　5.1.1、5.1.2、5.1.3、5.1.5、8.2.2、8.2.3					
部位	编号	检验结果					部位	编号	检验结果				
		自动启动			远程启动	现场启动	信号反馈			自动启动		远程启动	现场启动/复位	电动风阀开启/关闭	信号反馈
		火灾确认	任一常闭加压送风口开启	联动时间	开启加压风机						火灾确认	联动时间	开启送风口					

核验员：　　　　　　　　　　　　检验员：

270

防排烟系统原始记录

年 月 日

表 7.9-19

工程名称							施工单位							
检验项目	挡烟垂壁启动功能						检验项目	自动排烟窗联动控制方式						
标准条款	GB 51251—2017 5.2.5、5.2.7、8.2.2、8.2.3						标准条款	GB 51251—2017 5.2.6、5.2.7、8.2.2、8.2.3						
检测部位	编号	检验结果						部位	编号	检验结果					
		自动启动			远程启动	现场启动	信号反馈			自动启动			温度释放装置		远程启动	信号反馈
		垂壁附近2Y	联动时间	开启到位						火灾确认	开启时间	完全开启	温控释放温度	自动排烟窗开启		

核验员：　　　　　　　　　　　　　　　检验员：

防排烟系统原始记录

年　月　日　　　　　　　　　　　　　　　　　　表 7.9-20

工程名称							施工单位						
检验项目	排烟风机/补风机控制功能试验						检验项目	排烟口(阀)控制功能试验					
标准条款	GB 50116—2013　4.5 GB 51251—2017　5.2.1、5.2.2、8.2.2、8.2.3、8.2.6						标准条款	GB 50116—2013　4.5 GB 51251—2017　5.2.3、5.2.4、8.2.2、8.2.3					
部位	编号	检验结果					部位	编号	检验结果				
		自动启动		远程启动	现场启动	信号反馈			自动启动		远程启动	现场启动、复位	信号反馈
		火警	排烟阀(口)						火警	排烟阀(口)			

核验员：　　　　　　　　　　　　　　　　　　检验员：

防排烟系统原始记录

年　　月　　日

表 7.9-21

工程名称							施工单位						
依据标准	GB 50116—2013　4.5；GB 50016—2014　4.5.1；GB 51251—2017　8.2.3、8.2.5、8.2.6												
检测结果　　检验项目　　检验部位	防排烟系统联动功能												
	报警信号	送风阀(口)	送风机	送风口风速/m/s	楼梯间与前室门洞断面风速/m/s	风压值/Pa			排烟阀(口)	排烟风机	排烟口风速/m/s	补风机	补风口风速/m/s	信号反馈
						前室	楼梯间	避难层(间)						
备注													

核验员：　　　　　　　　　　　　　　　　　　检验员：

7.10 引用标准名录

《建筑设计防火规范》GB 50016—2014

《汽车库、修车库停车场防火规范》GB 50067—2014

《人民防空工程设计防火规范》GB 50098—2009

《建筑防烟排烟系统技术标准》GB 51251—2017

《火灾自动报警系统设计规范》GB 50116—2013

《通风与空调工程施工质量验收规范》GB 50243—2016

《建筑通风和排烟系统用防火阀门》GB 15930—2007

《建设工程消防验收评定规则》GA836—2016

《建筑消防设施检测技术规程》GA503—2004

《消防设施检测技术规程》DB21/T2869—2017

《消防排烟风机耐高温试验方法》GA211—2009

《挡烟垂壁》GA533—2012

《消防给水及消火栓系统技术规范》GB 50974—2014

《消防泵》GB 6245—2006

《室外给水设计标准》GB 50013—2006

《给水排水管道工程施工及验收规范》GB 50268—2008

《给水排水工程管道结构设计规范》GB 50332—2017

《自动喷水灭火系统设计规范》GB 50084—2017

《泡沫灭火系统设计规范》GB 50151—2010

《水喷雾灭火系统技术规范》GB 50219—2014

《固定消防炮灭火系统设计规范》GB 50338—2003

《建筑给水排水及采暖工程施工质量验收规范》GB 50242—2016

《消火栓箱》GB 14561—2003

《自动喷火灭火系统施工及验收规范》GB 50261—2017

第8章 消防应急照明和疏散指示系统

应急照明和疏散指示系统是指发生火灾时，为人员疏散和仍需工作的场所提供照明和疏散指示的系统。

8.1 系统分类和组成

消防应急照明和疏散指示系统是一种辅助人员安全疏散的建筑消防系统。由消防应急照明灯具、消防应急标志灯具及相关装置构成，其主要功能是在发生火灾等紧急情况下，为人员的安全疏散和灭火救援行动提供必要的照度条件及正确的疏散指示信息。

8.1.1 消防应急灯具分类

消防应急灯具是为人员疏散、消防作业提供照明和指示信息的各类灯具，包括消防应急照明灯具和消防应急标志灯具，其分类见图 8-1。

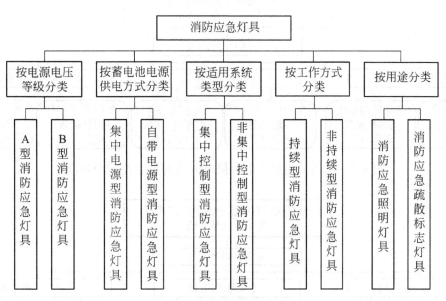

图 8-1 消防应急灯具分类

A 型消防应急灯具是指主电源和蓄电池电源额定工作电压均不大于 DC36V 的消防应急灯具。B 型消防应急灯具是指不属于 A 型的消防应急灯具。

集中电源型消防应急灯具由应急照明集中电源供电，自身无独立的电池，不能独立工作。自带电源型消防应急灯具的电池、光源及相关电炉均安装在灯具内部。

消防应急照明灯具是为疏散路径、与人员疏散相关的地方，及发生火灾时仍需工作的场所提供必要的照度条件的灯具。消防应急标志灯具是用于指示疏散出口、安全出口、疏散路径、消防设施位置等重要信息的,一般采用图形加以标示,有时会有辅助的文字信息。

持续型消防应急灯具是指光源在主电源或应急电源工作时均处于点亮状态的消防应急灯具。非持续型消防应急灯具的光源在主电源工作时不点亮,仅在应急电源工作时处于点亮状态。

8.1.2 系统的分类与组成

消防应急照明和疏散指示系统按消防应急灯具的控制方式可分为集中控制型系统和非集中控制型系统。

1)集中控制型系统

集中控制型系统由应急照明控制器、集中控制型灯具、应急照明集中电源或应急照明配电箱等系统部件组成,由应急照明控制器按预设逻辑和时序控制并显示其配接的灯具、应急照明集中电源或应急照明配电箱的工作状态。

按照灯具蓄电池电源供电方式的不同,集中控制型系统的组成分为两种不同的方式:灯具的蓄电池电源采用集中电源供电方式时,系统由应急照明控制器、集中电源集中控制型消防应急灯具、应急照明集中电源等系统部件组成,系统组成见图8-2;灯具的蓄电池电源采用自带蓄电池供电方式时,系统由应急照明控制器、自带电源集中控制型消防应急灯具、应急照明配电箱等系统部件组成,系统组成见图8-3。

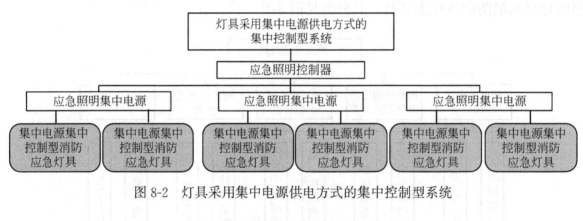

图8-2 灯具采用集中电源供电方式的集中控制型系统

图8-3 灯具采用自带蓄电池供电方式的集中控制型系统

集中控制型系统中可同时采用集中电源型灯具和自带电源型灯具,不同类别灯具的供电回路和通信回路应分别设置。

2）非集中控制型系统

非集中控制型系统由非集中控制型灯具、应急照明集中电源或应急照明配电箱等系统部件组成，系统中灯具的光源由灯具蓄电池电源的转换信号控制应急点亮或由红外、声音等信号感应点亮。

按照灯具蓄电池电源供电方式的不同，非集中控制型系统的组成分为两种不同的方式：灯具的蓄电池电源采用集中电源供电方式时，系统由集中电源非集中控制型消防应急灯具、应急照明集中电源等系统部件组成，系统组成见图 8-4；灯具的蓄电池电源采用自带蓄电池供电方式时，系统由自带电源非集中控制型消防应急灯具、应急照明配电箱等系统部件组成，系统组成见图 8-5。

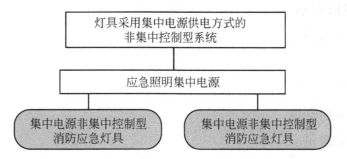

图 8-4　灯具采用集中电源供电方式的非集中控制型系统

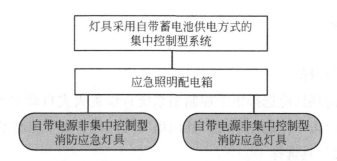

图 8-5　灯具采用自带电源供电方式的非集中控制型系统

8.2　消防应急照明和疏散指示系统类型

8.2.1　集中控制型系统

采用集中电源供电时，在正常工作状态下，市电接入应急照明集中电源，用于正常工作和电池充电，消防应急灯具接自集中电源；采用自带蓄电池的消防应急灯具时，在正常工作状态下，市电通过应急照明配电箱为消防应急灯具供电，用于正常工作和蓄电池充电。

发生火灾时，应急照明控制器接收到消防联动信号后，下发控制命令至消防应急灯具，控制集中电源、应急照明配电箱和消防应急灯具转入应急状态，为人员疏散和消防作业提供照明和疏散指示。

8.2.2 非集中控制型系统

采用集中电源供电时，在正常工作状态下，市电接入应急照明集中电源，用于正常工作和电池充电，消防应急灯具接自集中电源；采用自带蓄电池的消防应急灯具时，在正常工作状态下，市电通过应急照明配电箱为消防应急灯具供电，用于正常工作和蓄电池充电。

应急照明集中电源的供电电源在发生火灾时，由市电切换至电池，进入应急工作状态，其供电的消防应急灯具也进入应急工作状态，为人员疏散和消防作业提供照明和疏散指示。自带蓄电池的消防应急灯具在发生火灾时，应急照明配电箱动作，切断市电供电线路，灯具的工作电源由灯具内部自带的蓄电池提供，灯具进入应急状态，为人员疏散和消防作业提供照明和疏散指示。

8.2.3 系统主要参数

1）转换时间

2）应急工作时间

3）标志灯具的表面亮度

4）照明灯具的光通量

5）应急转换控制

8.3 系统的选择

8.3.1 系统类型选择

设置消防控制室的场所应选择集中控制型系统；设置火灾自动报警系统，但未设置消防控制室的场所宜选择集中控制型系统；其他场所可选择非集中控制型系统。

8.3.2 消防应急灯具选择

1）选择采用节能光源的灯具，消防应急照明灯具的光源色温不应低于 2700K。

2）不应采用蓄光型指示标志替代消防应急标志灯具。

3）灯具的蓄电池电源宜优先选择安全性高、不含对环境有害物质的重金属等蓄电池。

4）设置在距地面 8m 及以下的灯具的电压等级及供电方式应符合下列规定：

（1）应选择 A 型灯具；

（2）地面上设置的标志灯应选择集中电源 A 型灯具；

（3）未设置消防控制室的住宅建筑，疏散走道、楼梯间等场所可选择自带电源 B 型灯具。

5）灯具面板或灯罩的材质应符合下列规定：

（1）除地面上设置的标志灯的面板可以采用厚度 4mm 及以上的钢化玻璃外，设置在距地面 1m 及以下的标志灯的面板或灯罩不应采用易碎材料或玻璃材质；

（2）在顶棚、疏散路径上方设置的灯具的面板或灯罩不应采用玻璃材质。

6）标志灯的规格应符合下列规定：

（1）室内高度大于 4.5m 的场所，应选择特大型或大型标志灯；

（2）室内高度为 3.5～4.5m 的场所，应选择大型或中型标志灯；

（3）室内高度小于 3.5m 的场所，应选择中型或小型标志灯。

7）灯具及其连接附件的防护等级应符合下列规定：

（1）在室外或地面上设置时，防护等级不应低于 IP67；

（2）在隧道场所、潮湿场所内设置时，防护等级不应低于 IP65；

（3）B 型灯具的防护等级不应低于 IP34。

8）标志灯应选择持续型灯具。

9）交通隧道和地铁隧道宜选择带有米标的方向标志灯。

8.4 系统的设计

8.4.1 一般规定

系统设计应遵循系统架构简洁、控制简单的基本设计原则，包括灯具布置、系统配电、系统在非火灾状态下的控制设计、系统在火灾状态下的控制设计；集中控制型系统尚应包括应急照明控制器和系统通信线路的设计。

1）系统设计前，应根据建、构筑物的结构形式和使用功能，以防火分区、楼层、隧道区间、地铁站台和站厅等为基本单元确定各水平疏散区域的疏散指示方案。

（1）具有一种疏散指示方案的区域，应按照最短路径疏散的原则确定该区域的疏散指示方案。

（2）具有两种及以上疏散指示方案的区域应根据火灾时相邻防火分区可借用和不可借用的两种情况，分别按最短路径疏散原则和避险原则确定相应的疏散指示方案。

2）住宅建筑中，当灯具采用自带蓄电池供电方式时，消防应急照明可以兼用作日常照明。

3）宾馆、酒店的每个客房内宜设置疏散使用手电筒。

8.4.2 消防应急灯具的设计

1）响应时间

火灾状态下，灯具光源应急点亮、熄灭的响应时间应符合下列规定：

（1）高危险场所灯具光源应急点亮的响应时间不应大于 0.25s；

（2）其他场所灯具光源应急点亮的响应时间不应大于 5s；

（3）具有两种及以上疏散指示方案的场所，标志灯光源点亮、熄灭的响应时间不应大于 5s。

2）蓄电池连续供电时间

系统应急启动后，在蓄电池电源供电时的持续工作时间应满足下列要求：

（1）建筑高度大于100m的民用建筑，不应小于1.5h；

（2）医疗建筑、老年人照料设施、总建筑面积大于100000m²的公共建筑和总建筑面积大于20000m²的地下、半地下建筑，不应少于1.0h；

（3）其他建筑，不应少于0.5h；

（4）城市交通隧道应符合下列规定：

① 一、二类隧道不应小于1.5h，隧道端口外接的站房不应小于2.0h；

② 三、四类隧道不应小于1.0h，隧道端口外接的站房不应小于1.5h。

（5）持续工作时间除上述要求外，还应分别增加非消防应急状态下灯具持续应急点亮时间；

（6）集中电源的蓄电池组和灯具自带蓄电池达到使用寿命周期后标称的剩余容量应保证放电时间满足上述规定的持续工作时间。

8.4.3 消防应急灯的部位或场所及其地面水平最低照度表8.4.3

消防应急灯部位或场所及其地面水平最低照度表　　　　　表8.4.3

设置部位或场所	地面水平最低照度
Ⅰ-1.病房楼或手术部的避难间 Ⅰ-2.老年人照料设施 Ⅰ-3.人员密集场所、老年人照料设施、病房楼或手术部内的楼梯间、前室或合用前室、避难走道 Ⅰ-4.逃生辅助装置存放处等特殊区域 Ⅰ-5.屋顶直升机停机坪	不应低于10.0lx
Ⅱ-1.除Ⅰ-3规定的敞开楼梯间、封闭楼梯间、防烟楼梯间及其前室和室外楼梯 Ⅱ-2.消防电梯间的前室或合用前室 Ⅱ-3.除Ⅰ-3规定的避难走道 Ⅱ-4.寄宿制幼儿园和小学的寝室、医院手术室及重症监护室等病人行动不便的病房等需要救援人员协助疏散的区域	不应低于5.0lx
Ⅲ-1.除Ⅰ-1规定的避难层（间） Ⅲ-2.观众厅、展览厅、电影院、多功能厅，建筑面积大于200m²的营业厅、餐厅、演播厅，建筑面积超过400m²的办公大厅、会议室等人员密集场所 Ⅲ-3.人员密集厂房内的生产场所 Ⅲ-4.室内步行街两侧的商铺 Ⅲ-5.建筑面积大于100m²的地下或半地下公共活动场所	不应低于3.0lx
Ⅳ-1.除Ⅰ-2、Ⅱ-4、Ⅲ-2～Ⅲ-5规定场所的疏散走道、疏散通道 Ⅳ-2.室内步行街 Ⅳ-3.城市交通隧道两侧、人行横通道和人行疏散通道 Ⅳ-4.宾馆、酒店的客房 Ⅳ-5.自动扶梯上方或侧上方 Ⅳ-6.安全出口外面及附近区域、连廊的连接处两端 Ⅳ-7.进入屋顶直升机停机坪的途径 Ⅳ-8.配电室、消防控制室、消防水泵房、自备发电机房等发生火灾时仍需工作、值守的区域	不应低于1.0lx

8.4.4　消防标志灯的设计

标志灯应设在醒目的位置，应保证人员在疏散路径的任何位置、在人员密集场所的任何位置都能看到标志灯。

1）出口标志灯的设置应符合下列规定：

（1）应设置在敞开楼梯间、封闭楼梯间、防烟楼梯间、防烟楼梯间前室入口的上方；

（2）地下或半地下建筑（室）与地上建筑共用楼梯间时，应设置在地下或半地下楼梯通向地面层疏散门的上方；

（3）应设置在室外疏散楼梯出口的上方；

（4）应设置在直通室外疏散门的上方；

（5）在首层采用扩大的封闭楼梯间或防烟楼梯间时，应设置在通向楼梯间疏散门的上方；

（6）应设置在直通上人屋面、平台、天桥、连廊出口的上方；

（7）地下或半地下建筑（室）采用直通室外的竖向梯疏散时，应设置在竖向梯开口的上方；

（8）需要借用相邻防火分区疏散的防火分区中，应设置在通向被借用防火分区甲级防火门的上方；

（9）应设置在步行街两侧商铺通向步行街疏散门的上方；

（10）应设置在避难层、避难间、避难走道防烟前室、避难走道入口的上方；

（11）应设置在观众厅、展览厅、多功能厅和建筑面积大于 $400m^2$ 的营业厅、餐厅、演播厅等人员密集场所疏散门的上方。

2）方向标志灯的设置应符合下列规定：

（1）有维护结构的疏散走道、楼梯应符合下列规定：

① 应设置在走道、楼梯两侧距地面、梯面高度 1m 以下的墙面、柱面上；

② 当安全出口或疏散门在疏散走道侧边时，应在疏散走道上方增设指向安全出口或疏散门的方向标志灯；

③ 方向标志灯的标志面与疏散方向垂直时，灯具的设置间距不应大于 20m。方向标志灯的标志面与疏散方向平行时，灯具的设置间距不应大于 10m。

（2）展览厅、商店、候车（船）室、民航候机厅、营业厅等开敞空间场所的疏散通道应符合下列规定：

① 当疏散通道两侧设置了墙、柱等结构时，方向标志灯应设置在距地面高度 1m 以下的墙面、柱面上；当疏散通道两侧无墙、柱等结构时，方向标志灯应设置在疏散通道的上方；

② 方向标志灯的标志面与疏散方向垂直时，特大型或大型方向标志灯的设置间距不应大于 30m，中型或小型方向标志灯的设置间距不应大于 20m。方向标志灯的标志面与疏散方向平行时，特大型或大型方向标志灯的设置间距不应大于 15m，中型或小型方向标志灯

的设置间距不应大于 10m。

（3）保持视觉连续的方向标志灯应符合下列规定：

① 应设置在疏散走道、疏散通道地面的中心位置；

② 灯具的设置间距不应大于 3m。

（4）方向标志灯箭头的指示方向应按照疏散指示方案指向疏散方向，并导向安全出口；

3）楼梯间每层应设置指示该楼层的标志灯（以下简称"楼层标志灯"）。

4）人员密集场所的疏散出口、安全出口附近应增设多信息复合标志灯具。

8.4.5 系统配电的设计

1）一般规定

系统配电应根据系统的类型、灯具的设置部位、灯具的供电方式进行设计。灯具的电源应由主电源和蓄电池电源组成，且蓄电池电源的供电方式分为集中电源供电方式和灯具自带蓄电池供电方式。

灯具的供电与电源转换应符合下列规定：

（1）当灯具采用集中电源供电时，灯具的主电源和蓄电池电源应由集中电源提供，灯具主电源和蓄电池电源在集中电源内部实现输出转换后应由同一配电回路为灯具供电。

（2）当灯具采用自带蓄电池供电时，灯具的主电源应通过应急照明配电箱一级分配电后为灯具供电，应急照明配电箱的主电源输出断开后，灯具应自动转入自带蓄电池供电。

应急照明配电箱或集中电源的输入及输出回路中不应装设剩余电流动作保护器，输出回路严禁接入系统以外的开关装置、插座及其他负载。

2）灯具配电回路的设计

（1）水平疏散区域灯具配电回路的设计应符合下列规定：

① 应按防火分区、同一防火分区的楼层、隧道区间、地铁站台和站厅等为基本单元设置配电回路；

② 除住宅建筑外，不同的防火分区、隧道区间、地铁站台和站厅不能共用同一配电回路；

③ 避难走道应单独设置配电回路；

④ 防烟楼梯间前室及合用前室内设置的灯具应由前室所在楼层的配电回路供电；

⑤ 配电室、消防控制室、消防水泵房、自备发电机房等发生火灾时仍需工作、值守的区域和相关疏散通道，应单独设置配电回路。

（2）竖向疏散区域灯具配电回路的设计应符合下列规定：

① 封闭楼梯间、防烟楼梯间、室外疏散楼梯应单独设置配电回路；

② 敞开楼梯间内设置的灯具应由灯具所在楼层或就近楼层的配电回路供电；

③ 避难层和避难层连接的下行楼梯间应单独设置配电回路。

（3）任一配电回路配接灯具的数量、范围应符合下列规定：

① 配接灯具的数量不宜超过 60 只；

② 道路交通隧道内，配接灯具的范围不宜超过 1000m；

③ 地铁隧道内，配接灯具的范围不应超过一个区间的 1/2。

（4）任一配电回路的额定功率、额定电流应符合下列规定：

① 配接灯具的额定功率总和不应大于配电回路额定功率的 80%；

② A 型灯具配电回路的额定电流不应大于 6A；B 型灯具配电回路的额定电流不应大于 10A。

3）应急照明配电箱的设计

灯具采用自带蓄电池供电时，应急照明配电箱的设计应符合下列规定：

（1）应急照明配电箱的选择应符合下列规定：

① 应选择进、出线口分开设置在箱体下部的产品；

② 在隧道场所、潮湿场所，应选择防护等级不低于 IP65 的产品；在电气竖井内，应选择防护等级不低于 IP33 的产品。

（2）应急照明配电箱的设置应符合下列规定：

① 宜设置于值班室、设备机房、配电间或电气竖井内；

② 人员密集场所，每个防火分区应设置独立的应急照明配电箱。非人员密集场所，多个相邻防火分区可设置一个共用的应急照明配电箱；

③ 防烟楼梯间应设置独立的应急照明配电箱，封闭楼梯间宜设置独立的应急照明配电箱。

（3）应急照明配电箱的供电应符合下列规定：

① 集中控制型系统中，应急照明配电箱应由消防电源的专用应急回路或所在防火分区、同一防火分区的楼层、隧道区间、地铁站台和站厅的消防电源配电箱供电；

② 非集中控制型系统中，应急照明配电箱应由防火分区、同一防火分区的楼层、隧道区间、地铁站台和站厅的正常照明配电箱供电；

③ A 型应急照明配电箱的变压装置可设置在应急照明配电箱内或其附近。

（4）应急照明配电箱的输出回路应符合下列规定：

① A 型应急照明配电箱的输出回路不应超过 8 路，B 型应急照明配电箱的输出回路不应超过 12 路；

② 沿电气竖井垂直方向为不同楼层的灯具供电时，应急照明配电箱的每个输出回路在公共建筑中的供电范围不宜超过 8 层，在住宅建筑的供电范围不宜超过 18 层。

4）集中电源的设计

灯具采用集中电源供电时，集中电源的设计应符合下列规定：

（1）集中电源的选择应符合下列规定：

① 应根据系统的类型及规模、灯具及其配电回路的设置情况、集中电源的设置部位及设备散热能力等因素综合选择适宜电压等级与额定输出功率的集中电源；集中电源额定输

出功率不应大于 5kW；设置在电缆竖井中的集中电源额定输出功率不应大于 1kW；

② 蓄电池电源宜优先选择安全性高、不含重金属等对环境有害物质的蓄电池（组）；在隧道场所、潮湿场所，应选择防护等级不低于 IP65 的产品；在电气竖井内，应选择防护等级不低于 IP33 的产品。

（2）集中电源的设置应符合下列规定：

① 应综合考虑配电线路的供电距离、导线截面、压降损耗等因素，按防火分区的划分情况设置集中电源。灯具总功率大于 5kW 的系统，应分散设置集中电源；

② 应设置在消防控制室、低压配电室、配电间内或电气竖井内。集中电源的额定输出功率不大于 1kW 时，可设置在电气竖井内；

③ 设置场所不应有可燃气体管道、易燃物、腐蚀性气体或蒸汽；

④ 酸性电池的设置场所不应存放带有碱性介质的物质，碱性电池的设置场所不应存放带有酸性介质的物质；

⑤ 设置场所宜通风良好，设置场所的环境温度不应超出电池标称的工作温度范围。

（3）集中电源的供电应符合下列规定：

① 集中控制型系统中，集中设置的集中电源应由消防电源的专用应急回路供电，分散设置的集中电源应由所在防火分区、同一防火分区的楼层、隧道区间、地铁站台和站厅的消防电源配电箱供电；

② 非集中控制型系统中，集中设置的集中电源应由正常照明线路供电，分散设置的集中电源应由所在防火分区、同一防火分区的楼层、隧道区间、地铁站台和站厅的正常照明配电箱供电。

（4）集中电源的输出回路应符合下列规定：

① 集中电源的输出回路不应超过 8 路；

② 沿电气竖井垂直方向为不同楼层的灯具供电时，集中电源的每个输出回路在公共建筑中的供电范围不宜超过 8 层，在住宅建筑的供电范围不宜超过 18 层。

8.4.6 应急照明控制器及集中控制型系统通信线路的设计

1）应急照明控制器的设计

（1）应急照明控制器的选型应符合下列规定：

① 应选择具有能接收火灾报警控制器或消防联动控制器干接点信号或 DC24V 信号接口的产品；

② 应急照明控制器采用通信协议与消防联动控制器通信时，应选择与消防联动控制器的通信接口和通信协议的兼容性满足现行国家标准《火灾自动报警系统组件兼容性要求》GB 22134—2008 有关规定的产品；

③ 在隧道场所、潮湿场所，应选择防护等级不低于 IP65 的产品。在电气竖井内，应选择防护等级不低于 IP33 的产品；

④ 控制器的蓄电池电源宜优先选择安全性高、不含重金属等对环境有害物质的蓄

电池。

（2）任一台应急照明控制器直接控制灯具的总数量不应大于3200只。

（3）应急照明控制器的控制、显示功能应符合下列规定：

① 应能接收、显示、保持火灾报警控制器的火灾报警输出信号。具有两种及以上疏散指示方案场所中设置的应急照明控制器还应能接收、显示、保持消防联动控制器发出的火灾报警区域信号或联动控制信号；

② 应能按预设逻辑自动、手动控制系统的应急启动；

③ 应能接收、显示、保持其配接的灯具、集中电源或应急照明配电箱的工作状态信息。

（4）系统设置多台应急照明控制器时，起集中控制功能的应急照明控制器的控制、显示功能应符合下列规定：

① 应能按预设逻辑自动、手动控制其他应急照明控制器配接系统设备的应急启动；

② 应能接收、显示、保持其他应急照明控制器及其配接的灯具、集中电源或应急照明配电箱的工作状态信息。

（5）建、构筑物中存在具有两种及以上疏散指示方案的场所时，所有区域的疏散指示方案、系统部件的工作状态应在应急照明控制器或专用消防控制室图形显示装置上以图形方式显示。

（6）应急照明控制器的设置应符合下列规定：

① 应设置在消防控制室内或有人值班的场所；系统设置多台应急照明控制器时，起集中控制功能的应急照明控制器应设置在消防控制室内，其他应急照明控制器可设置在电气竖井、配电间等无人值班的场所；

② 在消防控制室地面上设置时，应符合下列规定：

A.设备面盘前的操作距离，单列布置时不应小于1.5m，双列布置时不应小于2m；

B.在值班人员经常工作的一面，设备面盘至墙的距离不应小于3m；

C.设备面盘后的维修距离不宜小于1m；

D.设备面盘的排列长度大于4m时，其两端应设置宽度不小于1m的通道。

③ 在消防控制室墙面上设置时，应符合下列规定：

A.设备主显示屏高度宜为1.5~1.8m；

B.设备靠近门轴的侧面距墙不应小于0.5m；

C.设备正面操作距离不应小于1.2m。

（7）应急照明控制器的主电源应由消防电源供电，控制器的自带蓄电池电源应至少使控制器在主电源中断后工作3h。

2）集中控制型系统通信线路的设计

集中电源或应急照明配电箱应按灯具配电回路设置灯具通信回路，且灯具配电回路和灯具通信回路配接的灯具应一致。

（1）系统线路应选择铜芯导线或铜芯电缆。

（2）系统线路电压等级的选择应符合下列规定：

① 额定工作电压等级为 50V 以下时，应选择电压等级不低于交流 300/500V 的线缆；

② 额定工作电压等级为 220/380V 时，应选择电压等级不低于交流 450/750V 的线缆。

（3）地面上设置的标志灯的配电线路和通信线路应选择耐腐蚀橡胶线缆。

（4）集中控制型系统中，除地面上设置的灯具外，系统的配电线路应选择耐火线缆，系统的通信线路应选择耐火线缆或耐火光纤。

（5）非集中控制型系统中，除地面上设置的灯具外，系统配电线路的选择应符合下列规定：

① 灯具采用自带蓄电池供电时，系统的配电线路应选择阻燃或耐火线缆；

② 灯具采用集中电源供电时，系统的配电线路应选择耐火线缆。

（6）同一工程中相同用途电线电缆的颜色应一致。线路正极"＋"线应为红色，负极"－"线应为蓝色或黑色，接地线应为黄色绿色相间。

8.4.7　备用照明设计

1）避难间（层）及配电室、消防控制室、自备发电机房等发生火灾时仍需工作、值守的区域应同时设置备用照明、疏散照明和疏散指示标志。

2）系统备用照明的设计应符合下列规定：

（1）备用照明灯具可采用正常照明灯具，在火灾时应保持正常的照度；

（2）备用照明灯具应由正常照明电源和消防电源专用应急回路互投后供电。

8.5　消防应急照明和疏散指示系统的联动控制设计

8.5.1　集中控制型系统的控制设计

1）一般规定

（1）系统控制架构的设计应符合下列规定：

① 系统设置多台应急照明控制器时，应设置一台起到集中控制功能的应急照明控制器；

② 应急照明控制器应通过集中电源或应急照明配电箱连接灯具，并控制灯具的应急启动、蓄电池电源的转换。

（2）具有一种疏散指示方案的场所，系统不应设置可变疏散指示方向功能。

（3）集中电源或应急照明配电箱与灯具的通信中断时，非持续型灯具的光源应应急点亮、持续型灯具的光源应由节电点亮模式转入应急点亮模式。

（4）应急照明控制器与集中电源或应急照明配电箱的通信中断时，集中电源或应急照明配电箱应连锁控制其配接的非持续型照明灯的光源应应急点亮、持续型灯具的光源由节电点亮模式转入应急点亮模式。

2）非火灾状态下的系统控制设计

非火灾状态下，系统正常工作模式的设计应符合下列规定：

（1）应保持主电源为灯具供电；

（2）系统内所有非持续型照明灯应保持熄灭状态，持续型照明灯的光源应保持节电点亮模式；

（3）标志灯的工作状态应符合下列规定：

① 具有一种疏散指示方案的区域，区域内所有标志灯的光源应按该区域疏散指示方案保持节电点亮模式；

② 需要借用相邻防火分区疏散的防火分区，区域内相关标志灯的光源应按该区域可借用相邻防火分区疏散工况条件对应的疏散指示方案保持节电点亮模式；

③ 需要采用不同疏散预案的交通隧道、地铁隧道、地铁站台和站厅等场所，区域内相关标志灯的光源应按该区域默认疏散指示方案保持节电点亮模式。

（4）在非火灾状态下，系统主电源断电后，系统的控制设计应符合下列规定：

① 集中电源或应急照明配电箱应连锁控制其配接的非持续型照明灯的光源应急点亮、持续型灯具的光源由节电点亮模式转入应急点亮模式。灯具持续应急点亮时间应符合设计文件的规定，且不应超过 0.5h；

② 系统主电源恢复后，集中电源或应急照明配电箱应连锁其配接灯具的光源恢复原工作状态。灯具持续点亮时间达到设计文件规定的时间，且系统主电源仍未恢复供电时，集中电源或应急照明配电箱应连锁其配接灯具的光源熄灭。

（5）在非火灾状态下，任一防火分区、楼层、隧道区间、地铁站台和站厅的正常照明电源断电后，系统的控制设计应符合下列规定：

① 为该区域内设置灯具供配电的集中电源或应急照明配电箱应在主电源供电状态下，连锁控制其配接的非持续型照明灯的光源应急点亮、持续型灯具的光源由节电点亮模式转入应急点亮模式；

② 该区域正常照明电源恢复供电后，集中电源或应急照明配电箱应连锁控制其配接的灯具的光源恢复原工作状态。

3）火灾状态下的系统控制设计

（1）火灾确认后，应急照明控制器应能按预设逻辑手动、自动控制系统的应急启动，具有两种及以上疏散指示方案的区域应作为独立的控制单元，且需要同时改变指示状态的灯具应作为一个灯具组，由应急照明控制器的一个信号统一控制。

（2）系统自动应急启动的设计应符合下列规定：

① 应由火灾报警控制器或火灾报警控制器（联动型）的火灾报警输出信号作为系统自动应急启动的触发信号；

② 应急照明控制器接收到火灾报警控制器的火灾报警输出信号后，应自动执行以下控制操作：

a.控制系统所有非持续型照明灯的光源应急点亮，持续型灯具的光源由节电点亮模式转入应急点亮模式；

b. 控制 B 型集中电源转入蓄电池电源输出、B 型应急照明配电箱切断主电源输出；

c. A 型集中电源应保持主电源输出，待接收到其主电源断电信号后，自动转入蓄电池电源输出；A 型应急照明配电箱应保持主电源输出，待接收到其主电源断电信号后，自动切断主电源输出。

（3）应能手动操作应急照明控制器控制系统的应急启动，且系统手动应急启动的设计应符合下列规定：

① 控制系统所有非持续型照明灯的光源应急点亮，持续型灯具的光源由节电点亮模式转入应急点亮模式；

② 控制集中电源转入蓄电池电源输出、应急照明配电箱切断主电源输出。

（4）需要借用相邻防火分区疏散的防火分区，改变相应标志灯具指示状态的控制设计应符合下列规定：

① 应由消防联动控制器发送的被借用防火分区的火灾报警区域信号作为控制改变该区域相应标志灯具指示状态的触发信号；

② 应急照明控制器接收到被借用防火分区的火灾报警区域信号后，应自动执行以下控制操作：

a. 按对应的疏散指示方案，控制该区域内需要变换指示方向的方向标志灯改变箭头指示方向；

b. 控制被借用防火分区入口处设置的出口标志灯的"出口指示标志"的光源熄灭、"禁止入内"指示标志的光源应急点亮。

③ 该区域内其他标志灯的工作状态不应被改变。

（5）需要采用不同疏散预案的交通隧道、地铁隧道、地铁站 24 台和站厅等场所，改变相应标志灯具指示状态的控制设计应符合下列规定：

① 应由消防联动控制器发送的代表相应疏散预案的联动控制信号作为控制改变该区域相应标志灯具指示状态的触发信号；

② 应急照明控制器接收到代表相应疏散预案的消防联动控制信号后，应自动执行以下控制操作：

a. 按对应的疏散指示方案，控制该区域内需要变换指示方向的方向标志灯改变箭头指示方向；

b. 控制该场所需要关闭的疏散出口处设置的出口标志灯的"出口指示标志"的光源熄灭、"禁止入内"指示标志的光源应急点亮；

c. 该区域内其他标志灯的工作状态不应改变。

8.5.2　非集中控制型系统的控制设计

1）非火灾状态下的系统控制设计

（1）非火灾状态下，系统的正常工作模式设计应符合下列规定：

① 应保持主电源为灯具供电；

② 系统内非持续型照明灯的光源应保持熄灭状态；

③ 系统内持续型灯具的光源应保持节电点亮状态。

（2）在非火灾状态下，非持续型照明灯在主供电时可由人体感应、声控感应等方式感应点亮。

2）火灾状态下的系统控制设计

（1）火灾确认后，应能手动控制系统的应急启动；设置区域火灾报警系统的场所，尚应能自动控制系统的应急启动。

（2）系统手动应急启动的设计应符合下列规定：

① 灯具采用集中电源供电时，应能手动操作集中电源，控制集中电源转入蓄电池电源输出，同时控制其配接的所有非持续型照明灯的光源应急点亮、持续型灯具的光源由节电点亮模式转入应急点亮模式；

② 灯具采用自带蓄电池供电时，应能手动操作切断应急照明配电箱的主电源输出，同时控制其配接的所有非持续型照明灯的光源应急点亮、持续型灯具的光源由节电点亮模式转入应急点亮模式。

（3）在设置区域火灾报警系统的场所，系统的自动应急启动设计应符合下列规定：

① 灯具采用集中电源供电时，集中电源接收到火灾报警控制器的火灾报警输出信号后，应自动转入蓄电池电源输出，并控制其配接的所有非持续型照明灯的光源应急点亮、持续型灯具的光源由节电点亮模式转入应急点亮模式；

② 灯具采用自带蓄电池供电时，应急照明配电箱接收到火灾报警控制器的火灾报警输出信号后，应自动切断主电源输出，并控制其配接的所有非持续型照明灯的光源应急点亮、持续型灯具的光源应由节电点亮模式转入应急点亮模式。

8.6 系统检测

8.6.1 系统布线

消防应急照明及疏散指示系统的布线应符合相关第9.8.9节相关条款要求。

8.6.2 消防应急照明

1）应急照明的设置数量及部位

检测方法：查阅设计资料，直观检查，用激光测距仪、卷尺测量检查。

2）外观及标志

检测方法：直观检查。

3）安装

（1）安装部位

检测方法：查阅设计资料，用工具触碰灯具外壳，灯具应无明显的松动或晃动现象。

用尺、激光测距仪测量检查灯具安装距离。

（2）连接电源

检测方法：查阅设计资料，直观检查。

4）应急照明功能

（1）应急转换时间

检测方法：模拟交流电源供电故障，观察其能否顺利转入应急状态，用秒表测量从切断主供电转换到应急工作状态所需时间。

（2）应急照明备用电源连续供电时间

检测方法：切断正常供电电源，使之转入应急工作状态，用秒表测量其工作时间。

（3）应急照明的最低水平照度

检测方法：用照度计在最不利点测试消防应急照明灯的照度。

（4）灯具配电回路

检测方法：查阅设计资料，直观检查。

（5）试验按钮

检测方法：直观检查，启动试验按钮（或开关），检查其工作状态转换情况。

5）应急电源

（1）设置与选型

检测方法：查阅设计资料，查看出厂合格证、身份信息标志等。

（2）控制功能

检测方法：直观检查，应急电源能否实现：柴油发电机等应急电源能以手动和自动两种方式转入应急状态。并应设只有专业人员可操作的强制应急启动按钮，且保证主电和备电不能同时输出。

（3）故障报警功能

检测方法：使应急电源输出主线路与一回路连接线断路或短路，观察应急电源声、光报警情况和其他支路消防应急灯具工作状态。手动消除声故障信号，再使应急电源与另一回路连接线断路或短路，观察应急电源声、光报警情况和其他支路消防应急灯具的工作状态。

（4）报警音响

检测方法：用声压计检测。

6）系统控制功能

（1）自动启动

检测方法：使一安装集中控制型消防应急灯具防火分区内的火灾探测器发出报警信号，观察该防火分区内消防应急灯具动作情况及控制室的消防控制设备信号显示情况。模拟主电源供电故障，观察应急电源及集中电源型消防应急灯具的动作情况。

（2）远程启动

检测方法：在控制室消防控制设备上手动启动一防火分区消防应急照明灯具的控制按钮，观察受其控制的消防应急灯具动作情况及消防控制设备信号显示情况。手动启动强制按钮，观察受其控制的所有消防应急灯具是否转入应急状态。

（3）现场启动

检测方法：操作集中电源型消防应急灯具上的试验按钮，切断主电源，同时手动启动应急电源上的强制启动按钮，观察消防应急灯具动作情况。

8.6.3　消防灯光疏散指示标志

1）设置与选型

检测方法：查阅设计资料，用卷尺、激光测距仪检查消防灯光疏散指示标志的类别、型号、数量、设置场所、间距等应符合设计要求。

2）安装部位

检测方法：查阅设计资料，用卷尺、激光测距仪测量检查。

3）安装质量

检测方法：查阅设计资料，用卷尺、激光测距仪测量检查。

4）灯光疏散指示标志的备用电源连续供电时间

检测方法：切断正常供电电源，使之转入应急工作状态，用秒表测量其工作时间。

5）照度

检测方法：切断正常供电电源，在排除干扰光源的条件下，用照度计在灯光疏散指示标志前的通道中心处测量地面照度。

6）疏散指示系统的联动

检测方法：模拟交流电源供电故障，观察其能否顺利转入应急状态，用秒表测试转换时间。

8.6.4　抽样规则

本规则适用于建筑工程消防应急照明及疏散指示系统竣工验收检验。

1）抽样比例、数量

（1）消防应急照明灯、消防应急标志灯实际安装数量不足10个的（含10个）全检。

（2）大于10个的按20％抽检，但不得少于10个。

（3）自带电源型消防应急照明灯、消防应急标志灯的应急转换试验应进行1-2次。

（4）集中控制型消防应急照明灯、消防应急标志灯及集中电源型消防应急照明灯、消防应急标志灯的联动功能试验应进行1-2次。

（5）对抽检的消防应急照明灯、消防应急标志灯按相关规定的检验项目进行检验。

2）抽样方法

按上述规定抽样时，应在系统中分区、分楼层随机抽样。

8.7 系统检测验收国标版检测报告格式化

消防应急照明和疏散指示系统检验项目 表8.7

	检验项目	标准条款	检验结果	判定	重要程度
一、系统类型选择	(一)系统形式和功能	GB 51309—2018 3.1.2、3.1.6			
	1.设置消防控制室集中控制型系统	GB 51309—2018 3.1.2			C类
	2.设置火灾报警系统但无控制室宜集中控制型系统	GB 51309—2018 3.1.2			C类
	3.非集中控制型系统	GB 51309—2018 3.1.2			C类
	4.住宅灯具自带蓄电池＋消防应急照明可日常照明	GB 51309—2018 3.1.6			C类
二、系统线路设计	(一)灯具配电线路设计	GB 51309—2018 3.3.1～3.3.6			
	1.灯具采用集中电源供电	GB 51309—2018 3.3.1			C类
	2.灯具采用自带蓄电池供电	GB 51309—2018 3.3.1			C类
	3.应急照明配电箱或集中电源的输入及输出回路	GB 51309—2018 3.3.2			C类
	4.平面疏散区域灯具配电回路设计	GB51309—2018 3.3.3			
	(1)应按防火分区、同一防火分区的楼层、隧道区间、站台和站厅为单元设置配电回路	GB 51309—2018 3.3.3			A类
	(2)除住宅外,不同的防火分区、隧道区间、站台和站厅不能共用同一配电回路	GB 51309—2018 3.3.3			C类
	(3)避难走道应单独设置配电回路	GB 51309—2018 3.3.3			C类
	(4)防烟楼梯间前室及合用前室应由灯具所在楼层的配电回路供电	GB 51309—2018 3.3.3			C类
	(5)配电室、消防控制室、消防水泵房、自备发电机房等区域和相关疏散通道,应单独设置配电回路	GB 51309—2018 3.3.3			C类

检验项目		标准条款	检验结果	判定	重要程度
二、系统线路设计	5. 竖向疏散区域灯具配电回路设计	GB 51309—2018 3.3.4			
	(1)封闭楼梯间、防烟楼梯间、室外疏散楼梯应单独设置配电回路	GB 51309—2018 3.3.4			C类
	(2)敞开楼梯间应由灯具所在楼层或就近楼层的配电回路供电	GB 51309—2018 3.3.4			C类
	(3)避难层和避难层连接的下行楼梯间应单独设置配电回路	GB 51309—2018 3.3.4			C类
	6. 配电回路配接灯具数量	GB 51309—2018 3.3.5			
	(1)配接灯具数量不宜超过60个	GB 51309—2018 3.3.5			C类
	(2)道路交通隧道内,配接灯具的范围不宜超过1000m	GB 51309—2018 3.3.5			C类
	(3)地铁隧道内,配接灯具的范围不应超过一个区间的1/2	GB 51309—2018 3.3.5			C类
	7. 配电回路功率、电流	GB 51309—2018 3.3.6			
	(1)配接灯具额定功率总和不应大于配电回路额定功率的80%	GB 51309—2018 3.3.6			C类
	(2)A 灯具回路 I 额≤6A	GB 51309—2018 3.3.6			C类
	(3)B 灯具回路 I 额≤10A	GB 51309—2018 3.3.6			C类
	(二)集中控制型系统时,系统通信线路设计	GB 51309—2018 3.4.8			
	1. 集中电源应按灯具配电回路设置灯具通信回路	GB 51309—2018 3.4.8			C类
	2. 应急照明配电箱应按灯具配电回路设置灯具通信回路	GB 51309—2018 3.4.8			C类
	3. 灯具配电回路和灯具通信回路配接的灯具应一致	GB 51309—2018 3.4.8			C类

	检验项目	标准条款	检验结果	判定	重要程度
三、布线	1. 施工工艺	GB 51309—2018 4.1.7			
	(1)爆炸危险性场所系统布线应符合《电气装置安装工程爆炸和火灾危险环境电气装置施工及验收规范》GB 50257—2014 相关规定	GB 51309—2018 4.1.7			C类
	2. 系统线路防护方式	GB 51309—2018 4.3.1			
	(1)线路暗敷时,应采用金属管、可弯曲金属电气导管或 B1 级以上的刚性塑料管保护	GB 51309—2018 4.3.1			A类
	(2)明敷时,应采用金属管、可弯曲金属电气导管或槽盒保护	GB 51309—2018 4.3.1			A类
	(3)矿物绝缘类不燃性电缆可明敷	GB 51309—2018 4.3.1			C类
	3. 管路敷设	GB 51309—2018 4.3.2			
	(1)明敷吊点或支点,吊杆直径不小于 6mm	GB 51309—2018 4.3.2			
	a. 管路始端、终端及接头处	GB 51309—2018 4.3.2			C类
	b. 距接线盒 0.2m 处	GB51309—2018 4.3.2			C类
	c. 管路转角或分支处	GB 51309—2018 4.3.2			C类
	d. 直线段≤3m 处	GB 51309—2018 4.3.2			C类
	e. 吊杆直径≥6mm	GB 51309—2018 4.3.2			C类
	(2)暗敷不燃结构内,保护层厚度≥30mm	GB 51309—2018 4.3.3			C类
	(3)管路经过建筑物的沉降缝、伸缩缝、抗震缝等变形处,应采取补偿措施	GB 51309—2018 4.3.4			C类
	(4)敷设在地面上、多尘或潮湿场所管路的管口和管子连接处,防腐蚀、密封处理	GB 51309—2018 4.3.5			C类
	4. 管路接线盒安装	GB 51309—2018 4.3.6、4.3.7			

	检验项目	标准条款	检验结果	判定	重要程度
	(1)符合条件在管路便于接线处装设接线盒	GB 51309—2018 4.3.6			C类
	(2)金属和塑料管子接入线盒及盒子在吊顶内敷设时内外侧锁母、护口及固定措施	GB 51309—2018 4.3.7			C类
	5.槽盒敷设	GB 51309—2018 4.3.8、4.3.9			
	(1)槽盒敷设时,设置吊点或支点,吊杆直径不应小于6mm	GB 51309—2018 4.3.8			C类
	(2)槽盒接口、槽盖要求及槽盒并列安装时要求	GB 51309—2018 4.3.9			C类
	6.系统线路的选择	GB 51309—2018 3.5.1~3.5.6			
	(1)导体材质	GB 51309—2018 3.5.1			C类
	(2)电压等级	GB 51309—2018 3.5.2			C类
三、布线	(3)外护套材质	GB 51309—2018 3.5.3~3.5.5			
	a.地面上标志灯的配电线路和通信线路选择耐腐蚀橡胶电缆	GB 51309—2018 3.5.3			C类
	b.集中控制型系统的通信线路应采用耐火线缆或耐火光纤	GB 51309—2018 3.5.4			C类
	c.集中控制型系统灯具的配电线路应采用耐火线缆	GB 51309—2018 3.5.4			C类
	d.非集中控制型系统灯具采用自带蓄电池供电时,配电线路应采用阻燃或耐火线	GB 51309—2018 3.5.5			C类
	e.非集中控制型系统灯具采用集中电源供电时,灯具配电线路应采用耐火线缆	GB 51309—2018 3.5.5			C类
	(4)线缆的颜色	GB 51309—2018 3.5.6			C类
	7.导线敷设	GB 51309—2018 4.3.11~4.3.18			

	检验项目	标准条款	检验结果	判定	重要程度
三、布线	(1)在管内或槽盒内的布线,不应有积水及杂物	GB 51309—2018　4.3.11			C类
	(2)系统应单独布线,除设计要求以外	GB 51309—2018　4.3.12			C类
	(3)线缆在管内或槽盒内,不应有接头或扭结	GB 51309—2018　4.3.13			C类
	(4)导线在接线盒内焊、压接、接线端子可靠连接	GB 51309—2018　4.3.13			C类
	(5)在地面上、多尘或潮湿场所,接线盒和导线的接头应做防腐蚀和防潮处理	GB 51309—2018　4.3.14			C类
	(6)接线盒、管线接头等均应达相同的 IP 防护等级要求	GB 51309—2018　4.3.14			C类
	(7)从接线盒、槽盒等处引到系统部件的线路,采用可弯曲金属导管保护时,其长度及其入盒固定	GB 51309—2018　4.3.15			C类
	(8)线缆跨越建、构筑物的沉降缝等变形缝的两侧应固定,并留有适当余量	GB 51309—2018　4.3.16			C类
	(9)系统的布线,尚应符合《建筑电气工程施工质量验收规范》GB 50303—2015 的相关规定	GB 51309—2018　4.3.17			C类
	(10)回路导线对地的绝缘电阻值不应小于 20MΩ	GB 51309—2018　4.3.18			C类
四、系统部件安装和功能	(一)照明灯	GB 51309—2018　4.1.6、3.2.1、3.2.5			
	1.照明灯选型	GB 51309—2018　4.1.6、3.2.1			
	(1)规格型号	GB 51309—2018　4.1.6			A类
	(2)灯具光源	GB 51309—2018　3.2.1			
	a.节能光源,色温不应低于 2700K	GB 51309—2018　3.2.1			C类

检验项目	标准条款	检验结果	判定	重要程度
b. 不应采用蓄光型指示标志替代标志灯	GB 51309—2018　3.2.1			C类
c. 蓄电池安全性、不含重金属等	GB 51309—2018　3.2.1			C类
(3)蓄电池安全性、不含重金属等	GB 51309—2018　3.2.1			C类
(4)距地面8m及以下的灯具的电压等级和供电方式	GB 51309—2018　3.2.1			
a. 应选择A型灯具	GB 51309—2018　3.2.1			C类
b. 地面上设置的标志灯应选择集中电源A型灯具	GB 51309—2018　3.2.1			C类
c. 未设消防控制室的住宅中,疏散走道、楼梯间等场所可选择自带电源B型灯具	GB 51309—2018　3.2.1			C类
(5)灯具面板或灯罩的材质	GB51309—2018　3.2.1			
a. 地面上灯具	GB 51309—2018　3.2.1			C类
b. 顶棚、疏散走道或路径上方不应采用玻璃材质	GB 51309—2018　3.2.1			C类
(6)灯具及连接附件的防护等级	GB 51309—2018　3.2.1			
a. 室外或地面上的防护等级≥IP67	GB 51309—2018　3.2.1			C类
b. 隧道或潮湿场所的防护等级≥IP65	GB 51309—2018　3.2.1			C类
c. B型灯具的防护等级≥IP34	GB 51309—2018　3.2.1			C类
2. 照明灯设置	GB 51309—2018　3.2.5、4.1.6			
(1)设置数量	GB 51309—2018　4.1.6			C类
(2)照明灯的设置部位及地面最低水平照度	GB 51309—2018　3.2.5			
a. Ⅰ-1病房楼或手术部的避难间(≥10lx)	GB 51309—2018　3.2.5			C类

四、系统部件安装和功能

297

检验项目		标准条款	检验结果	判定	重要程度
四、系统部件安装和功能	b. Ⅰ-2 老年人照料设施(≥10lx)	GB 51309—2018　3.2.5			C类
	c. Ⅰ-3 人员密集场所、老年人照料设施、病房楼或手术部内的楼梯间、前室或合用前室、避难走道(≥10lx)	GB 51309—2018　3.2.5			C类
	d. Ⅰ-4 逃生辅助装置存放处等特殊区域(≥10lx)	GB 51309—2018　3.2.5			C类
	e. Ⅰ-5 屋顶直升机停机坪(≥10lx)	GB 51309—2018　3.2.5			C类
	f. Ⅱ-1 除Ⅰ-3 规定的敞开楼梯间、封闭楼梯间、防烟楼梯间及其前室,室外楼梯(≥5lx)	GB 51309—2018　3.2.5			C类
	g. Ⅱ-2 消防电梯间的前室或合用前室(≥5lx)	GB 51309—2018　3.2.5			C类
	h. Ⅱ-3 除Ⅰ-3 规定的避难走道(≥5lx)	GB 51309—2018　3.2.5			C类
	i. Ⅱ-4 寄宿制幼儿园和小学的寝室、医院手术室等需要救援人员协助疏散的区域(≥5lx)	GB 51309—2018　3.2.5			C类
	j. Ⅲ-1 除Ⅰ-1 规定避难层(间)(≥3lx)	GB 51309—2018　3.2.5			C类
	k. Ⅲ-2 观、展厅,电影院,多功能厅,S>200m² 营业厅、餐厅、演播厅,建筑 S>400m² 的办公大厅、会议室等人员密集场所(≥3lx)	GB 51309—2018　3.2.5			C类
	l. Ⅲ-3 人员密集厂房内的生产场所(≥3lx)	GB 51309—2018　3.2.5			C类
	m. Ⅲ-4 室内步行街两侧的商铺(≥3lx)	GB 51309—2018　3.2.5			C类
	n. Ⅲ-5 建筑 S>100m² 的地下或半地下公共活动场所(≥3lx)	GB 51309—2018　3.2.5			C类
	o. Ⅳ-1 除Ⅰ-2、Ⅱ-4、Ⅲ-2～Ⅲ-5 规定场所的疏散走道、疏散通道(≥1lx)	GB 51309—2018　3.2.5			C类
	p. Ⅳ-2 室内步行街(≥1lx)	GB 51309—2018　3.2.5			C类

续表

检验项目		标准条款	检验结果	判定	重要程度
四、系统部件安装和功能	q. Ⅳ-3 城市交通隧道两侧、人行横通道和人行疏散通道(≥1lx)	GB 51309—2018　3.2.5			C类
	r. Ⅳ-4 宾馆、酒店的客房(≥1lx)	GB 51309—2018　3.2.5			C类
	s. Ⅳ-5 自动扶梯上方或侧上方(≥1lx)	GB 51309—2018　3.2.5			C类
	t. Ⅳ-6 安全出口外面及附近区域、连廊的连接处两端(≥1lx)	GB 51309—2018　3.2.5			C类
	u. Ⅳ-7 进入屋顶直升机停机坪的途径(≥1lx)	GB 51309—2018　3.2.5			C类
	v. Ⅳ-8 配电、消防控制室、消泵房、自发电房等发生火灾时仍需工作、值守的区域(≥1lx)	GB 51309—2018　3.2.5			C类
	3.宾馆客房内宜设疏散用手电筒及充电插座	GB 51309—2018　3.2.6			C类
	(二)标志灯	GB 51309—2018　3.2.1			
	1.标志灯选型	GB 51309—2018　4.1.6			
	(1)规格型号	GB 51309—2018　4.1.6			A类
	(2)灯具光源	GB 51309—2018　3.2.1			
	a.节能光源,色温不应低于2700K	GB 51309—2018　3.2.1			C类
	b.不应采用蓄光型指示标志替代标志灯	GB 51309—2018　3.2.1			C类
	c.蓄电池安全性、不含重金属等	GB 51309—2018　3.2.1			C类
	(3)蓄电池安全性、不含重金属等	GB 51309—2018　3.2.1			C类
	(4)距地面8m及以下的灯具的电压等级和供电方式	GB 51309—2018　3.2.1			
	a.应选择A型灯具	GB 51309—2018　3.2.1			C类

续表

检验项目	标准条款	检验结果	判定	重要程度
b.地面上设置的标志灯应选择集中电源A型灯具	GB 51309—2018 3.2.1			C类
c.未设消控室的住宅中,疏散走道、楼梯间等场所可选择自带电源B型灯具	GB 51309—2018 3.2.1			C类
(5)灯具面板或灯罩的材质	GB 51309—2018 3.2.1			
a.地面上灯具	GB 51309—2018 3.2.1			C类
b.距地面1m及以下标志灯	GB 51309—2018 3.2.1			C类
c.顶棚、疏散走道或路径上方不应采用玻璃材质	GB 51309—2018 3.2.1			C类
(6)标志灯具的规格	GB 51309—2018 3.2.1			
a.室高 $h \geqslant 4.5\mathrm{m}$ 或 $3.5\mathrm{m} \leqslant h \leqslant 4.5\mathrm{m}$ 人员密集场所标志灯选用	GB 51309—2018 3.2.1			C类
b.室高 $h < 3.5\mathrm{m}$ 的人员密集场所标志灯选用	GB 51309—2018 3.2.1			C类
(7)灯具及连接附件的防护等级	GB 51309—2018 3.2.1			
a.室外或地面上的防护等级 $\geqslant$ IP67	GB 51309—2018 3.2.1			C类
b.隧道或潮湿场所的防护等级 $\geqslant$ IP65	GB 51309—2018 3.2.1			C类
c.B型灯具的防护等级 $\geqslant$ IP34	GB 51309—2018 3.2.1			C类
(8)工作方式(标志灯应选择持续型灯具)	GB 51309—2018 3.2.1			C类
(9)距离标识(交通隧道和地铁隧道宜选择带有米标的标志灯)	GB 51309—2018 3.2.1			C类
2.标志灯的设置	GB 51309—2018 3.2.7~3.2.11			
(1)标志灯应设在醒目位置	GB 51309—2018 3.2.7			C类

(表格最左侧合并单元格:四、系统部件安装和功能)

检验项目		标准条款	检验结果	判定	重要程度
	(2) 出口标志灯	GB 51309—2018　3.2.8			
四、系统部件安装和功能	a. 在敞开、封闭、防烟楼梯间、防烟楼梯间前室入口上方	GB 51309—2018　3.2.8			C类
	b. 地下或半地下部分与地上部分共用楼梯间时,应设置在通向地面层疏散门的上方	GB 51309—2018　3.2.8			C类
	c. 在室外疏散楼梯出口的上方	GB 51309—2018　3.2.8			C类
	d. 在直通室外疏散门的上方	GB 51309—2018　3.2.8			C类
	e. 在首层采用扩大的封闭楼梯间或防烟楼梯间时,应设置在通向楼梯间疏散门的上方	GB 51309—2018　3.2.8			C类
	f. 在直通上人屋面、平台、天桥、连廊出口的上方	GB 51309—2018　3.2.8			C类
	g. 地下或半地下建筑(室)用直通室外的金属竖向梯疏散时,应设置在梯开口的上方	GB 51309—2018　3.2.8			C类
	h. 借用防火分区,设在通向被借防火分区甲级防火门的上方	GB 51309—2018　3.2.8			C类
	i. 步行街两侧商铺通向步行街疏散门的上方	GB 51309—2018　3.2.8			C类
	j. 避难层(间)、避难走道防烟前室、避难走道入口的上方	GB 51309—2018　3.2.8			C类
	k. 观众厅、展览厅、多功能厅和建筑面积大于400m² 的营业厅、餐厅、演播厅等人员密集场所疏散门的上方	GB 51309—2018　3.2.8			C类
	(3)有维护结构疏散走道、楼梯方向标志灯	GB 51309—2018　3.2.9			
	a. 方向标志灯箭头指向疏散方向,并导向安全出口	GB 51309—2018　3.2.9			C类
	b. 应设置在走道、楼梯两侧据高度 1m 以下的墙面、柱面上方	GB 51309—2018　3.2.9			C类

检验项目	标准条款	检验结果	判定	重要程度
c.安全出口或疏散门在疏散走道侧边时,应在疏散走道上增设指向安全出口的方向标志灯	GB 51309—2018　3.2.9			C类
d.标志面与疏散方向及间距	GB 51309—2018　3.2.9			C类
(4)展、商、候车(船)室、候机、营业厅等开敞空间场所的疏散通道方向标志灯	GB 51309—2018　3.2.9			
a.方向标志灯箭头指向疏散方向,并导向安全出口	GB 51309—2018　3.2.9			C类
b.两侧墙、柱时,应设在距地面高1m以下,无墙、柱等结构时,应设在疏散通道的上方	GB 51309—2018　3.2.9			C类
c.特大、大型、中型、小型标志面与疏散方向及间距	GB 51309—2018　3.2.9			C类
(5)保持视觉连续的方向标志灯	GB 51309—2018　3.2.9			
a.方向标志灯箭头指向疏散方向,并导向安全出口	GB 51309—2018　3.2.9			C类
b.应设置在疏散走道、通道地面的中心位置	GB 51309—2018　3.2.9			C类
c.灯具的设置间距不应大于3m	GB 51309—2018　3.2.9			C类
(6)楼梯间每层应设楼层标志灯	GB 51309—2018　3.2.10			C类
(7)人员密集场所出口附近应增设多信息复合标志灯	GB 51309—2018　3.2.11			C类
(三)灯具认证证书和标识	GB 51309—2018　3.1.5			A类
(四)灯具安装质量	GB 51309—2018			
1.灯具在有爆炸危险性场所的安装	GB 51309—2018　4.1.7			C类
2.灯具安装	GB 51309—2018　4.5.1、4.5.2、4.5.4、4.5.5			

四、系统部件安装和功能

302

检验项目		标准条款	检验结果	判定	重要程度
四、系统部件安装和功能	(1)固定安装在不燃性墙体或不燃性装修材料上,不应安装在门、窗或其他可移动的物体上	GB 51309—2018 4.5.1			C类
	(2)灯具安装后不影响通行,无遮挡物,保证各种状态指示灯易于观察	GB 51309—2018 4.5.2			C类
	(3)灯具在侧面墙或柱上安装方式及凸出部分	GB 51309—2018 4.5.4			C类
	(4)非集中控制型系统中,自带电源型灯具采用插头连接时,应采用专用工具方可拆卸	GB 51309—2018 4.5.5			C类
	3.照明灯安装	GB 51309—2018 4.5.3、4.5.6、4.5.7、4.5.8			
	(1)照明灯宜安装在顶棚上	GB 51309—2018 4.5.6			C类
	(2)灯具在顶棚、疏散走道或通道的上方安装时,可采用嵌顶、吸顶和吊装式安装	GB 51309—2018 4.5.3			C类
	(3)条件限制时,照明灯可安装在走道侧面墙上	GB 51309—2018 4.5.7			C类
	(4)照明灯不应安装在地面上	GB 51309—2018 4.5.8			C类
	4.标志灯安装	GB 51309—2018 4.5.3、4.5.9			
	(1)灯具在顶棚、疏散走道或路径的上方安装时,可采用吸顶和吊装式安装	GB 51309—2018 4.5.3			C类
	(2)室内高度大于3.5m的场所,特大型、大型、中型标志灯吊装式安装,吊杆或吊链上端应固定在建筑构件上	GB 51309—2018 4.5.3			C类
	(3)标志灯的标志面宜与疏散方向垂直	GB 51309—2018 4.5.9			C类
	5.出口标志灯安装	GB 51309—2018 4.5.10			
	(1)应安装在安全出口或疏散门内侧上方居中的位置	GB 51309—2018 4.5.10			C类

	检验项目	标准条款	检验结果	判定	重要程度
四、系统部件安装和功能	(2)室内高度不大于3.5m的场所,标志灯底边离门框距离或门的两侧无遮挡,吸、吊顶安装灯距出口墙面距离	GB 51309—2018 4.5.10			C类
	(3)室内高度大于3.5m的场所,特大型、大型、中型标志灯底边距地面高度,距出口或疏散门墙面的距离	GB 51309—2018 4.5.10			C类
	6.方向标志灯安装	GB 51309—2018 4.5.10			
	(1)应保证标志灯的箭头指示方向与疏散指示方案一致	GB 51309—2018 4.5.11			C类
	(2)室内h≤3.5m或室内h>3.5m的场所,在疏散走道或路径上方安装高度	GB 51309—2018 4.5.11			C类
	(3)在疏散走道的侧面墙上安装标志灯底边距地面的高度应小于1m	GB 51309—2018 4.5.11			C类
	(4)安装在疏散走道拐弯处的上方或两侧时,标志灯与拐弯处边墙的距离不大于1m	GB 51309—2018 4.5.11			C类
	(5)出口或疏散门在走道侧边时,在走道的顶部增设方向标志灯,标志面与疏散方向垂直	GB 51309—2018 4.5.11			C类
	(6)在疏散走道、路径地面上安装时	GB 51309—2018 4.5.11			
	a.标志灯应安装在疏散走道、路径的中心位置	GB 51309—2018 4.5.11			C类
	b.金属构件应耐腐或防腐处理,标志灯配电、通信线路的连接应采用密封胶密封	GB 51309—2018 4.5.11			C类
	c.标志灯表面与地面平行,高于地面不大于3mm,标志灯边缘与地面垂直距离高度不大于1mm	GB 51309—2018 4.5.11			C类
	7.楼层标志灯安装	GB 51309—2018 4.5.11			C类
	8.多信息复合标志灯安装	GB 51309—2018 4.5.12			C类

检验项目		标准条款	检验结果	判定	重要程度
四、系统部件安装和功能	(五)应急照明控制器	GB 51309—2018　3.3.7～3.3.8 3.4.1～3.4.5、4.1.7、4.1.6、4.4.5、4.4.1、5.3.2			
	1.系统类型为集中控制型时,应急照明控制器设计	GB 51309—2018　3.4.2～3.4.5			
	(1)控制器控制、显示功能	GB 51309—2018　3.4.3			
	a.接收、显示、保持火灾报警控制器的火灾报警输出信号、消防联动控制器发出的火灾报警区域信号或联动控制信号	GB 51309—2018　3.4.3			C类
	b.应按预设逻辑自动、手动控制系统的应急启动	GB 51309—2018　3.4.3			C类
	c.能接收、显示、保持其配接的灯具、集中电源或应急照明配电箱的工作状态信息	GB 51309—2018　3.4.3			C类
	d.设多台应急照明控制器时,起到集中控制功能的应急照明控制器	GB 51309—2018　3.4.2、3.4.4			
	1)应能按预设逻辑自动、手动控制其他控制器配接系统设备的应急启动	GB 51309—2018　3.4.4			A类
	2)应能接收、显示、保持其他控制器配接的灯具、集中电源或应急照明配电箱的工作状态信息	GB 51309—2018　3.4.4			C类
	e.借用其他防火分区等疏散指示方案,系统部件的工作状态应在应急照明控制器或专用消防控制室图形显示装置上以图形方式显示	GB 51309—2018　3.4.5			C类
	(2)控制器直接控制灯具的总数量不应大于 3200	GB 51309—2018　3.4.2			C类
	2.应急照明控制器选型	GB 51309—2018　3.4.1、3.3.7、3.3.8、4.1.6			
	(1)规格型号	GB 51309—2018　4.1.6			A类
	(2)防护等级	GB 51309—2018　3.4.1、3.3.7、3.3.8			
	a.在隧道或潮湿场所设置时,防护等级不应低于 IP65	GB 51309—2018　3.4.1			C类
	b.在电气竖井内设置时,防护等级不应低于 IP33	GB 51309—2018 3.3.7、3.3.8			C类

检验项目		标准条款	检验结果	判定	重要程度
四、系统部件安装和功能	(3)蓄电池电源	GB 51309—2018 3.4.1			C类
	(4)通信接口	GB 51309—2018 3.4.1			C类
	(5)通信协议	GB 51309—2018 3.4.1			C类
	3.应急照明控制器设置	GB 51309—2018 3.4.6			
	(1)设置在消防控制室地面上安装	GB 51309—2018 3.4.6			C类
	(2)设置在消防控制室墙面上安装	GB 51309—2018 3.4.6			C类
	(3)控制器应设置在消防控制室内或有人值班的场所	GB 51309—2018 3.4.6			C类
	(4)设置多台控制器时,起到集中控制功能的控制器应设在消防控制室内,其他可设配电间等无人值班的场所	GB 51309—2018 3.4.6			C类
	(5)设置数量	GB 51309—2018 4.1.6			C类
	4.应急照明控制器供配电	GB 51309—2018 3.4.7			C类
	5.应急照明控制器安装质量	GB 51309—2018 4.1.7、4.4.1			
	(1)安装工艺	GB 51309—2018 4.1.7			C类
	(2)设备安装	GB 51309—2018 4.4.1			
	a.设备应安装牢固,不得倾斜	GB 51309—2018 4.4.1			C类
	b.安装在轻质墙上时,应采取加固措施	GB 51309—2018 4.4.1			C类
	c.落地安装时,其底边宜高出地(楼)面100~200mm	GB 51309—2018 4.4.1			C类
	d.设备在电气竖井内安装时,应采用下出口进线方式	GB 51309—2018 4.4.1			C类

检验项目	标准条款	检验结果	判定	重要程度
e.设备的接地应牢固,并应设置明显的永久性标识	GB 51309—2018　4.4.1			C类
(3)设备引入线缆	GB 51309—2018　4.4.5			
a.配线应整齐,不宜交叉,并应固定牢靠	GB 51309—2018　4.4.5			C类
b.线缆芯线的端部,均应标明编号,并与图纸一致,字迹应清晰且不易褪色	GB 51309—2018　4.4.5			C类
c.端子板的每个接线端,接线不得超过2根	GB 51309—2018　4.4.5			C类
d.线缆应留有不小于200mm的余量,用尺测量线缆的余量长度	GB 51309—2018　4.4.5			C类
e.线缆应绑扎成束,检查线缆的布置情况	GB 51309—2018　4.4.5			C类
f.线缆穿管、槽盒后,应将管口、槽口封堵	GB 51309—2018　4.4.5			C类
(4)蓄电池安装	GB 51309—2018　4.4.2			C类
(5)应急照明控制器电源连接	GB 51309—2018　4.4.3			C类
6.应急照明控制器基本功能	GB 51309—2018　5.3.2			
(1)自检功能	GB 51309—2018　5.3.2			C类
(2)操作级别	GB 51309—2018　5.3.2			C类
(3)主、备电源自动转换功能	GB 51309—2018　5.3.2			C类
(4)故障报警功能	GB 51309—2018　5.3.2			C类
(5)消声功能	GB 51309—2018　5.3.2			C类
(6)一键检查功能	GB 51309—2018　5.3.2			C类
(六)集中电源	GB 51309—2018　3.4.1、3.3.7、3.3.8、4.1.6			

（左侧纵向合并单元格）四、系统部件安装和功能

检验项目		标准条款	检验结果	判定	重要程度
	1.集中电源选型	GB 51309—2018　3.4.1、3.3.7、3.3.8、4.1.6			
	(1)规格型号	GB 51309—2018　4.1.6			A类
	(2)防护等级	GB 51309—2018　3.4.1、3.3.7、3.3.8			
	a.在隧道或潮湿场所设置时,防护等级不应低于 IP65	GB 51309—2018　3.4.1			C类
	b.在电气竖井内设置时,防护等级不应低于 IP33	GB 51309—2018 3.3.7、3.3.8			C类
	(3)蓄电池电源	GB 51309—2018　3.3.8			C类
	(4)集中电源的额定输出功率不应大于 5kW	GB 51309—2018　3.3.8			C类
四、系统部件安装和功能	(5)设置在电缆竖井中的集中电源的额定输出功率不应大于 1kW	GB 51309—2018　3.3.8			C类
	2.集中电源设置	GB 51309—2018　3.3.8、3.4.6、4.1.6			
	(1)设置数量	GB 51309—2018　4.1.6			C类
	(2)设置在消防控制室地面上安装	GB 51309—2018　3.4.6			C类
	(3)设置在消防控制室墙面上安装	GB 51309—2018　3.4.6			C类
	(4)应按防火分区的划分情况设置集中电源;灯具总功率大于 5kW 的系统,应分散设置集中电源	GB 51309—2018　3.3.8			C类
	(5)应设置在消防控制室、低压配电室或配电间内;容量不大于 1kW 时,可设置在电气竖井内	GB 51309—2018　3.3.8			C类
	(6)设置场所不应有可燃气管道、易燃物、腐蚀性气体或蒸气	GB 51309—2018　3.3.8			C类

检验项目	标准条款	检验结果	判定	重要程度
(7)酸、碱性电池(组)设置场所不应存放对应带有碱性和酸性介质的物质	GB 51309—2018　3.3.8			C类
(8)设置场所应通风良好,环境温度不应超出电池标称的工作温度范围	GB 51309—2018　3.3.8			C类
3.集中电源供配电	GB 51309—2018　3.3.8			
(1)集中电源供电	GB 51309—2018　3.3.8			
a.集中控制型系统中,集中设置的集中电源应由消防电源的专用应急回路供电,分散设置的集中电源应由所在防火分区的消防电源配电箱供电	GB 51309—2018　3.3.8			C类
b.非集中控制型系统中,集中统一设置的集中电源应由正常照明线路供电,分散设置的集中电源应由防火分区内的正常照明配电箱供电	GB 51309—2018　3.3.8			C类
(2)集中电源输出回路	GB 51309—2018　3.3.8			
a.集中电源的输出回路不应超过 8 路	GB 51309—2018　3.3.8			C类
b.沿电缆管井垂直向不同楼层的灯具供电时,供电范围:公共建筑不宜超过 8 层,住宅建筑不宜超过 18 层	GB 51309—2018　3.3.8			C类
4.集中电源安装质量	GB 51309—2018　4.1.7、4.4.1、4.4.4、4.4.5、5.3.4			
(1)安装工艺	GB 51309—2018　4.1.7			C类
(2)集中电源安装位置	GB 51309—2018　4.4.4			C类
(3)设备安装	GB 51309—2018　4.4.1			
a.设备应安装牢固,不得倾斜	GB 51309—2018　4.4.1			C类
b.安装在轻质墙上时,应采取加固措施	GB 51309—2018　4.4.1			C类

注: 表格最左侧纵向合并单元格标注"四、系统部件安装和功能"

309

检验项目	标准条款	检验结果	判定	重要程度
c.落地安装时,其底边宜高出地(楼)面100～200mm	GB 51309—2018 4.4.1			C类
d.设备在电气竖井内安装时,应采用下出口进线方式	GB 51309—2018 4.4.1			C类
e.设备的接地应牢固,并应设置明显的永久性标识	GB 51309—2018 4.4.1			C类
(4)设备引入线缆	GB 51309—2018 4.4.5			
a.配线应整齐,不宜交叉,并应固定牢靠	GB 51309—2018 4.4.5			C类
b.线缆芯线的端部,均应标明编号,并与图纸一致,字迹应清晰且不易褪色	GB 51309—2018 4.4.5			C类
c.端子板的每个接线端,接线不得超过2根	GB 51309—2018 4.4.5			C类
d.线缆应留有不小于200mm的余量,用尺测量线缆的余量长度	GB 51309—2018 4.4.5			C类
e.线缆应绑扎成束,检查线缆的布置情况	GB 51309—2018 4.4.5			C类
f.线缆穿管、槽盒后,应将管口、槽口封堵	GB 51309—2018 4.4.5			C类
(5)集中电源基本功能	GB 51309—2018 5.3.4			
a.操作级别	GB 51309—2018 5.3.4			C类
b.故障报警功能	GB 51309—2018 5.3.4			C类
c.消音功能	GB 51309—2018 5.3.4			C类
d.分配电输出功能	GB 51309—2018 5.3.4			A类
e.集中控制型集中电源	GB 51309—2018 5.3.4			
1)电源转换手动测试	GB 51309—2018 5.3.4			A类

(左侧跨行单元格：四、系统部件安装和功能)

检验项目	标准条款	检验结果	判定	重要程度
2)通信故障连锁控制功能	GB 51309—2018 5.3.4			A类
3)灯具应急状态保持功能	GB 51309—2018 5.3.4			A类
(七)应急照明配电箱				
1.应急照明配电箱选型	GB 51309—2018 4.1.6			
(1)规格型号	GB 51309—2018 4.1.6			A类
(2)防护等级	GB 51309—2018 3.4.1、3.3.7、3.3.8			
a.在隧道或潮湿场所设置时,防护等级不应低于IP65	GB 51309—2018 3.4.1			C类
b.在电气竖井内设置时,防护等级不应低于IP33	GB 51309—2018 3.3.7、3.3.8			C类
(3)进出线方式	GB 51309—2018 3.3.7			C类
2.应急照明配电箱设置	GB 51309—2018 5.3.4			
(1)设置数量	GB 51309—2018 4.1.6			C类
(2)设置部位	GB 51309—2018 3.3.7			
a.人员密集场所,每个防火分区设置独立的应急照明配电箱	GB 51309—2018 3.3.7			C类
b.非人员密集场所,多个相邻防火分区可设置一个共用的应急照明配电箱	GB 51309—2018 3.3.7			C类
c.防烟楼梯间应设置独立的应急照明配电箱,封闭楼梯间宜设置独立的应急照明配电箱	GB 51309—2018 3.3.7			C类
d.宜设置于值班室、设备机房、配电间或电气竖井内	GB 51309—2018 3.3.7			C类
3.应急照明配电箱供配电	GB 51309—2018 3.3.7			

(第一列竖排: 四、系统部件安装和功能)

检验项目		标准条款	检验结果	判定	重要程度
四、系统部件安装和功能	(1)应急照明配电箱供电	GB 51309—2018 3.3.7			
	a. 集中控制型系统中,应由消防电源的专用应急回路或所在防火分区内的消防电源配电箱供电	GB 51309—2018 3.3.7			C类
	b. 非集中控制型系统中,应由防火分区内的正常照明配电箱供电	GB 51309—2018 3.3.7			C类
	c. A型应急照明配电箱的变压装置可设置在应急照明配电箱内或附近	GB 51309—2018 3.3.7			C类
	(2)应急照明配电箱输出回路	GB 51309—2018 3.3.7			
	a. A型应急照明配电箱的输出回路不应超过8路;B型应急照明配电箱的输出回路不应超过12路	GB 51309—2018 3.3.7			C类
	b. 应急照明配电箱沿电气竖井垂直向不同楼层的灯具供电时,公共建筑的供电范围不宜超过8层,住宅建筑的供电范围不宜超过18层	GB 51309—2018 3.3.7			C类
	4. 应急照明配电箱安装质量	GB 51309—2018 5.3.4			
	(1)安装工艺	GB.51309—2018 4.1.7			C类
	(2)设备安装	GB 51309—2018 4.4.1			
	a. 设备应安装牢固,不得倾斜	GB 51309—2018 4.4.1			C类
	b. 安装在轻质墙上时,应采取加固措施	GB 51309—2018 4.4.1			C类
	c. 落地安装时,其底边宜高出地(楼)面100~200mm	GB 51309—2018 4.4.1			C类
	d. 设备在电气竖井内安装时,应采用下出口进线方式	GB 51309—2018 4.4.1			C类
	e. 设备的接地应牢固,并应设置明显的永久性标识	GB 51309—2018 4.4.1			C类

检验项目		标准条款	检验结果	判定	重要程度
四、系统部件安装和功能	(3)设备引入线缆	GB 51309—2018　4.4.5			
	a.配线应整齐,不宜交叉,并应固定牢靠	GB 51309—2018　4.4.5			C类
	b.线缆芯线的端部,均应标明编号,并与图纸一致,字迹应清晰且不易褪色	GB 51309—2018　4.4.5			C类
	c.端子板的每个接线端,接线不得超过2根	GB 51309—2018　4.4.5			C类
	d.线缆应留有不小于200mm的余量,用尺测量线缆的余量长度	GB 51309—2018　4.4.5			C类
	e.线缆应绑扎成束,检查线缆的布置情况	GB 51309—2018　4.4.5			C类
	f.线缆穿管、槽盒后,应将管口、槽口封堵	GB 51309—2018　4.4.5			C类
	5.应急照明配电箱基本功能	GB 51309—2018　5.3.6			
	(1)主电源分配输出功能	GB 51309—2018　5.3.6			A类
	(2)集中控制型应急照明配电箱	GB 51309—2018　5.3.6			
	a.主电源输出关断测试功能	GB 51309—2018　5.3.6			A类
	b.通信故障连锁控制功能	GB 51309—2018　5.3.6			A类
	c.灯具应急状态保持功能	GB 51309—2018　5.3.6			A类
五、系统功能	(一)集中控制型系统功能	GB 51309—2018　5.4.2~5.4.4			
	1.非火灾状态下系统控制功能	GB 51309—2018　5.4.2、5.4.3、5.4.4			
	(1)系统正常工作模式	GB 51309—2018　5.4.2			
	a.灯具采用集中电源供电,集中电源应保持主电源输出或灯具采用自带蓄电池供电,应急照明配电箱应保持主电源输出	GB 51309—2018　5.4.2			C类
	b.该区域内非持续型照明灯的光源应保持熄灭状态,持续型照明灯的光源应保持节电点亮模式	GB 51309—2018　5.4.2			C类

	检验项目	标准条款	检验结果	判定	重要程度
五、系统功能	c.该区域内持型标志灯应按疏散指示方案保持节电点亮模式;该区域采用不同疏散预案时,区域标志灯的光源应按默认疏散指示方案保持节电点亮模式	GB 51309—2018 5.4.2			C类
	(2)应急照明配电箱系统主电源断电控制功能	GB 51309—2018 5.4.3			
	a.消防电源断电后,该区所有非持续型照明灯的光源应应急点亮、持续型灯具的光源由节电点亮模式转入应急点亮模式;灯具持续点亮时间应符合设计规定,且不应小于0.5h	GB 51309—2018 5.4.3			A类
	b.消防电源恢复后,集中电源或应急照明配电箱应连锁其配接灯具的光源恢复原工作状态	GB 51309—2018 5.4.3			A类
	c.灯具持续点亮时间达到设计文件规定的时间后,集中电源或应急照明配电箱应连锁其配接灯具的光源熄灭	GB 51309—2018 5.4.3			A类
	(3)系统正常照明断电控制功能	GB 51309—2018 5.4.4			
	a.该区域正常照明电源断电后,非持续型照明灯的光源应应急点亮、持续型灯具的光源应由节电点亮模式转入应急点亮模式	GB 51309—2018 5.4.4			A类
	b.恢复正常照明的电源供电后,该区域所有灯具的光源应恢复原工作状态	GB 51309—2018 5.4.4			C类
	2.火灾状态下系统控制功能	GB 51309—2018 3.2.4、5.4.3、5.4.6、5.4.7、5.4.8			
	(1)系统正常工作模式系统自动应急启动功能	GB 51309—2018 5.4.6			
	a.应急照明控制器接收到报火器信号后,应发启动信号,显示启动时间	GB 51309—2018 5.4.6			A类

检验项目	标准条款	检验结果	判定	重要程度
b. 系统内所有的非持续型照明灯应应急点亮、持续型灯具的应由节电转入应急点亮模式,高危场所点亮的响应时间不应大于 0.25s,其他场所灯具点亮的响应时间不应大于 5s	GB 51309—2018　5.4.6			A 类
c. 系统配接的 B 型集中电源应转入蓄电池电源输出、B 型应急照明配电箱应切断主电源输出	GB 51309—2018　5.4.6			A 类
d. 系统中配接的 A 应急照明配电箱、A 型应急照明集中电源应保持主电源输出;系统主电源断电后,A 型应急照明集中电源应转入蓄电池电源输出、A 型应急照明配电箱应切断主电源输出	GB 51309—2018　5.4.6			A 类
(2)同一平面层借用相邻防火分区疏散的防火分区,标志灯具指示状态改变功能	GB 51309—2018　5.4.7			
a. 应急照明控制器接收到被借用防火分区的火警信号后,应发送控制标志灯指示状态改变的启动信号,显示启动时间	GB 51309—2018　5.4.7			A 类
b. 按照不可借用相邻防火分区疏散工况条件对应的疏散指示方案,方向标志灯应改变箭头指示方向,被借用防火分区入口的"出口指示"光源应熄灭、"禁止入内"的光源应点亮,其他标志灯的工作状态应保持不变,灯具改变指示状态的响应时间不应大于 5s	GB 51309—2018　5.4.7			A 类
(3)需要采用不同疏散预案的交通隧道、地铁隧道、站台和站厅等场所,标志灯具指示状态改变功能	GB 51309—2018　5.4.8			
a. 应急照明控制器接收到消防联动控制器发送的代表非默认疏散预案的消防联动控制信号后,应发出控制标志灯指示状态改变的启动信号,显示启动时间	GB 51309—2018　5.4.8			A 类

五、系统功能

检验项目	标准条款	检验结果	判定	重要程度
b.该区域内按照对应指示方案,需要变换方向标志灯的箭头指示方向,通向疏散出口处设置的"出口指示标志"的光源应熄灭、"禁止入内"指示标志的光源应应急点亮,其他标志灯的工作状态应保持不变,灯具改变指示状态的响应时间不应大于5s	GB 51309—2018　5.4.8			A类
(4)系统手动应急启动功能	GB 51309—2018　5.4.7			
a.手动操作应急照明控制器的一键启动按钮后,应急照明控制器应发出手动应急启动信号,显示启动时间	GB 51309—2018　5.4.7			A类
b.系统内所有的非持续型照明灯的光源应应急点亮、持续型灯具的光源应由节电点亮模式转入应急点亮模式	GB 51309—2018　5.4.7			A类
c.集中电源应转入蓄电池电源输出、应急照明配电箱应切断主电源的输出	GB 51309—2018　5.4.7			A类
(5)地面最低水平照度	GB 51309—2018　3.2.5			C类
(6)灯具蓄电池电源持续工作时间	GB 51309—2018　3.2.4			
a.建筑高度大于100m的民用建筑,不少于1.5h	GB 51309—2018　3.2.4			B类
b.医院、老建筑、总建筑面积大于100000m²的公共建筑和总建筑面积大于20000m²的地下、半地下建筑,不应少于1.0h	GB 51309—2018　3.2.4			B类
c.其他建筑不少于0.5h	GB 51309—2018　3.2.4			B类
d.一、二类隧道不少于1.5h,端口外接的站房不应大于2.0h	GB 51309—2018　3.2.4			B类
e.三、四类隧道不少于1.0h,端口外接的站房不少于1.5h	GB 51309—2018　3.2.4			B类

（五、系统功能）

续表

	检验项目	标准条款	检验结果	判定	重要程度
五、系统功能	f.系统初装容量应为规定持续工作时间的3倍	GB 51309—2018 3.2.4	·		B类
	(二)非集中控制型系统应急启动功能	GB 51309—2018 5.5.2~5.5.5、3.2.4、3.2.5			
	1.非火灾状态下系统控制功能	GB 51309—2018 5.5.2、5.5.3			
	(1)系统正常工作模式	GB 51309—2018 5.5.2			
	a.灯具采用集中电源供电时,集中电源应保持主电源输出,灯具采用自带蓄电池供电时,应急照明配电箱应保持主电源输出	GB 51309—2018 5.5.2			C类
	b.系统灯具的工作状态应符合设计文件的规定	GB 51309—2018 5.5.2			C类
	(2)灯具感应点亮功能	GB 51309—2018 5.5.3			C类
	2.火灾状态下系统控制功能	GB 51309—2018 5.5.4、5.5.5、3.2.4、3.2.5			
	(1)设置区域火灾报警系统的场所,系统自动应急启动功能	GB 51309—2018 5.5.4			A类
	(2)系统手动应急启动功能	GB 51309—2018 5.5.5			A类
	(3)照明灯具地面最低水平照度	GB 51309—2018 3.2.5			C类
	(4)灯具蓄电池供电持续工作时间	GB 51309—2018 3.2.4			
	a.医疗建筑不少于1.0h	GB 51309—2018 3.2.4			B类
	b.其他建筑不少于0.5h	GB 51309—2018 3.2.4			B类
	c.三、四类隧道不少于1.0h,隧道端口外接的站房不少于1.5h	GB 51309—2018 3.2.4			B类
	d.系统初装容量应为规定持续工作时间的3倍	GB 51309—2018 3.2.4			B类
	(三)系统备用照明功能	GB 51309—2018 5.6.1			C类

8.8 检验检测机构资质认定检验检测能力申请表

检验检测能力申请表

检验检测机构地址：   表 8.8

类别(产品/项目/参数)	产品/项目/参数		依据的标准(方法)名称及编号(含年号)	限制范围	说明
	序号	名称			
消防应急照明和疏散指示标志系统	1	距离(长度、宽度、高度、距离)	《消防应急照明和疏散指示系统技术标准》GB 51309—2018　3.2.1、3.2.9、3.3.5、4.3.2、4.3.3、4.3.8、4.4.1、4.4.5、4.5.3、4.5.10、4.5.11		
	2	时间	《火灾自动报警系统设计规范》GB 50116—2013　4.9.2《建筑防火设计规范》GB 50016—2014　10.1.5、10.5.3		
	3	照度	《消防应急照明和疏散指示系统技术标准》GB 51309—2018　3.2.5		
	4	设备基本功能	《消防应急照明和疏散指示系统技术标准》GB 51309—2018　3.4.2、3.4.3、3.4.4、5.3.2、5.3.4、5.3.6		
	5	系统联动功能	《消防应急照明和疏散指示系统技术标准》GB51309—2018　3.2.4、3.2.5、5.4.2、5.4.3、5.4.4、5.4.6、5.4.7、5.4.8、5.5.2、5.5.3、5.5.4、5.5.5		

8.9 检验检测机构资质认定仪器设备（标准物质）配置表

仪器设备（标准物质）配置表

检验检测机构地址：　　　　　　　　　　　　　　　　　　　　　　　　　　　　　表8.9

类别(产品/项目/参数)	序号	名称	依据的标准(方法)名称及编号 (含年号)	名称	型号/规格/等级	测量范围	溯源方式	有效日期	确认结果
消防应急照明和疏散指示系统	1	距离(长度、宽度、高度、距离)	《消防应急照明和疏散指示系统技术标准》 GB 51309—2018　3.2.1、3.2.9、3.3.5、4.3.2、4.3.3、4.3.8、4.4.1、4.4.5、4.5.3、4.5.10、4.5.11	钢卷尺塞R					
	2	时间	《火灾自动报警系统设计规范》 GB 50116—2013　4.9.2 《建筑防火设计规范》 GB 50016—2014　10.1.5、10.5.3	秒表					
	3	照度	《消防应急照明和疏散指示系统技术标准》 GB 51309—2018　3.2.5	照度计					
	4	设备基本功能	《消防应急照明和疏散指示系统技术标准》 GB 51309—2018　3.4.2、3.4.3、3.4.4、5.3.2、5.3.4、5.3.6	手动试验					
	5	系统联动功能	《消防应急照明和疏散指示系统技术标准》 GB 51309—2018　3.2.4、3.2.5、5.4.2、5.4.3、5.4.4、5.4.6、5.4.7、5.4.8、5.5.2、5.5.3、5.5.4、5.5.5	手动试验					

8.10 系统验收检测原始记录格式化

消防应急照明与疏散指示系统原始记录

消防应急照明与疏散指示系统：　　　　　　　　　　　　　　　　　　　　　　表 8.10-1

项目名称			施工单位			
建筑面积			建筑高度			
检验依据	GB 51309—2018　4.1.6、3.1.5					
产品名称	型号规格	生产厂家	检验报告、合格证		数量	
			提供	未提供		
应急照明控制器						
集中电源						
应急照明配电箱						
照明灯						
出口标志灯						
方向标志灯						
楼层标志灯						
多信息复合标志灯						

检验日期：　　　　　　　　　　　检验人员：　　　　　　　　　　　记录人：

消防应急照明与疏散指示系统原始记录

消防应急照明与疏散指示系统：   表 8.10-2

项目名称				施工单位			
检验依据		GB 51309—2018 3.1.2、3.1.6					
检测项目	项目要求	标准条款	检测方法	检测结果			
				合格	不合格	说明	
系统形式和功能	设置消防控制室集中控制型系统	GB 51309—2018 3.1.2	目测				
	设置报火系统但无控制室,宜集中控制型系统	GB 51309—2018 3.1.2	目测				
	非集中控制型系统	GB 51309—2018 3.1.2	目测				
	住宅灯具自带蓄电池+消防应急照明可日常照明	GB 51309—2018 3.1.6	目测/手试				

检验日期：   检验人员：   记录人：

消防应急照明与疏散指示系统原始记录

消防应急照明与疏散指示系统：

表 8.10-3

项目名称				施工单位			
子分部工程			系统线路设计	建筑高度			
检验依据			GB 51309—2018　3.3.1、3.3.2				
项目			标准条款	检测部位	检测结果	结论	检测部位	检测结果	结论

项目			标准条款	检测部位	检测结果	结论	检测部位	检测结果	结论
灯具配电线路	集中电源供电	主电源和蓄电池电源由集中电源提供	GB 51309—2018 3.3.1						
		主电源和蓄电池电源集电内部实现输出转换,同一配电回路供电							
	自带蓄电池	主电源由应急照明配电箱供电							
		主电断灯具自带蓄电池供电							
	应急照明配电箱或集中电源	输入及输出回路不应装设剩余电流动作脱扣保护装置	GB 51309—2018 3.3.2						
		输出回路严禁接入系统外负载							

检验日期：　　　　　　　　　　　检验人员：　　　　　　　　　　　记录人：

消防应急照明与疏散指示系统原始记录　　表8.10-4

消防应急照明与疏散指示系统：

工程名称			施工单位	
子分部工程		系统线路设计	建筑高度	
检验依据		GB 51309—2018　3.3.3,3.3.5,3.3.6		

检测项目	灯具配电线路									
	平面疏散区域灯具配电回路					配电回路配接灯具数量			配电回路回路功率、电流	
	应按防火分区,同一防火分区的楼层、隧道区间、站台和站厅为单元设置配电回路	避难走道应单独设置配电回路	防烟楼梯间前室及合用前室应由灯具所在楼层的配电回路供电	除住宅建筑外,不同的防火分区、隧道区间、站台和站厅不能共用一配电回路	配电室、消防控制室、消防水泵房、自备发电机房等区域和相关疏散通道,应单独设置配电回路	配接灯具数量	道路交通隧道内,配接灯具的范围不宜超过1000m	地铁隧道内,配接灯具的范围不宜超过一个区间的1/2	配接灯具额定功率在总和不应大于配电回路额定功率的80%	A灯具回路 $I_额{\leqslant}6A$　B灯具回路 $I_额{\leqslant}10A$
检测部位 / 检测结果										

检验人员：　　　　记录人员：

表 8.10-5

消防应急照明与疏散指示系统原始记录

消防应急照明与疏散指示系统：

工程名称		施工单位	
子分部工程	系统线路设计	建筑高度	
检验依据	GB 51309—2018 3.3.4,3.3.5,3.3.6		

检测项目	竖向疏散区域灯具配电回路设计			灯具配电线路 配电回路配接灯具数量			配电回路功率、电流	
检测部位 \ 检测结果	封闭楼梯间、防烟楼梯间、室外疏散楼梯应单独设置配电回路	敞开楼梯间由就近楼层或就近楼层的配电回路供电	避难层和避难层连接的下行楼梯间应单独设置配电回路	配接灯具数量不宜超过60	道路交通隧道内、配接灯具的范围不宜超过1000m	地铁隧道内、配接灯具的范围不应超过一个区间的1/2	A灯具回路 $I_{额}$≤6A	B灯具回路 $I_{额}$≤10A

配接灯具额定功率总和不应大于配电回路额定功率的80%

检验人员：　　　　　　记录人：

检验日期：

消防应急照明与疏散指示系统原始记录

消防应急照明与疏散指示系统：

表 8.10-6

工程名称		施工单位	
子分部工程	系统线路设计	建筑高度	
检验依据	GB 51309—2018 3.3.8		

检测结果 ＼ 检测项目 ＼ 检测部位	系统类型为集中控制型系统时，系统通信线路设计		
	系统通信线路设计		
	集中电源应按灯具配电回路设置灯具通信回路	应急照明配电箱应按灯具配电回路设置灯具通信回路	灯具配电回路和灯具通信回路配接的灯具应一致

检验日期：　　　　　　　　　　检验人员：　　　　　　　　　　记录人：

表 8.10-7

消防应急照明与疏散指示系统原始记录

工程名称：

消防应急照明与疏散指示系统：

子分部工程		施工单位						
检验依据	GB 51309—2018 4.1.7	GB 51309—2018 4.3.1	GB 51309—2018 4.3.2				GB 51309—2018 4.3.3	GB 51309—2018 4.3.4	GB 51309—2018 4.3.5
检测项目 / 检测结果	施工工艺	系统线路防护方式	布线				管路敷设		

检测项目明细：

施工工艺（4.1.7）：在有爆炸危险性场所，系统的布线安装应符合《电气装置安装工程爆炸和火灾危险环境电气装置施工及验收规范》GB 50257—2014 的相关规定

系统线路防护方式（4.3.1）：
- 线路暗敷时，应采用金属管、可弯曲金属电气导管或 B1 级以上的刚性塑料管保护
- 线路明敷时，应采用金属管、可弯曲金属电气导管或电缆槽盒保护
- 矿物绝缘类不燃性电缆可明敷

布线（4.3.2）：明敷吊点或支点、吊杆直径不小于 6mm
- 管路始端、终端及接头处
- 距接线盒 0.2m 处
- 管路转角或分支处
- 直线段不大于 3m 处

管路敷设（4.3.3）：暗敷不燃结构内，保护层厚度不小于 30mm

（4.3.4）：管路经过建筑物的沉降缝、伸缩缝、抗震缝等变形缝处，应采取补偿措施

（4.3.5）：敷设在地面上、多尘或潮湿场所管路的管口和管子连接处，防腐蚀、密封处理

检测部位：

检验人员：　　　记录人：

检验日期：　　　记录人员：

消防应急照明与疏散指示系统原始记录

消防应急照明与疏散指示系统：　　　　　　　　　　　　　　　　　　　　　　　　表 8.10-8

工程名称					施工单位		
子分部工程	布线						
检验依据	GB 51309—2018　4.3.6				GB 51309—2018　4.3.7		
检测结果　检测项目　检测部位	管路接线盒安装						
	管子长度每超过 30m，无弯曲时	管子长度每超过 20m，有 1 个弯曲时	管子长度每超过 10m，有 2 个弯曲时	管子长度每超过 8m，有 3 个弯曲时	金属管子入盒，盒外侧应套锁母，内侧应装护口	在吊顶内敷设时，盒的内外侧均应套锁母	塑料管入盒应采取相应固定措施

检验日期：　　　　　　　　　　检验人员：　　　　　　　　　　记录人：

消防应急照明与疏散指示系统原始记录

消防应急照明与疏散指示系统：   表 8.10-9

工程名称				施工单位		
子分部工程				布线		
检验依据	GB 51309—2018 4.3.8			GB 51309—2018 4.3.9		
检测结果 检测项目 检测部位	槽盒敷设					
	槽盒敷设时，设置吊点或支点，吊杆直径不应小于6mm			槽盒接口应平直、严密	槽盒槽盖应齐全、平整、无翘角	槽盒并列安装时，槽盖应便于开启
	槽盒始端、终端及接头处	槽盒转角或分支处	直线段不大于3m处			

检验日期：   检验人员：   记录人：

消防应急照明与疏散指示系统原始记录

消防应急照明与疏散指示系统：

表 8.10-10

工程名称				施工单位			
子分部工程				布线			
检验依据	GB 51309—2018 3.5.1	GB 51309—2018 3.5.2	GB 51309—2018 3.5.3	GB 51309—2018 3.5.5			GB 51309—2018 3.5.6

检测结果 \ 检测项目	系统线路的选择						
	导体材质		电压等级		外护套材质		
						系统类型为集中控制型系统时,除地面上设置的灯具外		系统类型为非集中控制型系统时,除地面上设置的灯具外		
检测部位	铜芯导线	铜芯电缆	电压等级为50V以下,不低于交流300/500V的电线电缆	电压等级为220/380V时,不低于交流450/750V的电线电缆	地面上标志灯的配电线路和通信线路选择耐腐蚀橡胶电缆	系统的通信线路应采用耐火线缆或耐火光纤	灯具的配电线路应采用耐火线	灯具采用自带蓄电池供电时,灯具配电线路应采用阻燃或耐火线	灯具采用集中电源供电时,灯具配电线路应采用耐火线缆	线缆颜色

检验日期：　　　　　　　　　　检验人员：　　　　　　　　　　记录人：

329

330

消防应急照明与疏散指示系统：

表 8.10-11

消防应急照明与疏散指示系统原始记录

工程名称										
子分部工程			施工单位							
检验依据	GB 51309—2018 4.3.11	GB 51309—2018 4.3.12	GB 51309—2018 4.3.13	GB 51309—2018 4.3.14	GB 51309—2018 4.3.15	GB 51309—2018 4.3.16	GB 51309—2018 4.3.17	GB 51309—2018 4.3.18		
			布线							
检测项目	在管内或槽盒内的布线,不应有积水及杂物	系统应单独布线,除设计要求以外,不同回路,不同电压等级,交流与直流的线路,不应布在同一管内或槽盒的同一槽孔内	导线应在接线盒或管内、槽盒内,线缆在管内或槽盒内,不应有接头或扭结	导线在接线盒内采用焊接、压接、接线端子可靠连接	在地面上、多尘或潮湿场所,接线盒和导线的接头应做防腐蚀和防潮处理	从接线盒、槽盒等处引到系统部件的线路,当采用可弯曲金属导管保护时,其长度不应大于2m,且金属导管应入盒并固定	线缆跨越建、构筑物的沉降缝、伸缩缝、抗震缝等变形缝的两侧应固定,并留有适当余量	系统的布线,尚应符合《建筑电气工程施工质量验收规范》GB 50303—2015的相关规定	回路导线对地的绝缘电阻值不应小于20MΩ	
检测结果/检测部位										

检验日期：　　　　　　　检验人员：　　　　　　　记录人：

消防应急照明与疏散指示系统原始记录

表8.10-12

工程名称		施工单位	
子分部工程	系统部件—灯具	部件类型	□照明灯 □出口标志灯 □方向标志灯 □楼层标志灯 □多信息复合标志灯
检验依据	GB 51309—2018 3.2.1		

检测项目				检测结果		
灯具光源	应选择节能光源,照明灯的光源色温不应低于2700K					
	不应采用蓄光型指示标志替代标志灯					
设备选型	距地面8m及以下灯具的电压等级和供电方式					
	蓄电池安全性、不含重金属等,应选择A型灯具					
	地面上设置的标志灯,应选择集中电源A型灯具					
	未设消防控制室的住宅中,疏散走道、楼梯间等场所可选择自带电源B型灯具					
	灯具面板或灯罩的材质	顶棚、疏散走道或路径上方不应采用玻璃材质				
		距地面1m及以下标志灯	地面上灯具			
	标志灯具的规格	人员密集场所,室高h≥4.5m,应选特大型或大型标志灯				
		人员密集场所,3.5m≤室高h<4.5m,应选大或中型标志灯				
		室高h<3.5m的场所,应选择中型或小型标志灯				
	灯具及连接附件的防护等级	室外或地面上的防护等级 ≥IP67				
		隧道或潮湿场所的防护等级 ≥IP65				
		B型灯具的防护等级 ≥IP34				
	工作方式(标志灯应选择持续型灯具)	隧道和铁道交通(交通隧道宜选择有距离标识的标志灯)				
检测部位						

检验日期: 检验人员: 记录人:

消防应急照明与疏散指示系统原始记录

表 8.10-13

消防应急照明与疏散指示系统：

工程名称								
子分部工程		施工单位						
检验依据	系统部件—灯具	部件类型		□照明灯				
	GB 51309—2018 3.2.5							
检测结果\检测项目	设备设置							
	照明灯的设置部位及地面最低水平照度							
	I-1 病房楼或手术部内的避难间(≥10lx)	I-2 老年人照料设施(≥10lx)	I-3 人员密集场所、老年人照料设施、病房楼或手术部内的楼梯间、前室或合用前室、避难走道(≥10lx)	I-4 逃生辅助装置存放处等特殊区域(≥10lx)	I-5 屋顶直升机停机坪(≥10lx)	II-1 除 I-3 规定的敞开楼梯间、封闭楼梯间、防烟楼梯间及其前室、室外楼梯(≥5lx)	II-2 消防电梯间的前室或合用前室(≥5lx)	II-3 除 I-3 规定的避难走道(≥5lx)	II-4 寄宿制幼儿园和小学的寝室、医院手术室等需要救援人员协助疏散的区域(≥5lx)
检测部位									

检验人员：　　　　　　　记录人：

检验日期：

消防应急照明与疏散指示系统：

消防应急照明与疏散指示系统原始记录

表18.10-14

工程名称		施工单位	
子分部工程	系统部件—灯具	部件类型	□照明灯
检验依据	GB 51309—2018 3.2.5		

检测结果 检测项目	设备设置													
检测部位	照明灯的设置部位及地面面最低水平照度													
	III-1 除规定I-1规定避难层（间）（≥3lx）	III-2 观、展厅、电影院、多功能厅，S＞200m²营业厅、餐厅、演播厅，建筑S＞400m²的办公大厅、会议室等人员密集场所（≥3lx）	III-3 人员密集厂房内的生产场所（≥3lx）	III-4 室内步行街两侧的商铺（≥3lx）	III-5 建筑S＞100m²的地下或半地下公共活动场所（≥3lx）	IV-1 除I-2、II-4、III-2～III-5规定场所的疏散走道、疏散通道（≥1lx）	IV-2 室内步行街（≥1lx）	IV-3 城市交通隧道两侧人行横道通道和人行疏散通道（≥1lx）	IV-4 宾馆、酒店的客房（≥1lx）	IV-5 自动扶梯上方或侧上方（≥1lx）	IV-6 安全出口外面及附近区域、连廊的连接处两端（≥1lx）	IV-7 进入屋顶直升机停机坪的途径（≥1lx）	IV-8 配电室、消控室、消防泵房、自发电房等发生火灾时仍需工作、值守的区域（≥1lx）

检验日期：　　　　　　　　　　　检验人员：　　　　　　　　　　　记录人：

消防应急照明与疏散指示系统原始记录

表8.10-15

消防应急照明与疏散指示系统：

工程名称		施工单位	
子分部工程	系统部件—灯具	部件类型	□疏散手电　□标志灯—出口标志灯
检验依据	GB 51309—2018　3.2.6,3.2.7,3.2.8		

检测项目 检测结果 检测部位	宾馆客房内设疏散用手电筒及充电插座	标志灯应设在醒目位置	设备设置（出口标志灯）									
			在敞开、封闭、防烟楼梯间，防烟楼梯间前室入口上方	地下或半地下部分与地上部分共用楼梯间时，应设置在通向地面层疏散门的上方	在室外疏散楼梯出口的上方	在直通室外疏散门的上方	在首层采用扩大的封闭楼梯间或防烟楼梯间时，应设置在通向楼梯间疏散门的上方	在直通人员出上屋面、平台、天桥、连廊出口的上方　地下或半地下建筑（室）用直通室外的金属竖向梯疏散时，应设置在楼梯开口的上方	借用防火分区，设在通向被借防火分区分隔的甲级防火门的上方	步行街两侧商铺通向步行街疏散门的上方	避难层（间）、避难走道防烟前室、避难走道入口的上方	观众厅，展览厅、多功能厅和建筑面积大于400m²的营业厅、餐厅、演播厅等人员密集场所疏散门的上方

检验人员：　　　　　检验日期：

记录人：

表 8.10-16

消防应急照明与疏散指示系统原始记录

消防应急照明与疏散指示系统：

工程名称		施工单位	
子分部工程		部件类型	系统部件—灯具
检验依据	GB 51309—2018　3.2.9、3.2.10、3.2.11		

□标志灯—方向标志灯　□楼层标志灯　□多信息复合标志灯

设备设置

检测项目			方向标志灯				楼层标志灯	多信息复合标志灯
检测结果								
检测部位								

方向标志灯：
- 方向标志灯箭头指示疏散方向，并导向安全出口
- 应设置在走道、楼梯两侧距地面、墙面高度 1m 以下的墙面、柱面上方
- 安全出口或疏散门在疏散走道侧边时，应在疏散走道上增设指向安全出口的方向标志灯
- 标志面与疏散方向及间距：垂直 20m、平行 10m
- 展、商、候车（船）室、候机、营业厅等开敞空间场所的疏散通道方向标志灯
- 无墙、柱等结构时，应在疏散通道的上方
- 两侧墙、柱时，应在距地面高 1m 以下
- 标志面与疏散方向及间距：垂直 特大型或大型不大于 30m、中型不大于 20m；平行 特大型或大型不大于 15m、中型不大于 10m
- 保持视觉连续的方向标志灯：应设置在疏散走道、通道地面的中心位置；灯具的设置间距不应大于 3m

楼层标志灯：楼梯间每层应设楼层标志灯

多信息复合标志灯：人员密集场所出口附近应增设复合灯具

检验人员：　　　　　　　　记录人：

检验日期：

消防应急照明与疏散指示系统原始记录　　　　　　　　　　　　　　　表 8.10-17

工程名称							
子分部工程	消防应急照明与疏散指示系统：			施工单位			
检验依据	系统部件—灯具			部件类型 □照明灯 □出口标志灯 □方向标志灯 □楼层标志灯 □多信息复合标志灯			
	GB 51309—2018 4.1.7	GB 51309—2018 4.5.1		GB 51309—2018 4.5.2	GB 51309—2018 4.5.4	GB 51309—2018 4.5.5	
检测项目	安装工艺		安装质量				
			部件—灯具安装				
	在有爆炸危险性场所的安装，应符合《电气装置安装工程爆炸和火灾危险环境电气装置施工及验收规范》GB 50257—2014 的相关规定	固定安装在不燃性墙体或不燃性装修材料上，不应安装在门、窗或其他可移动的物体上	灯具安装后不影响通行，周围应无遮挡物	应保证灯具上的各种状态指示灯易于观察	灯具在侧面墙或墙柱上安装时		非集中控制型系统中，自带电源型灯具采用插头连接时，应采用专用工具方可拆卸
					可采用壁挂式或嵌入式安装	安装高度距地面不大于1m时，表面凸出的部分不应有尖锐角、毛刺等突出物，凸出最大水平距离不大于20mm	
检测结果 检测部位							

检验人员：　　　　　　　　　　　　　　　　　　记录人：

检验日期：

消防应急照明与疏散指示系统：

消防应急照明与疏散指示系统原始记录

表 8.10-18

工程名称		施工单位	
子分部工程	系统部件—灯具	部件类型	□照明灯
检验依据		GB 51309—2018　4.5.3、4.5.6、4.5.7、4.5.8	

安装质量

部件—照明灯安装

检测结果 检测部位	照明灯宜安装在顶棚上	灯具在顶棚、疏散走道或通道的上方安装时，可采用嵌顶、吸顶和吊装式安装	条件限制时，照明灯可安装在走道侧面墙上	安装高度不应在距地面1～2m之间	距地面1m以下侧面墙上安装时，保证光线照射在灯具的水平线以下	照明灯不应安装在地面上

检验人员：　　　　　　　　　　　　　记录人：

检验日期：

337

消防应急照明与疏散指示系统原始记录

表 8.10-19

工程名称：			
子分部工程		施工单位	
检验依据	系统部件—灯具	部件类型	□标志灯 □出口标志灯

GB 51309—2018　4.5.3、4.5.9、4.5.10

检测项目 检测结果	安装质量						
	部件—标志灯安装			部件—出口标志灯安装			
					室内高度不大于3.5m的场所	室内高度大于3.5m的场所	
检测部位	灯具在顶棚、疏散走道或路径的上方安装时，可采用吸顶和吊装式安装	室内高度大于3.5m的场所，特大型、大型、中型标志灯吊装式安装，吊灯杆或吊链上端应固定在建筑构件上	标志灯的标志面宜与疏散方向垂直	应安装在安全出口或疏散门内侧上方居中的位置	标志灯底边离门框距离不应大于200mm	无法安装在门框上侧时，可安装在门的两侧，但门完全开启时标志灯不能被遮挡	吸顶或吊装式安装时，标志灯距安全出口或疏散门所在墙面的距离不宜大于50mm	特大型、大型、中型标志灯底边距地面高度不宜小于3m，且不宜大于6m	标志灯距安全出口或疏散门所在墙面的距离不宜大于50mm

记录人：

检验人员：

检验日期：

表 8.10-20

消防应急照明与疏散指示系统原始记录

工程名称：			
子分部工程：		施工单位：	
检验依据：GB 51309—2018 4.5.3	系统部件—灯具	部件类型	□标志灯　□方向标志灯
			GB 51309—2018 4.5.9　GB 51309—2018 4.5.11

安装质量

部件—标志灯安装（GB 51309—2018 4.5.9）

检测项目	检测结果
灯具在顶棚、疏散走道或疏散路径的上方安装时，可采用吸顶和吊装式安装	
室内高度大于3.5m的场所，大型、特大型、中型标志灯吊装式安装，吊杆或吊链上端应固定在建筑构件上	
标志灯的标志面宜与疏散方向垂直	
应保证标志灯的箭头的指示方向与疏散指示方案一致	
在疏散走道或路径上方安装高度：室内 h ≤ 3.5m 的场所，标志灯底边距地面的高度宜为 2.2～2.5m	
在疏散走道或路径上方安装高度：室内 h > 3.5m 的场所，特大型、大型、中型标志灯底边距地面高度不宜小于3m，且不宜大于6m	

部件—方向标志灯安装（GB 51309—2018 4.5.11）

检测项目	检测结果
在疏散走道的侧面墙上安装标志灯底边距地面高度应小于1m	
安装在疏散走道的上方或疏散走道拐弯处的上方时，标志灯与疏散方向垂直	
在疏散走道两侧增设的上方或两侧，标志灯与标志灯的距离应小于1m	
出口或疏散门在疏散走道侧边时，在疏散走道顶部增设的方向标志灯，标志灯与标志面应与疏散方向垂直	
在疏散走道、路径地面上安装时：标志灯应安装在疏散走道、路径的中心位置	
在疏散走道、路径地面上安装时：金属构件应做耐腐或做防腐处理，配电、通信线路的连接应采用密封胶密封	
在疏散走道、路径地面上安装时：标志灯表面与地面平行，高于地面不大于3mm，标志灯边缘与地面垂直距离高度不大于1mm	

检测部位	

检验日期：　　　　　检验人员：　　　　　记录人：

339

消防应急照明与疏散指示系统原始记录

消防应急照明与疏散指示系统：　　　　　　　　　　　　　　　　　　　　　　　表 **8.10-21**

工程名称		施工单位			
子分部工程	系统部件—灯具	部件类型	□标志灯　□楼层标志灯　□多信息复合标志灯		
检验依据	GB 51309—2018　4.5.3、4.5.9、4.5.11、4.5.12				
检测结果＼检测项目／检测部位	安装质量				
	部件—标志灯安装			部件—楼层标志灯安装	部件—多信息复合标志灯
	灯具在顶棚、疏散走道或路径的上方安装时,可采用吸顶和吊装式安装	室内高度大于3.5m的场所,特大型、大型、中型标志灯吊装式安装,吊杆或吊链上端应固定在建筑构件上	标志灯的标志面宜与疏散方向垂直	安装在楼梯间内朝向楼梯的正面墙上,标志灯底边距地面的高度宜为2.2～2.5m	应安装在疏散走道、疏散通道的顶部,且标志灯的标志面应与疏散方向垂直、指示疏散方向的箭头应指向安全出口、疏散出口

检验日期：　　　　　　　　　　　检验人员：　　　　　　　　　　　记录人：

消防应急照明与疏散指示系统原始记录

消防应急照明与疏散指示系统：

表8.10-22

工程名称								施工单位		
子分部工程		系统部件—控制设备						部件类型		□应急照明控制器
检验依据		GB 51309—2018 3.4.3、3.4.4、3.4.5、3.4.6								
检测结果 \\ 检测项目		系统类型为集中控制型时,应急照明控制器设计								
		控制器控制、显示功能								控制器容量
检测部位		接收、显示、保持火灾报警控制器的火灾报警输出信号、消防联动控制器发出的火灾报警区域信号或联动控制信号	应按预设逻辑自动、手动控制系统的应急启动	能接收、显示、保持其配接的灯具、集中电源或应急照明配电箱的工作状态信息	设多台应急照明控制器时,起集中控制功能的应急照明控制器			借其他防火分区疏散的防火分区和需要采用不同疏散预案的交通隧道、地铁隧道、地铁站台和站厅等场所			直接控制灯具的总数量不应大于3200
					应能按预设逻辑自动、手动控制其他控制器配接系统设备的应急启动	应能接收、显示、保持其他控制器配接的灯具、集中电源或应急照明配电箱的工作状态信息	疏散指示方案、系统部件的工作状态应在应急照明控制器或专用消防控制室图形显示装置上以图形方式显示			

检验日期：   检验人员：   记录人：

消防应急照明与疏散指示系统原始记录

表8.10-23

消防应急照明与疏散指示系统：

工程名称		施工单位	
子分部工程	系统部件—控制设备、供配电设备	部件类型	□控制设备-应急照明控制器　□供配电设备-集中电源选型　□供配电设备-应急照明配电箱
检验依据	GB 51309—2018　3.4.1,3.3.7,3.3.8,3.3.4.1		

检测项目 检测结果 检测部位	设备选型						
	应急照明控制器				集中电源		应急照明配电箱
	防护等级	蓄电池电源	通信接口	通信协议	蓄电池电源	输出功率	进出线方式
	在隧道或潮湿场所设置时,防护等级不应低于IP65 在电气竖井内设置时,防护等级不应低于IP33	宜优先选择安全性高,不含重金属等对环境有害物质的蓄电池(组)	应具有能接收火灾报警控制器或消防联动控制器干接点信号或DC24V信号接口	应急照明控制器与消防动控制器的通信接口和通信协议的兼容性应符合《火灾自动报警系统组件兼容性要求》GB 22134—2008的规定	宜优先选择安全性高,不含重金属等对环境有害物质的蓄电池(组)	集中电源的额定输出功率不应大于5kW 设置在电缆竖井中的集中电源的额定输出功率不应大于1kW	应选择进出线口设置在箱体下部的应急照明配电箱

检验人员：　　　　　　记录人：

检验日期：

消防应急照明与疏散指示系统原始记录

表 8.10-24

工程名称					
子分部工程	消防应急照明与疏散指示系统	施工单位			
系统部件—控制设备	部件类型	□控制设备—应急照明控制器			
检验依据	GB 51309—2018　3.4.6				

检测项目 检验结果 检测部位	设备设置					设备设置 设置部位
	设置在消防控制室地面上				设置在消防控制室墙面上	控制器应设置在消防控制室内或有人值班的场所
	设备面盘前的操作距离，单列布置时不应小于1.5m；双列布置时不应小于2m	在值班人员经常工作的一面，设备面盘至墙的距离不应小于3m	设备面盘后的维修距离不宜小于1m	设备面盘的排列长度大于4m时，其两端应设置宽度不小于1m的通道	其主显示屏高度宜为1.5～1.8m，靠近门距侧墙面距离不应小于0.5m，正面操作距离不应小于1.2m	设置多台控制器时，起集中控制功能的控制器应设置在消防控制室内，其他控制器可设置在电气竖井、配电间等无人值班的场所

检验人员：　　　　　　　　记录人：

检验日期：

343

表 8.10-25

消防应急照明与疏散指示系统原始记录

工程名称		施工单位	
子分部工程	系统部件—供配电设备	部件类型	□集中电源
检验依据	GB 51309—2018 3.3.8,3.3.4.6		

检测项目	设置在消防控制室地面上				设置在消防控制室墙面上	设备设置		设置部位		
检验结果 \ 检测部位	设备面盘前的操作距离，单列布置时不应小于1.5m；双列布置时不应小于2m	在值班人员经常工作的一面，设备面盘至墙面距离不应小于3m	设备面盘后的维修距离不宜小于1m	设备面盘的排列长度大于4m时，其两端应设置宽度不宜小于1m的通道	其主显示屏高度宜为1.5～1.8m，靠近门轴的侧面距墙不应小于0.5m，正面操作距离不应小于1.2m	应按防火分区的划分情况设置集中电源；灯具总功率大于5kW的系统，应分散设置集中电源	应设置在消防控制室、低压配电室或容许总量不大于1kW时，可设置在电气竖井内	设置场所不应有可燃气管道、易燃物、腐蚀性气体或蒸气	酸、碱性电池（组）设置场所不应存放对应带有碱性和酸性介质的物质	设置场所应通风良好，环境温度不应超出电池标称的工作温度范围

检验人员：　　　　　　　　记录人：

检验日期：　　　　　　　　记录人：

表 8.10-26

消防应急照明与疏散指示系统原始记录

消防应急照明与疏散指示系统：

工程名称				
子分部工程	系统部件—供配电设备		施工单位	
检验依据	GB 51309—2018 3.3.7		部件类型	□供配电设备—应急照明配电箱

检测项目 / 检测结果	设备设置 / 设置部位				设备供电			设备供配电 / 输出回路	
检测部位	人员密集场所，每个相邻防火分区设置独立的应急照明配电箱	非人员密集场所，多个相邻防火分区可设置一个共用的应急照明配电箱	防烟楼梯间应设置独立的应急照明配电箱，封闭楼梯间宜设置独立的应急照明配电箱	宜设置于值班室、设备机房、配电间或电气竖井内	集中控制型系统中，应由消防电源的专用回路或所在防火分区内的消防电源配电箱供电	非集中控制型系统中，应由正常照明配电箱供电	A型应急照明配电箱的变压装置可设置在应急照明配电箱内或附近	A型应急照明配电箱的输出回路不应超过8路；B型应急照明配电箱的输出回路不应超过12路	应急照明配电箱沿电气竖井垂直向不同楼层供电时，公共建筑的供电范围不宜超过8层，住宅建筑的供电范围不宜超过18层

检验人员： 记录人：

检验日期：

345

表 8.10-27

消防应急照明与疏散指示系统原始记录

消防应急照明与疏散指示系统:

工程名称			施工单位			
子分部工程	系统部件-控制设备、供配电设备		部件类型	□控制设备-应急照明控制器 □供配电设备-集中电源		
检验依据	GB 51309—2018 3.3.8、3.4.7					
检测结果 检测部位	检测项目	应急照明控制器		设备供配电		
		设备供电	集中电源			
		设备供电	设备供电	设备供配电		
				集中电源		
				设备供电	输出回路	
		应急照明控制器的主电源应由消防电源供电;控制器的自带蓄电池备用电源应至少使控制器在主电源中断后工作 3h	集中控制型系统中,集中设置的集中电源应由消防专用应急回路供电,分散设置的集中电源应由所在防火分区的消防电源配电箱供电	非集中控制型系统中,集中设置的集中电源应由正常照明线路供电,分散设置的集中电源应由防火分区内的正常照明配电箱供电	集中电源的输出回路不应超过 8 路	沿电缆管井垂直向不同楼层的灯具供电时,公共建筑的供电范围不宜超过 8 层、住宅建筑不宜超过 18 层

检验日期: 检验人员: 记录人:

消防应急照明与疏散指示系统：

消防应急照明与疏散指示系统原始记录

表8.10-28

工程名称：		施工单位：	
子分部工程	系统部件—控制设备、供配电设备	部件类型	□控制设备—应急照明控制器 □供配电设备—集中电源选型 □供配电设备—应急照明配电箱
检验依据	GB 51309—2018 4.1.7、4.4.4.1、4.4.2、4.4.3、4.4.4、4.4.5		

检测项目			检测结果
设备安装	安装工艺	在有爆炸危险性的场所的安装，应符合《电气装置安装工程爆炸和火灾危险环境电气装置施工及验收规范》GB 50257—2014 的相关规定	
	安装位置	集中电源前、后部应适当留出更换蓄电池（组）的作业空间	
	设备安装	设备应安装牢固、不得倾斜	
		设备在轻质墙上时，其底应采取加固措施	
		落地安装时，其底边宜高出地（楼）面100~200mm	
		设备在电气竖井内安装时，应采用下出口进线方式	
		设备的接地应牢固，并应有明显标识	
安装质量		配线应整齐，不宜交叉，并应设置的固定牢靠	
		线缆芯线端部的均应标明编号，并与图纸一致，字迹应清晰且不易褪色	
设备引入线缆		线缆应留有不小于200mm的余量	
		端子板的每个接线端，接线不得超过2根	
		线缆穿管、槽盒后，应将管口、槽口封堵	
		线缆应扎成束，检查线缆的余量长度，用尺测量线缆的布置情况	
蓄电池安装		应急照明控制器、集中电源自带蓄电池（组）、蓄电池（组）规格、型号、容量应符合设计文件的规定，蓄电池（组）安装应符合产品使用说明书的要求	
应急照明控制器电源连接		控制器的主电源应设明显标识，并应直接与消防电源连接，严禁使用电源插头；设备与其他用电设备之间应直接连接	
检测部位			

检验日期：　　　　　　　　检验人员：　　　　　　　　记录人：

消防应急照明与疏散指示系统原始记录

表 8.10-29

消防应急照明与疏散指示系统：

工程名称		施工单位	
子分部工程	系统部件—控制设备	部件类型	□控制设备—应急照明控制器
检验依据		GB 51309—2018 5.3.2	

系统部件基本功能

检测项目 检测结果 检测部位	自检功能	操作级别	主、备电源自动转换功能		故障报警功能	故障报警功能	消音功能	一键检查功能
	控制器应能对指示灯、显示器和音响器件进行自检功能自检	控制器应能防止非专业人员操作	控制器主电断电后，备电应能自动投入	主电、备电工作应正确，能指示控制器的工作状态	与备用电源之间连线断路、短路，控制器应100s内发出故障声、光信号，显示故障类型	控制器与应急照明配电箱或集中电源通信故障时，控制器应显示与附录D一致的故障部件地址注释信息	灯具与应急照明配电箱或集中电源之间连线断路、短路时，控制器应显示与附录D一致的故障部件地址注释信息	控制器手动应能消除报警声信号	应能采用一键式操作方式，手动检查其配接所有系统设备工作状态信息

检验日期：　　　　　　　　检验人员：　　　　　　　　记录人：

表 8.10-30

消防应急照明与疏散指示系统原始记录

消防应急照明与疏散指示系统：

工程名称		施工单位	
子分部工程	系统部件—供配电设备	部件类型	□供配电设备—集中电源
检验依据	GB 51309—2018 5.3.4		

检测项目	系统部件基本功能							
	集中电源						集中控制型集中电源	
	故障报警功能			消音功能	分配电输出功能	电源转换手动测试	通信故障连锁控制功能	灯具应急状态保持功能
	操作级别							
检测结果	应能防止非专业人员操作	集中电源的充电池组电器之间连线断路时，集中电源应发出故障声、光信号，显示故障类型	集中电源应急输出回路开路时，集中电源应发出故障声、光信号，显示故障类型	集中电源应能手动消除报警声信号	集中电源处于主电或蓄电池电源输出时，各配电回路的输出电压应符合设计文件的规定	应能手动控制应急照明实现集中电源主电源和蓄电池电源的输出转换	应急照明控制器与集中电源通信中断时，集中电源配接的所有非持续型照明灯的光源应点亮，所有非持续型灯具的光源由节电点亮模式转入应急点亮模式	集中电源配接的灯具处于应急工作状态时，任一灯具回路短路、断路不应影响其他回路灯具的应急工作状态
检测部位								

检验人员：　　　　　　　　　记录人

检验日期：

349

消防应急照明与疏散指示系统原始记录

表 8.10-31

消防应急照明与疏散指示系统：

工程名称：					
子分部工程		施工单位			
检验依据	系统部件—供配电设备	部件类型	□供配电设备—应急照明配电箱		
	GB 51309—2018 5.3.6				
检测项目		系统部件基本功能			
			应急照明配电箱		
	主电源分配输出功能		集中控制型应急照明配电箱		
		主电源输出关断测试功能	通信故障连锁控制功能		灯具应急状态保持功能
检测结果	应急照明配电箱的各电回路的输出电压应符合设计文件的规定	应能手动控制应急照明配电箱切断主电源输出，并能手动控制应急组照明配电箱恢复主电源输出	应急照明控制器与应急照明配电箱通信中断时，应急照明配电箱接的所有非持续型照明灯的光源应应急点亮，所有非持续型灯具的光源由节电模式转入应急点亮模式	应急照明配电箱接的灯具处于应急工作状态时，任一灯具回路的短路，断路不应影响该回路和其他回路灯具的应急工作	
检测部位					

检验日期： 检验人员： 记录人：

消防应急照明与疏散指示系统:

消防应急照明与疏散指示系统原始记录

表 8.10-32

工程名称					
分项工程		系统功能		施工单位	
检验依据				系统类型	□集中控制型系统功能
					GB 51309—2018 5.4.2、5.4.3、5.4.4

检测结果 \ 检测项目	系统正常工作模式				非火灾状态下系统控制功能	系统电源断电控制功能	集中控制型系统功能	系统正常照明断电控制功能
检测部位	灯具采用自带蓄电池供电,集中电源应急照明配电箱保持主电源输出	灯具采用集中电源供电,集中电源应急照明配电箱保持主电源输出	该区域内非持续型照明灯的光源应保持熄灭状态,持续型照明灯的光源应保持节电点亮模式	该区域内持续型标志灯应按疏散指示方案保持光源点亮模式;该区域采用不同疏散预案时,区域标志灯的光源应保持节电点亮模式	消防电源断电后,所有非持续型照明灯的光源应点亮,持续型灯具的光源由节电点亮模式转入应急点亮模式	消防电源断电后,该区域内持续型照明灯光源点亮,持续型灯具的光源由节电点亮模式转入应急点亮模式;灯具持续应急点亮时间应符合设计规定,且不应小于0.5h	灯具持续点亮时间达到设计文件规定的时间后,集中电源或应急照明配电箱应连锁其配接灯具的光源熄灭	系统正常照明断电后,该区域断电,非持续型照明灯光源点亮,持续应急点亮时间应符合设计文件规定的时间;灯具持续应急点亮	恢复正常照明的电源供电后,该区域所有灯具的光源应恢复原工作状态

检验日期: 检验人员: 记录人:

表 8.10-33

消防应急照明与疏散指示系统原始记录

消防应急照明与疏散指示系统：

工程名称					
分项工程	系统功能		施工单位		
检验依据			系统类型	□集中控制型系统功能	
			GB 51309—2018　5.4.6、5.4.7、5.4.8		
检测项目	系统正常工作模式系统自动应急启动功能		火灾状态下系统控制功能		需用不同疏散预案的交通隧道、地铁隧道、站台和站厅等场所、消防联动控制功能
	应急照明控制器接收到火灾报警信号后，应发启动信号，显示动时间大于 0.25s，其他灯具点亮的响应时间不应大于 5s	系统配接的B型应急照明配电箱、A型集中电源应由节电转入应急模式，高危场所点亮的响应时间不应大于 0.25s，其他灯具点亮响应时间不应大于 5s	系统中配接的 A型应急照明配电箱、A型应急照明集中电源应保持主电源输出；系统主电源断电后，A型应急照明集中电源人蓄电池电源输出，B型应急照明配电箱应急照明配电箱应切断主电源输出	借用相邻防火分区疏散的防火分区，标志灯具借用相邻防火分区灯具指示状态改变功能（同一平面层中）	
			应急照明控制器接收到被借用防火分区的火警信号后，应发送控制标志灯指示状态改变的信号，显示动时间	按照不可借用相邻防火分区疏散方案作出的疏散指示方案，方向标志灯应改变箭头指示方向，被借用防火分区入口的出口标志灯"出口指示"光源应熄灭、"禁止入内"指示灯指示状态亮、其他标志灯的光源应点亮、其他标志灯的工作状态应保持不变，灯具改变指示状态的响应时间不应大于 5s	该区域内按照对应指示方案，需要变换方向的箭头标志灯应改变指示方向，通向疏散出口处设置的"出口指示标志"的光源应熄灭、"禁止入内"指示灯应点亮、其他标志灯的工作状态应保持不变、灯具改变指示状态的响应时间应大于 5s
检测结果	检测部位				

检验人员：　　　　　　　　　　　　　　　　记录人：

检验日期：

表 8.10-34

消防应急照明与疏散指示系统原始记录

消防应急照明与疏散指示系统：

工程名称		
分项工程		施工单位
检验依据	系统类型	□集中控制型系统功能
	GB 51309—2018 3.2.4、3.2.5、5.4.7	

检测项目	系统功能								
	系统手动应急启动功能			火灾状态下系统控制功能					
	手动操作应急照明控制器的一键启动按钮后,应急照明控制器应发出手动应急启动信号,显示启动时间	系统内所有的非持续型应急照明灯的光源应点亮,持续型应急照明灯具的光源应由节电点亮模式转入应急点亮模式	集中电源应转入蓄电池电源输出,应急照明配电箱应切断主电源的输出	地面最低水平照度			灯具蓄电池电源持续工作时间		
				见照明灯具	建筑高度大于100m的民用建筑不少于1.5h	医、老建筑,S总大于100000m²的公共建筑和总建筑面积大于20000m²的地下、半地下建筑,不应少于1.0h	其他建筑不少于0.5h	一、二类隧道不少于1.5h,端口外接的站房不少于2.0h	三、四类隧道不少于1.0h,端口外接的站房不少于1.5h	系统初装容量应为规定量应持续工作时间的3倍
检测结果 检测部位									

检验人员： 　　　　　　　　　　检验日期：

记录人：

353

消防应急照明与疏散指示系统原始记录

表 8.10-35

消防应急照明与疏散指示系统：

分项工程		系统功能		系统类型		□集中控制型 □非集中控制型
检验依据				GB 51309—2018　5.5.2,5.5.3		
检测项目		系统正常工作模式		非火灾状态下系统控制功能		灯具感应点亮功能
检测结果 检测部位		灯具采用集中电源供电时,集中电源应保持主电源输出	灯具采用自带蓄电池供电时,应急照明配电箱应保持主电源输出	系统灯具的工作状态应符合设计文件的规定	非持续型照明灯具有人体、声音等感应方式点亮功能时,灯具设置场所满足灯具点亮条件时,灯具应自动点亮	

检验日期：　　　　　　　　　检验人员：　　　　　　　　　记录人：

表 8.10-36

消防应急照明与疏散指示系统原始记录

工程名称：		
分项工程：	施工单位：	

系统名称：消防应急照明与疏散指示系统：

检验依据	GB 51309—2018 3.2.4,3.2.5,5.5.4,5.5.5,5.5.6.1

系统类型　□集中控制型　□非集中控制型　□系统备用照明功能

检测项目	检测结果							检测部位

系统功能

设置区域火灾报警系统的场所系统自动应急启动功能
- 灯具采用集中电源供电时，集中电源收到的火灾报警器发出的火灾报警输出信号后，应转入蓄电池电源输出，并控制其所配接的非持续型照明灯具由节电点亮、持续型灯具应转入应急点亮，高危场所灯具应由节电点亮的响应时间不多于 0.25s，其他场所不多于 5s
- 灯具采用自带蓄电池供电时，应急照明配电箱收到的火报器发出信号后，应切断其主电源输出，并控制其所配接的非持续型照明灯具由节电点亮、持续型灯具应转入应急点亮，高危场所灯具应由节电点亮的响应时间不多于 0.25s，其他场所不多于 5s

火灾状态下系统控制功能

系统手动应急启动功能
- 灯具采用集中电源供电时，应能手动控制集中电源蓄电池电源输出，并控制其所配接的非持续型照明灯具应急点亮、持续型灯具应由节电点亮转入应急点亮，高危场所灯具点亮的响应时间不多于 0.25s，其他场所不多于 5s
- 灯具自带蓄电池供电时，应能手动控制应急照明配电箱切断应急照明输出，断电源后其所配接的非持续型照明灯具应急点亮、持续型灯具由节电点亮转入应急点亮，高危场所灯具点亮的响应时间不多于 0.25s，其他场所不多于 5s

照明灯具地面最低水平照度
- 见应急照明设置部位记录

灯具蓄电池供电持续工作时间
- 医疗建筑不少于 1.0h，其他建筑不少于 0.5h
- 三、四类隧道不少于 1.0h，隧道端口外接入口的站房不少于 1.5h
- 系统初装容量应为规定持续工作时间的 3 倍

系统备用照明功能
- 应能为灯具供电的正常照明电源断电源后，应能自动转入消防应急电源应急回路供电

检验人员：	记录人：

检验日期：

355

第9章 火灾自动报警系统

火灾自动报警系统是火灾探测报警与消防联动控制系统的简称，是以实现火灾早期探测和报警，向各类消防设备发出控制信号并接收设备反馈信号，进而实现预定消防功能为基本任务的一种自动消防设施。

9.1 火灾探测器与手动火灾报警按钮

9.1.1 火灾探测器

1）火灾探测器分类

（1）根据探测火灾特征参数分类

① 感温探测器

感知异常温度或温升速率，当环境温度或温升速率达到设定值时，发出火灾报警信号的火灾探测器。

② 感烟探测器

感知燃烧或热解产生的固体或液体微粒，探测火灾初期烟雾并发出火灾报警信号的火灾探测器。

③ 感光探测器（火焰探测器、图像型火焰探测器）

探测发生火灾时火焰中红外光、紫外光并发出火灾报警信号的火灾探测器。

④ 可燃气体探测器

检测可燃气体浓度并发出警告或报警信号的探测器。

⑤ 复合探测器

集多种探测原理于一体的火灾探测器。

⑥ 其他特殊类型的火灾探测器

（2）根据监视范围分类

① 点型火灾探测器

② 线型火灾探测器

③ 多点型火灾探测器。

（3）按工作方式分类

① 地址型（智能型）探测器

探测器直接连接在火灾自动报警控制器或消防联动控制器的总线上，具有独立的地址，点型火灾探测器一般多为地址型探测器。

②非地址型（普通型）探测器

需要通过模块连接在控制器总线上，没有独立的地址，控制器只能通过模块的地址来识别非地址型探测器的身份和信息，大部分缆式线型感温探测器为非地址型。

2）火灾探测器应用场所

（1）常用点型火灾探测器类型及适用场所见表 9.1.1-1

点型火灾探测器类型及应用场所一览表　表 9.1.1-1

火灾探测器类型	适宜使用场所	不宜使用场所
点型光电感烟探测器	1 饭店、藏馆、教学楼、办公楼的厅堂、卧室、办公室、商场、列车载客车厢等 2 计算机房、通信机房、电影或电视放映室等 3 楼梯、走道、电梯机房、车库等 4 书库、档案库等	1 有大量粉尘、水雾滞留 2 可能产生蒸气和油雾 3 高海拔地区 4 在正常情况下有烟暗留 5 房间高度大于 12m
点型离子感烟探测器	1 饭店、藏馆、教学楼、办公楼的厅堂、卧室、办公室、商场、列车载客车厢等 2 计算机房、通信机房、电影或电视放映室等 3 楼梯、走道、电梯机房、车库等 4 书库、档案库等	1 相对 程度经常大于 95% 2 气流速度大于 5m/s 3 有大量粉尘、水雾滞留 4 可能产生腐蚀性气体 5 在正常情况下有烟滞留 6 产生醇类、醚类、酮类等有机物质 7 房间高度大于 12m
点型定温感温探测器	1 相对湿度经常大于 95% 2 可能发生无烟火灾 3 有大量粉尘 4 吸烟室等在正常情况下有烟或蒸气滞留场所 5 厨房、锅炉房、发电机房、烘干车间等不宜安装感烟火灾探测器的场所 6 需要联动熄灭"安全出口"标志灯的安全出口内侧 7 其他无人滞留且不适合安装感烟火灾探测器，但发生火灾时需要及时报警的	1 可能产生阴燃火或发生火灾不及时报警将造成重大损失的场所 2 温度在 0℃以下的场所
点型温差感温探测器		1 可能产生阴燃火或发生火灾不及时报警将造成重大损失的场所 2 温度变化较大的场所，不宜选择具有温差特性的探测器
点型温差、定温感温探测器		
点型火焰探测器或图像型火焰探测器	1 火灾时有强烈的火焰辐射 2 可能发生液体燃烧等无阴燃阶段火灾 3 需要对火焰作出快速反应	1 在火焰出现前有浓烟扩散 2 探测器的镜头易被污染 3 探测器的"视线"易被油雾、烟雾水雾和冰雪遮挡 4 探测区域内的可燃物是金属和无机物 5 探测器易受阳光、白炽灯等光源直接或间接照射
可燃气体探测器	1 使用可燃气体的场所 2 燃气站和燃气表房以及存储液化石油气罐的场所 3 其他散发可燃气体和可燃蒸气的场所	

（2）常用线型火灾探测器类型及适用场所见表 9.1.1-2

其他类型火灾探测器及应用场所　　　　表 9.1.1-2

火灾探测器类型	适宜使用场所	不宜使用场所
线型光束感烟火灾探测器	无遮挡的大空间或有特殊要求的房间	1 有大量粉尘、水雾滞留 2 可能产生蒸气和油雾 3 在正常情况下有烟滞留 4 固定探测器的建筑结构由于振动等原因会产生较大位移的场所
线型缆式感温火灾探测器	1 电缆隧道、电缆竖井、电缆夹层、电缆桥架 2 不易安装点型探测器的夹层、闷顶 3 各种皮带输送装置 4 其他环境恶劣不适合点型探测器安装的场所	
线型光纤感温火灾探测器	1 除液化石油气外的石油储罐 2 需要设置线型感温火灾探测器的易燃易爆场所 3 需要监测环境温度的地下空间等场所 4 公路隧道、敷设动力电缆的铁路隧道和城市地铁隧道等	
吸气式感烟火灾探测器	1 具有高速气流的场所 2 点型感烟、感温火灾探测器不适宜的大空间、舞台上方、建筑高度超过21m或有特殊要求的场所 3 低温场所 4 需要进行隐蔽探测的场所 5 需要进行火灾早期探测的重要场所 6 人员不宜进入的场所	

9.1.2　手动火灾报警按钮

火灾自动报警系统中手动触发器件，用以向火灾报警控制器发出火灾报警信号的装置。按编码方式分为：编码型报警按钮、非编码型报警按钮。

9.2　火灾自动报警系统形式

9.2.1　区域报警系统

1）主要特点

区域报警系统仅有报警，没有联动自动消防设备等功能。

2）系统组成

系统主要由火灾探测器、手动火灾报警按钮、火灾声光警报器、火灾报警控制器等组成，可包括图形显示装置（CRT）和指示楼层的区域显示器。

3）适用范围

仅需要报警，不需要联动自动消防设备的保护场所。

9.2.2　集中报警系统

1）主要特点

集中报警系统具有报警和联动自动消防设备等功能。

2）系统组成

系统主要由火灾探测器、手动火灾报警按钮、火灾声光警报器、消防应急广播、消防专用电话、图形显示装置（CRT）、火灾报警控制器和消防联动控制器等组成。

3）适用范围

不仅需要报警，同时需要联动自动消防设备，且只设置一台具有集中控制功能的火灾报警控制器和消防联动控制器的保护场所，并应设置一个消防控制室。

9.2.3　控制中心报警系统

1）主要特点

适用于设置两个及以上消防控制室或已设置两个及以上集中报警系统的项目。

2）系统组成

系统由火灾探测器、手动火灾报警按钮、火灾声光警报器、消防应急广播、消防专用电话、图形显示装置（CRT）、火灾报警控制器和消防联动控制器等组成。

3）适用范围

设置两个及以上消防控制室的场所，或已设置两个及以上集中报警系统的场所。

9.2.4　无线火灾自动报警系统

1）主要特点

由无线火灾探测报警系统、无线消防联动系统、无线火灾预警系统等全部或部分设备通过无线双向通信组网方式实现火灾自动报警，网络信息传输和联动功能的报警系统。

2）系统组成

系统由无线火灾报警控制器、无线双向通信点型火灾探测器、无线双向通信手动火灾报警按钮、无线双向通信火灾声光警报器、无线双向通信模块和无线双向通信中继器等组成。

3）适用范围

火灾自动报警系统作废和改造的老旧建筑及场所；存在火灾隐患，需要火灾探测及报价的历史遗留建筑及场所；住宅、公寓、别墅、宿舍；托儿所、幼儿园及其他适合安装无线火灾自动报警系统的场所。

9.2.5　可视图像早期火灾报警系统

1）主要特点

采用视频图像分析技术，能够快速准确地探测火焰和烟雾的火灾报警系统。

2）系统组成

系统主要由模拟或数字系统摄像机、视频图像火灾探测软件、视频编码设备、网络交换设备、服务器和显示器等组成。

3）适用范围

可视图像早期火灾报警系统可用于建筑空间的火灾探测，也可用于具体保护对象的火灾探测，可作为现有传统火灾报警系统的补充，适用于如文博、城市轨道交通、烟草、公路隧道、仓储物流、电力、电信、金融、钢铁冶金、石油石化、铁路、民航等行业及室内高大空间中适合安装图像报警系统的场所。

9.3　火灾自动报警系统组成

火灾自动报警系统一般由火灾探测报警、消防联动控制、可燃气体探测报警及电气火灾监控等系统组成。

9.3.1　火灾探测报警系统组成

1）触发器件

主要包括：火灾探测器、手动报警按钮等。

2）火灾报警装置

用以接收、显示和传递火灾报警信号，并能发出控制信号和具有其他辅助功能的控制指示设备，如火灾报警控制器。

3）火灾警报装置

用以发出声、光火灾警报信号的装置，如警铃、声报警器和声光报警器等。

4）火灾区域显示盘（楼层显示器）

用于显示本报警区域（本楼层）的火警信息。

5）电源

火灾自动报警系统其主电源应采用消防电源，备用电源可采用蓄电池。

9.3.2　消防联动控制系统组成

消防联动控制系统由消防联动控制器、消防控制室图形显示装置、消防电气控制装置、消防电动装置、消防联动模块、消火栓按钮、消防应急广播设备和消防电话等设备和组件组成。

1）消防联动控制器

消防联动控制器是消防联动控制系统的核心组件。它通过接收火灾报警控制器发出的火灾报警信息，按预设逻辑对建筑中设置的自动灭火、防排烟等消防设备进行联动控制。

2）消防控制室图形显示装置

消防控制室图形显示装置用于接收并显示保护区域内的火灾探测报警及联动控制、消火栓、自动灭火、防烟排烟、防火门及防火卷帘、电梯、消防电源、消防应急照明和疏散指示、消防通信等各类消防系统运行状态信息，同时还具有信息传输和记录功能。

3）消防电气控制装置

消防电气控制装置的功能是控制各类消防泵、防烟排烟风机、电动防火门、电动防火窗、防火卷帘和电动阀等各类电动消防设施并将相应设备的工作状态反馈给消防联动控制器进行显示。

4）消防电动装置

消防电动装置的功能是实现电动消防设施的电气驱动或释放，包括电动防火门窗、电动防火阀、电动防烟阀和气体驱动器等消防设施的电气驱动或释放装置。

5）消防联动模块

消防联动模块是用于消防联动控制和其所连接的受控设备或部件之间信号传输的设备，包括输入模块、输出模块和输入输出等模块。

6）消火栓按钮

用于火灾时向控制中心发出启动消火栓泵的联动信号。

7）消防应急广播设备

消防应急广播设备是在火灾或意外事故发生时通过控制功率放大器和扬声器进行应急广播的设备。

8）消防电话

消防电话用于消防控制室与建筑物内部各重要场所之间通话。一般由消防电话总机、消防电话分机和消防电话插孔等组成。

9.4 火灾自动报警系统主要设计要求

9.4.1 一般要求及系统架构示例

1）任一台火灾报警控制器所连接的火灾探测器、手动报警按钮和模块等设备总数和地址总数，均不应超过 3200 点。

2）系统总线应设置总线短路隔离器，每只总线隔离器保护的火灾探测器、手动火灾报警按钮和模块等消防设备的总数不应超过 32 点。

3）建筑高度超过 100m 的建筑中，在现场设置的火灾报警控制器应分区控制，其所连接的火灾探测器、手动火灾报警按钮和模块等设备不应跨越火灾报警控制器所在区域的避难层。

4）采用区域报警系统形式时，火灾报警控制器应设置在有人值班的场所。

5）采用集中报警系统形式时，系统中的火灾报警控制器、消防联动控制和图形显示装置（CRT）、消防应急广播的控制装置、消防专用电话总机等设备应设置在消防控制室内。

6）采用控制中心报警系统形式时，当有两个及两个以上的消防控制室时，应确定一个主消防控制室。主消防控制室应能显示所有火灾报警信号和联动控制状态信号，并应能控制重要的消防设备。各分消防控制室内消防设备之间可互相传输、显示状态信息，但不应互相控制。系统设置的消防控制室图形显示装置（CRT）应具有传输有关信息的功能。

7）报警区域划分

（1）报警区域应根据防火分区或楼层划分。

（2）电缆隧道的一个报警区域宜由一个封闭长度区间组成，一个报警区域不应超过相连的 3 个封闭长度区间。

（3）道路隧道的报警区域应根据排烟系统或灭火系统的联动需要确定，且不宜超过 150m。

（4）甲、乙、丙类液体储罐场所的报警区域应由一个储罐区组成，每个 50000m³ 及以上的外浮顶储罐应单独划分为一个报警区域。

8）探测区域划分

（1）探测区域应按独立房（套）间划分，一个探测区域的面积不宜超过 500m²。

（2）红外光束感烟火灾探测器和缆式线型感温火灾探测器的探测区域长度，不宜超过 100m。

（3）敞开楼梯间、封闭楼梯间、防烟楼梯间应单独划分探测区域。

（4）防烟楼梯间前室、消防电梯前室、消防电梯与防烟楼梯间合用的前室、走道、坡道均应单独划分探测区域。

（5）电气管道井、通信管道井和电缆隧道应单独划分探测区域。

（6）建筑物闷顶、夹层应单独划分探测区域。

9）系统架构示例

典型的火灾自动报警系统架构如图 9.4.1-1 及图 9.4.1-2。

9.4.2 主要火灾探测器设置

1）点型火灾探测器设置

（1）探测火灾区域的每个房间应至少设置一只火灾探测器。

（2）感烟火灾探测器和各型（A1、A2、B）型感温火灾探测器的保护面积和保护半径，应结合探测区域地面面积、房间高度的不同，按照《火灾自动报警系统设计规范》GB 50116—2013 要求确定。

（3）点型感烟、感温火灾探测器设置在有梁的顶棚上时，应符合下列规定：

① 当梁突出顶棚的高度小于 200mm 时，可不计梁对探测器保护面积的影响；

② 当梁突出顶棚的高度为 200～600mm 时，应按《火灾自动报警系统设计规范》GB 50116—2013 附录 F、附录 G，来具体确定梁对探测器保护面积的影响和一只探测器能够保护的梁间区域的数量；

③ 当梁突出顶棚的高度超过 600mm 时，被梁隔断的每个梁间区域应至少设置一只探测器；

④ 当被梁隔断的区域面积超过一只探测器的保护面积时，被隔断的区域应按《火灾自

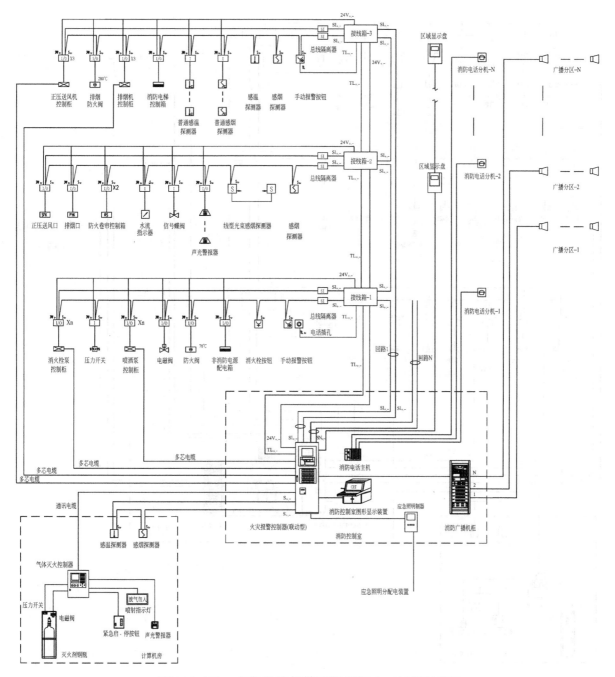

图 9.4.1-1　火灾自动报警系统框图一（树形结构）

动报警系统设计规范》GB 50116—2013 规定计算探测器的设置数量；

⑤ 当梁间净距小于 1m 时，可不计梁对探测器保护面积的影响。

（4）在宽度小于 3m 的内走道顶棚上设置点型探测器时，宜居中布置。感温火灾探测器的安装间距不应超过 10m；感烟火灾探测器的安装间距不应超过 15m；探测器至端墙的距离，不应大于探测器安装间距的 1/2。

（5）点型探测器至墙壁、梁边的水平距离，不应小于 0.5m。

（6）点型探测器周围 0.5m 内，不应有遮挡物。

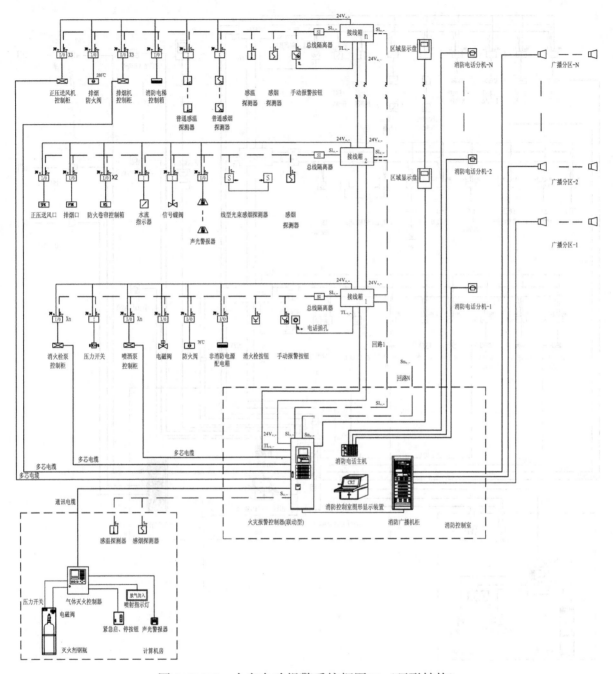

图 9.4.1-2　火灾自动报警系统框图二（环形结构）

（7）房间被书架、设备或隔断等分隔，其顶部至顶棚或梁的距离小于房间净高的 5%时，每个被隔开的部分应至少安装一个点型探测器。

（8）点型探测器至空调送风口边的水平距离不应小于 1.5m，并宜接近回风口安装。探测器至多孔送风顶棚孔口的水平距离不应小于 0.5m。

（9）点型探测器宜水平安装。当倾斜安装时，倾斜角不应大于 45℃。

（10）在电梯井、升降机井设置点型探测器时，其位置宜在井道上方的机房顶棚上。

（11）感烟火灾探测器在格栅吊顶场所的设置，应符合下列规定：

①　镂空面积与总面积的比例不大于 15％时，探测器应设置在吊顶下方；

②　镂空面积与总面积的比例大于 30％时，探测器应设置在吊顶上方；

③　镂空面积与总面积的比例为 15％～30％时，探测器的设置部位应根据实际试验结果确定；

④　探测器设置在吊顶上方且火警确认灯无法观察时，应在吊顶下方设置火警确认灯；

⑤　地铁站台等有活塞风影响的场所，镂空面积与总面积的比例为 30％～70％时，探测器宜同时设置在吊顶上方和下方。

2）线型光束感烟火灾探测器设置

（1）探测器的光束轴线至顶棚的垂直距离宜为 0.3～1.0m，距地高度不宜超过 20m。

（2）相邻两组探测器的水平距离不应大于 14m，探测器至侧墙水平距离不应大于 7m，且不应小于 0.5m，探测器的发射器和接收器之间的距离不宜超过 100m。

（3）探测器应设置在固定结构上。

（4）探测器的设置应保证其接收端避开日光和人工光源直接照射。

（5）选择反射式探测器时，应保证在反射板与探测器间任何部位进行模拟试验时，探测器均能正确响应。

3）缆式线型感温火灾探测器设置

（1）该类型探测器在保护电缆、堆垛等类似保护对象时，应采用接触式布置；在各种皮带输送装置上设置时，宜设置在装置的过热点附近。

（2）设置在顶棚下方的线型感温火灾探测器，至顶棚的距离宜为 0.1m。探测器的保护半径应符合点型感温火灾探测器的保护半径要求；探测器至墙端的距离宜为 1.0～1.5m。

（3）光栅光纤感温火灾探测器每个光栅的保护面积和保护半径，应符合点型感温火灾探测器的保护面积和保护半径要求。

保护油罐时，每只线型光纤感温火灾探测器只能保护一个油罐。

（4）设置线型感温火灾探测器的场所有联动要求时，宜采用两只不同火灾探测器的报警信号组合。

（5）与线型感温火灾探测器连接的模块不宜设置在长期潮湿或温度度变化较大的场所。

（6）高度大于 12m 的空间场所尚应符合下列要求：

①　探测器应设置在建筑顶部；

②　探测器宜采用分层组网的探测方式；

③　建筑高度不超过 16m 时，宜在 6～7m 增设一层探测器；

④　建筑高度超过 16m 但不超过 26m 时，宜在 6～7m 和 11～12m 处各增设一层探测器；

⑤　由开窗或通风空调形成的对流层为 7～13m 时，可将增设的一层探测器设置在对流层下面 1m 处；

⑥ 分层设置的探测器保护面积可按常规计算，并宜与下层探测器交错布置。

4) 管路采样式吸气感烟火灾探测器设置

(1) 非高灵敏型探测器的采样管网安装高度不应超过 16m；高灵敏型探测器的采样管网安装高度可超过 16m；采样管安装高度超过 16m 时，灵敏度可调的探测器应设置为高灵敏度，应减小采样管长度和采样孔数量。

(2) 探测器的每个采样孔的保护面积、保护半径等应符合点型感烟火灾探测器的保护面积、保护半径的要求。

(3) 一个探测单元的采样管总长不宜超过 200m，单管长度不宜超过 100m，同一根采样管不应穿越防火分区。采样孔总数不宜超过 100 个，单管上的采样孔数量不宜超过 25 个。

(4) 当采样管道采用毛细管布置方式时，毛细管长度不宜超过 4m。

(5) 吸气管路和采样孔应有明显的火灾探测器标识。

(6) 有过梁、空间支架的建筑中，采样管路应固定在过梁、空间支架上。

(7) 探测器的火灾报警信号、故障信号等信息应传给火灾报警控制器，涉及消防联动控制时，探测器的火灾报警信号还应传给消防联动控制器。

9.4.3 手动火灾报警按钮设置

1) 每个防火分区应至少设置一只手动火灾报警按钮。从一个防火分区内的任何位置到最邻近的手动火灾报警按钮的步行距离不应大于 30m。手动火灾报警按钮宜设置在疏散通道或出入口处。

2) 手动火灾报警按钮应设置在明显和便于操作的部位。当采用壁挂方式安装时，其底边距地高度宜为 1.3～1.5m，且应有明显的标志。

9.4.4 消防专用电话设置

1) 消防专用电话网络应为独立的消防通信系统。

2) 消防控制室应设置消防专用电话总机。

3) 多线制消防专用电话系统中的每个电话分机应与总机单独连接。

4) 下列场所应设置电话分机或电话插孔：

(1) 消防水泵房、发电机房、配变电室、计算机网络机房。

(2) 主要通风和空调机房、防排烟机房。

(3) 灭火控制系统操作装置处或控制室。

5) 企业消防站、消防值班室、总调度宝、消防电梯机房及其他与消防联动控制有关的且经常有人值班的机房应设置消防专用电机。

6) 消防专用电话分机应有区别于普通电话的标识。

7) 设有手动火灾报警按钮或消火枪按钮等处，宜设置电话插孔。

8) 各避难层应每隔 20m 设置一个消防专用电话分机或电话插孔。

9) 电话插孔在墙上安装时，其底边距地面高度宜为 1.3～1.5m。

10）消防控制室、消防值班室或企业消防站等处，应设置可直接报警的外线电话。

9.4.5 火灾警报器设置

1）火灾自动报警系统应设置火灾声光警报器。

2）火灾光警报器应设置在每个楼层的楼梯口、消防电梯前室、建筑内部拐角等处的明显部位，且不宜与安全出口指示标志灯具设置在同一面墙上。

3）每个报警区域内应均匀设置火灾警报器，其声压级不应小于60dB；在环境噪声大于60dB的场所，其声压级应高于背景噪声15dB。

4）采用壁挂方式安装时，其底边距地面高度应大于2.2m。

9.4.6 系统模块设置

1）每个报警区域内的模块最好相对集中设置在本报警区域内的金属模块箱中，便于日常管理与维护。

2）模块严禁设置在配电（控制）柜（箱）内，以避免电磁干扰和有利于用电安全。

3）本报警区域内的模块不应控制其他报警区域的设备。

4）未集中设置的模块附近应有尺寸不小于100mm×100mm的标识。

9.4.7 无线火灾自动报警系统

无线火灾自动报警系统一般由无线双向通讯点型火灾探测器（包括手动火灾报警按钮）、无线双向通信火灾声光报警器、无线双向通信模块、无线双向通信中继器及无线火灾报警控制器等组成。

主要设计要求：

1）系统中火灾探测器的设置应符合《火灾自动报警系统设计规范》GB 50116—2013对于点型火灾探测器设置的规定；

2）应采用国家权威检验结构合格的产品；

3）系统产品的发射功率、频率应符合国家无线电管理委员会要求；

4）无线火灾自动报警系统应具有无线联动功能；

5）无线双向通信点型火灾探测器，无线双向通信手动火灾报警按钮应采用与之容量匹配的电池供电，电池寿命应不少于3年；

6）无线双向通信中继式语音声光警报器、无线双向通信中继器、无线双向通信声光警报器应采用与之匹配的蓄电池供电，在充满电，无外接电源、无警情的情况下，保证正常工作8h以上；

7）无线火灾报警控制器采用AC220V供电且应自备蓄电池供电，电池要求应符合《火灾报警控制器》GB 4717—2005的相关规定。

9.4.8 可视图像早期火灾报警系统

该系统一般由模拟或数字系统摄像机、视频图像火灾探测软件、视频编码设备、网络交换设备、服务器和显示器等组成。

9.4.8.1　系统应用场所

可视图像早期火灾报警系统可作为现有传统火灾报警系统的补充,适用于附录 A 列出的文博、城市轨道交通、烟草、公路隧道、仓储物流、电力、电信、金融、钢铁冶金、石油石化、铁路和民航等行业中适合安装图像报警系统的场所。

9.4.8.2　系统设计要求

1) 用于下列场所时,摄像机的最大水平探测距离不宜大于 15m:

(1) 全国重点或省级文物保护单位中的木结构或砖木结构文物建筑,国家或省级博物馆、档案馆;

(2) 大型企事业单位的控制室、信息中心、数据中心、计算机房、电气设备间、无人值守基站和重要设备用房等;

(3) 其他重要场所。

2) 用于下列场所时,摄像机最大水平探测距离不宜大于 30m:

(1) 全国重点或省级文物保护单位附属建筑及省级以下文物保护单位文物建筑;

(2) 地铁车站的站台、站厅和停车列检库;

(3) 烟草企业的生产车间、烟草仓库、连廊物流区和直营门店;

(4) 发电厂的锅炉燃油及制粉系统、水轮机、汽轮机系统。封闭式运煤栈桥等;

(5) 大型仓储物流建筑;

(6) 电信或银行的营业场所;

(7) 学校的图书馆、档案馆、历史建筑;

(8) 铁路候车站、客车整备库、修车库、动车检修库和保温车检修库;

(9) 民用航站楼和飞机库;

(10) 大型综合批发市场;

(11) 大型停车库;

(12) 室内高大空间等。

3) 用于下列场所时,摄像机最大水平探测距离不宜大于 100m:

(1) 城市地下综合管廊;

(2) 大型电缆隧(廊)道。

4) 用于下列场所时,摄像机最大水平探测距离不宜大于 150m:

(1) 公路隧道车行洞、隧道纵向疏散通道;

(2) 地铁列车隧道;

(3) 铁路列车隧道。

5) 可视图像早期火灾报警系统显示器应设置在消防控制室内,视频监控室和消防控制室分设时,应在两处分别设置显示器。

6) 可视图像早期火灾报警系统应有可靠的防雷接地措施,且应符合国家现行有关标准的规定。

9.4.9　家用火灾安全系统

1）系统组成

家用火灾安全系统在实际应用过程中根据保护对象的具体情况分为：

（1）A 类系统

主要由火灾报警控制器、手动火灾报警按钮、家用火灾探测器、火灾声警报器和应急广播等设备组成。

（2）B 类系统

主要由控制中心监控设备、家用火灾报警控制器、家用火灾探测器和火灾声警报器等设备组成。

（3）C 类系统

主要由家用火灾报警控制器、家用火灾探测器和火灾声警报器等设备组成。

（4）D 类系统

主要由独立式火灾探测报警器和火灾声警报器等设备组成。

2）适用范围

（1）有物业集中监控管理且设有需联动控制的消防设施的住宅建筑应选用 A 类系统。

（2）仅有物业集中监控管理的住宅建筑宜选用 A 类或 B 类系统。

（3）没有物业集中监控管理的住宅建筑宜选用 C 类系统。

（4）别墅式住宅和已投入使用的住宅建筑可选用 D 类系统。

3）系统设计要求

（1）住户内设置的家用火灾探测器应接入家用火灾报警控制器。

（2）家用火灾报警控制器应能启动设置在公共部位的火灾声警报器。

（3）有多个起居室的住户，宜采用互连型独立式火灾探测报警器，并且宜选择电池供电时间不少于 3 年的独立式火灾探测报警器。

（4）采用无线方式将独立式火灾探测报警器组成系统时，系统设计应符合上述设计要求。

4）火灾探测器设置

（1）每间卧室、起居室内应至少设置一只感烟火灾探测器。

（2）可燃气体探测器在厨房设置时，应符合下列规定：

① 使用天然气的用户应选择甲烷探测器；使用被化气的用户应选择丙烷探测器；使用煤制气的用户应选择一氧化碳探测器；

② 连接燃气灶具的软管及接头在橱柜内部时，探测器宜设置在橱柜内部；

③ 甲烷探测器应设置在厨房顶部；丙烷探测器应设置在厨房下部；一氧化碳探测器可设置在厨房下部，也可设置在其他部位；

④ 可燃气体探测器不宜设置在灶具正上方；

⑤ 宜采用具有联动关断燃气和关断阀功能的可燃气体探测器；

⑥ 探测器联动的燃气关断阀宜为用户可以自己复位的关断阀，并应具有胶管脱落自动保护功能。

5）家用火灾报警控制器设置

（1）家用火灾报警控制器应独立设置在每户内，且应设置在明显和便于操作的部位。当采用壁挂方式安装时，其底边距地高度宜为 1.3～1.5m。

（2）具有可视对讲功能的家用火灾报警控制器宜设置在进户门附近。

6）火灾声警报器的设置

（1）住宅建筑公共部位设置的火灾声警报器应具有语音功能，且应能接受联动控制或由于手动火灾报警按钮信号直接控制发出警报。

（2）每台警报器覆盖的楼层不应超过 3 层，且首层明显部位应设置用于直接启动火灾声警报器的手动火灾报警按钮。

9.5 可燃气体探测报警系统

可燃气体探测报警系统一般由可燃气体探测器、可燃气体报警控制器等组成。

9.5.1 可燃气体探测器分类

1）按防爆要求分类

（1）防爆型可燃气体探测器。

（2）非防爆型可燃气体探测器。

2）按使用方式分类

（1）固定式可燃气体探测器。

（2）便携式可燃气体探测器。

3）按探测可燃气体的分布特点分类

（1）点型可燃气体探测器。

（2）线型可燃气体探测器。

4）按探测气体特征分类

（1）探测爆炸气体的可燃气体探测器。

（2）探测有毒气体的可燃气体探测器。

9.5.2 可燃气体报警控制器分类

1）多线制可燃气体报警控制器。

2）总线制可燃气体报警控制器。

9.5.3 系统适用场所

可燃气体探测报警系统适用于使用、生产或聚集可燃气体或可燃液体蒸汽场所的可燃气体浓度探测，在泄露或聚集可燃气体浓度达到爆炸下限前发出报警信号。

9.5.4 系统的组成

1) 可燃气体报警控制器

用于为所连接的可燃气体探测器的供电，接受来自可燃气体探测器的报警信号，发出声、光报警信号和控制信号，指示报警部位，记录并保存报警信息的装置。

2) 可燃气体探测器

能对泄露可燃气体响应，自动产生报警信号并向可燃气体报警控制器传输报警信号及泄露可燃气体浓度信息的器件。

9.5.5 系统设计要求

1) 可燃气体探测器的设置

(1) 探测气体密度小于空气密度的可燃气体探测器应设置在被保护空间的顶部，探测气体密度大于空气密度的可燃气体探测器应设置在被保护空间的下部，探测器体密度与空气密度相当时，可燃气体探测器可设置在被保护空间的中间部位或顶部。

(2) 可燃气体探测器宜设置在可能产生可燃气体的部位附近。点型可燃气体探测器的保护半径，应符合现行国家标准《石油化工可燃气体和有毒气体检测报警设计规范》GB 50493—2009 的有关规定。线型可燃气体探测器的保护区域长度不宜大于 60m。

2) 可燃气体报警控制器的设置

(1) 当有消防控制室时，可燃气体报警控制器可设置在保护区域附近。

(2) 当无消防控制室时，可燃气体报警控制器应设置在有人值班的场所。

(3) 液化石油气、液化天然气供应工程，汽车加油加气站等设置的可燃气体报警控制装置应设置在控制室或值班室内。

9.6 电气火灾监控系统

主要用于预防建筑（构）物电气火灾，安装于低压配电系统中，用于监测低压配电工作系统中有可能产生电气火灾隐患的电气参数项，并通过监控主机设备采集监测数据作为集中控制和集中管理。当被保护电气线路中的被探测参数超过报警设定值时，能够发出报警信号、控制信号并且能够指示出报警部位。

9.6.1 电气火灾监控探测器分类

电气火灾监控探测器主要用于探测被保护电气线路中的剩余电流、温度计故障电弧等火灾危险参数变化和由于电气故障引起的烟雾变化可能引起的静电、电气绝缘参数变化的专用探测装置。

1) 按照工作方式分类

(1) 独立式电气火灾监控探测器

可以自成系统，独立探测被保护线路相关参数，并且能够发出声、光报警信号。不需要配接电气火灾监控设备。

（2）非独立式电气火灾监控探测器

自身不具有报警功能，需要配接电气火灾监控设备组成系统。

2）按照工作原理分类

（1）剩余电流保护式电气火灾监控探测器

监测被保护线路中剩余电流值变化，一般由剩余电流传感器和信号处理单元组成。当被保护线路的相线直接或通过非预期负载对大地接通，而产生近似正弦波形且其有效值呈缓慢变化的剩余电流，当该电流大于预定数值时即自动报警。

（2）测温式（过热保护式）电气火灾监控探测器

探测被保护线路中的温度变化，当被保护线路的温度高于预定数值时，自动报警的电气火灾监控探测器。

（3）故障电弧探测器

探测被保护线路中产生故障电弧的探测器，当被保护线路上发生故障电弧时，能够发出报警信号。

9.6.2　电气火灾监控器分类

用于接收来自电气火灾监控探测器的报警信号，能够发出声、光报警信号和控制信号，指示报警部位，记录、保存和传送报警信息。主要分为：

1）多线制电气火灾监控器，即采用多线制方式与电气火灾监控探测器链接；

2）总线制电气火灾监控器，即采用透析总线方式与电气火灾监控探测器连接。

9.6.3　系统使用场所

电气火灾监控系统广泛适用于各种民用与工业建筑等具有电气火灾危险的场所，尤其是变电所、石油石化、冶金等不能中断供电的重要供电场所的电气故障探测，在产生一定电气火灾隐患的条件下发出报警信号。

9.6.4　系统设计

电气火灾监控系统是一个独立的子系统，属于火灾预警系统，应独立组成。电气火灾监控探测器应接入电气火灾监控器，不应直接接入火灾自动报警控制器的探测器回路。

当电气火灾监控系统接入火灾自动报警系统中时，应由电气火灾监控器将报警信号传输至消防控制室的图形显示装置或集中火灾报警控制器上，但其显示应与火灾报警信息有区别；在无消防控制室且电气火灾监控探测器设置数量不超过8个时，可采用独立式电气火灾监控探测器。

1）剩余电流式电气火灾监控探测器的设置

剩余电流式电气火灾监控探测器应以设置在低压配电系统首端为基本原则，宜设置在第一级配电柜的出线端。在供电线路泄漏电流大于500mA时，宜在下一级配电柜上设置。

剩余电流式电气火灾监控探测器不宜设置在IT系统的配电线路和消防配电线路中。选择剩余电流式电气火灾监控探测器时，应计及供电系统自然漏电的影响，并选择参数合适的探测器；探测器报警值宜为300~500mA。具有探测线路故障电弧功能的电气火灾监控探测器，其保护线路的长度不宜大于 100m。

2）测温式电气火灾监控探测器的设置

测温式电气火灾监控探测器应设置在电缆接头、端子、重点发热部件等部位。保护对象为 1000V 及以下的配电线路，测温式电气火灾监控探测器应采用接触式设置。保护对象为 1000V 以上的供电，测温式电气火灾监控探测器宜选择光栅光纤测温式或红外测温式电气火灾监控探测器，光栅光纤测温式电气火灾监控探测器应直接设置在保护对象的表面。

3）独立式电气火灾监控探测器的设置

独立式电气火灾监控探测器的设置应符合电气火灾监控探测器的设置要求。设有火灾自动报警系统时，独立式电气火灾监控探测器的报警信息和故障信息应在消防控制室图形显示装置或集中火灾报警控制器上显示，但该类信息与火灾报警信息的显示应有区别。未设火灾自动报警系统时，独立式电气火灾监控探测器应将报警信号传至有人员值班的场所。

4）电气火灾监控器的设置

设有消防控制室时，电气火灾监控器应设置在消防控制室内或保护区域附近。设置在保护区域附近时，应将报警信息和故障信息传入消防控制室。未设消防控制室时，电气火灾监控器应设置在有人员值班的场所。

9.7　消防控制室及消防设备电源监控系统

9.7.1　消防控制室

1）设置要求

消防控制室的设置应符合下列规定：

（1）单独建造的消防控制室，其耐火等级不应低于二级；

（2）设置在建筑内的消防控制室，宜设置在建筑内首层或地下一层，并布置在靠外墙部位；

（3）消防控制室不应设置在电磁场干扰较强等可能影响消防控制设备正常工作的房间附近；

（4）消防控制室的疏散门应直通室外或安全出口；

（5）消防控制室送、回风管的穿墙处应设防火阀；

（6）消防控制室内严禁穿过与消防设施无关的电气线路及管路。

2）室内设备布置

（1）设备正面盘前的操作距离单列布置时不应小于 1.5m，双列布置时不应小于 2m。

（2）在值班人员经常工作的一面，设备面盘至墙的距离不应小于 3m。

（3）设备面盘后的维修距离不宜小于 1m。

（4）设备面排列长度大于 4m 时，在其两端应设置宽度不小于 1m 的通道。

（5）与其他弱电系统合用一个控制室时，消防系统设备应集中设置，并应与其他设备之间有明显间隔。

（6）消防控制室内应备有相应的消防设施图纸、主要分系统控制逻辑关系说明、设备使用说明书、系统操作规程、应急预案、值班记录、维护保养制度及值班记录等相关文件资料。

9.7.2 消防设备电源监控系统

1）系统组成

消防设备电源监控系统由消防设备电源状态监控器、电压传感器、电流传感器、电压/电流传感器等部分或全部设备组成。

（1）消防设备电源状态监控器

消防设备电源状态监控器用于为所连接的部件供电，能接收并显示其监控的所有消防设备的主电源和备用电源的实时工作状态信息，消防设备电源发生过压、欠压、过流、缺相等故障时，能发出故障声光信号，显示并记录故障的部位、类型和时间。

（2）电压信号传感器

将采集的电压信号传输至监控器，其输出信号应不大于12V，对于能够连续采集电压值的电压信号传感器，其电压采集误差不应大于5%。

（3）电流信号传感器

将采集的电流信号传输至监控器，其输出信号应不大于12V，对于能够连续采集电流值的电流信号传感器，其电压采集误差不应大于5%。

（4）电压/电流传感器

将采集的电压/电流信号传输至监控器，其输出信号应不大于12V，对于能够连续采集电压/电流值的电压/电流信号传感器，其电压采集误差不应大于5%。

2）系统设计

消防设备电源监控系统是一个独立的子系统，应独立组成。当消防设备电源监控系统接入火灾自动报警系统中时，应由消防设备电源监控系统将报警信号传输至消防控制室的图形显示装置。

（1）电压/电流传感器的设置

消防设备电源监控系统的电压传感器和电流传感器的设置应保证整个消防系统的供电电源工作状态均能在消防设备电源监控器上或消防控制室内实时显示。

（2）消防设备电源状态监控器的设置

设有消防控制室时，电气火灾监控器应设置在消防控制室内或保护区域附近；设置在保护区域附近时，应将报警信息和故障信息传入消防控制室。未设消防控制室时，电气火灾监控器应设置在有人员值班的场所。

9.8　消防联动控制设计要求

9.8.1　通用设计要求

1）消防联动控制器应能按预先设定的控制程序向所有受控设备发出联动控制信号，并接受相关设备的联动反馈信号。

2）消防联动控制器的控制输出电压应采用直流 24V，其电源容量应满足受控消防设备同时启动且维持工作的控制容量要求，如控制器自带电源不能满足负荷要求时，应配备相应的消防设备应急电源。

3）消防水泵、防烟和排烟风机的控制设备，除应采用联动控制方式外，还应在消防控制室设置手动直接控制装置。

4）启动电流较大的消防设备应设计分时启动程序。

5）需要火灾自动报警系统联动控制的消防设备，其联动触发信号应采用两个独立的报警触发装置报警信号的"与"逻辑组合。

9.8.2　自动喷水灭火系统控制设计

1）湿式与干式系统

（1）联动（连锁）控制方式

由湿式报警阀压力开关的动作信号作为触发信号，直接控制启动喷淋消防泵，联动（连锁）控制不应受消防联动控制器处于自动或手动状态影响。

通过消防联动控制器时的控制方式，为防护区内任一火灾探测器或手动报警按钮的报警信号与报警阀压力开关动作信号相"与"，发出启动喷淋泵控制信号。

（2）手动控制方式

通过专用线路将消防喷淋泵控制箱启动、停止按钮直接连接至消防控制室内消防联动控制器手动控制盘，直接手动控制喷淋泵的启动、停止。

（3）系统内水流指示器、信号阀、压力开关、喷淋消防泵的启动和停止的动作信号应反馈至消防联动控制器

2）预作用系统

（1）联动控制方式

应由同一报警区域内的两只及以上独立的感烟火灾探测器或一只感烟火灾探测器与一只手动火灾报警按钮的报警信号，作为预作用阀组开启的联动触发信号。由消防联动控制器控制预作用阀组的开启，使系统转变为湿式系统；当系统设有快速排气装置时，应联动控制排气阀前的电动阀的开启。

通过消防联动控制器的控制方式：为防护区内任一火灾探测器或手动报警按钮的报警信号与报警阀压力开关动作信号相"与"，发出启动喷淋泵控制信号。

（2）手动控制方式

通过专用线路将喷淋泵控制箱的启动和停止按钮、预作用阀组和快速排气阀入口前电动阀的启动和停止按钮直接连接至消防控制室内消防联动控制器的手动控制盘，直接手动控制喷淋泵的启动、停止及预作用阀组和电动阀的开启。

（3）系统内水流指示器，压力开关，预作用阀组、喷淋消防泵的启动和停止的动作信号应反馈至消防联动控制器。

3）雨淋系统

（1）联动控制方式

应由同一报警区域内两只及以上独立的感温火灾探测器或一只感温火灾探测器和一只手动火灾报警按钮的报警信号（"与"逻辑组合），作为雨淋阀组开启的联动触发信号，通过消防联动控制器开启雨淋阀组。雨淋阀组动作后，通过压力开关连锁启动雨淋泵。

（2）手动控制方式

通过专用线路将雨淋泵控制箱的启动和停止按钮、雨淋阀组的启动和停止按钮直接连接至消防控制室内消防联动控制器的手动控制盘上，直接手动控制雨淋泵的启动、停止及雨淋阀组的开启。

（3）系统内的水流指示器，压力开关，雨淋阀组、雨淋消防泵的启动和停止的动作信号应反馈至消防联动控制器。

4）水幕系统

（1）联动控制方式

当水幕系统用于保护防火卷帘时，由防火卷帘下落到楼板面的动作反馈信号与本报警区域内任一火灾探测器或手动火灾报警按钮的报警信号（"与"逻辑组合）作为水幕雨淋阀组启动的联动触发信号，通过消防联动控制器开启雨淋阀组。雨淋阀组动作后，通过压力开关连锁启动雨淋泵。

用水幕系统作为防火分隔时，由该报警区域内两只独立的感温火灾探测器的火灾报警信号（"与"逻辑组合）作为水幕雨淋阀组启动的联动触发信号，通过消防联动控制器开启雨淋阀组。雨淋阀组动作后，通过压力开关连锁启动雨淋泵。

（2）手动控制方式

通过专用线路将水幕系统相关控制阀组和消防泵控制箱的启动、停止按钮直接连接至消防控制室内消防联动控制器的手动控制盘，直接手动控制消防泵的启动、停止及水幕系统相关控制阀组的开启。

（3）系统内压力开关、水幕系统相关控制阀组和消防泵的启动、停止的动作信号，应反馈至消防控制器。

9.8.3　消火栓系统控制设计

1）联动（连锁）控制设计

由消火栓系统出水干管上设置的低压压力开关、高位消防水箱出水管上设置的流量开关或报警阀压力开关等信号作为触发信号，直接连锁控制启动消火栓泵，连锁控制不应受消防联动控制器处于自动或手动状态影响。

当设置消火栓按钮时，消火栓按钮的动作信号应作为报警触发信号，报警触发信号与该报警区域内任一火灾探测器或手动报警按钮的报警信号的（"与"逻辑组合），发出启动消火栓泵的联动控制信号启动消火栓泵。

2）手动控制方式

通过专用线路将消火栓泵控制箱的启动、停止按钮直接连接至消防控制室内消防联动控制器的手动控制盘，直接手动控制消火栓泵的启动、停止。

3）消火栓按钮、消火栓泵的动作信号应反馈至消防联动控制器

9.8.4 气体灭火系统控制设计

1）一般要求

气体灭火系统、泡沫灭火系统应分别由专用的气体灭火控制器、泡沫灭火控制器控制。

2）远程启动功能

通过设置在消防控制室的消防联动控制器能手动启动任一防护区气体灭火装置。（《（辽宁）消防设施检测技术规程》DB21/T 2869—2017 第 6.8.15.2 条）。

3）自动控制方式

（1）气体灭火控制器直接连接火灾探测器时自动控制方式

气体灭火控制器、泡沫灭火控制器直接连接火灾探测器时，气体灭火系统、泡沫灭火系统的自动控制方式应符合下列规定：

① 由同一防护区域内两只独立的火灾探测器的报警信号、一只火灾探测器与一只手动火灾报警按钮的报警信号或防护区的紧急启动信号，作为系统的联动触发信号，探测器的组合宜采用感烟火灾探测器和感温火灾探测器，各类探测器应按规范的规定分别计算保护面积。

② 气体灭火控制器、泡沫灭火控制器在接收到满足联动逻辑关系的首个联动触发信号后，应启动设置在该防护区内的火灾声光报警器，且联动触发信号为任一防护区域内设置的感烟火灾探测器、其他类型火灾探测器或手动火灾报警按钮的首次报警信号，在接收到第二个联动触发信号后，应发出联动控制信号。

③ 联动控制信号应包括下列内容：

a. 关闭防护区域的送（排）风机级送（排）风阀。

b. 停止通风和空气调节系统。

c. 关闭设置在该防护区域的电动防火阀。

d. 联动控制防护区域开口封闭装置的启动，包括关闭防护区域的门、窗等。

e. 启动气体灭火装置、泡沫灭火装置。气体灭火控制器、泡沫灭火控制器，可设定不大于 30s 的延时喷射时间。

f. 平时无人工作的防护区，可设置为无延迟的喷射，应在接收到满足联动逻辑关系的

首个联动触发信号后执行除启动气体灭火装置、泡沫灭火装置外的其他联动控制；在接收到第二个联动触发信号后，应启动气体灭火装置、泡沫灭火装置。

g. 气体灭火防护区出口外上方应设置表示气体喷洒的火灾声光警报器，指示气体释放的声信号应与该保护对象中设置的火灾声警报器的声信号有明显的区别。启动气体灭火装置、泡沫灭火装置的同时，应启动设置在防护区入口处表示气体喷洒的火灾声光警报器；组合分配系统应首先开启相应防护区域的选择阀，然后启动气体灭火装置、泡沫灭火装置。

(2) 不直接连接火灾探测器时自动控制方式

气体灭火控制器、泡沫灭火控制器不直接连接火灾探测器时，气体灭火系统、泡沫灭火系统的自动控制方式应符合下列规定：

① 气体灭火系统、泡沫灭火系统的联动触发信号应由火灾报警控制器或消防联动控制器发出。

② 气体灭火系统、泡沫灭火系统的联动触发信号和联动控制均应符合上述第 9.8.4 节第 2）条的规定。

4）手动控制方式

(1) 在防护区疏散出口的门外应设置气体灭火装置、泡沫灭火装置的手动启动和停止按钮，手动启动按钮按下时，气体灭火控制器、泡沫灭火控制器应执行第 9.8.4 节第 2）条中规定的联动操作。手动停止按钮按下时，气体灭火控制器、泡沫灭火控制器应停止正在执行的联动操作。

(2) 气体灭火控制器、泡沫灭火控制器上应设置对应于不同防护区的手动启动和停止按钮，手动启动按钮按下时，气体灭火控制器、泡沫灭火控制器应执行 9.8.4.2 中第 3 款规定的联动操作；手动停止按钮按下时，气体灭火控制器、泡沫灭火控制器应停止正在执行的联动操作。

5）显示要求

气体灭火装置、泡沫灭火装置启动及喷放各阶段的联动控制及系统的反馈信号，应反馈至消防联动控制器。系统的联动反馈信号应包括下列内容：

(1) 气体灭火控制器、泡沫灭火控制器直接连接的火灾探测器的报警信号；

(2) 选择阀的动作信号；

(3) 压力开关的动作信号；

(4) 在防护区域内设有手动与自动控制转换装置的系统，其手动或自动控制方式的工作状态应在防护区内、外的手动和自动控制状态显示装置上显示，改状态时信号应反馈至消防联动控制器。

9.8.5 防烟排烟系统控制设计

1）防烟系统联动控制方式

(1) 由加压送风口所在防火分区内的两个独立的火灾探测器或一个火灾探测器与一个

手动火灾报警按钮的报警信号（"与"逻辑组合），作为送风口开启和加压送风机启动的联动触发信号，并通过消防联动控制器在 15s 内联动控制相关层前室等需要加压送风场所的加压送风口开启，启动所有相关加压送风机（如防烟楼梯间的加压风机）。

（2）当任何一个常闭加压送风口开启时，应能联动相应的加压送风机启动。

（3）应由同一防烟分区内且位于电动挡烟垂壁附近的两只独立的感烟火灾探测器的报警信号，作为电动挡烟垂壁降落的联动触发信号，并应由消防联动控制器联动控制电动挡烟垂壁的降落。

2）排烟系统联动控制方式

（1）由同一防烟分区内的两个独立的火灾探测器的报警信号或一个火灾探测器与一个手动火灾报警按钮的报警信号（"与"逻辑组合）作为排烟口、排烟窗或排烟阀开启的联动触发信号，并应由消防联动控制器联动控制排烟口、排烟窗或排烟阀的开启，同时停止该防烟分区的空气调节系统。

（2）由排烟口、排烟窗或排烟阀开启的动作信号，作为排烟风机启动的联动触发信号，通过消防联动控制器联动控制排烟风机启动。

3）防烟、排烟系统手动控制方式

（1）应能在消防控制室内的消防联动控制器上手动控制送风口、电动挡烟垂壁、排烟口、排烟窗、排烟阀等设备的开启或关闭。

（2）通过专用线路将防烟、排烟风机的启动、停止按钮直接连接至消防控制室内消防联动控制器的手动控制盘，能直接手动控制防烟、排烟风机的启动、停止。

4）显示要求

送风口、排烟口、排烟窗或排烟阀及排烟防火阀动作信号，防烟、排烟风机启动和停止及电动防火阀关闭的动作信号，均应反馈至消防联动控制器。

5）排烟风机连锁控制

排烟风机入口处总管上设置的 280℃排烟防火阀在关闭后应直接联动控制风机停止，排烟防火阀及风机的动作信号应及时反馈至消防联动控制器。

9.8.6　防火门及防火卷帘系统控制设计

1）防火门控制

（1）应由常开防火门所在防火分区内的两个独立的火灾探测器或一个火灾探测器与一个手动火灾报警按钮的报警信号的"与"逻辑组合，作为常开防火门关闭的联动触发信号，火灾报警控制器或消防联动控制器发出联动触发信号后，通过防火门监控器或消防联动控制器（没有设置防火门监控器时）联动关闭相关防火门。

（2）疏散通道上所有防火门的开启、关闭及故障状态信号应及时反馈至防火门监控器。

2）防火卷帘控制

防火卷帘的升降应由防火卷帘控制器控制。

3）疏散通道上设置的防火卷帘

（1）联动控制方式

① 由该防火分区内任两个独立的感烟火灾探测器或任一个专门用于联动防火卷帘的感烟火灾探测器的报警信号（"与"逻辑组合），作为联动触发信号，通过消防联动控制器发出联动控制信号，联动控制防火卷帘下降至距楼板面1.8m处；

② 由在防火卷帘的任一侧卷帘纵深0.5～5m内设置的任一个专门用于联动防火卷帘的感温火灾探测器发出的报警信号作为联动触发信号，通过消防联动控制器发出联动控制信号，联动控制防火卷帘下降到楼板面。

（2）手动控制方式

由防火卷帘两侧设置在手动控制按钮现场控制防火卷帘的升降。

4）非疏散通道上设置的防火卷帘

（1）联动控制方式

由防火卷帘所在防火分区内任两个独立的火灾探测器的报警信号（"与"逻辑组合），作为防火卷帘下降的联动触发信号，联动控制防火卷帘直接下降到楼板面。

（2）手动控制方式

由防火卷帘两侧设置的手动控制按钮现场控制防火卷帘的升降，并应能通过设置在消防控制室内的消防联动控制器上手动控制防火卷帘的降落。

5）显示要求

防火卷帘下降至距离楼板面1.8m处动作信号，下降到楼板面的动作信号，以及通过防火卷帘控制器直接连接的感烟、感温火灾探测器的报警信号等，应反馈至消防联动控制器。

9.8.7 电梯联动控制设计

1）消防联动控制器应具有发出联动控制信号，强制所有电梯停于首层或者电梯转换层的功能。

2）电梯运行状态信息和停于首层或转换层的反馈信号，应传送给消防控制室显示，轿厢内应设置能直接与消防控制室通话的专用电话。

9.8.8 火灾警报和消防应急广播控制设计

1）火灾自动报警系统应设置火灾声光警报器，并应在确认火灾后启动建筑内的所有火灾声光警报器。

2）未设置消防联动控制器的火灾自动报警系统，火灾声光警报器应由火灾报警控制器控制。设置消防联动控制器的火灾自动报警系统，火灾声光警报器应由火灾报警控制器或消防联动控制器控制。

3）公共场所宜设置具有同一种火灾变调声的火灾声警报器；具有多个报警区域的保护对象，宜选用带有语音提示的火灾声警报器；学校、工厂等各类日常使用电铃的场所，不应使用警铃作为火灾声警报器。

4）火灾声警报器设置带有语音提示功能时，应同时设置语音同步器。

5）同一建筑内设置多个火灾声警报器时，火灾自动报警系统应能同时启动和停止所有火灾声警报器工作。

6）火灾声警报器单次发出火灾警报时间宜为 8～20s，同时设有消防应急广播时，火灾声警报器与消防应急广播交替循环播放。

7）集中报警系统和控制中心报警系统应设置消防应急广播。

8）消防应急广播系统的联动控制信号应由消防联动控制器发出。当确认火灾后，应同时向全楼进行广播。

9）消防应急广播的单次语音播放时间宜为 10～30s，应与火灾声警报器分时交替工作，可采取 1 次火灾声警报器播放、1 次或 2 次消防应急广播播放的交替工作方式循环播放。

10）在消防控制室应能手动或按预设控制逻辑联动控制选择广播分区、启动或停止应急广播系统，并应能监听消防应急广播。在通过传声器进行应急广播时，应自动对广播内容进行录音。

11）消防控制室内应能显示消防应急广播的广播分区的工作状态。

12）消防应急广播与普通广播或背景音乐广播合用时，应具有强制切换消防应急广播的功能。

9.8.9　消防应急照明和疏散指示控制设计

1）控制方式

应急照明控制器接收到火灾报警控制器的火灾报警输出信号后，应自动执行以下控制操作：

（1）控制系统所有非持续型照明灯的光源应急点亮，持续型灯具的光源由节电点亮模式转入应急点亮模式。

（2）控制 B 型集中电源转入蓄电池电源输出、B 型应急照明配电箱切断主电源输出。

（3）A 型集中电源应保持主电源输出，待接收到其主电源断电信号后，自动转入蓄电池电源输出；A 型应急照明配电箱应保持主电源输出，待接收到其主电源断电信号后，自动切断主电源输出。

9.8.10　其他相关联动控制设计

1）切断非消防电源功能

消防联动控制器应具有切断火灾区域及相关区域的非消防电源的功能，当需要切断正常照明时，宜在自动喷淋系统、消火栓系统动作前切断。

2）具有自动打开涉及疏散的电动栅栏等的功能，宜开启相关区域安全技术防范系统的摄像机监视火灾现场。

3）具有打开疏散通道上由门禁系统控制的门和庭院电动大门的功能，并应具有打开停车场出入口档杆的功能。

9.9 系统检测

本节内容适用于已施工完毕，经调试合格的新建、扩建、改建（含室内装修、用途变更）、已投入使用的等建筑消防设施的检测判定。已通过消防验收且建筑消防设施未做实质性变动的消防设施的检测，应符合设计文件要求，可参考本标准执行。

不适用于生产和贮存火药、炸药、火工品等有爆炸危险场所的建筑消防设施的检测判定。

9.9.1 消防供电

技术要求：

（1）火灾自动报警系统采用的交流电源应为消防电源；

（2）火灾报警控制室和消防联动控制器备用电源应采用自带蓄电池电源或消防设备应急电源的形式；

（3）消防控制室图形显示装置、消防通信设备等电源的供电形式宜采用 UPS 电源或采用消防设备应急电源。

检测方法：直观检查。

9.9.2 系统布线

1）材料选择

技术要求：

（1）火灾自动报警系统的传输线路和 50V 以下供电控制线路，应采用电压等级不低于交流 300V/500V 的铜芯绝缘导线或铜芯电缆。采用交流 220/380V 的供电和控制线路应采用电压等级不低于交流 450V/750V 的铜芯绝缘导线或铜芯电缆；

（2）火灾自动报警系统的供电线路、消防联动控制线路应采用耐火铜芯电线电缆，报警总线、消防应急广播和消防专用电话等的传输线路应采用阻燃或阻燃耐火电线电缆；

（3）火灾探测器的传输线路，宜选择不同颜色的绝缘导线或电缆。同一工程中相同用途导线的颜色应一致，接线端子应有标号。

检测方法：

查看电线电缆标识及电线电缆产品检验报告，检查探测器传输线路导线的颜色及接线端子是否有标号，核对现场检查。

2）铜芯绝缘导线和线铜芯电缆线芯最小截面积

技术要求：

（1）传输线路穿管敷设的绝缘导线线芯截面积不应小于 1.00mm^2；

（2）线槽内敷设的绝缘导线线芯截面积不应小于 0.75mm^2；

（3）多芯电缆线芯截面积不应小于 0.50mm^2。

检测方法：

查看电线电缆标识及产品检验报告，用卡尺测量。

3）导线保护措施

技术要求：

从接线盒、线槽等处引到探测器底座盒、控制器设备盒、扬声器箱的线路均应加金属软管保护，其长度不应大于 2m。

检测方法：

用钢卷尺测量接线盒到各消防设备导线金属软管保护时的长度。

4）不同类别的线缆的布线形式

技术要求：

火灾自动报警系统应单独布线，不同系统、不同电压等级、不同电流类别的线缆不应穿在同一根保护管中，当合用同一线槽时，线槽内应有隔板分隔。

检测方法：

查看施工记录，直观检查。

5）布线防火保护措施

技术要求：

火灾自动报警系统线路暗敷设时，应采用金属管、可挠（金属）电气导管、B1 级以上（含本数）的刚性塑料管或封闭式线槽保护，并应敷设在不燃烧结构层内，且保护层厚度不应小于 30mm；当明敷设时，应采用金属管、可挠（金属）电气导管或金属封闭式线槽保护（矿物绝缘类不燃性电缆可直接明敷设）。

检测方法：

查看消防设备供、配电的线路保护的管、槽材料，检查其防火检测报告；矿物绝缘类不燃性电缆检查产品检测报告；尺量线路暗敷设保护层厚度。

6）导线颜色选择

技术要求：

同一工程中的导线，应根据不同用途选择不同颜色加以区分，相同用途的导线颜色应一致。电源线正极应为红色，负极应为蓝色或黑色，接线端口应有标号。

检测方法：直观检查。

9.9.3 接线盒、套管及线槽设置检测

1）接线盒设置

技术要求：

管子超过下列长度时，应在便于接线处装设接线盒。

（1）管子长度每超过 30m，无弯曲时；

（2）管子长度每超过 20m，有 1 个弯曲时；

（3）管子长度每超过 10m，有 2 个弯曲时；

（4）管子长度每超过 8m，有 3 个弯曲时。

检测方法：

查看施工记录，直观检查，用钢卷尺测量。

2）套管及线槽设置

（1）锁母、护口设置

技术要求：

导线套管装入接线盒时，盒外侧应套锁母，内侧应装护口；吊顶内敷设时，盒的内外侧均应套锁母。

检测方法：

查看施工记录，直观检查。

（2）卡具、支撑物设置

技术要求：

明敷设各类管路和线槽时，应采用单独的卡具吊装或支撑物固定。

检测方法：

查看施工记录，直观检查。

（3）吊点、支点设置

技术要求：

线槽敷设时，应根据工程实际情况设置吊点或支点：

① 线槽始端、终端及接头处；

② 距接线盒 0.2m 处；

③ 线槽转角或分支处；

④ 直线段不大于 3m 处。

检测方法：

查阅设计资料，查看施工记录，直观检查，用钢卷尺测量。

9.9.4 防尘防潮措施

技术要求：

在多尘或潮湿场所管路的管口和管连接处，均应作密封处理。

检测方法：

查看施工记录，直观检查。

9.9.5 电缆井设置及管道井防火封堵

1）电缆井设置

技术要求：

火灾自动报警系统用的电缆竖井，宜与电力、照明用的低压配电线路电缆竖井分别设置。如受条件限制必须合用时，两种电缆应分别布置在竖井的两侧。

检测方法：

查阅设计资料，直观检查。

2）电缆井、管道井防火封堵措施

技术要求：

建筑内电缆井、管道井应在每层楼板处采用不低于楼板耐火极限的不燃材料或防火封堵材料进行封堵。

检测方法：

查看技术资料，直观检查。

9.9.6　系统接地

技术要求：

专用接地线应选用铜芯绝缘导线，且线芯截面面积不应小于 $4mm^2$，接地应牢固并有明显的永久性标志。系统每回路导线的对地绝缘电阻值不应小于 $20M\Omega$。

检测方法：

查阅设计资料，现场测试接地电阻。

9.9.7　消防报警系统设置及功能

1）设置要求

（1）系统形式

技术要求：

系统形式选择符合设计要求，系统组成部件齐全，报警区域划分合理，探测区域划分合理。

检测方法：

结合图纸现场核对系统形式与设计要求，确认系统形式是否符合设计要求。

（2）火灾报警控制器连接设备总数和地址总数

技术要求：

任一台火灾报警控制器所连接的火灾探测器、手动火灾报警按钮和模块等设备总数和地址总数，均不应超过 3200 点，其中每一总线回路连接设备的总数不宜超过 200 点，且应留有不少于额定容量 10％ 的余量；任一台消防联动控制器地址总数或火灾报警控制器（联动型）所控制的各类模块总数不应超过 1600 点，每一联动总线回路连接设备的总数不宜超过 100 点，且应留有不少于额定容量 10％ 的余量。

高度超过 100m 的建筑中，除消防控制室内设置的控制器外，每台控制器直接控制的火灾探测器不应跨越避难层。

检测方法：

结合施工图纸及技术资料，现场核对火灾报警控制器连接的设备总数及回路数。

（3）短路隔离器设置

技术要求：

系统总线上应设置总线短路隔离器，每个总线短路隔离器保护的火灾探测器、手动火灾报警按钮和模块等消防设备的总数不应超过 32 点。总线穿越防火分区时，应在穿越处设置总线短路隔离器。

检测方法：

结合施工图纸、对照编码图表现场核对。

2）火灾报警及消防联动控制器

（1）设置及选型

技术要求：

① 火灾报警控制器或消防联动控制器（以下简称"控制器"）应设置在消防控制室内或有人值班的房间和场所；

② 集中报警系统和控制中心报警系统中的区域火灾报警控制器在满足下列条件时，可设置在无人员值班的场所：

A. 本区域内无需手动控制的消防联动设备；

B. 本区域火灾报警控制器的所有信息在集中火灾报警控制器上均有显示，且能接收集中火灾报警控制器的联动控制信号，并自启动相应的消防设备。

检测方法：

直观查看控制器设置是否满足以上要求。

（2）控制器的安装

① 安装质量

技术要求：

控制器应安装牢固，不应倾斜。安装在轻质墙上时，应采取加固措施。控制器的接地应牢固，并有明显的永久性标志。

检测方法：

现场查看。

② 设备面盘布置

技术要求：

设备面盘前的操作距离单列布置时不应小于 1.5m，双列布置时不应小于 2m；设备面盘后维修距离不宜小于 1m；设备面盘排列长度大于 4m 时，其两端应设置宽度不小于 1m 的通道；在值班人员经常工作的一面，设备面盘至墙的距离不应小于 3m。

检测方法：

现场测量安装距离。

③ 控制器主显示屏安装高度、正面操作距离等

技术要求：

控制器安装在墙上时，其主显示屏高度宜为 1.5～1.8m，其靠近门轴的侧面距墙不应小于 0.5m，正面操作距离不应小于 1.2m。

检测方法：

现场测量距离及高度。

④ 引入控制器的电缆或导线

技术要求：

配线应整齐，固定牢靠；导线编号文字应清晰、不褪色；每个接线端接线不得超过 2 根；导线应扎成束。

检测方法：

直观检查。

⑤ 控制器接地线

技术要求：

专用接地线应选用铜芯绝缘导线，且线芯截面面积不应小于 $4mm^2$，接地电阻值共用时不应大于 1Ω，专用时不应大于 4Ω。

检测方法：

现场采用卡尺、仪器等测量。

（3）控制器基本功能

① 自检功能

技术要求：

自检功能应正常。

检测方法：

触发自检键，观察控制器面板上所有的指示灯、显示器和音响器件是否正常，同时查看其受控设备是否动作。

② 火灾报警及显示功能

技术要求：

应能直接或间接地接收来自火灾探测器及其他火灾报警触发器件的火灾报警信号，控制器应在 10s 内发出火灾报警声、光信号，指示火灾发生部位，记录火灾报警时间。火灾报警声信号手动消除后，当再有火灾报警信号输入时，应能再次启动。

检测方法：

可结合探测器报警功能测试，查看报警控制器显示的报警部位、类型是否与现场一致情况，然后手动消音后，再次模拟一个火灾报警信号，查看报警主机的报警及显示功能。

③ 故障报警功能

技术要求：

当控制器内部、控制器与其连接的部件间发生故障时，应能在 100s 内发出与火灾报警信号有明显区别的声、光故障信号，并应能显示故障部位和类型。声故障信号能手动消除。

检测方法：

现场模拟一个故障报警信号（如拆除一只火灾探测器），用秒表测量报警控制器收到故障报警信号的时间，控制器应能发出与火灾报警信号有明显区别的声、光故障信号，核实故障部位、类型是否与现场一致。

④ 火灾优先功能

技术要求：

当火灾和故障同时发生时，火灾报警信号应优先输入火灾报警控制器，发出声、光报警信号。

检测方法：

使火灾报警信号和故障信号同时发生，观察并记录火灾报警控制器的声、光报警情况。

⑤ 消声、复位、屏蔽功能

技术要求：

控制器处于报警状态时，可手动消除声报警信号，并能手动复位报警信号。

检测方法：

当报警控制器处于报警状态时，启动消音键，应能消除声报警信号；启动复位键，系统应能恢复正常状态。对照设计图纸查看是否存在人为屏蔽故障设备情况点，查明屏蔽原因。

⑥ 主电源连接形式

技术要求：

控制器主电源严禁使用电源插头连接或设置剩余电流动作保护和过负荷保护装置。

检测方法：

直观检查。

⑦ 主、备电源自动转换

技术要求：

当主电源断电时，能自动转换到备用电源；主电源恢复时，能自动转换到主电源；应有主、备电源工作状态指示。

检测方法：

切断主电源，查看主、备电源工作状态，恢复主电源，查看主、备电源工作状态。

（4）控制器控制功能

① 控制器显示、控制功能

技术要求：

a. 显示消防设备动作、故障部位和工作状态；

b. 显示系统供电电源的工作状态；

c. 输出切断火灾发生区域的正常供电电源、接通消防电源的控制信号；

d. 输出控制室内消火栓系统消防水泵的启动和停止的控制信号，接收反馈信号并显示其状态；

e. 输出能控制自动喷水和水喷雾系统的启动和停止控制信号，接收反馈信号并显示其状态；应能显示水流指示器、压力开关，以及其他有关信号阀的状态；

f. 能在气体灭火系统的报警、喷洒各阶段发出相应的声、光警报信号，声信号能手动消除，并显示其状态；在延时阶段应能输出关闭防火门、窗，停止空调通风系统，关闭有关部位的防火阀的控制信号，接收反馈信号并显示其状态；

g. 输出控制泡沫灭火系统的泡沫泵和消防水泵的启动和停止的控制信号，接收反馈信号并显示其状态；

h. 输出控制干粉灭火系统的启动和停止的控制信号，接收反馈信号并显示其状态；

i. 输出控制防火卷帘门半降、全降的控制信号，接收反馈信号并显示其状态；

j. 输出控制常开防火门关闭的控制信号，接收反馈信号并显示其状态；

k. 输出能停止有关部位的空调通风、关闭电动防火阀的控制信号，接收反馈信号并显示其状态；

l. 输出启动有关部位的防烟、排烟风机和排烟阀、排烟窗、挡烟垂壁等的控制信号，接收反馈信号并显示其状态；

m. 输出能控制常用电梯使其自动降至首层或转换层的控制信号，接收反馈信号并显示其状态；

n. 输出能使受其控制的火灾应急广播投入工作的控制信号；

o. 输出能使受其控制的应急照明及疏散指示标志投入工作的控制信号；

p. 输出能使受其控制的警报装置投入工作的控制信号。

检测方法：

结合项目实际情况，结合火灾报警及联动功能检测，逐项进行试验、检查。

② 手动或自动操作功能

技术要求：

控制器应能以"手动"或"自动"两种方式完成控制功能，并指示手动状态。在自动方式下，手动插入操作优先。

检测方法：

在"自动"方式时，人为产生火灾报警信号，观察确认相关被联动设备工作状态；在"手动"方式时，检查通过手动操作控制相关设备能否动作，并且在"自动"故障方式时，"手动"操作的优先功能是否具备。

③ 控制器的直接手动控制功能

技术要求：

消防联动控制器应设有对消防水泵、防烟和排烟风机等控制设备的直接手动控制功能。其他项目的直接手动控制开关的设置应符合设计要求。

检测方法：

现场检查核对，是否将相关设备控制箱（柜）的启动、停止按钮用专用线路直接连接至设置在消防控制室内的消防联动控制器的手动控制盘，并能直接手动控制设备启动、停止。

④ 控制器记录功能

控制器应具有显示或记录火灾报警和受控设备动作信息及时间的功能。

检测方法：

触发火警信号，观察控制器能否记录时间。

⑤ 总线隔离器设置

技术要求：

火灾自动报警系统采用总线控制方式时，应设有总线隔离器。当隔离器动作时，每只隔离器保护的火灾探测器、手动火灾报警按钮和模块不应超过32个。

检测方法：

人为使总线隔离器保护范围内的任一点短路，通过控制器检查总线隔离器的隔离保护功能及范围是否符合要求。

3）点型感烟火灾探测器

（1）一般规定

① 外观及标志

技术要求：

火灾探测器外观应整洁完好，产品标志、质量检验标志、认证标志清晰齐全，规格型号应符合设计要求。

检测方法：

对照设计资料，观察探测器外观、标志。

② 安装质量

技术要求：

安装应牢固，不得有明显松动、晃动、位移。探测器的底座应安装牢固，与导线连接必须可靠压接或焊接。当采用焊接时，不应使用带腐蚀性的助焊剂；探测器底座的连接导线，应留有不小于150mm的余量，且在其端部应有明显的永久性标志；探测器底座的穿线孔宜封堵，安装完毕的探测器底座应采取保护措施。

检测方法：

直观检查，刻度尺测量和橡胶锤锤动测试。

（2）探测器设置

① 探测器设置周围环境。

② 探测器至墙壁、梁边距离。

③ 探测器至空调送风口距离。

④ 探测器至多孔送风顶棚孔口距离。

⑤ 探测器在格栅吊顶场所设置。

⑥ 探测器在有梁顶棚上的设置。

⑦ 探测器倾斜安装时的倾斜角。

⑧ 探测器在内走道设置（感烟探测器安装间距不应超过 15m）。

技术要求：

应符合规范及本章 9.9.1 节第（2）条要求。

检测方法：

查阅设计资料，直观检查，测量仪测量、尺量检查。

（3）感烟探测器保护面积及保护半径

技术要求：

探测器的保护面积和保护半径应符合规范或设计要求。

检测方法：

查阅设计资料，直观检查，测量仪测量、尺量检查。

（4）火灾确认灯设置

技术要求：

火灾确认灯应面向便于人员观察的主要入口方向，火警时火灾确认灯应在控制器手动复位前予以保持。

检测方法：

结合现场实际情况，观察探测器报警确认灯朝向是否符合要求，火警试验时观察探测器确认灯工作状态是否符合要求。

（5）报警、故障功能

技术要求：

探测器应具有火灾报警及故障报警功能。

检测方法：

采用专用的检测仪器或模拟火灾的方法向探测器施放烟气等，检查火灾探测器的火灾报警功能，查看探测器报警确认灯是否工作，控制器是否能够准确接收探测器发出的火灾报警信号，记录控制器接收的火警信息，其设置位置、探测器编码及相关中文注释应正确无误。

4）点型感温火灾探测器

（1）一般规定

① 外观及标志

技术要求：

火灾探测器外观应整洁完好，产品标志、质量检验标志、认证标志清晰齐全，规格型号应符合设计要求。

检测方法：

对照设计，观察探测器外观、检查各标志。

② 安装质量

技术要求：

安装应牢固，不得有明显松动、晃动、位移。探测器的底座应安装牢固，与导线连接必须可靠压接或焊接。当采用焊接时，不应使用带腐蚀性的助焊剂；探测器底座的连接导线，应留有不小于 150mm 的余量，且在其端部应有明显的永久性标志；探测器底座的穿线孔宜封堵，安装完毕的探测器底座应采取保护措施。

检测方法：

直观检查、刻度尺测量、橡胶锤锤动测试。

（2）探测器设置

① 探测器设置周围环境。

② 探测器至墙壁、梁边距离。

③ 探测器至空调送风口距离。

④ 探测器至多孔送风顶棚孔口距离。

⑤ 探测器在有梁顶棚上的设置。

⑥ 探测器倾斜安装时的倾斜角。

⑦ 探测器在内走道设置（感温探测器安装间距不应超过 10m）。

技术要求：

应符合规范要求。

检测方法：

查阅设计资料，直观检查，测量仪测量、尺量检查。

（3）测器保护面积及保护半径

技术要求：

探测器的保护面积和保护半径应符合规范或设计要求。

检测方法：

查阅设计资料，直观检查，测量仪测量、尺量检查。

（4）火灾确认灯设置

技术要求：

火灾确认灯应面向便于人员观察的主要入口方向，火灾确认灯应在手动复位前予以保持。

检测方法：

结合现场实际情况，观察探测器报警确认灯朝向是否符合要求，火警试验时观察探测器确认灯工作状态是否符合要求。

（5）报警、故障功能

技术要求：

探测器应具有火灾报警及故障报警功能。

检测方法：

可复位点型感温探测器，使用温度不低于54℃的热源加热，查看探测器报警确认灯和火灾报警控制器火警信号显示；移开加热源，报警控制器手动复位，观察探测器报警确认灯在复位前后的变化情况；

不可复位的点型感温探测器，采用线路模拟的方式试验。

5）线型光束感烟火灾探测器

（1）设置要求

① 光束轴线至顶棚及地面距离

技术要求：探测器光束轴线至顶棚的垂直距离宜为0.3～1.0m，距地面高度不宜超过20m。

② 相邻两组探测器之间水平距离

技术要求：相邻两组红外光束感烟火灾探测器的水平距离不应大于14m。

③ 探测器至侧墙距离

技术要求：探测器至侧墙水平距离不应大于7m，且不应小于0.5m。

④ 发射器和接收器之间距离

技术要求：探测器的发射器与接收器之间的距离不宜超过100m。

⑤ 发射器和接收器安装

技术要求：探测器的发射器和接收器应安装牢固，防止位移，发射器和接收器之间的光路上应无遮挡物或干扰源。

检测方法：

直观检查，用钢卷尺测量。

（2）火灾确认灯位置

技术要求：

探测器火灾确认灯应面向便于人员观察的方向，报警确认灯应在手动复位前予以保持。

检测方法：

观察火灾报警确认灯朝向，观察火灾确认灯监视和报警状态是否有明显区别，以及报警复位前后火灾确认灯的状态。

（3）火灾报警及故障报警功能

技术要求：

当对射光束的减光值达到1.0～10dB时，应在30s内向火灾报警控制器输出火警信号。

检测方法：

用减光率为0.9dB的减光片遮挡光路并尽量靠近接收器的光路上，探测器不应发出火灾报警信号；用减光值10dB减光片遮挡光路，应在30s内向火灾报警控制器输出火警信号，启动探测器火灾报警确认灯。用减光率为 11.5dB 的减光片遮挡光路，探测器应向火灾报警控制器发出故障信号或火灾报警信号。

6）缆式线型感温火灾探测器

（1）探测器设置

技术要求：

① 缆式线型定温探测器在电缆桥架、支架或变压器等设备上设置时，宜采用接触式设置；

② 缆式线型定温探测器在各种皮带输送装置上设置时，宜设置在装置的过热点附近；

③ 设置在顶棚下方的线型感温火灾探测器，至顶棚的距离宜为 0.1m；

④ 线型感温探测器及光栅光纤感温火灾探测器每个光栅的保护面积和保护半径，应符合点型感温火灾探测器的保护面积和保护半径要求；

⑤ 线型感温探测器至墙壁的距离宜为 1~1.5m。

检测方法：

查阅设计资料，直观检查，卷尺测量。

（2）火灾报警功能及故障报警功能

技术要求：

应具有火灾报警及故障报警功能。

检测方法：

可恢复线型感温探测器，在距离终端盒 0.3m 以外的部位，使用 55~145℃ 的热源加热，查看火灾报警控制器火警信号显示；不可恢复线型感温探测器，采用线路模拟的方式试验。

7）火焰探测器及图像型火灾探测器

（1）探测器设置

技术要求：

应保证探测器视场角覆盖探测区域与保护目标之间不应有遮挡物，避免光源直接照射在探测器的探测窗口。单波段的火焰探测器不应设置在平时有阳光、白炽灯等光源直接或间接照射的场所。探测器安装在室外时应有防尘、防雨措施。

检测方法：

查阅设计资料，直观检查。

（2）探测器保护范围

技术要求：

应符合规范及相应产品技术指标要求。

检测方法：

查阅设计资料，直观检查。

（3）探测器报警功能

技术要求：

在试验光源作用下，在规定的响应时间内能发出报警信号。

检测方法：

使用火焰探测器功能试验器或模拟火灾进行测试。观察探测器响应时间在 30s 内是否发出火警信号，其火灾确认灯是否启动，火灾报警控制器是否有火警信号显示。

8）吸气式感烟火灾探测器

（1）探测器设置

技术要求：

① 非高灵敏度型吸气式感烟火灾探测器的采样管网安装高度不应超过 16m；

② 高灵敏度型探测器的采样管安装高度可超过 16m；

③ 灵敏度可调的探测器在采样管网安装高度超过 16m 时，应设置为高灵敏度方式，且应减小采样管长度和采样孔数量。

检测方法：

尺量检查，直观检查。

（2）探测区域

技术要求：

① 探测区域应按独立房（套）间划分。一个探测区域的面积不宜超过 500m²；从主要人口能看清其内部，且面积不超过 1000m² 的房间，也可划为一个探测区域。

② 同一根采样管探测区域不应跨越防火分区。

检测方法：

尺量检查，直观检查。

（3）探测器保护半径

技术要求：

吸气式感烟火灾探测器的每个采样孔的保护面积、保护半径应符合点型感烟火灾探测器的保护面积、保护半径的要求。

检测方法：

尺量检查，直观检查。

（4）采样管（含支管）的长度

技术要求：

每个探测单元的采样管总长不宜超过 200m，单管长度不宜超过 100m，当采样管道采用毛细管布置方式时，毛细管长度不宜超过 4m。

检测方法：

按规范及产品说明书的要求，尺量检查。

（5）吸气管路和采样孔标识

技术要求：

吸气管路和采样孔应有明显的火灾探测器标识。

检测方法：

直观检查。

（6）火灾报警及故障报警功能

检测方法：在采样管最末端（最不利处）采样孔使用感烟探测器试验器加入试验烟，探测器或其控制装置应在120s内发出火灾报警信号，现场用秒表测量。根据产品说明书，改变探测器的采样管路气流，使探测器处于故障状态，探测器或其控制装置应在100s内发出故障信号。

9）手动火灾报警按钮

（1）设置要求

技术要求：

每个防火分区应至少设置一个，宜设置在疏散通道或出入口处。

检测方法：

尺量检查，直观检查。

（2）外观及标志

技术要求：

应整洁完好，应有明显产品认证标志。

检测方法：

直观检查。

（3）安装

技术要求：

手动火灾报警按钮应安装在明显和便于操作的部位，且应安装牢固，不得倾斜、松动；当安装在墙上时，其底边距地（楼）面高度宜为1.3～1.5m，并有明显标志。手动火灾报警按钮的连接导线应留有不小于150mm的余量，且在端部应有明显标志。

检测方法：

直观检查、手试，并用钢卷尺测量。

（4）安装距离

技术要求：

从一个防火分区的任何位置到最邻近的手动火灾报警按钮的步行距离不应大于30m。

检测方法：

直观检查并用钢卷尺测量。

（5）报警功能

技术要求：

使报警按钮动作，报警按钮应发出火灾报警信号，同时报警按钮的火灾确认灯应有可见指示，控制室消防控制设备应能收到火灾报警信号并显示其准确的报警按钮所处位置信息。直到启动部件被手动复位，报警按钮方可恢复原状态。

检测方法：

对可恢复的手动火灾报警按钮，施加适当的推力使报警按钮动作，报警按钮应发出火灾报警信号，检查火灾报警控制器接收及显示火灾报警信息情况；对不可恢复的手动火灾报警按钮应采用模拟动作的方法使报警按钮动作（当有备用启动零件时，可抽样进行动作试验），报警按钮应发出火灾报警信号，检查火灾报警控制器接收及显示火灾报警信息情况。结合竣工图及消防控制设备显示的位置及地址编码检查报警信息是否一致。

10）区域显示器（火灾显示盘）

（1）设置

技术要求：

每个报警区域宜设置一台区域显示器；宾馆、饭店等场所应在每个报警区域设置一台区域显示器。当一个报警区域包括多个楼层时，宜在每个楼层设置一台仅显示本楼层的区域显示器。

检测方法：

查阅设计资料，现场直观检查。

（2）外观及标志

技术要求：

火灾显示盘外观应无缺陷。在显示盘明显部位应设有耐久性铭牌标志，其内容清晰，设置牢固。

检测方法：

直观检查。

（3）安装

技术要求：

区域显示器应设置在出入门等明显和便于操作的部位。壁挂安装时，底边距地高度宜为1.3~1.5m。

检测方法：

用钢卷尺测量。

（4）基本功能

① 火灾报警显示功能

技术要求：

应在接收与其连接的火灾报警控制器发出的火灾报警信号后3s内发出火灾报警声、光信号，显示火灾发生部位。

检测方法：

触发火警信号，使用秒表测量火灾显示盘能否在3s内接收和显示火灾报警控制器发出的火灾报警信号及其部位。

② 消声复位功能

技术要求：

火灾显示盘处于火灾报警状态时，光报警信号在火灾报警控制器复位之前不能手动消除，声报警信号应能手动消除，并有消声指示。

检测方法：

火灾显示盘处于火灾报警状态时，首先撤销输入的火灾报警信号，然后手动复位火灾显示盘，观察并记录火灾显示盘动作情况。

③ 故障报警功能

技术要求：

采用主电源供电的火灾显示盘，在发生主电源及备用电源故障时，火灾显示盘应在100s内发出与火灾报警信号有明显区别的声、光信号，并指示故障类型。故障声信号应能手动消除，故障光信号应保持至故障排除或火灾报警控制器复位。

对具有接收火灾报警控制器发来的火灾探测器、手动报警按钮等火灾触发器件的故障信息功能的火灾显示盘，应在接收到火灾报警控制器发出的故障信号后3s内，发出与火灾报警信号有明显区别的故障声、光信号，指示故障发生部位。故障光信号应与火灾报警控制器相应的状态一致。

检测方法：

对检测的火灾显示盘，使其处于故障状态，然后依次操作手动消声和复位机构，观察并记录火灾显示盘声、光情况及故障类型指示情况。

④ 电源转换功能

技术要求：

采用主电源供电的火灾显示盘应具有电源转换功能。当主电源断电时，能自动转换到备用电源；当主电源恢复时，能自动转换到主电源；主、备电源的工作状态应有指示，主、备电源的转换应不使火灾显示盘发出火灾报警信号。

检测方法：

对非火灾报警控制器供电的火灾显示盘，将主电源断电，然后恢复正常，观察并记录主电源和备用电源转换情况及电源指示灯变化情况。

11）图形显示装置

（1）设置

技术要求：

图形显示应设置在消防控制室内，与火灾报警控制器、消防联动控制器、电气火灾监控器、可燃气体报警控制器等消防设备之间，应采用专用线路连接。

检测方法：

直观检查，查看线路连接方式。

（2）外观、标志

技术要求：

应为符合国家市场准入制度的产品。

检测方法：

直观检查。

（3）状态显示功能

技术要求：

① 应能显示设备运行状况、接报警记录、火灾处理情况、设备检修检测报告等资料，等有关管理信息；

② 应能用同一界面显示建（构）筑物周边消防车道、消防登高车操作场地、消防水源位置，以及相邻建筑的防火间距、建筑面积、建筑高度、使用性质等情况；

③ 应能显示消防系统及设备的名称、位置和相关动态信息；

④ 当有火灾报警信号、监管报警信号、反馈信号、屏蔽信号、故障信号输入时，应有相应状态的专用总指示，在总平面布局图中应显示输入信号的建（构）筑物的位置，在建筑平面图上应显示输入信号所在的位置和名称，并记录时间、信号类别和部位等信息；

⑤ 应在 3s 内显示火灾报警信号、联动反馈信号信息，并准确显示相应信号的物理位置，100s 内显示其他输入信号的状态信息；

⑥ 应采用有中文标注和中文界面；

⑦ 应能显示可燃气探测报警系统、电气火灾监控系统的报警信息、故障信息和相关联动反馈信息。

检测方法：

对照设计，现场操作、直观检查。

（4）火灾报警平面优先显示功能

技术要求：

图形显示装置处在日常管理界面、故障显示界面或联动显示界面状态时，输入火灾报警信号，图形显示装置应能立即转入火灾报警平面的显示状态。

检测方法：

对照设计，现场操作、直观检查。

（5）通信故障报警功能

技术要求：

图形显示器与消防报警控制器及其他消防设备之间不能正常通信时，应在 100s 内发出与火灾报警信号有明显区别的故障声、光信号。

检测方法：

认为使其与控制器及其他消防设备（设施）之间的通信线路短路，用秒表测量并观察。

（6）查询功能

技术要求：

多报警平面显示状态下，各报警平面应能自动和手动查询，并应有总数显示，且应能手动插入使其立即显示首次火警相应的报警平面图。

检测方法：

对照设计，现场操作、直观检查。

（7）信息记录功能

技术要求：

应具有信息记录功能，历史信息存储记录容量不应少于1000条。

检测方法：

对照设计，现场操作、直观检查。

12）火灾警报器

（1）火灾光警报器设置

技术要求：

应设置在每个楼层的楼梯口、消防电梯前室、建筑内部拐角等处的明显部位，且不宜与安全出口指示标志灯具设置在同一面墙上。

检测方法：

查阅设计资料，现场查看警报装置的设置位置。

（2）火灾警报器分布

技术要求：

每个报警区域应均匀设置火灾警报器。

检测方法：

现场查看报警区域内警报器的设置情况。

（3）安装

技术要求：

火灾警报器安装应牢固可靠，表面不应有破损；火灾光警报器采用壁挂方式安装时，其底边距地面高度应大于2.2m。光警报器与消防应急疏散指示标志不宜在同一面墙上，安装在同一面墙上时，距离应大于1m。

检测方法：

对照设计，直观检查、用卷尺、激光测距仪测量。

（4）火灾声警报器声压级

技术要求：

声压级不应小于60dB（A计权），在环境噪声大于60dB的场所，其声压级应高于背景噪声15dB，带有语音提示功能的声警报应能清晰播报语音信息。

检测方法：

现场用数字声级计测量其火灾警报装置的声压级。

13) 模块设置

（1）安装

技术要求：

模块的规格、型号、数量应符合设计要求；模块（或金属模块箱）应独立支撑或固定，安装牢固，并应采取防潮、防腐蚀等措施；每个报警区域内的模块宜相对集中设置在本报警区域内的金属模块箱中，未集中设置的模块附近应有尺寸不小于 100mm×100mm 的标识，终端部件应靠近连接部件安装。隐蔽安装时应有部位显示及检修孔。模块严禁设置在配电（控制）柜（箱）内。

检测方法：

对照设计，直观检查，观察未集中设置的标识情况，尺量标识尺寸，查看配电（控制）柜（箱）内是否设置模块。

（2）外观及标志

技术要求：

模块外表应整洁完好，产品认证标志清晰。

检测方法：

检查模块外观及标志。

（3）模块的控制方式

技术要求：

本报警区域内的模块不应控制其他报警区域的设备。

检测方法：

联动试验时观察模块与设备动作情况。

（4）防护措施

技术要求：

模块设置在长期潮湿或温度变化较大场所时，应采取有效的防潮措施或采用防潮型模块。

检测方法：

观察长期潮湿或温度变化较大的场所模块设置情况是否符合要求。

14) 可视图像早期火灾报警

（1）火焰报警功能测试

① 可视图像早期火灾报警系统中的每个摄像机应按表 9.9.7.14-1 的规定进行火焰报警功能测试或模拟火焰报警的测试；

② 报警时间应满足表 9.9.7.14-1 中规定的要求

火焰报警测试程序   表 9.9.7.14-1

测试材料	含水率不大于 15％的山毛榉木	报警时间/S	
光照度	正常光照度	风速不大于 1级	风速大于 1级
距离（m）	测试程序		
15	1 在视频图像范围内近 15m 位置上放置一个 600mm×600mm 的铁盘 2 在铁盘中心放置 1 个由 25 根 10cm×0.5cm×0.5cm 木条搭成的方形木垛 3 用 10mL 可燃液体均匀洒在木垛上 4 点燃木垛，记录报警时间	60	120
30	1 在视频图像范围内近 30m 位置上放置一个 600mm×600mm 的铁盘 2 在铁盘中心放置 1 个由 25 根 20cm×1cm×1cm 木条搭成的方形木垛 3 用 10mL 可燃液体均匀洒在木垛上 4 点燃木垛，记录报警时间	60	120
100	1 在视频图像范围内 100m 位置上放置一个 1000mm×1000mm 的铁盘 2 在铁盘中心放置一个由 90 根 60cm×4cm×4cm 木条搭成的方形木垛 3 用 200mL 可燃液体均匀洒在木垛上 4 点燃木垛，记录报警时间	60	120
150	1 在视频图像范围内 120m 位置上放置一个 1000mm×1000mm 的铁盘 2 在铁盘中心放置一个由 180 根 80cm×4cm×4cm 木条搭成的方形木垛 3 用 200mL 可燃液体均匀洒在木垛上 4 点燃木垛，记录报警时间	60	120

检测方法：

见本节表 9.9.7.14-1 要求。

（2）烟雾报警功能测试

① 可视图像早期火灾报警系统中的每个摄像机应按表 9.9.7.14-2 的规定进行烟雾报警功能测试或模拟烟雾报警的测试。

② 报警时间应满足表 9.9.7.14-2 中规定的要求。

烟雾报警测试程序   表 9.9.7.14-2

测试材料	直径 4mm 的纯棉棉绳	报警时间/S	
光照度	正常光照度	风速不大于 1级	风速大于 1级
距离（m）	测试程序		

测试材料	直径4mm的纯棉棉绳	报警时间/S	
15	1 在视频图像范围内15m位置放置一个铁吊架 2 在吊架上挂90根长度为300mm,直径为4mm的纯棉棉绳 3 用打火机点燃棉绳,吹灭明火 4 记录报警时间	60	120
30	1 在视频图像范围内近30m位置放置一个铁吊架 2 在吊架上挂150根长度为300mm,直径为4mm的纯棉棉绳 3 用打火机点燃棉绳,吹灭明火 4 记录报警时间	60	120
100	1 在视频图像范围内100m位置上放置测试烟饼 2 用打火机点燃烟饼 3 记录报警时间	60	120
150	1 在视频图像范围内150m位置上放置测试烟饼 2 用打火机点燃烟饼 3 记录报警时间	60	120

检测方法：见表9.9.7.14-2要求。

15）家用火灾安全系统

（1）家用火灾报警控制器功能检测内容

① 自检功能；

② 主、备电源自动转换功能；

③ 故障报警功能；

④ 火警优先功能；

⑤ 消声功能；

⑥ 二次报警功能；

⑦ 复位功能

⑧ 检测方法参考消防报警控制器检测相关内容。

（2）家用火灾探测器及可燃气体探测器检测

检测方法可参考点型火灾探测器及可燃气体探测器检测的相关内容。

（3）控制中心监控设备

检测方法可参考消防报警（联动）控制器检测的相关内容。

（4）检测数量

实际安装数量。

9.9.8　消防应急广播系统

1）扬声器设置

技术要求：

① 扬声器应设置在走道和大厅等公共场所，其数量应能保证从一个防火分区的任何部位到最近一个扬声器的直线距离不大于 25m。走道末端距最近的扬声器距离应不大于 12.5m。

② 设置在易燃易爆场所内的扬声器应采用防爆型扬声器。

③ 扬声器安装应牢固可靠壁挂扬声器的底边距地面高度应大于 2.2m。

检测方法：

查阅设计资料，直观检查，用钢卷尺、激光测距仪测量。

2）音质

技术要求：

音质应清晰。

检测方法：

通过现场播音，检查音响效果。

3）扬声器功率

技术要求：

每个扬声器的功率不得小于 3W。客房设置专用扬声器时，其功率不宜小于 1.0W。

检测方法：

查看设备铭牌或产品说明书。

4）扬声器播放声压级

技术要求：

在环境噪声大于 60dB 的场所设置的扬声器，在其播放范围内，最远点的播放声压级应高于背景噪声 15dB。

检测方法：

① 用声级计现场测量检测地点周围的背景噪声的声压级。

② 然后启动消防广播，在最不利点处，测量报警音响声压级。

5）功率放大器设置

技术要求：

用于紧急广播的广播功率放大器，额定输出功率不应小于其所驱动的广播扬声器额定功率总和的 1.5 倍；全部紧急广播功率放大器的功率总容量，应满足所有广播分区同时发布紧急广播的要求。

检测方法：

结合消防广播系统设计图纸，直观检查功率放大器实际设置情况，启动全域消防广播，检查其带载能力和现场音响效果，现场观察消防控制室广播监听效果。

6）消防应急广播功能

（1）基本规定：

① 当消防应急广播与公共广播系统合用时，消防应急广播应具有最高级别的优先权。系统应能在火警联动信号触发的10s内，向相关广播区播放警示信号（含警笛）、警报语声文件或实时指挥语声；

② 紧急广播系统设备应具有自检和故障自动告警功能；

③ 紧急广播系统应具有应急备用电源，主电源与备用电源切换时间不应大于1s；主电源切换至备用电源时，应发出声提示信号；应急备用电源应能满足30min以上的紧急广播。以电池为备用电源时，系统应设置电池自动充电装置；

④ 当需要手动发布紧急广播时，应设置一键到位功能；

⑤ 单台广播功率放大器失效不应导致整个广播系统失效。

（2）联动控制功能

联动控制信号应由消防联动控制器发出。当确认火灾后，消防应急广播系统应完成同时向全楼进行消防应急广播的功能。

（3）消防应急广播强行切换功能

消防应急广播与公共广播系统合用时，应具有强制切入消防应急广播功能。

（4）消防广播播放方式

消防应急广播的单次语音播放时间宜为10～30s，应与火灾声警报器分时交替工作，可采取1次火灾声警报器播放、1次或2次消防应急广播播放的交替工作方式循环播放。

（5）控制室监听、监控

在消防控制室应能手动或按预设控制逻辑联动控制选择广播分区、启动或停止应急广播系统，并应能监听消防应急广播。在通过传声器进行应急广播时，应自动对广播内容进行录音。

（6）检测方法：

① 首先将消防联动控制器置于"自动"状态，消防广播与公共广播系统合用的，将广播系统置于公共广播状态；

② 现场采用专用的检测仪器或模拟火灾的方法向该防火分区内的两个独立的感烟探测器施放烟气等，使其分别发出火灾报警信号，通过消防联动控制器发出联动控制信号；

③ 现场检测全域内火灾声光报警器和消防广播系统工作状态，应符合技术要求；

④ 结合设计文件、图纸直观检查其他相关项。

9.9.9　消防专用电话系统

1）总机及系统设置

技术要求：

消防控制室应设置消防专用电话总机，消防专用电话网络应为独立的消防通信系统。

检测方法

结合设计图纸，现场直观检查。

2）机房专用电话分机设置

技术要求：

消防水泵房、发电机房、配变电室、计算机网络机房、主要通风和空调机房、防排烟机房、灭火控制系统操作装置处或控制室、企业消防站、消防值班室、总调度室、消防电梯机房及其他与消防联动控制有关的且经常有人值班的机房应设置消防专用电话分机。

检测方法：

现场查看电话分机设置情况，测量设置间距。

3）电话插孔设置

技术要求：

设有手动火灾报警按钮或消火栓按钮等处，宜设置电话插孔。

检测方法：

现场查看电话插孔设置情况。

4）避难层消防专用电话的设置

技术要求：

各避难层应每隔20m设置1个消防专用电话分机或电话插孔。

检测方法：

现场查看每个避难层电话插孔设置情况，测量设置间距。

5）标志

技术要求：

消防电话和电话插孔应有明显的永久性标志。

检测方法：

直观检查观察。

6）安装

技术要求：

安装应牢固，不得有明显松动和倾斜，墙面上安装时，其底边距地（楼）面高度宜为1.3～1.5m。

检测方法：

现场查看设置位置和安装牢固度，测量安装高度。

7）呼叫与通话试验

技术要求：

所有消防电话分机、电话插孔与消防控制室之间互相通话时，语音应清晰。

检测方法：

分别用消防电话分机、电话插孔呼叫控制室消防电话主机，查看通话质量。

9.9.10 消防电梯

1）消防电梯轿厢专用电话设置

技术要求：

消防电梯轿厢内部应设消防专用对讲电话，其对讲功能应正常，且语音清晰。

检测方法：

直观检查，现场测试通话质量。

2）消防电梯专用按钮

技术要求：

在首层应设置供消防队员专用的操作按钮，并应设置透明罩保护。

检测方法：

现场查看操作按钮的设置情况。

3）消防电梯迫降

技术要求：

触发首层的迫降按钮，应能控制消防电梯下降至首层，其他楼层按钮不能呼叫控制消防电梯。

检测方法：

触发首层的迫降按钮，查看消防电梯是否迫降至首层，同时再用其他楼层按钮呼叫，电梯应无应答，在厢内可手动操作消防电梯上升。

4）电梯联动控制

技术要求：

消防联动控制器应具有发出联动控制信号强制所有电梯停于首层或电梯转换层的功能。

检测方法：

进行1-2次手动控制和联动控制功能检验，消防控制室手动或按设计的联动逻辑关系使电梯降至首层或转换层，查看电梯状态。

5）信号反馈

技术要求：

当消防电梯处于消防使用状态时，运行状态信号和停于首层或转换层的反馈信号应传送给消防控制室显示。

检测方法：

查看报警控制器上消防电梯是否有反馈信息。

6）消防电梯运行时间

技术要求：

消防电梯从首层至建筑物顶层的运行时间不宜大于60s。

检测方法：

将消防电梯迫降至首层，在轿厢内操作电梯上升至顶层，用秒表测量运行时间。

7）消防电梯井底排水设施

技术要求：

排水井容量及排水泵规格应符合设计要求

检测方法：

核对设计要求，观察检查。

9.9.11　消防控制室

1）消防控制室位置

技术要求：

单独建造的消防控制室，其耐火等级不应低于二级。附设在建筑物内的消防控制室，宜设置在建筑物内首层的靠外墙部位，亦可设置在建筑物的地下一层，隔墙上的门应采用乙级防火门，并应设置直通室外的安全出口。

检测方法：

核对设计要求，直观检查。

2）消防控制室疏散门开启方向

技术要求：

疏散门应向疏散方向开启，且控制室入口处应设置明显的标志。

检测方法：

现场查看门的开启方向及门上标志。

3）送、回风管设置

技术要求：

消防控制室的送、回风管在其穿墙处应设防火阀。

检测方法：

查阅设计资料，直观检查。

4）电气线路及管路设置

技术要求：

消防控制室内严禁与其无关的电气线路及管路穿过。

检测方法：

查阅设计资料，直观检查。

5）抗干扰性

技术要求：

消防控制室不应设置在电磁场干扰较强及其他可能影响消防控制设备工作的设备用房附近。

检测方法：

查阅设计资料，直观检查。

6) 室内消防控制设备布置

技术要求：

设备面盘前的操作距离，单列布置时不应小于 1.5m，双列布置时不应小于 2m；设备面盘后的维修距离不宜小于 1m；设备面盘的排列长度大于 4m 时，其两端应设置宽度不小于 1m 的通道；在值班人员经常工作的一面，设备面盘至墙的距离不应小于 3m。在与建筑其他弱电系统合用的消防控制室内，消防设备应集中设置，并应与其他设备间有明显间隔。

检测方法：

现场测量操作距离，直观检查。

7) 外线电话设置

技术要求：

消防控制室内应设有用于火灾报警的外线电话。

检测方法：

现场检查、测试是否设置直拨外线电话。

8) 火灾应急照明设置

技术要求：

消防控制室内应设置火灾应急照明灯具，其照度应保证正常照明的照度。

检测方法：

直观检查，用照度计测量其照度。

9.9.12　消防联动控制功能检测

1) 室内消火栓联动控制功能

(1) 联动控制方式

技术要求：

① 应由消火栓系统出水干管上设置的低压压力开关、高位消防水箱出水管上设置的流量开关或报警阀压力开关等信号作为触发信号，直接控制启动消火栓泵，联动控制不应受消防联动控制器处于自动或手动状态影响。

② 当设置消火栓按钮时，通过消防联动控制器由消火栓按钮的动作信号作为报警触发信号与该报警区域内任一火灾探测器或手动报警按钮的报警信号相"与"，发出信号启动消火栓泵。

(2) 手动控制方式

技术要求：通过设置在消防控制室内的消防联动控制器的手动控制盘，能够直接手动控制消火栓泵的启动、停止。

(3) 显示要求

消火栓按钮动作及位置信号、消火栓泵（主、备泵）的动作信号及故障信号应反馈至消防联动控制器。

（4）检测方法：

对照设计，现场逐项测试检查。

2）湿式与干式灭火系统联动控制功能

（1）联动控制方式

技术要求：

① 由湿式报警阀压力开关的动作信号作为触发信号，直接控制启动喷淋消防泵，联动控制不应受消防联动控制器处于自动或手动状态影响。

② 通过消防联动控制器由该防护区内任一火灾探测器或手动报警按钮的报警信号与报警阀压力开关动作信号相"与"，发出信号启动消防喷淋泵。

（2）手动控制方式

技术要求：通过消防联动控制器的手动控制盘，能够直接手动控制喷淋泵的启动、停止。

（3）显示要求

系统内的水流指示器、信号阀、压力开关、消防泵（主、备泵）的动作信号及故障信号应反馈至消防联动控制器。

（4）检测方法：

对照设计，现场逐项测试检查。

3）预作用系统联动控制功能

（1）联动控制方式

技术要求：

① 应由同一报警区域内的两个及以上独立的感烟火灾探测器或一个感烟火灾探测器与一个手动火灾报警按钮的报警信号，作为预作用阀组开启的联动触发信号。由消防联动控制器控制预作用阀组的开启，使系统转变为湿式系统；当系统设有快速排气装置时，应联动控制排气阀前的电动阀的开启。

② 通过消防联动控制器由该防护区内的任意一个火灾探测器或手动报警按钮的报警信号与报警阀压力开关动作信号相"与"，发出信号启动预作用喷淋泵运行。

（2）手动控制方式

技术要求：

通过消防联动控制器的手动控制盘，能够直接手动控制喷淋泵的启动、停止及预作用阀组和电动阀的开启。

（3）系统显示要求

系统内的水流指示器，压力开关，预作用阀组、消防泵（主、备泵）的动作信号及故障信号应及时反馈至消防联动控制器。

（4）检测方法

对照设计，现场逐项测试检查。

4）雨淋系统联动控制功能

（1）联动控制方式

技术要求：

① 应由同一报警区域内两个及以上独立的感温火灾探测器或一个感温火灾探测器和一个手动火灾报警按钮的报警信号，作为雨淋阀组开启的联动触发信号。由消防联动控制器控制雨淋阀组的开启；

② 通过消防联动控制器由该防护区内任意一个火灾探测器或手动报警按钮的报警信号与报警阀压力开关动作信号相"与"，发出控制信号启动雨淋消防泵。

（2）手动控制方式

通过消防联动控制器的手动控制盘，能够直接手动控制喷淋消防泵的启动、停止及雨淋阀组的开启。

（3）显示要求

系统内的水流指示器，压力开关，雨淋阀组、消防泵（主、备泵）的动作信号及故障信号应及时反馈至消防联动控制器。

（4）检测方法：

对照设计，现场逐项测试检查。

5）水幕系统联动控制功能

（1）联动控制方式

技术要求：

① 水幕系统用于保护防火卷帘时，由防火卷帘下落到楼板面的动作信号与本报警区域内任一火灾探测器或手动火灾报警按钮的报警信号作为水幕阀组启动的联动触发信号，并通过消防联动控制器联动控制水幕系统相关控制阀组的启动；

② 水幕系统作为防火分隔时，由该报警区域内两只独立的感温火灾探测器的火灾报警信号作为水幕阀组启动的联动触发信号，并通过消防联动控制器联动控制水幕系统相关控制阀组的启动；

③ 通过消防联动控制器由该防护区内任意一个火灾探测器或手动报警按钮的报警信号与报警阀压力开关动作信号相"与"，发出信号启动水幕消防泵。

（2）手动控制方式

通过消防联动控制器的手动控制盘，能够直接手动控制消防泵的启动、停止及水幕系统相关控制阀组的开启。

（3）显示要求

系统的压力开关、水幕系统相关控制阀组和消防泵（主、备泵）的动作信号及故障信号应及时反馈至消防联动控制器。

（4）检测方法

对照设计，现场逐项测试检查。

6) 防烟系统联动控制功能

(1) 联动控制方式

技术要求：

① 由该防火分区内的两只独立的火灾探测器或一只火灾探测器与一只手动火灾报警按钮的报警信号，作为联动触发信号，通过消防联动控制器联动控制相关需要加压送风场所的加压送风口开启和加压送风机启动；

② 当任何一个常闭加压送风口开启时，应联动相应的加压送风机启动；

③ 由同一防烟分区内且位于电动挡烟垂壁附近的两个独立的感烟火灾探测器的报警信号，作为联动触发信号，通过消防联动控制器联动控制电动挡烟垂壁的降落。

(2) 手动控制方式

技术要求：

① 通过消防联动控制器的手动控制盘，能直接控制防烟风机启动、停止；

② 通过消防联动控制器，手动控制送风口、电动挡烟垂壁的开启或关闭。

(3) 显示要求

系统内的正压送风口、电动防火阀动作信号，防烟风机（主、备）的动作及故障信号，均应及时反馈至消防联动控制器。

(4) 检测方法：

① 首先将消防联动控制器置于"自动"工作方式；

② 采用专用的检测仪器或模拟火灾的方法向该防火分区内的两个独立的感烟探测器施放烟气（或一个独立的感烟探测器和一个手动火灾报警按钮）等，使其分别发出火灾报警信号，现场检查在消防联动控制器的联动控制下，在 15s 内检测试验层及其相邻上下层前室等的常闭加压送风口是否开启，并且加压送风机是否开启，同时疏散楼梯间加压送风机是否开启；

③ 系统复位后，手动开启任一加压送风口，观察其对应的加压送风机是否启动；

④ 在消防控制室通过消防联动控制器手动控制盘逐个检查直接启动加压送风机的功能；

⑤ 上述加压送风口及送风机动作信号应反馈至消防联动控制器。

7) 排烟系统联动控制功能

(1) 联动控制方式

技术要求：

① 由同一防烟分区内的两个独立的火灾探测器的报警信号或一个火灾探测器与一个手动火灾报警按钮的报警信号作为联动触发信号，通过消防联动控制器联动控制排烟口、排烟窗或排烟阀开启动作，同时停止该防烟分区的空气调节系统；

② 排烟口、排烟窗或排烟阀的动作信号作为联动触发信号，通过消防联动控制器联动排烟风机启动。

（2）手动控制方式

技术要求：

① 通过消防联动控制器的手动控制盘，能直接手动控制排烟风机的启动和停止；

② 通过消防联动控制器，手动控制排烟口、排烟窗、排烟阀开启或关闭。

（3）显示要求

排烟口、排烟窗、排烟阀及排烟防火阀动作信号，排烟烟风机（主、备）的动作及故障信号，均应及时反馈至消防联动控制器。

（4）检测方法

① 首先将消防联动控制器置于"自动"工作方式；

② 采用专用的检测仪器或模拟火灾的方法向该防火分区内的两个独立的感烟探测器施放烟气（或一个独立的感烟探测器和一个手动火灾报警按钮）等，使其分别发出火灾报警信号，现场检查在消防联动控制器的联动控制下，在15s内检测该防烟分区内的所有排烟阀、排烟口是否开启，并且排烟风机是否开启，如果采用机械补风方式还应检查机械补风机是否启动；

③ 系统复位后，现场手动开启任一排烟口或排烟阀，观察其对应的排烟风机是否启动；

④ 在消防控制室通过消防联动控制器手动控制盘逐个检查直接启动排烟风机的功能；

⑤ 上述排烟口及排烟风机动作信号应反馈至消防联动控制器。

8）防火门联动控制功能

（1）常开防火门联动控制方式

由该防火分区内的两个独立的火灾探测器或一个火灾探测器与一个手动火灾报警按钮的报警信号，作为联动触发信号，通过消防联动控制器联动控制防火门关闭。

（2）显示要求

疏散通道上防火门的开启、关闭及故障状态信号应反馈至防火门监控器。

（3）检测方法

对照设计，现场逐项测试检查。

9）防火卷帘门联动控制功能

（1）设置在疏散通道上时的联动控制方式

技术要求：

① 该防火分区内任两个独立的感烟火灾探测器或任意一个专门用于联动防火卷帘的感烟火灾探测器的报警信号作为触发信号，通过消防联动控制器控制防火卷帘下降至距楼板面1.8m处；

② 任意一个专门用于联动防火卷帘的感温火灾探测器的报警信号作为触发信号，通过消防联动控制器控制防火卷帘下降到楼板面处；

③ 手动控制方式

通过现场防火卷帘两侧设置的手动控制按钮能够控制防火卷帘的升降。

④ 显示要求

防火卷帘下降至距离楼板面 1.8m 处、下降到楼板面处的动作信号应反馈至消防联动控制器。

⑤ 检测方法：

a. 首先将消防联动控制器置于"自动"控制方式；

b. 采用专用的检测仪器或模拟火灾的方法向该防火分区内的两个独立的感烟探测器施放烟气等，使其分别发出火灾报警信号，在消防联动控制器的控制下，防火卷帘门应动作，并下降至距地面 1.8m 处，防火卷帘门降至 1.8m 处的信号应反馈至消防联动控制器；

c. 然后再将任意一个专门用于联动该防火卷帘的感温火灾探测器使用温度不低于 54℃ 的热源加热模拟火灾使其发出火灾报警信号。通过消防联动控制器控制该防火卷帘从 1.8m 处下降到楼板面处。防火卷帘门降至楼板面处的信号应反馈至消防联动控制器。

（2）设置在非疏散通道上的联动控制方式

技术要求：

① 由该防火分区内任两个独立的火灾探测器，作为防火卷帘下降的联动触发信号，通过消防联动控制器联动控制防火卷帘直接下降到楼板面；

② 手动控制方式

现场通过防火卷帘两侧设置的手动控制按钮控制防火卷帘的升降，远程通过消防联动控制器上可以手动控制防火卷帘的降落。

③ 显示要求

防火卷帘下降到楼板面处的动作信号应反馈至消防联动控制器。

④ 检测方法：

a. 将消防联动控制器置于"自动"控制方式；

b. 采用专用的检测仪器或模拟火灾的方法向该防火分区内的两个独立的感烟探测器施放烟气等，使其分别发出火灾报警信号，在消防联动控制器的联动控制下，防火卷帘门应动作，并下降至楼板面处。防火卷帘门降至楼板面处的信号应反馈至消防联动控制器；

c. 现场手动操作检测防火卷帘门动作情况；

d. 在消防控制室通过消防联动控制器手动操作检测防火卷帘门动作情况。

10）火灾警报联动控制功能

技术要求：

火灾声光警报器应由火灾报警控制器或消防联动控制器在确认火灾后启动所有火灾声光警报器动作，同时联动消防应急广播向全部区域播放应急疏散广播。火灾声警报器与消防应急广播应交替循环播放。

检测方法：

（1）首先将消防联动控制器置于"自动"状态；

（2）现场采用专用的检测仪器或模拟火灾的方法向该防火分区内的两个独立的感烟探

测器施放烟气等，使其分别发出火灾报警信号，通过消防联动控制器发出联动控制信号。

（3）现场检测全域内火灾声光报警器工作状态，使用声级计测试火灾声报警器的声压级是否符合技术要求，同时应观察消防应急广播与火灾声警报器的声音是否相互干扰影响疏散行动。

11）气体灭火系统联动控制功能

（1）适用范围

火灾探测器不直接连接在气体灭火控制器、泡沫灭火控制器，联动触发信号由消防联动控制器发出的场所。

（2）联动控制方式

技术要求：

消防联动控制器接收到首个联动触发信号后，应启动设置在该防护区内的火灾声光报警器；接收到第二个联动触发信号后，应发出下述联动控制信号。

① 关闭防护区域的送（排）风机及送（排）风阀门；

② 停止通风和空气调节系统；

③ 关闭设置在该防护区域的电动防火阀；

④ 控制防护区域开口封闭装置的启动，包括关闭防护区域的门、窗；

⑤ 启动气体灭火装置、泡沫灭火装置（或启动延时喷射程序）。

（3）手动控制方式

技术要求：

① 设置在防护区门外手动"启动"按钮按下时，气体灭火控制器、泡沫灭火控制器应执行下述联动操作：

a. 启动设置在该防护区内、外的火灾声光报警器；

b. 关闭防护区域的送（排）风机级送（排）风阀；

c. 停止通风和空气调节系统；

d. 关闭设置在该防护区域的电动防火阀；

e. 联动控制防护区域开口封闭装置的启动，包括关闭防护区域的门、窗等；

f. 启动气体灭火装置、泡沫灭火装置（或启动延时喷射程序）。

② 设置在防护区门外手动"停止"按钮按下时，气体灭火控制器、泡沫灭火控制器应停止正在执行的联动操作。

（4）远程启动方式

通过设置在消防控制室的消防联动控制器应能手动启动任一防护区气体灭火装置（《（辽宁）消防设施检测技术规程》DB 21/T2869—2017 第 6.8.15.2）。

（5）显示要求

下述信号应反馈至消防联动控制器：

① 选择阀的动作信号；

② 压力开关动作信号；

③ 气体灭火及泡沫灭火控制器状态信号（故障及手、自动状态等）；

④ 防护区域内手动、自动控制转换装置状态信号；

⑤ 与气体灭火控制器或泡沫灭火控制器直接连接的火灾探测器的报警信号。

（6）检测方法（模拟启动检测）：

① 首先将气体灭火控制盘启动输出端与该防护区驱动装置（容器阀）的导线断开，或用相关负载替代；

② 将气体灭火控制盘及消防联动控制器置于"自动"工作方式；

③ 采用专用的检测仪器或模拟火灾的方法向该防护区内的两个独立的感烟探测器施放烟气（或一个独立的感烟探测器和一个手动火灾报警按钮），使其分别发出火灾报警信号。现场检查在消防联动控制器发出联动触发信号后，气体灭火控制盘应立即进入"延时喷射"（不大于30s）阶段，同时逐一检查按规定要求的被联动设备动作情况；

④ 当"延时喷射"阶段结束时，观察气体灭火控制盘启动输出端应发出启动信号；通过人工模拟气体喷射后"压力开关"动作信号，观察防护区门外的"气体喷射指示灯"是否点亮；

⑤ 系统复位后，再通过手动控制方式进行一次模拟启动检测；

⑥ 检测完成后，应将系统线路恢复原状；

⑦ 检测过程中的相关动作信号应正确无误反馈至消防联动控制器。

12）电梯迫降联动控制功能

技术要求：

火灾确认后，应联动所有电梯停于首层或者电梯转换层，消防控制室应显示电梯运行状态和停于首层或转换层的反馈信号。

检测方法：

对照设计，测试检查。

13）其他联动控制功能

火灾确认后消防联动控制器应发出下述联动控制信号：

（1）启动应急照明和疏散指示系统；

（2）切断火灾区域及相关区域的非消防电源的功能；

（3）发出控制信号自动打开涉及疏散的电动栅杆等；

（4）发出控制信号打开疏散通道上由门禁系统控制的所有疏散门。

检测方法：

对照设计，逐项测试检查。

9.9.13 系统检测规则

本规则适用于建筑工程火灾自动报警系统竣工后的检测及年检。

1）系统检测数量

（1）消防用电设备主、备电源的自动切换装置检测数量：实际安装数量。

（2）火灾报警控制器（含可燃气体报警控制器）和消防联动控制设备

检测数量：实际安装数量。

（3）区域显示器（火灾显示盘）

检测数量：实际安装数量。

（4）火灾探测器（包括手动报警按钮）

检测数量：实际安装数量。

（5）可视图像早期火灾报警系统

检测数量：实际安装数量

（6）消防电梯

检测数量：实际安装数量。

（7）火灾应急广播设备、火灾警报装置

检测数量：实际安装数量。

（8）消防电话分机、消防电话插孔

检测数量：实际安装数量。

（9）联动功能检测

① 自动喷水灭火系统、机械防排烟系统

检测数量：消防泵、排烟机、送风机等部件为实际安装数量。

联动功能检测数量：全部防护区域。

② 气体灭火系统、泡沫灭火系统、干粉灭火系统

检测数量：系统部件为实际安装数量。

联动功能测试次数：全部防护区域。

③ 防火卷帘系统

检测数量：实际安装数量。

④ 其他系统项目按相关规定进行检验

2）检测项目类别划分

检测项目划分为 A、B、C 三个类别。

（1）A 类项目应符合下列规定：

① 消防控制室设计符合现行国家标准《火灾自动报警系统设计规范》GB 50116—2013 的规定；

② 消防控制室内消防设备的基本配置与设计文件和现行国家标准《火灾自动报警系统设计规范》GB 50116—2013 的符合性；

③ 系统部件的选型与设计文件的符合性；

④ 系统部件消防产品准入制度的符合性；

⑤ 系统内的任一火灾报警控制器和火灾探测器的火灾报警功能；

⑥ 系统内的任一消防联动控制器、输出模块和消火栓按钮的启动功能；

⑦ 参与联动编程的输入模块的动作信号反馈功能；

⑧ 系统内的任一火灾警报器的火灾警报功能；

⑨ 系统内的任一消防应急广播控制设备和广播扬声器的应急广播功能；

⑩ 消防设备应急电源的转换功能；

⑪ 防火卷帘控制器的控制功能；

⑫ 防火门监控器的启动功能；

⑬ 气体灭火控制器的启动控制功能；

⑭ 自动喷水灭火系统的联动控制功能，消防水泵、预作用阀组、雨淋阀组的消防控制室直接手动控制功能；

⑮ 加压送风系统、排烟系统、电动挡烟垂壁的联动控制功能，送风机、排烟风机的消防控制室直接手动控制功能；

⑯ 消防应急照明及疏散指示系统的联动控制功能；

⑰ 电梯、非消防电源等相关系统的联动控制功能；

⑱ 系统整体联动控制功能。

（2）B类项目应符合下列规定：

① 消防控制室存档文件资料的符合性；

② 下列规定资料的齐全性、符合性；

a. 竣工验收申请报告、设计变更通知书、竣工图；

b. 工程质量事故处理报告；

c. 施工现场质量管理检查记录；

d. 系统安装过程质量检查记录；

e. 系统部件的现场设置情况记录；

f. 系统联动编程设计记录；

g. 系统调试记录；

h. 系统设备的检验报告、合格证及相关材料。

③ 系统内的任一消防电话总机和电话分机的呼叫功能；

④ 系统内的任一可燃气体报警控制器和可燃气体探测器的可燃气体报警功能；

⑤ 系统内的任一电气火灾监控设备（器）和探测器的监控报警功能；

⑥ 消防设备电源监控器和传感器的监控报警功能。

（3）其余项目均应为C类项目

3）系统检测结果判定准则

（1）A类项目不合格数量为0、B类项目不合格数量小于或等于2、B类项目不合格数量与C类项目不合格数量之和小于或等于检查项目数量5%的，系统检测结果应为合格。

（2）不符合上述合格判定准则的，系统检测结果应为不合格。

9.10 系统检测验收国标版检测报告格式化

火灾自动报警系统检验项目

表 9.10-1

检验项目		标准条款	检验结果	判定	重要程度
	1.消防设备应急电源设备选型	GB 50116—2013、GB 50166—2019			
	(1)规格型号	GB 50116—2013			A类
	(2)容量	GB 50116—2013			A类
	2.设备设置部位	GB 50166—2019 3.1.1			C类
	3.消防产品准入制度证书和标识	GB 50166—2019 2.2.1			A类
	4.安装质量	GB 50166—2019 3.3.4 、3.3.21			
	(1)设备安装	GB 50166—2019 3.3.21			
一、消防设备应急电源	a.消防设备应急电源的电池应安装地方、环境及环境温度应符合要求	GB 50166—2019 3.3.21			C类
	b.消防设备应急电源的电池不应设置在火灾爆炸危险场所	GB 50166—2019 3.3.21			C类
	c.酸性电池不应安装在带有碱性介质的场所,碱性电池不应安装在带有酸性介质的场所	GB 50166—2019 3.3.21			C类
	(2)蓄电池安装	GB 50166—2019 3.3.4			C类
	5.基本功能	GB 50166—2019 4.10.2			
	(1)正常显示功能	GB 50166—2019 4.10.2			
	a.设备选型为交流输出应急电源时:应能显示输入电压和输出电压、输出电流、主电源工作状态、蓄电池组电压	GB 50166—2019 4.10.2			C类
	b.设备选型为直流输出应急电源时:应能显示输出电压、输出电流、主电源工作状态	GB 50166—2019 4.10.2			C类

检验项目		标准条款	检验结果	判定	重要程度
一、消防设备应急电源	(2)故障报警功能	GB 50166—2019　4.10.2			C类
	(3)消声功能	GB 50166—2019　4.10.2			C类
	(4)转换功能	GB 50166—2019　4.10.2			
	a.应急电源主电断电后,应在5s内自动切换到蓄电池组供电状态,并发出声提示信号,应急电源的切换不应影响消防设备的正常运行	GB 50166—2019　4.10.2			A类
	b.应急电源主电源恢复后,应在5s内自动切换到主电源供电状态,应急电源的切换不应影响 消防设备的正常运行	GB 50166—2019　4.10.2			A类
二、系统布线	1.安装工艺	GB 50166—2019　3.1.2			C类
	2.管路敷设方式	GB 50166—2019　3.2.1、3.2.2			
	(1)明敷时,应采用单独的卡具吊装或支撑物固定,吊杆直径不应小于6mm	GB 50166—2019　3.2.1			C类
	(2)暗敷时,应敷设在不燃结构内,保护层厚度不应小于30mm	GB 50166—2019　3.2.2			
	3.管路的安装	GB 50166—2019　3.2.3、3.2.4			
	(1)管线经过建筑物的沉降缝、伸缩缝、抗震缝等变形处,应采取补偿措施	GB 50166—2019　3.2.3			C类
	(2)多尘或潮湿场所管路的管口和管子连接处,均应作密封处理	GB 50166—2019　3.2.4			C类
	4.管路接线盒安装	GB 50166—2019　3.2.5、3.2.6			
	(1)符合条件应便于接线处装设接线盒	GB 50166—2019　3.2.5			C类
	(2)金属管子入盒,盒外侧应套锁母,内侧应装护口;在吊顶内敷时,盒的内外侧均应套锁母;塑料管入盒应采取相应固定措施	GB 50166—2019　3.2.6			C类
	5.槽盒安装	GB 50166—2019　3.2.7、3.2.8			

检验项目		标准条款	检验结果	判定	重要程度
一、系统布线	(1)槽盒敷设时,应在下列部位设置吊点或支点:槽盒始端、终端及接头处;槽盒转角或分支处;直线段不大于3m处	GB 50166—2019　3.2.7			C类
	(2)槽盒接口应平直、严密,槽盖应齐全、平整、无翘角,并列安装时,槽盖应便于开启	GB 50166—2019　3.2.8			C类
	6.导线的选择	GB 50166—2019　3.2.9、3.2.10			
	(1)导线的种类、应符合国家标准《火灾自动报警系统设计规范》GB 50116—2013 和设计文件的规定	GB 50166—2019　3.2.9			C类
	(2)导线颜色应一致,电源线正极为红色,负极应为蓝色或黑色	GB 50166—2019　3.2.10			C类
	7.导线敷设	GB 50166—2019　3.2.3、3.2.11~3.2.16			
	(1)在管内或槽盒内的布线,应在建筑抹灰及地面工程结束后进行,管内或槽盒内不应有积水及杂物	GB 50166—2019　3.2.11			C类
	(2)火灾自动报警系统应单独布线,除设计要求以外,不同回路、不同电压等级和交流与直流的线路,不应布在同一管或槽盒的同一槽孔内	GB 50166—2019　3.2.12			C类
	(3)线缆在管内或槽盒内,不应有接头或扭结	GB 50166—2019　3.2.13			C类
	(4)导线应在接线盒内采用焊接、压接、接线端子可靠连接	GB 50166—2019　3.2.13			
	(5)从接线盒、槽盒等处引到探测器底座、控制设备、扬声器的线路,当采用可绕行金属管保护时,其长度不应大于2m	GB 50166—2019　3.2.14			C类
	(6)可绕金属管应入盒,盒外侧应套锁母,内侧应装护口	GB 50166—2019　3.2.14			C类
	(7)线缆跨越变形缝的两侧应固定,并留有余量	GB 50166—2019　3.2.3			C类

检验项目		标准条款	检验结果	判定	重要程度
二、系统布线	(8)系统的布线还应符合现行国家标准《建筑电气工程施工质量验收规范》GB 50303—2015 的相关规定	GB 50166—2019　3.2.15			C类
	(9)每个回路导线对地的绝缘电阻不应小于 20MΩ	GB 50166—2019　3.2.16			C类
三、点型感烟、感温火灾探测器、一氧化碳火灾探测器	1.设备选型规格型号、适应场所	GB 50116—2013			A类
	2.设备设置	GB 50166—2019　3.1.1			
	(1)设置数量	GB 50166—2019　3.1.1			C类
	(2)安装间距和保护半径	GB 50166—2019　3.1.1			C类
	(3)保护面积	GB 50166—2019　3.1.1			C类
	(4)梁间区域的设置	GB 50166—2019　3.1.1			C类
	(5)隔断区域的设置	GB 50166—2019　3.1.1			C类
	(6)感烟探测器热屏障屋顶的设置	GB 50166—2019　3.1.1			C类
	(7)屋脊处设置	GB 50166—2019　3.1.1			C类
	(8)井道内设置	GB 50166—2019　3.1.1			C类
	(9)格栅吊顶场所的设置	GB 50166—2019　3.1.1			C类
	3.消防产品准入制度证书和标识	GB 50166—2019　2.2.1			A类
	4.安装质量	GB 50166—2019　3.1.2、3.3.6、3.3.13、3.3.14			
	(1)安装工艺	GB 50166—2019　3.1.2			C类
	(2)安装位置	GB 50166—2019　3.3.6			
	a.探测器至墙壁、梁边的水平距离不应小于 0.5m	GB 50166—2019　3.3.6			C类
	b.探测器周围水平距离 0.5m 内不应有遮挡物	GB 50166—2019　3.3.6			C类

检验项目		标准条款	检验结果	判定	重要程度
三、点型感烟、感温火灾探测器、一氧化碳火灾探测器	c. 至空调送风口最近边水平距离不应小于1.5m,至多孔送风顶棚孔口水平距离不应小于0.5m	GB 50166—2019　3.3.6			C 类
	d. 在宽度小于3m的内走道顶棚上安装探测器时,宜居中安装。感温探测器的安装间距不应超过10m;感烟探测器的安装间距不应超过15m;探测器至端墙的距离不应大于安装间距的一半	GB 50166—2019　3.3.6			C 类
	(3)安装角度	GB 50166—2019　3.3.6			C 类
	(4)底座安装	GB 50166—2019　3.3.13			
	a. 底座应安装牢固,与导线连接必须可靠压接或焊接。焊接时,不应使用带腐蚀性的助焊剂	GB 50166—2019　3.3.13			C 类
	b. 底座的连接导线应留有不小于150mm的余量,且在其端部应有明显的永久性标识	GB 50166—2019　3.3.13			C 类
	c. 底座的穿线孔宜封堵,安装完毕的探测器底座应采取保护措施	GB 50166—2019　3.3.13			C 类
	(5)报警确认灯	GB 50166—2019　3.3.14			C 类
	5.基本功能	GB 50166—2019　3.3.4、3.3.5、4.3.5			
	(1)离线故障报警功能	GB 50166—2019　3.3.4			
	a. 探测器离线时,控制器应发出故障声、光信号	GB 50166—2019　3.3.4			C 类
	b. 控制器应显示故障部件的类型和地址注释信息,且显示的地址注释信息应与附录D一致	GB 50166—2019　3.3.4			C 类
	(2)火灾报警功能	GB 50166—2019　3.3.5			
	a. 探测器处于报警状态时,探测器的火警确认灯应点亮并保持	GB 50166—2019　3.3.5			C 类

续表

	检验项目	标准条款	检验结果	判定	重要程度
三、点型感烟、感温火灾探测器、一氧化碳火灾探测器	b.控制器应发出火警声光信号,记录报警时控制器应发出火警声光信号,记录报警时间	GB 50166—2019 3.3.5			C类
	c.控制器应显示发出报警信号部件类型和地址注释信息,显示的地址注释信息应与附录D一致	GB 50166—2019 3.3.5			C类
	(3)探测器复位功能	GB 50166—2019 4.3.5			C类
四、线型光束感烟火灾探测器	1.设备选型规格型号、适应场所	GB 50116—2013			A类
	2.设备设置数量	GB 50166—2019 3.1.1			C类
	3.消防产品准入制度证书和标识	GB 50166—2019 2.2.1			A类
	4.安装质量	GB 50166—2019 3.1.2、3.3.7、3.3.14			
	(1)安装工艺	GB 50166—2019 3.1.2			C类
	(2)安装高度	GB 50166—2019 3.3.7			C类
	(3)安装距离	GB 50166—2019 3.3.7			C类
	(4)安装间距	GB 50166—2019 3.3.7			C类
	(5)安装位置	GB 50166—2019 3.3.7			
	a.发射器和接收器(反射式探测器的探测器和反射板)应安装牢固在固定结构,确需安装在钢架等容易发生位移形变的结构上时,不应影响探测器的正常运行	GB 50166—2019 3.3.7			C类
	b.发射器和接收器(反射式探测器的探测器和反射板)之间的光路上应无遮挡物	GB 50166—2019 3.3.7			C类
	c.应保证接收器(反射式探测器的探测器)避开日光和人工光源直接照射	GB 50166—2019 3.3.7			C类
	(6)报警确认灯	GB 50166—2019 3.3.14			C类
	5.基本功能	GB 50166—2019 4.3.4、4.3.6			

检验项目		标准条款	检验结果	判定	重要程度
四、线型光束感烟火灾探测器	(1)离线故障报警功能	GB 50166—2019　4.3.4			C类
	(2)火灾报警功能	GB 50166—2019　4.3.6			
	a.探测器光路的减光率未达到探测器报警阈值时,探测器应保持正常监视状态	GB 50166—2019　4.3.6			C类
	b.探测器光路的减光率达到探测器报警阈值时,探测器的火警确认灯应点亮并保持;火灾报警控制器应发出火灾报警声、光信号,记录报警时间	GB 50166—2019　4.3.6			A类
	c.探测器光路的减光率超过探测器报警阈值时,探测器的火警或故障确认灯应点亮;火灾报警控制器应发出火灾报警或故障报警声、光信号,记录报警时间	GB 50166—2019　4.3.6			C类
	d.控制器应显示发出报警信号部件类型和地址注释信息,显示的地址注释信息应与附录 D 一致	GB 50166—2019　4.3.6			C类
	(3)复位功能	GB 50166—2019　4.3.6			C类
五、线型感温火灾探测器	1.设备选型规格型号、适应场所	GB 50116—2013			A类
	2.设备设置	GB 50166—2019　3.1.1			
	(1)敏感部件的长度和敷设	GB 50166—2019　3.1.1			C类
	(2)光纤光栅	GB 50166—2019　3.1.1			C类
	(3)接口模块	GB 50166—2019　3.1.1			C类
	3.消防产品准入制度证书和标识	GB 50166—2019　2.2.1			A类
	4.安装质量	GB 50166—2019　3.1.2、3.3.8			
	(1)安装工艺	GB 50166—2019　3.1.2			C类
	(2)敏感部件的敷设	GB 50166—2019　3.3.8			

续表

检验项目		标准条款	检验结果	判定	重要程度
五、线型感温火灾探测器	a.敷设在顶棚下方的线型差温火灾探测器至顶棚距离宜为0.1m,相邻探测器之间的水平距离不宜大于5m;探测器至墙壁距离宜为1~1.5m	GB 50166—2019 3.3.8			C类
	b.在电缆桥架、变压器等设备上安装时,宜采用接触式布置;在各种皮带输送装置上敷设时,宜敷设在装置的过热点附近	GB 50166—2019 3.3.8			C类
	(3)敏感部件和信号处理单元的安装	GB 50166—2019 3.3.8			
	a.探测器敏感部件应采用产品配套的固定装置固定,固定装置的间距不宜大于2m	GB 50166—2019 3.3.8			C类
	b.缆式线型感温火灾探测器的敏感部件安装、专用接线盒连接;敷设时应避免重力挤压冲击,不应硬性折弯、扭转,探测器的弯曲半径宜大于0.2m	GB 50166—2019 3.3.8			C类
	c.分布式线型光纤感温火灾探测器的感温光纤不应打结,弯曲半径应大于50mm;感温光纤各留不小于8m的余量段	GB 50166—2019 3.3.8			C类
	d.光栅光纤线型感温火灾探测器的信号处理单元安装位置不应受强光直射,光纤光栅感温段的弯曲半径应大于0.3m	GB 50166—2019 3.3.8			C类
	5.基本功能	GB 50166—2019 4.3.4、4.3.7、4.3.8、4.3.9			
	(1)离线故障报警功能	GB 50166—2019 4.3.4			
	a.探测器处于离线状态时,控制器应发出故障声、光信号	GB 50166—2019 4.3.4			C类
	b.控制器应显示故障部件的类型和地址注释信息等	GB 50166—2019 4.3.4			C类
	(2)敏感部件故障报警功能	GB 50166—2019 4.3.7			
	a.敏感部件与信号处理单元断开时,探测器信号处理单元的故障指示灯应点亮,控制器应发出故障声、光信号	GB 50166—2019 4.3.7			C类

检验项目	标准条款	检验结果	判定	重要程度
b.控制器应显示故障部件的类型和地址注释信息等	GB 50166—2019　4.3.7			C类
(3)火灾报警功能	GB 50166—2019　4.3.8			
a.探测器处于报警状态时,确认灯应点亮并保持	GB 50166—2019　4.3.8			C类
b.控制器应发出火警声光信号,记录报警时间	GB 50166—2019　4.3.8			C类
c.控制器应显示发出报警信号部件类型和地址注释信息等	GB 50166—2019　4.3.8			C类
(4)复位功能	GB 50166—2019　4.3.8			C类
(5)小尺寸高温报警响应功能	GB 50166—2019　4.3.9			
a.长度为100mm敏感部件周围的温度达到探测器小尺寸高温报警设定阈值时,探测器的火警确认灯应点亮并保持	GB 50166—2019　4.3.9			C类
b.控制器应发出火警声光信号,记录报警时间	GB 50166—2019　4.3.9			C类
c.控制器应显示发出报警信号部件类型和地址注释信息等	GB 50166—2019　4.3.9			C类
d.恢复探测器正常连接,控制器能对探测器报警状态进行复位,确认灯熄灭	GB 50166—2019　4.3.9			C类
1.设备选型规格型号、适应场所	GB 50116—2013			A类
2.设备设置	GB 50166—2019　3.1.1			
(1)采样管路长度	GB 50166—2019　3.1.1			C类
(2)采样管路敷设	GB 50166—2019　3.1.1			C类
(3)采样孔数量	GB 50166—2019　3.1.1			C类

表格第一列（跨行）：五、线型感温火灾探测器；六、管路采样式吸气感烟火灾探测器

检验项目		标准条款	检验结果	判定	重要程度
六、管路采样式吸气感烟火灾探测器	3.消防产品准入制度证书和标识	GB 50166—2019 2.2.1			A类
	4.安装质量	GB 50166—2019 3.1.2、3.3.9			
	(1)安装工艺	GB 50166—2019 3.1.2			C类
	(2)探测器的安装高度	GB 50166—2019 3.3.9			C类
	(3)采样管安装	GB 50166—2019 3.3.9			C类
	(4)采样孔的设置	GB 50166—2019 3.3.9			
	a.大空间场所安装时,每个采样孔的保护面积、保护半径的要求,当采样管道垂直采样时,采样孔设置,采样孔方向	GB 50166—2019 3.3.9			C类
	b.采样孔直径的确定应满足设计文件和产品使用说明书的要求;采样孔现场加工应采用专用打孔工具	GB 50166—2019 3.3.9			C类
	c.当采样管道采用毛细管布置方式时,毛细管长度不宜超过4m	GB 50166—2019 3.3.9			C类
	(5)探测器标识	GB 50166—2019 3.3.9			C类
	5.基本功能	GB 50166—2019 4.3.4、4.3.10、4.3.11			
	(1)离线故障报警功能	GB 50166—2019 4.3.4			C类
	(2)控制器应显示故障部件的类型和地址注释信息等	GB 50166—2019 4.3.4			C类
	(3)气流故障报警功能	GB 50166—2019 4.3.10			
	a.采样管路的气流改变时,探测器或其控制装置的故障指示灯应点亮,控制器应发出故障声、光信号	GB 50166—2019 4.3.10			C类
	b.控制器应显示故障部件的类型和地址注释信息等	GB 50166—2019 4.3.10			C类

续表

检验项目		标准条款	检验结果	判定	重要程度
六、管路采样式吸气感烟火灾探测器	c.采样管路的气流恢复正常后,探测器应能恢复正常监视状态	GB 50166—2019　4.3.10			C类
	(4)火灾报警功能	GB 50166—2019　4.3.11			
	a.探测器监测区域的烟雾浓度达到探测器报警设定阈值时,探测器或其控制装置的火警确认灯应在120s内点亮并保持	GB 50166—2019　4.3.11			C类
	b.控制器应发出火警声光信号,记录报警时间	GB 50166—2019　4.3.11			C类
	c.控制器应显示发出报警信号部件类型和地址注释信息等	GB 50166—2019　4.3.11			C类
	(5)复位功能	GB 50166—2019　4.3.11			C类
七、点型火焰探测器和图像型火灾探测器	1.设备选型规格型号、适应场所	GB 50116—2013			A类
	2.设备设置	GB 50166—2019　3.1.1			
	(1)设置数量	GB 50166—2019　3.1.1			C类
	(2)视场角和探测距离	GB 50166—2019　3.1.1			C类
	3.消防产品准入制度证书和标识	GB 50166—2019　2.2.1			A类
	4.安装质量	GB 50166—2019　3.1.2、3.3.10			
	(1)安装工艺	GB 50166—2019　3.1.2			C类
	(2)安装位置	GB 50166—2019　3.3.10			
	a.安装位置应保证其视场角覆盖探测区域,并应避免光源直接照射在探测器的探测窗口	GB 50166—2019　3.3.10			C类
	b.探测器的探测视角内不应存在遮挡物	GB 50166—2019　3.3.10			C类
	(3)防护措施	GB 50166—2019　3.3.10			C类

	检验项目	标准条款	检验结果	判定	重要程度
七、点型火焰探测器和图像型火灾探测器	5.基本功能	GB 50166—2019　4.3.4、4.3.12			
	(1)离线故障报警功能	GB 50166—2019　4.3.4			
	a.探测器处于离线状态时,控制器应发出故障声、光信号	GB 50166—2019　4.3.4			C类
	b.控制器应显示故障部件的类型和地址注释信息等	GB 50166—2019　4.3.4			C类
	(2)火灾报警功能	GB 50166—2019　4.3.12			
	a.探测器监测区域的光波达到探测器报警设定阈值时,探测器或其控制装置的火警确认灯应在30s内点亮并保持	GB 50166—2019　4.3.12			A类
	b.控制器应发出火警声光信号,记录报警时间	GB 50166—2019　4.3.12			A类
	c.控制器应显示发出报警信号部件类型和地址注释信息等	GB 50166—2019　4.3.12			C类
	(3)复位功能	GB 50166—2019　4.3.12			C类
八、手动火灾报警按钮	1.设备选型规格型号、适用场所	GB 50116—2013			A类
	2.设备设置	GB 50166—2019　3.1.1			
	(1)设置数量	GB 50166—2019　3.1.1			C类
	(2)设置部位	GB 50166—2019　3.1.1			C类
	3.消防产品准入制度证书和标识	GB 50166—2019　2.2.1			A类
	4.安装质量	GB 50166—2019　3.1.2、3.3.16			
	(1)安装工艺	GB 50166—2019　3.1.2			C类
	(2)按钮的安装	GB 50166—2019　3.3.16			

检验项目		标准条款	检验结果	判定	重要程度
八、手动火灾报警按钮	a. 应设置在明显和便于操作的部位;其底边距地(楼)面的高度宜为1.3～1.5m,且应设置明显的永久性标识	GB 50166—2019 3.3.16			C类
	b. 应安装牢固,不应倾斜	GB 50166—2019 3.3.16			C类
	c. 按钮的连接导线应留有不小于150mm的余量,且在其端部应有明显的永久性标识	GB 50166—2019 3.3.16			C类
	5. 基本功能	GB 50166—2019 4.3.13、4.3.14			
	(1)离线故障报警功能	GB 50166—2019 4.3.13			
	a. 按钮离线时,控制器应发出故障声、光信号	GB 50166—2019 4.3.13			C类
	b. 控制器应显示故障部件的类型和地址注释信息,且显示的地址注释信息应与附录D一致	GB 50166—2019 4.3.13			C类
	(2)火灾报警功能	GB 50166—2019 4.3.14			
	a. 按钮动作后,按钮的火警确认灯应点亮并保持	GB 50166—2019 4.3.14			A类
	b. 控制器应发出火警声光信号,记录报警时间	GB 50166—2019 4.3.14			A类
	c. 控制器应显示发出报警信号部件类型和地址注释信息等	GB 50166—2019 4.3.14			C类
	(3)复位功能	GB 50166—2019 4.3.14			C类
九、火灾报警控制器	1. 设备选型	GB 50116—2013 3.1.3、3.1.5			
	(1)规格型号	GB 50116—2013 3.1.3			A类
	(2)控制器的容量	GB 50116—2013 3.1.5			C类
	2. 设备设置部位	GB 50166—2019 3.1.1			C类

	检验项目	标准条款	检验结果	判定	重要程度
九、火灾报警控制器	3. 消防产品准入制度证书和标识	GB 50166—2019 2.2.1			A类
	4. 安装质量	GB 50166—2019 3.1.2、3.3.1～3.3.5			
	(1)安装工艺	GB 50166—2019 3.1.2			C类
	(2)设备安装	GB 50166—2019 3.3.1			
	a. 安装牢固,不应倾斜	GB 50166—2019 3.3.1			C类
	b. 落地安装或安装轻质墙上	GB 50166—2019 3.3.1			C类
	(3)设备的引入线缆	GB 50166—2019 3.3.2			
	a. 配线整齐,不宜交叉,牢固	GB 50166—2019 3.3.2			C类
	b. 线缆芯线端部标记	GB 50166—2019 3.3.2			C类
	c. 端子板每个接线端子接线不超过2根	GB 50166—2019 3.3.2			C类
	d. 线缆留有不少于200mm余量	GB 50166—2019 3.3.2			C类
	e. 线缆应绑扎成束	GB 50166—2019 3.3.2			C类
	f. 线缆穿管、槽口后管口封堵	GB 50166—2019 3.3.2			C类
	(4)设备电源的连接	GB 50166—2019 3.3.3			
	a. 设备主电源明显标识,与消防电源直接连接	GB 50166—2019 3.3.3			C类
	b. 设备与外接备用电源直接连接	GB 50166—2019 3.3.3			C类
	(5)蓄电池安装	GB 50166—2019 3.3.4			C类
	(6)设备接地	GB 50166—2019 3.3.5			C类
	5. 控制器基本功能	GB 50166—2019 4.3.2、4.5.2			

续表

检验项目		标准条款	检验结果	判定	重要程度
九、火灾报警控制器	5.1 回路号基本功能	GB 50166—2019 4.3.2、4.5.2			
	(1)自检功能	GB 50166—2019 4.3.2、4.5.2			C类
	(2)操作级别	GB 50166—2019 4.3.2、4.5.2			C类
	(3)屏蔽功能	GB 50166—2019 4.3.2、4.5.2			
	a.指定部件屏蔽显示	GB 50166—2019 4.3.2、4.5.2			C类
	b.屏蔽解除功能	GB 50166—2019 4.3.2、4.5.2			C类
	(4)主、备电自动转换	GB 50166—2019 4.3.2、4.5.2			C类
	(5)故障报警功能	GB 50166—2019 4.3.2、4.5.2			
	a. 与备用电源之间连线短路、断路时,100s 内报故障	GB 50166—2019 4.3.2、4.5.2			C类
	b. 与现场部件间连接线路断路时,100s 内报故障	GB 50166—2019 4.3.2、4.5.2			C类
	(6)短路隔离保护功能	GB 50166—2019 4.3.2、4.5.2			C类
	(7)火警优先功能	火灾报警控制器或火灾报警控制器(联动型) GB 50166—2019 4.3.2、4.5.2			
	a.探测器、手报按钮发出火灾报警信号后,控制器 10s 内发出声、光信号,并记录报警时间	GB 50166—2019 4.3.2、4.5.2			C类
	b.控制器应发出部件类型和地址注释信息	GB 50166—2019 4.3.2、4.5.2			C类
	(8)消声功能	GB 50166—2019 4.3.2、4.5.2			C类
	(9)二次报警功能	火灾报警控制器或火灾报警控制器(联动型) GB 50166—2019 4.3.2			

检验项目	标准条款	检验结果	判定	重要程度
a. 探测器、手动报警按钮发出火灾报警信号后，控制器10s内发出声、光信号，并记录报警时间	GB 50166—2019 4.3.2			A类
b. 显示报警类型、地址信息	GB 50166—2019 4.3.2			C类
(10)负载功能	火灾报警控制器、消防联动控制器、火灾报警控制器（联动型） GB 50166—2019 4.3.2、4.5.2			
a. 火灾报警控制器负载功能火警部件时间记录	GB 50166—2019 4.3.2			A类
b. 火灾报警控制器负载功能应显示发出报警信号部件类型和地址注释信息等	GB 50166—2019 4.3.2			C类
c. 消防联动控制器负载功能应记录启动设备总数和分别记录启动设备启动时间	GB 50166—2019 4.5.2			A类
d. 消防联动控制器负载功能应分别显示启动设备名称和地址注释信息等	GB 50166—2019 4.5.2			C类
e. 火灾报警控制器（联动型）负载功能应分别记录发出火灾报警信号部件的报警时间	GB 50166—2019 4.3.2、4.5.2			A类
f. 火灾报警控制器（联动型）负载功能应分别显示发出报警信号部件类型和地址注释信息等	GB 50166—2019 4.3.2、4.5.2			C类
g. 火灾报警控制器（联动型）负载功能应分别记录启动设备总数，并分别记录启动设备的启动时间	GB 50166—2019 4.3.2、4.5.2			C类
h. 火灾报警控制器（联动型）负载功能应分别显示启动设备名称和地址注释信息等	GB 50166—2019 4.3.2、4.5.2			C类
(11)复位功能	GB 50166—2019 4.3.2、4.5.2			C类
(12)消防联动控制器和火灾报警控制器（联动型）自动和手动工作状态转换功能	GB 50166—2019 4.5.2			C类
5.2回路号(M)基本功能（备电供电）	GB 50166—2019 4.3.3、4.5.3			

（左侧跨行：九、火灾报警控制器）

检验项目		标准条款	检验结果	判定	重要程度
九、火灾报警控制器	(1)故障报警功能	GB 50166—2019 4.3.3、4.5.3			C类
	(2)短路隔离保护功能	GB 50166—2019 4.3.3、4.5.3			C类
	(3)负载功能	火灾报警控制器、消防联动控制器、火灾报警控制器(联动型) GB 50166—2019 4.3.3、4.5.3			
	a.火灾报警控制器负载功能火警部件时间记录	GB 50166—2019 4.3.3			A类
	b.火灾报警控制器负载功能应显示发出报警信号部件类型和地址注释信息等	GB 50166—2019 4.3.3			C类
	c.消防联动控制器负载功能应记录启动设备总数和分别记录启动设备启动时间	GB 50166—2019 4.5.3			A类
	d.消防联动控制器负载功能应分别显示启动设备名称和地址注释信息等	GB 50166—2019 4.5.3			C类
	e.火灾报警控制器(联动型)负载功能应分别记录发出火灾报警信号部件的报警时间	GB 50166—2019 4.3.3、4.5.3			A类
	f.火灾报警控制器(联动型)负载功能应分别显示发出报警信号部件类型和地址注释信息等	GB 50166—2019 4.3.3、4.5.3			C类
	g.火灾报警控制器(联动型)负载功能应分别记录启动设备总数,并分别记录启动设备的启动时间	GB 50166—2019 4.3.3、4.5.3			C类
	h.火灾报警控制器(联动型)负载功能应分别显示启动设备名称和地址注释信息等	GB 50166—2019 4.3.3、4.5.3			C类
	(4)复位功能	GB 50166—2019 4.3.3、4.5.3			C类
十、火灾显示盘	1.设备选型规格型号	GB 50116—2013			A类
	2.设备设置	GB 50166—2019 3.1.1			
	(1)设置数量	GB 50166—2019 3.1.1			C类

续表

检验项目		标准条款	检验结果	判定	重要程度
十、火灾显示盘	(2)设置部位	GB 50166—2019　3.1.1			C类
	3.消防产品准入制度证书和标识	GB 50166—2019　2.2.1			A类
	4.安装质量	GB 50166—2019　3.1.2、3.3.1			
	(1)安装工艺	GB 50166—2019　3.1.2			C类
	(2)设备安装	GB 50166—2019　3.3.1			C类
	5.基本功能	GB 50166—2019　4.3.15			
	(1)接收显示功能	GB 50166—2019　4.3.15			C类
	(2)消声功能	GB 50166—2019　4.3.15			C类
	(3)复位功能	GB 50166—2019　4.3.15			C类
	(4)操作级别	GB 50166—2019　4.3.15			C类
	(5)(非控制器供电)主、备电自动转换功能	GB 50166—2019　4.3.15			C类
	(6)电源故障报警功能	GB 50166—2019　4.3.16			
	a.显示盘主电源断电后,火灾报警控制器应发出故障声、光报警信号,并记录报警时间	GB 50166—2019　4.3.16			C类
	b.控制器应显示故障部件的类型和地址注释信息等	GB 50166—2019　4.3.16			C类
十一、模块	1.设备选型规格型号	GB 50116—2013			A类
	2.设备设置	GB 50166—2019　3.1.1			
	(1)设置数量	GB 50166—2019　3.1.1			C类
	(2)设置部位	GB 50166—2019　3.1.1			C类
	3.消防产品准入制度证书和标识	GB 50166—2019　2.2.1			A类

检验项目		标准条款	检验结果	判定	重要程度
	4. 安装质量	GB 50166—2019　3.1.2、3.3.17			
	(1)安装工艺	GB 50166—2019　3.1.2			C类
	(2)设备安装	GB 50166—2019　3.3.17			
	a. 同一报警区域内的模块宜集中安装在金属箱内,不应安装在配电柜、箱或控制柜、箱内	GB 50166—2019　3.3.17			C类
	b. 应独立安装在不燃材料或墙体上,应安装牢固,并应采取防潮、防腐蚀等措施	GB 50166—2019　3.3.17			C类
	c. 模块的连接导线应留有不小于150mm的余量,其端部应有明显的永久性标识	GB 50166—2019　3.3.17			C类
	d. 模块的终端部件应靠近连接部件安装	GB 50166—2019　3.3.17			C类
十一、模块	e. 隐蔽安装时在安装处附近应有检修孔和尺寸不小于100mm×100mm的永久性标识	GB 50166—2019　3.3.17			C类
	5. 基本功能	GB 50166—2019　4.5.5~4.5.8			
	(1)离线故障报警功能	GB 50166—2019　4.5.5			
	a. 模块离线时,控制器应发出故障声、光信号	GB 50166—2019　4.5.5			C类
	b. 控制器应显示故障部件的类型和地址注释信息等	GB 50166—2019　4.5.5			C类
	(2)模块连接部件断线故障报警功能	GB 50166—2019　4.5.6			
	a. 模块与连接部件之间的连接线路断路时,控制器应发出故障声、光信号	GB 50166—2019　4.5.6			C类
	b. 控制器应显示故障部件的类型和地址注释信息,且显示的地址注释信息应与附录D一致	GB 50166—2019　4.5.6			C类

	检验项目	标准条款	检验结果	判定	重要程度
十一、模块	(3)输入模块信号接收及反馈功能	GB 50166—2019 4.5.7			
	a.输入模块与连接设备的接口应兼容	GB 50166—2019 4.5.7			C类
	b.输入模块接收连接设备的反馈信号后,模块的动作指示灯应点亮	GB 50166—2019 4.5.7			C类
	c.控制器应显示动作设备的名称和地址注释信息等	GB 50166—2019 4.5.7			C类
	(4)输入模块复位功能	GB 50166—2019 4.5.7			C类
	(5)输出模块启动功能	GB 50166—2019 4.5.8			
	a.输出模块与受控设备的接口应兼容	GB 50166—2019 4.5.8			C类
	b.输出模块接收到控制器的启动控制信号后,应在3s内动作,并点亮模块的动作指示灯	GB 50166—2019 4.5.8			C类
	c.控制器应点亮启动指示灯,显示启动设备名称和地址注释信息,显示的地址注释信息应与附录D一致	GB 50166—2019 4.5.8			C类
	(6)输出模块停止功能	GB 50166—2019 4.5.8			C类
十二、火灾警报和消防应急广播	(一)火灾声警报器、火灾光警报器、火灾声光警报器	GB 50116—2013;GB 50166—2019			
	1.设备选型规格型号、适应场所	GB 50116—2013			A类
	2.设备设置	GB 50166—2019 3.1.1			
	(1)设置数量	GB 50166—2019 3.1.1			C类
	(2)设置部位	GB 50166—2019 3.1.1			C类
	3.消防产品准入制度证书和标识	GB 50166—2019 2.2.1			A类
	4.安装质量	GB 50166—2019 3.1.2、3.3.9			
	(1)安装工艺	GB 50166—2019 3.1.2			C类

检验项目		标准条款	检验结果	判定	重要程度
	(2)设备安装	GB 50166—2019　3.3.9			C类
	5.基本功能	GB 50166—2019　4.12.1、4.12.2			
	5.1 火灾声警报器的火灾警报基本功能	GB 50166—2019　4.12.1			A类
	5.2 火灾光警报器的火灾警报基本功能	GB 50166—2019　4.12.2			A类
	(二)消防应急广播控制设备	GB 50116—2013；GB 50166—2019			
	1.设备选型规格型号、适应场所	GB 50116—2013			A类
	2.设备设置部位	GB 50166—2019　3.1.1			C类
	3.消防产品准入制度证书和标识	GB 50166—2019　2.2.1			A类
十二、火灾警报和消防应急广播	4.安装质量	GB 50166—2019　3.3.1			
	(1)设备安装	GB 50166—2019　3.3.1			
	a.设备应安装牢固，不应倾斜	GB 50166—2019　3.3.1			C类
	b.落地安装时，设备底边宜高出地（楼）面0.1~0.2m	GB 50166—2019　3.3.1			C类
	c.安装在轻质墙上时，应采取加固措施	GB 50166—2019　3.3.1			C类
	(2)设备的引入线缆	GB 50166—2019　3.3.2			
	a.配线整齐，不宜交叉，且牢固	GB 50166—2019　3.3.2			C类
	b.线缆芯线端部标记	GB 50166—2019　3.3.2			C类
	c.端子板每个接线端子接线不超过2根	GB 50166—2019　3.3.2			C类
	d.线缆留有不少于200mm余量	GB 50166—2019　3.3.2			C类
	e.线缆应绑扎成束	GB 50166—2019　3.3.2			C类

检验项目		标准条款	检验结果	判定	重要程度
十二、火灾警报和消防应急广播	f.线缆穿管、槽口后管口封堵	GB 50166—2019　3.3.2			C类
	(3)设备电源的连接	GB 50166—2019　3.3.3			
	a.设备主电源明显标识,与消防电源直接连接	GB 50166—2019　3.3.3			C类
	b.设备与外接备用电源直接连接	GB 50166—2019　3.3.3			C类
	(4)蓄电池安装	GB 50166—2019　3.3.4			C类
	(5)设备接地	GB 50166—2019　3.3.5			C类
	5.基本功能	GB 50166—2019　4.12.4			
	(1)自检功能	GB 50166—2019　4.12.4			C类
	(2)主备电自动转换功能	GB 50166—2019　4.12.4			C类
	(3)故障报警功能	GB 50166—2019　4.12.4			C类
	(4)消声功能	GB 50166—2019　4.12.4			C类
	(5)应急广播启动功能	GB 50166—2019　4.12.4			A类
	(6)现场语音播报功能	GB 50166—2019　4.12.4			A类
	(7)应急广播停止功能	GB 50166—2019　4.12.4			A类
	(三)扬声器	GB 50116—2013;GB 50166—2019			
	1.设备选型规格型号、适应场所	GB 50116—2013			A类
	2.设备设置	GB 50166—2019　3.1.1			
	(1)设置数量	GB 50166—2019　3.1.1			C类
	(2)设置部位	GB 50166—2019　3.1.1			C类

续表

检验项目		标准条款	检验结果	判定	重要程度
	3.消防产品准入制度证书和标识	GB 50166—2019　2.2.1			A 类
	4.安装质量	GB 50166—2019　3.1.2、3.3.19			
	(1)安装工艺	GB 50166—2019　3.1.2			C 类
	(2)设备安装	GB 50166—2019　3.3.19			
	a.声警报器宜在报警区域内均匀安装	GB 50166—2019　3.3.19			C 类
	b.光警报器应安装在楼梯口、消防电梯前室、建筑内部拐角等处的明显部位;且不宜与消防应急疏散指示标志灯具安装在同一面墙上,确需安装在同一面墙上时,之间的距离不应小于 1m	GB 50166—2019　3.3.19			C 类
十二、火灾警报和消防应急广播	c.壁挂安装时,底边距地面高度应大于 2.2m	GB 50166—2019　3.3.19			C 类
	d.应安装牢固,表面不应有破损	GB 50166—2019　3.3.19			C 类
	5.扬声器广播基本功能	GB 50166—2019　4.12.5			A 类
	(四)火灾警报和消防应急广播系统的控制	GB 50166—2019　4.12.6			
	1.联动控制功能	GB 50166—2019　4.12.6			
	(1)消防联动控制器应发出控制火灾警报装置和应急广播控制装置动作的启动信号,点亮启动指示灯	GB 50166—2019　4.12.6			A 类
	(2)应急广播系统与普通广播或背景音乐广播系统合用时,广播控制装置应停止正常广播	GB 50166—2019　4.12.6			A 类
	(3)警报器和扬声器应按规定交替工作	GB 50166—2019　4.12.6			A 类
	(4)消防控制器图形显示装置应显示火灾报警信号、启动信号,且显示的信息应与控制器的显示一致	GB 50166—2019　4.12.6			C 类
	2.手动插入操作优先功能	GB 50166—2019　4.12.7			

续表

检验项目		标准条款	检验结果	判定	重要程度
十二、火灾警报和消防应急广播	(1)应能手动控制所有的火灾声光警报器和扬声器停止正在进行的警报和应急广播	GB 50166—2019　4.12.7			A类
	(2)应能手动控制所有的火灾声光警报器和扬声器恢复警报和应急广播	GB 50166—2019　4.12.7			A类
十三、消防电话	(一)消防电话总机	GB 50116—2013；GB 50166—2019			
	1.设备选型规格型号	GB 50116—2013			A类
	2.设备设置部位	GB 50166—2019　3.1.1			C类
	3.消防产品准入制度证书和标识	GB 50166—2019　2.2.1			A类
	4.安装质量	GB 50166—2019　3.1.2、3.3.1、3.3.2、3.3.3、3.3.4、3.3.5			
	(1)安装工艺	GB 50166—2019　3.1.2			C类
	(2)设备安装	GB 50166—2019　3.3.1			
	a.设备应安装牢固,不应倾斜	GB 50166—2019　3.3.1			C类
	b.落地安装时:设备底边宜高出地(楼)面0.1～0.2m	GB 50166—2019　3.3.1			C类
	c.安装在轻质墙上时,应采取加固措施	GB 50166—2019　3.3.1			
	(3)设备的引入电缆	GB 50166—2019　3.3.2			
	a.配线应整齐,不宜交叉,并应固定牢靠	GB 50166—2019　3.3.2			C类
	b.线缆芯线的端部,均应标明编号,并与图纸一致,字迹应清晰且不易褪色	GB 50166—2019　3.3.2			C类
	c.端子板的每个接线端,接线不得超过2根	GB 50166—2019　3.3.2			C类
	d.线缆应留有不小于200mm的余量	GB 50166—2019　3.3.2			C类
	e.线缆应绑扎成束	GB 50166—2019　3.3.2			C类

检验项目		标准条款	检验结果	判定	重要程度
	f.线缆穿管、槽盒后,应将管口、槽口封堵	GB 50166—2019　3.3.2			C类
	(4)设备电源的连接	GB 50166—2019　3.3.3			
	a.设备的主电源应有明显的永久性标识,并应直接与消防电源连接,严禁使用电源插头	GB 50166—2019　3.3.3			C类
	b.设备与其外接备用电源之间应直接连接	GB 50166—2019　3.3.3			C类
	(5)蓄电池安装	GB 50166—2019　3.3.4			C类
	(6)设备的接地	GB 50166—2019　3.3.5			C类
	5.基本功能	GB 50166—2019　4.6.1			
	(1)自检功能	GB 50166—2019　4.6.1			C类
十三、消防电话	(2)故障功能	GB 50166—2019　4.6.1			C类
	(3)消声功能	GB 50166—2019　4.6.1			C类
	(4)接收呼叫功能	GB 50166—2019　4.6.1			
	a.分机呼叫总机时,总机应在3s内发出呼叫声、光信号,显示呼叫消防分机的地址注释信息等	GB 50166—2019　4.6.1			B类
	b.总机与分机之间通话的语音应清晰	GB 50166—2019　4.6.1			B类
	(5)呼叫分机功能	GB 50166—2019　4.6.1			
	a.总机呼叫分机时,总机显示呼叫消防分机的地址注释信息,且显示的地址注释信息应与附录D一致;分机应在3s内发出声、光信号	GB 50166—2019　4.6.1			B类
	b.总机与分机之间通话的语音应清晰	GB 50166—2019　4.6.1			B类
	(二)消防电话分机、消防电话插孔	GB 50116—2013;GB 50166—2019			

检验项目		标准条款	检验结果	判定	重要程度
	1.设备选型规格型号	GB 50116—2013			A类
	2.设备设置	GB 50166—2019 3.1.1			
	(1)设置数量	GB 50166—2019 3.1.1			C类
	(2)设置部位	GB 50166—2019 3.1.1			
	3.消防产品准入制度证书和标识	GB 50166—2019 2.2.1			A类
	4.安装质量	GB 50166—2019 3.1.2、3.3.18			
	(1)安装工艺	GB 50166—2019 3.1.2			C类
	(2)安装间距	GB 50166—2019 3.3.18			C类
	(3)设备安装	GB 50166—2019 3.3.18			
十三、消防电话	a.宜安装在明显、便于操作的位置;电话插孔不应设置在消火栓箱内;采用壁挂方式安装时,其底边距地(楼)面高度宜为1.3～1.5m	GB 50166—2019 3.3.18			C类
	b.设置明显永久性标识	GB 50166—2019 3.3.18			C类
	5.基本功能	GB 50166—2019 4.6.2、4.6.3			
	5.1电话分机基本功能	GB 50166—2019 4.6.2			
	(1)呼叫总机功能	GB 50166—2019 4.6.2			
	a.分机呼叫总机时,总机应在3s内发出声、光信号指示信号,显示呼叫消防分机的地址注释信息等	GB 50166—2019 4.6.2			B类
	b.总机与分机之间通话的语音应清晰	GB 50166—2019 4.6.2			B类
	(2)接受呼叫功能	GB 50166—2019 4.6.2			

	检验项目	标准条款	检验结果	判定	重要程度
十三、消防电话	a. 总机呼叫分机时,总机显示呼叫 消防分机的地址注释信息应与附录 D 一致;分机应在 3s 内发出声、光信号指示信号	GB 50166—2019　4.6.2			B 类
	b. 总机与分机之间通话的语音应清晰	GB 50166—2019　4.6.2			B 类
	5.2 通过电话插孔呼叫电话总机功能	GB 50166—2019　4.6.3			B 类
十四、消防控制室	1. 消防控制室设计	GB 50116—2013			A 类
	2. 消防控室设置	GB 50116—2013			
	(1)消防控制室送、回风管的穿墙处应设防火阀	GB 50116—2013			C 类
	(2)单独设置时,消防控制室内严禁穿过与消防设施无关电气线路及管路	GB 50116—2013			C 类
	(3)不应设置在电磁场干扰较强及其他影响控制室设备工作的设备用房附近	GB 50116—2013			C 类
	3. 基本设备的配置	GB 50116—2013			A 类
	4. 起到集中控制功能报警控制器的设置	GB 50116—2013			C 类
	5. 显示装置接口	GB 50116—2013			C 类
	6. 外线电话	GB 50116—2013			C 类
	7. 设备布置	GB 50116—2013			
	(1)设备面盘前操作距离,单列布置时不应小于 1.5m;双列布置时不应小于 2m	GB 50116—2013			C 类
	(2)在值班人员经常工作使用设备的一面,设备面盘至墙的距离不应小于 3m	GB 50116—2013			C 类
	(3)设备面盘后的维修距离不宜小于 1m	GB 50116—2013			C 类
	(4)设备面盘的排列长度大于 4m 时,其两端应设置宽度不小于 1m 的通道	GB 50116—2013			C 类

检验项目		标准条款	检验结果	判定	重要程度
十四、消防控制室	(5)与建筑其他弱电系统合用时,消防设备应集中设置,并应与其他设备有明显间隔	GB 50116—2013			C类
	8.系统接地	GB 50166—2019　3.4.1、3.4.2			
	(1)系统接地及专用接地线的安装应满足设计要求	GB 50166—2019　3.4.1			C类
	(2)交流供电和36V以上直流供电的消防用电设备的金属外壳应有接地保护,其接地线应与电气保护接地干线(PE)相连接	GB 50166—2019　3.4.2			C类
	9.存档的文件资料	GB 50166—2019　6.0.1			B类
十五、消防控制室图形显示装置和传输设备	1.设备选型规格型号	GB 50116—2013			A类
	2.设备设置部位	GB 50166—2019　3.1.1			C类
	3.消防产品准入制度证书和标识	GB 50166—2019　2.2.1			A类
	4.安装质量	GB 50166—2019　3.3.1~3.3.3、3.3.5			
	(1)设备安装	GB 50166—2019　3.3.1			
	a.设备应安装牢固,不应倾斜	GB 50166—2019　3.3.1			C类
	b.落地安装时,设备底边宜高出地(楼)面0.1~0.2m	GB 50166—2019　3.3.1			C类
	c.安装在轻质墙上时,应采取加固措施	GB 50166—2019　3.3.1			
	(2)设备的引入线缆	GB 50166—2019　3.3.2			
	a.配线整齐,不宜交叉,固定牢固	GB 50166—2019　3.3.2			C类
	b.线缆芯线端部标记	GB 50166—2019　3.3.2			C类
	c.端子板每个接线端子接线不超过2根	GB 50166—2019　3.3.2			C类
	d.线缆留有不少于200mm余量	GB 50166—2019　3.3.2			C类

检验项目		标准条款	检验结果	判定	重要程度
十五、消防控制室图形显示装置和传输设备	e. 线缆应绑扎成束	GB 50166—2019　3.3.2			C 类
	f. 线缆穿管、槽口后管口封堵	GB 50166—2019　3.3.2			C 类
	(3)设备电源的连接	GB 50166—2019　3.3.3			
	a. 设备的主电源应有明显的永久性标识,并应直接与消防电源连接,严禁使用电源插头	GB 50166—2019　3.3.3			C 类
	b. 设备与其外接备用电源之间应直接连接	GB 50166—2019　3.3.3			C 类
	(4)设备接地	GB 50166—2019　3.3.5			C 类
	5. 基本功能	GB 50166—2019　4.11.1、4.11.2			
	5.1 消防控制室图形显示装置基本功能	GB 50166—2019　4.11.1			
	(1)图形显示功能	GB 50166—2019　4.11.1			
	a. 应能用一个完整的界面显示建筑的总平面布局图	GB 50166—2019　4.11.1			C 类
	b. 应能显示建筑的平面图,主要部位的名称和疏散路线,建筑内危险化学品的位置,系统设备及其控制的各分系统消防设备的名称、设置部位	GB 50166—2019　4.11.1			C 类
	c. 应能显示建筑中设置的火灾自动报警系统、自动喷水灭火系统、消火栓系统等系统	GB 50166—2019　4.11.1			
	(2)通信故障报警功能	GB 50166—2019　4.11.1			C 类
	(3)消声功能	GB 50166—2019　4.11.1			C 类
	(4)信号接收和显示功能	GB 50166—2019　4.11.1			
	a. 显示装置应在 10s 内显示报警或启动设备对应的建筑位置、建筑平面图,在建筑平面图上指示报警或启动设备的物理位置、报警或启动设备的地址注释信息、记录报警或启动时间	GB 50166—2019　4.11.1			C 类

检验项目		标准条款	检验结果	判定	重要程度
十五、消防控制室图形显示装置和传输设备	b. 火灾报警控制器、消防联动控制器发出监管报警信号、屏蔽信号、故障信号时,装置应在100s内显示设备对应的建筑位置、建筑平面图,在建筑平面图上指示设备的物理位置、设备的地址注释信息,记录报警时间,且显示的信息应与控制器的显示信息一致	GB 50166—2019 4.11.1			C类
	(5)信号接收记录功能	GB 50166—2019 4.11.1			
	a. 应记录火灾报警触发器件的报警时间	GB 50166—2019 4.11.1			C类
	b. 记录受控设备的类型、启动时间、反馈信息、地址注释信息	GB 50166—2019 4.11.1			C类
	c. 应记录各消防设备(设施)的动态信息	GB 50166—2019 4.11.1			
	d. 应记录值班及操作人员的代码、产品维护保养的内容和时间、系统程序的进入和退出时间	GB 50166—2019 4.11.1			
	e. 应记录消防设备(设施)的制造商、产品有效期等信息	GB 50166—2019 4.11.1			
	(6)复位功能	GB 50166—2019 4.11.1			C类
	5.2 传输设备基本功能	GB 50166—2019 4.11.2			
	(1)自检功能	GB 50166—2019 4.11.2			C类
	(2)主备电自动互投转换功能	GB 50166—2019 4.11.2			C类
	(3)故障报警功能	GB 50166—2019 4.11.2			
	a. 传输设备与备用电源之间的连线断路、短路时,传输设备器应在100s内发出故障声、光信号,显示故障类型	GB 50166—2019 4.11.2			C类
	b. 传输设备与控制器之间的通信中断时,传输设备应在100s内发出故障声、光信号,显示故障类型	GB 50166—2019 4.11.2			C类
	(4)消声功能	GB 50166—2019 4.11.2			C类
	(5)信号接收和显示功能	GB 50166—2019 4.11.2			C类
	(6)手动报警功能(按钮动作设备有光指示信号)	GB 50166—2019 4.11.2			C类
	(7)复位功能	GB 50166—2019 4.11.2			C类

火灾自动报警系统-自动喷水灭火系统检验项目　　　表 9.10-2

检验项目		标准条款	检验结果	判定	重要程度
十六、自动喷水灭火系统	(一)消防泵控制箱、柜	GB 50116—2013；GB 50166—2019			
	1.设备选型规格型号	GB 50116—2013			A类
	2.设备设置部位	GB 50166—2019　3.1.1			C类
	3.消防产品准入制度检验报告	GB 50166—2019　2.2.1			A类
	4.设备安装质量	GB 50166—2019　3.3.23			
	(1)在安装前,应进行功能检查,检查结果不合格的装置不应安装	GB 50166—2019　3.3.23			C类
	(2)外接导线的端部,应设置明显的永久性标识;安装牢固,不应倾斜;安装轻质墙上采取加固措施	GB 50166—2019　3.3.23			C类
	5.消防泵控制箱、柜基本功能	GB 50166—2019　4.16.1			
	(1)操作级别	GB 50166—2019　4.16.1			C类
	(2)手、自动转换功能	GB 50166—2019　4.16.1			C类
	(3)手动控制功能	GB 50166—2019　4.16.1			A类
	(4)自动控制功能	GB 50166—2019　4.16.1			A类
	(5)主、备泵自动切换功能	GB 50166—2019　4.16.1			A类
	(6)手动控制插入优先功能	GB 50166—2019　4.16.1			A类
	(二)系统联动部件	水流指示器、压力开关、信号阀、消防水池及水箱液位探测器 GB 80166—2019　4.16.2、4.16.3			
	1.水流指示器、压力开关、信号阀基本功能	GB 50166—2019　4.16.2			
	(1)动作信号反馈功能	GB 50166—2019　4.16.2			C类
	2.液位探测器基本功能	GB 50166—2019　4.16.3			
	(1)低液位报警功能	GB 50166—2019　4.16.3			C类

续表

检验项目		标准条款	检验结果	判定	重要程度
	(三)自动喷水灭火系统控制功能	GB 50166—2019 4.16.5、4.16.8、4.15.1、4.16.12、4.16.16、4.15.17、4.15.2、4.16.9、4.16.13			
	1. 系统联动控制功能	GB 50166—2019 4.16.5、4.16.8、4.15.1、4.16.12、4.16.16、4.15.17			
	(1)湿式、干式喷水灭火系统的联动控制功能	GB 50166—2019 4.16.5			
	a. 消防联动控制器应发出控制消防泵启动的启动信号,点亮启动指示灯	GB 50166—2019 4.16.5			A类
	b. 消防泵控制箱、柜应控制启动消防泵	GB 50166—2019 4.16.5			A类
	c. 消防联动控制器应接收并显示干管水流指示器的动作反馈信号,显示动作部件类型和地址注释信息,显示的地址注释信息应与附录D一致	GB 50166—2019 4.16.5			C类
十六、自动喷水灭火系统	d. 消防控制室图形显示装置应显示火灾报警控制器的火灾报警信号、消防联动控制器的启动信号、受控设备动作反馈信号,显示的信息应与控制器的显示一致	GB 50166—2019 4.16.5			C类
	(2)能预作用式喷水灭火系统的联动控制功能	GB 50166—2019 4.16.8、4.15.1			
	a. 消防联动控制器应发出控制预作用阀组开启的启动信号;快速排气阀前电动阀开启的启动信号;点亮启动指示灯	GB 50166—2019 4.16.8			A类
	b. 预作用阀组、排气阀前电动阀应开启	GB 50166—2019 4.16.8			A类
	c. 消防联动控制器应接收并显示预作用阀组、排气阀前电动阀的动作反馈信号,显示动作部件类型和地址注释信息应与附录D一致	GB 50166—2019 4.16.8			C类
	d. 末端试水装置开启后,消防联动控制器应接收并显示干管水流指示器的动作反馈信号,显示动作部件类型和地址注释信息,显示的地址注释信息应与附录D一致	GB 50166—2019 4.15.1			C类
	e. 消防控制器图形显示装置应显示火灾报警控制器的火灾报警信号、消防联动控制器的启动信号、受控设备动作反馈信号,显示的信息应与控制器的显示一致	GB 50166—2019 4.15.1			C类

检验项目		标准条款	检验结果	判定	重要程度
	(3)雨淋系统的联动控制功能	GB 50166—2019　4.16.12			
	a.消防联动控制器应发出控制雨淋阀组启动的启动信号,点亮启动指示灯	GB 50166—2019　4.16.12			A 类
	b.雨淋阀组应开启	GB 50166—2019　4.16.12			A 类
	c.消防联动控制器应接收并显示雨淋阀组、干管水流指示器的动作反馈信号,显示动作部件类型和地址注释信息应与附录 D 一致	GB 50166—2019　4.16.12			C 类
	d.消防控制器图形显示装置应显示火灾报警控制器的火灾报警信号、消防联动控制器的启动信号、受控设备动作反馈信号,显示的信息应与控制器的显示一致	GB 50166—2019　4.16.12			C 类
十六、自动喷水灭火系统	(4)用于保护防火卷帘的水幕系统的联动控制功能	GB 50166—2019　4.16.16			
	a.消防联动控制器应发出控制雨淋阀组启动的启动信号,点亮启动指示灯	GB 50166—2019　4.16.16			A 类
	b.雨淋阀组应开启	GB 50166—2019　4.16.16			A 类
	c.消防联动控制器应接收并显示防火卷帘下降至楼板面的限位反馈信号和雨淋阀组、干管、水流指示器的动作反馈信号,显示动作部件类型和地址注释信息应与附录 D 一致	GB 50166—2019　4.16.16			C 类
	d.消防控制器图形显示装置应显示火灾报警控制器的火灾报警信号、防火卷帘下降至楼板面的限位反馈信号、消防联动控制器的启动信号、受控设备动作反馈信号,显示的信息应与控制器的显示一致	GB 50166—2019 4.16.16			C 类
	(5)用于防火分隔的水幕系统的联动控制功能	GB 50166—2019 4.16.17			
	a.消防联动控制器应发出控制雨淋阀组启动的启动信号,点亮启动指示灯	GB 50166—2019 4.16.17			A 类

检验项目		标准条款	检验结果	判定	重要程度
	b.雨淋阀组应开启	GB 50166—2019 4.16.17			A类
	c.消防联动控制器应接收并显示雨淋阀组、干管水流指示器的动作反馈信号,显示动作部件类型和地址注释信息应与附录D一致	GB 50166—2019 4.16.17			C类
	d.消防控制器图形显示装置应显示火灾报警控制器的火灾报警信号、消防联动控制器的启动信号、受控设备动作反馈信号,显示的信息应与控制器的显示一致	GB 50166—2019 4.16.17			C类
	2.直接手动控制功能	GB 50166—2019　4.15.2、4.16.9、4.16.13			
	(1)消防泵的直接手动控制功能	GB 50166—2019　4.15.2			
十六、自动喷水灭火系统	a.在消防控制室应能通过消防联动控制器的直接手动控制单元手动控制消防泵箱、柜启动消防泵	GB 50166—2019 4.15.2			A类
	b.应能通过消防联动控制器的直接手动控制单元手动控制消防泵箱、柜停止消防泵运转	GB 50166—2019 4.15.2			A类
	c.消防控制室图形显示装置应显示消防联动控制器的直接手动启动、停止控制信号	GB 50166—2019 4.15.2			C类
	(2)预作用系统预作用阀组和排气阀前电动阀的直接手动控制功能、雨淋系统和水幕系统的直接手动控制功能	GB 50166—2019　4.16.9、4.16.13			
	a.在消防控制室应能通过消防联动控制器的直接手动控制单元手动控制预作用阀组、雨淋阀组、排气阀前电动阀的开启	GB 50166—2019 4.16.9、4.16.13			A类
	b.应能通过消防联动控制器的直接手动控制单元手动控制预作用阀组、雨淋阀组、排气阀前电动阀关闭	GB 50166—2019 4.16.9、4.16.13			A类
	c.消防控制室图形显示装置应显示消防联动控制器的直接手动启动、停止控制信号检查消防控制室图形显示装置的显示情况	GB 50166—2019 4.16.9、4.16.13			C类

火灾自动报警系统-消火栓系统检验项目　　　　　　表 9.10-3

检验项目		标准条款	检验结果	判定	重要程度
十七、消火栓系统	(一)消防泵控制箱、柜	GB 50116—2013；GB 50166—2019			
	1.设备选型规格型号	GB 50116—2013			A类
	2.设备设置部位	GB 50166—2019　3.1.1			C类
	3.消防产品准入制度证书和标识	GB 50166—2019　2.2.1			A类
	4.安装质量	GB 50166—2019　3.3.23			
	(1)设备安装	GB 50166—2019　3.3.23			
	a.在安装前,应进行功能检查,检查结果不合格的装置不应安装	GB 50166—2019　3.3.23			C类
	b.外接导线的端部,应设置明显的永久性标识;安装牢固,不应倾斜;安装轻质墙上采取加固措施	GB 50166—2019　3.3.23			C类
	5.消防泵控制箱、柜基本功能	GB 50166—2019　4.16.1			
	(1)操作级别	GB 50166—2019　4.16.1			C类
	(2)手、自动转换功能	GB 50166—2019　4.16.1			C类
	(3)手动控制功能	GB 50166—2019　4.16.1			A类
	(4)自动控制功能	GB 50166—2019　4.16.1			A类
	(5)主、备泵自动切换功能	GB 50166—2019　4.16.1			A类
	(6)手动控制插入优先功能	GB 50166—2019　4.16.1			A类
	(二)系统联动部件	GB 50166—2019			
	A.部件类型	水流指示器、压力开关、信号阀、消防水池及水箱液位探测器			
	1.水流指示器、压力开关、信号阀基本功能	GB 50166—2019　4.16.2			
	动作信号反馈功能	GB 50166—2019　4.16.2			C类

续表

检验项目		标准条款	检验结果	判定	重要程度
	2.液位探测器基本功能	GB 50166—2019　4.16.3			
	(1)低液位报警功能	GB 50166—2019　4.16.3			C类
	B.部件类型	消火栓按钮			
	1.设备选型规格型号	GB 50116—2013			A类
	2.设备设置	GB 50166—2019　3.1.1			
	(1)设置数量	GB 50166—2019　3.1.1			C类
	(2)设置部位	GB 50166—2019　3.1.1			C类
	3.消防产品准入制度证书和标识	GB 50166—2019　2.2.1			A类
	4.按钮的安装质量	GB 50166—2019　3.3.16			
十七、消火栓系统	(1)应设置在消火栓箱内	GB 50166—2019　3.3.16			C类
	(2)应安装牢固,不应倾斜	GB 50166—2019　3.3.16			C类
	(3)按钮的连接导线,应留有不小于150mm的余量,且在其端部应有明显的永久性标识	GB 50166—2019　3.3.16			C类
	5.消火栓按钮基本功能	GB 50166—2019　4.17.3、4.17.4			
	(1)离线故障报警功能	GB 50166—2019　4.17.3			
	a.按钮离线时,控制器应发出故障声、光信号	GB 50166—2019　4.17.3			C类
	b.控制器应显示故障部件的类型和地址注释信息,且显示的地址注释信息应与附录D一致	GB 50166—2019　4.17.3			C类
	(2)启动功能	GB 50166—2019　4.17.4			
	a.按钮启动后,启动确认灯应点亮并保持,控制器应发出声、光报警信号,记录启动时间	GB 50166—2019　4.17.4			A类

检验项目	标准条款	检验结果	判定	重要程度
b.控制器应显示启动部件的类型和地址注释信息,且显示的地址注释信息应与附录D一致	GB 50166—2019　4.17.4			C类
c.消防泵启动后,回答按钮确认灯应点亮并保持	GB 50166—2019　4.17.4			C类
(三)系统控制功能	GB 50166—2019　4.17.6			
1.联动控制功能	GB 50166—2019　4.17.6			
(1)消防联动控制器应发出控制消防泵启动的启动信号,点亮启动指示灯	GB 50166—2019　4.17.6			A类
(2)消防泵控制箱、柜应控制启动消防泵	GB 50166—2019　4.17.6			A类
(3)消防联动控制器应接收并显示干管水流指示器的动作反馈信号,显示动作部件类型和地址注释信息,显示的地址注释信息应与附录D一致	GB 50166—2019　4.17.6			C类
(4)消防控制器图形显示装置应显示报警信号、启动信号、设备动作反馈信号,显示的信息应与控制器的显示一致	GB 50166—2019　4.17.6			C类
2.直接手动控制功能	GB 50166—2019　4.16.6			
(1)在消防控制室应能通过消防联动控制器的直接手动控制单元手动控制消防泵箱、柜启动消防泵	GB 50166—2019　4.16.6			A类
(2)应能通过消防联动控制器的直接手动控制单元手动控制消防泵箱、柜停止消防泵运转	GB 50166—2019　4.16.6			A类
(3)消防控制室图形显示装置应显示消防联动控制器的直接手动启动、停止控制信号	GB 50166—2019　4.16.6			C类

注：表格左侧竖向合并单元格标注"十七、消火栓系统"

火灾自动报警系统-防烟排烟系统检验项目　　　　表 9.10-4

检验项目		标准条款	检验结果	判定	重要程度
十八、防烟排烟系统	(一)风机控制箱、柜	GB 50116—2013;GB 50166—2019			
	1.设备选型规格型号	GB 50116—2013			A 类
	2.设备设置部位	GB 50166—2019　3.1.1			C 类
	3.消防产品准入制度证书和标识	GB 50166—2019　2.2.1			A 类
	4.设备安装质量	GB 50166—2019　3.3.23			
	(1)在安装前,应进行功能检查,检查结果不合格的装置不应安装	GB 50166—2019　3.3.23			C 类
	(2)外接导线的端部,应设置明显的永久性标识;安装牢固,不应倾斜;安装轻质墙上采取加固措施	GB 50166—2019　3.3.23			C 类
	5.风机控制箱、柜基本功能	GB 50166—2019　4.18.1			
	(1)操作级别	GB 50166—2019　4.18.1			C 类
	(2)手、自动转换功能	GB 50166—2019　4.18.1			C 类
	(3)手动控制功能	GB 50166—2019　4.18.1			A 类
	(4)自动控制功能	GB 50166—2019　4.18.1			A 类
	(5)手动控制插入优先功能	GB 50166—2019　4.18.1			A 类
	(二)系统联动部件	GB 50166—2019　4.18.2			
	1.电动送风口、电动挡烟垂壁、排烟口、排烟阀、排烟窗、电动防火阀基本功能	GB 50166—2019　4.18.2			
	(1)动作功能	GB 50166—2019　4.18.2			C 类

续表

检验项目		标准条款	检验结果	判定	重要程度
	(2)动作信号反馈功能	GB 50166—2019　4.18.2			C类
	2.排烟风机入口处的总管上设置的280℃防火阀基本功能	GB 50166—2019　4.18.3			
	(1)动作信号反馈功能	GB 50166—2019　4.18.3			
	a.排烟防火阀关闭后,风机应停止运转	GB 50166—2019　4.18.3			C类
	b.消防联动控制器应接收并显示排烟防火阀关闭、风机停止的动作反馈信息,显示动作部件类型和地址注释信息,显示的地址注释信息应与附录D一致	GB 50166—2019　4.18.3			C类
	(三)系统控制功能	GB 50166—2019　4.18.5、4.18.6、4.18.9、4.18.8			
十八、防烟排烟系统	1.加压送风系统、电动挡烟垂壁、排烟系统的联动控制功能	GB 50166—2019　4.18.5、4.18.8			
	(1)加压送风系统的联动控制功能	GB 50166—2019　4.18.5			
	a.消防联动控制器应按设计文件的规定发出控制相应电动送风口开启、加压送风机启动的启动信号,点亮启动指示灯	GB 50166—2019　4.18.5			A类
	b.相应的电动送风口应开启,风机控制箱、柜应控制加压送风机启动	GB 50166—2019　4.18.5			A类
	c.消防联动控制器应接收并显示电动送风口、加压送风机的动作反馈信号,显示动作部件类型和地址注释信息,显示的地址注释信息应与附录D一致	GB 50166—2019　4.18.5			C类
	(2)电动挡烟垂壁、排烟系统的联动控制功能	GB 50166—2019　4.18.8			
	a.消防联动控制器应按设计文件的规定发出控制电动挡烟垂壁下降、控制排烟口、排烟阀、排烟窗开启,控制空气调节系统的电动防火阀关闭的启动信号,点亮启动指示灯	GB 50166—2019　4.18.8			A类

检验项目		标准条款	检验结果	判定	重要程度
十八、防烟排烟系统	b.电动挡烟垂壁、排烟口、排烟阀、排烟窗、空气调节系统的电动防火阀应动作	GB 50166—2019　4.18.8			A类
	c.消防联动控制器应接收并显示受控设备的动作反馈信号,显示动作部件类型和地址注释信息,显示的地址注释信息应与附录D一致	GB 50166—2019　4.18.8			C类
	d.消防联动控制器接收到排烟口、排烟阀的动作反馈信号后,应发出控制排烟风机启动的启动信号	GB 50166—2019　4.18.8			A类
	e.风机控制箱、柜应控制排烟风机启动	GB 50166—2019　4.18.8			A类
	f.消防联动控制器应接收并显示排烟风机启动的动作反馈信号,显示动作部件类型和地址注释信息,显示的地址注释信息应与附录D一致	GB 50166—2019　4.18.8			C类
	g.消防控制器图形显示装置应显示火灾报警控制器的火灾报警信号、消防联动控制器的启动信号、受控设备动作反馈信号,显示的信息应与控制器的显示一致	GB 50166—2019　4.18.8			C类
	2.加压送风机、排烟风机直接手动控制功能	GB 50166—2019　4.18.6、4.18.9			
	(1)在消防控制室应能通过消防联动控制器的直接手动控制单元手动控制风机箱、柜启动加压送风机、排烟风机	GB 50166—2019 4.18.6、4.18.9			A类
	(2)在消防控制室应能通过消防联动控制器的直接手动控制单元手动控制风机箱、柜启动加压送风机、排烟风机	GB 50166—2019 4.18.6、4.18.9			A类
	(3)消防控制室图形显示装置应显示消防联动控制器的直接手动启动、停止控制信号	GB 50166—2019 4.18.6、4.18.9			C类

火灾自动报警系统-消防应急照明和疏散指示系统检验项目　　**表 9.10-5**

	检验项目	标准条款	检验结果	判定	重要程度
十九、应急照明和疏散指示系统	(一)集中控制型系统的控制功能	GB 50166—2019　4.19.1			
	1.火灾报警控制器火警控制输出触点应动作,或消防联动控制器应发出控制消防应急照明和疏散指示系统启动的启动信号,点亮启动指示灯	GB 50166—2019　4.19.1			A类
	2.应急照明控制器应按预设逻辑控制配接的消防应急灯具点亮、熄灭,控制系统蓄电池电源的转换	GB 50166—2019　4.19.1			A类
	3.消防联动控制器应接收并显示应急照明控制器应急启动的动作反馈信号,显示动作部件类型和地址注释信息,显示的地址注释信息应与附录D一致	GB 50166—2019　4.19.1			C类
	4.消防控制器图形显示装置应显示火灾报警控制器的火灾报警信号、消防联动控制器的启动信号、受控设备动作反馈信号,显示的信息应与控制器的显示一致	GB 50166—2019　4.19.1			C类
	(二)非集中控制型系统的应急启动控制功能	GB 50166—2019　4.19.2			
	1.火灾报警控制器的火警控制输出触点应动作,控制应急照明集中电源转入蓄电池电源输出、应急照明配电箱切断主电源输出,并控制其配接灯具的光源应急点亮	GB 50166—2019　4.19.2			A类

火灾自动报警系统-电梯、非消防电源等相关系统检验项目　　　　表 9.10-6

	检验项目	标准条款	检验结果	判定	重要程度
二十、电梯、非消防电源等相关系统	(一)电梯、非消防电源等相关系统联动控制功能	GB 50166—2019　4.16.3、4.16.5、4.20.2			
	1.消防联动控制器应按设计文件的规定发出控制电梯停于首层或转换层、切断相关非消防电源、控制其他相关系统设备动作的启动信号,点亮启动指示灯	GB 50166—2019　4.20.2			A类
	2.电梯应停于首层或转换层、相关非消防电源应切断、其他相关系统设备应动作	GB 50166—2019　4.16.3			A类
	3.消防联动控制器应接收并显示受控设备动作的反馈信号,显示动作部件类型和地址注释信息,显示的地址注释信息应与附录 D 一致	GB 50166—2019　4.16.5			C类
	4.消防控制器图形显示装置应显示火灾报警控制器的火灾报警信号、消防联动控制器的启动信号、受控设备动作反馈信号,显示的信息应与控制器的显示一致	GB 50166—2019　4.16.5			C类

火灾自动报警系统-防火卷帘系统检验项目 表 9.10-7

检验项目		标准条款	检验结果	判定	重要程度
二十一、防火卷帘系统	（一）防火卷帘控制器	GB 50116—2013； GB 50166—2019			
	1.设备选型规格型号	GB 50116—2013			A类
	2.设备设置部位	GB 50166—2019　3.1.1			C类
	3.消防产品准入制度证书和标识	GB 50166—2019　2.2.1			A类
	4.安装质量	GB 50166—2019　3.3.1、3.3.2、3.3.3、3.3.4、3.3.5			
	（1）设备安装	GB 50166—2019　3.3.1			
	a.安装牢固,不应倾斜	GB 50166—2019　3.3.1			C类
	b.安装轻质墙上应采取加固措施	GB 50166—2019　3.3.1			C类
	（2）设备的引入线缆	GB 50166—2019　3.3.2			
	a.配线整齐,不宜交叉,牢固	GB 50166—2019　3.3.2			C类
	b.线缆芯线端部标记	GB 50166—2019　3.3.2			C类
	c.端子板每个接线端子接线不超过2根	GB 50166—2019　3.3.2			C类
	d.线缆留有不少于200mm余量	GB 50166—2019　3.3.2			C类
	e.线缆应绑扎成束	GB 50166—2019　3.3.2			C类
	f.线缆穿管、槽口后管口封堵	GB 50166—2019　3.3.2			C类
	（3）设备电源的连接	GB 50166—2019　3.3.3			
	a.设备主电源明显标识,与消防电源直接连接	GB 50166—2019　3.3.3			C类
	b.设备与外接备用电源直接连接	GB 50166—2019　3.3.3			C类
	（4）蓄电池安装	GB 50166—2019　3.3.4			C类
	（5）设备接地	GB 50166—2019　3.3.5			C类
	5.基本功能	GB 50166—2019　4.13.1			
	（1）自检功能	GB 50166—2019　4.13.1			C类
	（2）主、备电自动转换功能	GB 50166—2019　4.13.1			C类

检验项目		标准条款	检验结果	判定	重要程度
	(3)故障报警功能	GB 50166—2019　4.13.1			
	a.控制器与备用电源之间连线断路、短路时,100s内报故障声、光信号,显示故障类型	GB 50166—2019　4.13.1			C类
	b.控制器与现场部件间连接线路断路、短路时,100s内报故障声、光信号,显示故障部件注释信息	GB 50166—2019　4.13.1			C类
	c.控制器配接火灾探测器时,控制器与探测器之间的连线断路、短路时,控制器应在100s内发出故障声、光信号	GB 50166—2019　4.13.1			C类
	(4)消声功能	GB 50166—2019　4.13.1			C类
	(5)手动控制功能	GB 50166—2019　4.13.1			A类
	(6)速放控制功能	GB 50166—2019　4.13.1			A类
二十一、防火卷帘系统	(二)防火卷帘控制器现场部件	GB 50166—2019　4.9.2			
	A.部件类型	点型感烟火灾探测器、点型感温火灾探测器			
	1.设备选型规格型号	GB 50116—2013			
	(1)规格型号应符合现行国家标准《火灾自动报警系统设计规范》GB 50116—2013 和设计文件的规定	GB 50116—2013			A类
	(2)应为卷帘控制器检验报告中描述的配接产品	GB 50116—2013			A类
	2.设备设置	GB 50166—2019　3.1.1			
	(1)设置数量	GB 50166—2019　3.1.1			B类
	(2)设置部位	GB 50166—2019　3.1.1			
	3.消防产品准入制度证书和标识	GB 50166—2019　2.2.1			A类
	4.安装质量	GB 50166—2019　3.3.6、3.3.13			
	(1)探测器安装	GB 50166—2019　3.3.6			

检验项目	标准条款	检验结果	判定	重要程度
a. 探测器至墙壁、梁边的水平距离,不应小于 0.5m	GB 50166—2019　3.3.6			C 类
b. 探测器周围水平距离 0.5m 内不应有遮挡物	GB 50166—2019　3.3.6			C 类
c. 探测器至空调送风口最近边的水平距离,不应小于 1.5m;至多孔送风顶棚孔口的水平距离,不应小于 0.5m	GB 50166—2019　3.3.6			C 类
d. 宜水平安装,当确需倾斜安装时,倾斜角不应大于 45′	GB 50166—2019　3.3.6			C 类
(2)底座安装	GB 50166—2019　3.3.13			
a. 底座应安装牢固,与导线连接必须可靠压接或焊接。当采用焊接时,不应使用带腐蚀性的助焊剂	GB 50166—2019　3.3.13			C 类
b. 连接导线应留有不小于 150mm 的余量,且在其端部应有明显的永久性标识	GB 50166—2019　3.3.13			C 类
c. 穿线孔宜封堵,安装完毕的探测器底座应采取保护措施	GB 50166—2019　3.3.13			C 类
5. 基本功能	GB 50166—2019　4.13.2			
(1)火灾探测器报警功能	GB 50166—2019　4.13.2			A 类
(2)卷帘控制器控制功能	GB 50166—2019　4.13.2			A 类
B. 部件类型	手动控制装置			
1. 设备选型规格型号	GB 50116—2013			A 类
2. 设备设置部位	GB 50166—2019　3.1.1			C 类
3. 消防产品准入制度检验报告	GB 50166—2019　2.2.1			A 类
4. 手动控制装置安装质量	GB 50166—2019　3.3.16			

注:"二十一、防火卷帘系统"为左侧纵向合并单元格文字。

检验项目		标准条款	检验结果	判定	重要程度
	(1)应设置在明显和便于操作的部位;其底边距地楼面的高度宜为 1.3～1.5m,且应设置明显的永久性标识;疏散通道上设置的防火卷帘两侧均应设置手动控制装置	GB 50166—2019　3.3.16			C类
	(2)应安装牢固,不应倾斜	GB 50166—2019　3.3.16			C类
	(3)按钮的连接导线,应留有不小于150mm的余量,且在其端部应有明显的永久性标志	GB 50166—2019　3.3.16			C类
	5.手动控制装置基本控制功能	GB 50166—2019　4.13.3			A类
	(三)疏散通道上设置的防火卷帘系统的联动控制功能	GB 50166—2019　4.13.5			
	1.防火卷帘控制器不配接火灾探测器的防火卷帘系统联动控制功能	GB 50166—2019　4.13.5			
二十一、防火卷帘系统	(1)消防联动控制器应发出控制防火卷帘下降至距楼板面1.8m处的启动信号,点亮启动指示灯	GB 50166—2019　4.13.5			A类
	(2)防火卷帘控制器应控制防火卷帘下降至距楼板面1.8m处	GB 50166—2019　4.13.5			A类
	(3)消防联动控制器应发出控制防火卷帘下降至楼板面的启动信号	GB 50166—2019　4.13.5			A类
	(4)防火卷帘控制器应控制防火卷帘下降至楼板面	GB 50166—2019　4.13.5			A类
	(5)消防联动控制器应接收并显示防火卷帘下降至距楼板面1.8m处、楼板面的反馈信号	GB 50166—2019　4.13.5			C类
	(6)消防控制器图形显示装置应显示火灾报警控制器的火灾报警信号、消防联动控制器的启动信号和设备动作的反馈信号,且显示的信息应与控制器的显示一致	GB 50166—2019　4.13.5			C类
	2.防火卷帘控制器配接火灾探测器的防火卷帘系统联动控制功能	GB 50166—2019　4.13.5			

检验项目		标准条款	检验结果	判定	重要程度
二十一、防火卷帘系统	(1)感烟火灾探测器报警时,防火卷帘控制器应控制防火卷帘下降至距楼板面1.8m处	GB 50166—2019　4.13.5			A类
	(2)感温火灾探测器报警时,防火卷帘控制器应控制防火卷帘下降至楼板面	GB 50166—2019　4.13.5			A类
	(3)消防联动控制器应接收并显示防火卷帘控制器配接的火灾探测器的火灾报警信号,防火卷帘下降至距楼板面1.8m处、楼板面的反馈信号	GB 50166—2019　4.13.5			C类
	(4)消防控制器图形显示装置应显示火灾探测器的火灾报警信号和设备动作的反馈信号,且显示的信息应与控制器的显示一致	GB 50166—2019　4.13.5			C类
	(四)非疏散通道上设置的防火卷帘系统的联动控制功能	GB 50166—2019　4.13.8、4.13.9			
	1.联动控制功能	GB 50166—2019　4.13.8			
	(1)消防联动控制器应发出控制防火卷帘下降至楼板面的启动信号,点亮启动指示灯	GB 50166—2019　4.13.8			A类
	(2)防火卷帘控制器应控制防火卷帘下降至楼板面	GB 50166—2019　4.13.8			A类
	(3)消防联动控制器应接收并显示防火卷帘下降至楼板面的反馈信号	GB 50166—2019　4.13.8			C类
	(4)消防控制器图形显示装置应显示火灾报警控制器的火灾报警信号、消防联动控制器的启动信号和设备动作的反馈信号,且显示的信息应与控制器的显示一致	GB 50166—2019　4.13.8			C类
	2.手动控制功能	GB 50166—2019　4.13.9			
	(1)消防联动控制器应能手动控制防火卷帘的下降	GB 50166—2019　4.13.9			A类
	(2)消防联动控制器应接收并显示防火卷帘下降至楼板面的反馈信号	GB 50166—2019　4.13.9			C类

火灾自动报警系统-防火门监控系统检验项目　　表 9.10-8

	检验项目	标准条款	检验结果	判定	重要程度
二十二、防火门监控系统	(一)防火门监控器	GB 50116—2013;GB 50166—2019			
	1.设备选型规格型号	GB 50116—2013			A类
	2.设备设置部位	GB 50166—2019　3.1.1			C类
	3.消防产品准入制度检验报告	GB 50166—2019　2.2.1			A类
	4.安装质量	GB 50166—2019　3.3.1、3.3.2、3.3.3、3.3.4、3.3.5			
	(1)设备安装	GB 50166—2019　3.3.1			
	a.安装牢固,不应倾斜	GB 50166—2019　3.3.1			C类
	b.安装轻质墙上应采取加固措施	GB 50166—2019　3.3.1			C类
	(2)设备的引入线缆	GB 50166—2019　3.3.2			
	a.配线整齐,不宜交叉,牢固	GB 50166—2019　3.3.2			C类
	b.线缆芯线端部标记	GB 50166—2019　3.3.2			C类
	c.端子板每个接线端子接线不超过2根	GB 50166—2019　3.3.2			C类
	d.线缆留有不少于200mm余量	GB 50166—2019　3.3.2			C类
	e.线缆应绑扎成束	GB 50166—2019　3.3.2			C类
	f.线缆穿管、槽口后管口封堵	GB 50166—2019　3.3.2			C类
	(3)设备电源的连接	GB 50166—2019　3.3.3			
	a.设备主电源明显标识,与消防电源直接连接	GB 50166—2019　3.3.3			C类
	b.设备与外接备用电源直接连接	GB 50166—2019　3.3.3			C类
	(4)蓄电池安装	GB 50166—2019　3.3.4			C类
	(5)设备接地	GB 50166—2019　3.3.5			C类
	5.基本功能	GB 50166—2019　4.14.2			

续表

检验项目		标准条款	检验结果	判定	重要程度
二十二、防火门监控系统	5.1 回路号基本功能	GB 50166—2019 4.14.2			
	(1)自检功能	GB 50166—2019 4.14.2			C类
	(2)主、备电自动转换功能	GB 50166—2019 4.14.2			C类
	(3)故障报警功能	GB 50166—2019 4.14.2			
	a.与备用电源之间连线断路、短路时,100s内报故障声、光信号,显示故障类型	GB 50166—2019 4.14.2			C类
	b.与监控模块间连接线路断路、短路时,100s内报故障声、光信号,显示故障部件注释信息	GB 50166—2019 4.14.2			C类
	(4)消声功能	GB 50166—2019 4.14.2			C类
	(5)启动、反馈功能	GB 50166—2019 4.14.2			A类
	(6)防火门故障报警功能	GB 50166—2019 4.14.2			C类
	5.2 回路号基本功能	GB 50166—2019 4.14.3			
	(1)故障报警功能	GB 50166—2019 4.14.3			A类
	(2)启动、反馈功能	GB 50166—2019 4.14.3			A类
	(3)防火门故障报警功能	GB 50166—2019 4.14.3			C类
	(二)防火门监控器现场部件	GB 50116—2013;GB 50166—2019			
	A.部件类型	监控模块、电动闭门器、释放器、门磁开关			
	1.设备选型规格型号	GB 50116—2013			
	(1)规格型号应符合设计文件的规定	GB 50116—2013			A类
	(2)应为防火门监控器检验报告中描述的配接产品	GB 50116—2013			A类
	2.设备设置	GB 50166—2019 3.1.1			

检验项目		标准条款	检验结果	判定	重要程度
	(1)设置数量	GB 50166—2019　3.1.1			C类
	(2)设置部位	GB 50166—2019　3.1.1			C类
	3.消防产品准入制度检验报告	GB 50166—2019　2.2.1			A类
	4.设备安装质量	GB 50166—2019　3.3.22			
	(1)监控模块至电动闭门器、释放器、门磁开关之间连接线的长度不应大于3m	GB 50166—2019　3.3.22			C类
	(2)监控模块、电动闭门器、释放器、门磁开关应安装牢固	GB 50166—2019　3.3.22			C类
	(3)门磁开关安装不应破坏门扇与门框的密闭性	GB 50166—2019　3.3.22			C类
	5.基本功能	GB 50166—2019　4.14.4、4.14.5、4.14.6、4.14.7			
二十二、防火门监控系统	(1)监控模块离线故障报警功能	GB 50166—2019　4.14.4			C类
	(2)监控模块连接部件断线故障报警功能	GB 50166—2019　4.14.5			C类
	(3)监控模块启动功能	GB 50166—2019　4.14.6			A类
	(4)监控模块反馈功能	GB 50166—2019　4.14.6			C类
	(5)防火门故障报警功能	GB 50166—2019　4.14.7			C类
	(三)防火门监控系统联动控制功能	GB 50166—2019　4.14.9			
	1.消防联动控制器应发出控制防火门关闭的启动信号,点亮启动指示灯	GB 50166—2019　4.14.9			A类
	2.监控器应控制报警区域内所有常开防火门关闭	GB 50166—2019　4.14.9			A类
	3.防火门监控器应接收并显示每一常开防火门完全闭合的反馈信号	GB 50166—2019　4.14.9			C类
	4.消防控制器图形显示装置应显示火灾报警控制器火灾报警信号、消防联动控制器启动信号和受控设备动反馈信号,且显示的信息应与控制器的显示一致	GB 50166—2019　4.14.9			C类

火灾自动报警系统—气体、干粉灭火系统检验项目　　　表 9.10-9

	检验项目	标准条款	检验结果	判定	重要程度
二十三、气体、干粉灭火系统	(一)气体、干粉灭火控制器	GB 50116—2013；GB 50166—2019			
	1.设备选型规格型号	GB 50116—2013			A 类
	2.设备设置部位	GB 50166—2019　3.1.1			C 类
	3.消防产品准入制度检验报告	GB 50166—2019　2.2.1			A 类
	4.安装质量	GB 50166—2019　3.3.1～3.3.5			
	(1)设备安装	GB 50166—2019　3.3.1			
	a.安装牢固,不应倾斜	GB 50166—2019　3.3.1			C 类
	b.落地安装或安装轻质墙上	GB 50166—2019　3.3.1			C 类
	(2)设备的引入线缆	GB 50166—2019　3.3.2			
	a.配线整齐,不宜交叉,牢固	GB 50166—2019　3.3.2			C 类
	b.线缆芯线端部标记	GB 50166—2019　3.3.2			C 类
	c.端子板每个接线端子接线不超过 2 根	GB 50166—2019　3.3.2			C 类
	d.线缆留有不少于 200mm 余量	GB 50166—2019　3.3.2			C 类
	e.线缆应绑扎成束	GB 50166—2019　3.3.2			C 类
	f.线缆穿管、槽口后管口封堵	GB 50166—2019　3.3.2			C 类

续表

检验项目		标准条款	检验结果	判定	重要程度
	(3)设备电源的连接	GB 50166—2019 3.3.3			
	a.设备主电源明显标识,与消防电源直接连接	GB 50166—2019 3.3.3			C类
	b.设备与外接备用电源直接连接	GB 50166—2019 3.3.3			C类
	(4)蓄电池安装	GB 50166—2019 3.3.4			C类
	(5)设备接地	GB 50166—2019 3.3.5			C类
	5.控制器基本功能	GB 50166—2019 4.15.1、4.15.2			
二十三、气体、干粉灭火系统	5.1 不具有火灾报警功能的气体、干粉灭火控制器的基本功能	GB 50166—2019 4.15.1			
	(1)自检功能	GB 50166—2019 4.15.1			C类
	(2)主、备电自动转换功能	GB 50166—2019 4.15.1			C类
	(3)故障报警功能	GB 50166—2019 4.15.1			
	a.控制器与备用电源之间的连线断路、短路时,控制器应在100s内发出故障声、光信号,显示故障类型	GB 50166—2019 4.15.1			C类
	b.控制器与声光报警器的连线断路、短路时,控制器应在100s内显示故障部件的地址注释信息,且显示的地址注释信息应与附录D一致	GB 50166—2019 4.15.1			C类
	(4)消声功能	GB 50166—2019 4.15.1			C类
	(5)延时设置	GB 50166—2019 4.15.1			A类
	(6)手/自动转换功能	GB 50166—2019 4.15.1			C类
	(7)手动控制功能	GB 50166—2019 4.15.1			A类
	(8)反馈信号接收显示功能	GB 50166—2019 4.15.1			C类
	(9)复位功能	GB 50166—2019 4.15.1			C类
	5.2 具有火灾报警功能的气体、干粉灭火控制器的基本功能	GB 50166—2019 4.15.2			

检验项目		标准条款	检验结果	判定	重要程度
	(1)自检功能	GB 50166—2019　4.15.2			C类
	(2)操作级别	GB 50166—2019　4.15.2			C类
	(3)屏蔽功能	GB 50166—2019　4.15.2			
	a.控制器应能对指定部件进行屏蔽,并点亮屏蔽指示灯,显示被屏蔽部件的地址注释信息,且显示的地址注释信息应与附录D一致	GB 50166—2019　4.15.2			C类
	b.控制器应能解除指定部件的屏蔽,并熄灭屏蔽指示灯	GB 50166—2019　4.15.2			C类
	(4)主备电自动转换功能	GB 50166—2019　4.15.2			C类
	(5)故障报警功能	GB 50166—2019　4.15.2			
二十三、气体、干粉灭火系统	a.控制器与备用电源之间的连线断路、短路时,控制器应在100s内发出故障声、光信号,显示故障类型	GB 50166—2019　4.15.2			C类
	b.控制器与声光报警器的连线断路、短路时,控制器应在100s内显示故障部件的地址注释信息等	GB 50166—2019　4.15.2			C类
	c.控制器与驱动部件的连线断路、短路时,控制器应在100s内显示故障部件的地址注释信息等	GB 50166—2019　4.15.2			C类
	d.控制器与现场启动和停止按钮的连线断路、短路时,控制器应在100s内显示故障部件的地址注释信息等	GB 50166—2019　4.15.2			C类
	e.控制器与探测器、火灾报警按钮的连线断路、短路时,控制器应在100s内显示故障部件的地址注释信息等	GB 50166—2019　4.15.2			C类
	(6)短路隔离保护功能	GB 50166—2019　4.15.2			C类
	(7)火警优先功能	GB 50166—2019　4.15.2			
	a.火灾探测器、手动火灾报警按钮发出火灾报警信号后,控制器应在10s内发出火灾报警声、光信号,并记录报警时间	GB 50166—2019　4.15.2			A类

检验项目		标准条款	检验结果	判定	重要程度
	b.控制器应显示发出报警信号部件的设备类型和地址注释信息,且显示的地址注释信息应与附录D一致	GB 50166—2019　4.15.2			C类
	(8)消声功能	GB 50166—2019　4.15.2			C类
	(9)二次报警功能	GB 50166—2019　4.15.2			
	a.火灾探测器、手动火灾报警按钮发出火灾报警信号后,控制器应在10s内发出火灾报警声、光信号,并记录报警时间	GB 50166—2019　4.15.2			A类
	b.控制器应显示发出报警信号部件的设备类型和地址注释信息等	GB 50166—2019　4.15.2			C类
	(10)延时设置	GB 50166—2019　4.15.2			C类
	(11)手、自动转换功能	GB 50166—2019　4.15.2			C类
二十三、气体、干粉灭火系统	(12)手动控制功能	GB 50166—2019　4.15.2			A类
	(13)反馈信号接收显示功能	GB 50166—2019　4.15.2			C类
	(14)复位功能	GB 50166—2019　4.15.2			C类
	(二)气体、干粉灭火控制器现场部件	GB 50116—2013;GB 50166—2019			
	部件类型	点型感烟火灾探测器、点型感温火灾探测器			
	1.设备选型规格型号、适用场所	GB 50116—2013			A类
	2.设备设置	GB 50166—2019　3.1.1			
	(1)设置数量	GB 50166—2019　3.1.1			C类
	(2)设置部位	GB 50166—2019　3.1.1			C类
	3.消防产品准入制度证书和标识	GB 50166—2019　2.2.1			A类
	4.安装质量	GB 50166—2019　3.3.6、3.3.13、3.3.14			
	(1)探测器安装	GB 50166—2019　3.3.6			

检验项目		标准条款	检验结果	判定	重要程度
二十三、气体、干粉灭火系统	a. 探测器至墙壁、梁边的水平距离,不应小于 0.5m	GB 50166—2019　3.3.6			C 类
	b. 探测器周围水平距离 0.5m 内不应有遮挡物	GB 50166—2019　3.3.6			C 类
	c. 探测器至空调送风口最近边的水平距离,不应小于 1.5m;至多孔送风顶棚孔口的水平距离,不应小于 0.5m	GB 50166—2019　3.3.6			C 类
	d. 宜水平安装,当确需倾斜安装时,倾斜角不应大于 45′	GB 50166—2019　3.3.6			C 类
	(2)底座安装	GB 50166—2019　3.3.13			
	a. 底座应安装牢固,与导线连接必须可靠压接或焊接。当采用焊接时,不应使用带腐蚀性的助焊剂	GB 50166—2019　3.3.13			C 类
	b. 连接导线应留有不小于 150mm 的余量,且在其端部应有明显的永久性标识	GB 50166—2019　3.3.13			C 类
	c. 穿线孔宜封堵,安装完毕的探测器底座应采取保护措施	GB 50166—2019　3.3.13			C 类
	(3)报警确认灯	GB 50166—2019　3.3.14			C 类
	5. 基本功能	GB 50166—2019　4.3.4、4.3.5			
	(1)离线故障报警功能	GB 50166—2019　4.3.4			
	a. 探测器离线时,控制器应发出故障声、光信号	GB 50166—2019　4.3.4			C 类
	b. 控制器应显示故障部件的类型和地址注释信息,且显示的地址注释信息应与附录 D 一致	GB 50166—2019　4.3.4			C 类
	(2)火灾报警功能	GB 50166—2019　4.3.5			
	a. 探测器处于报警状态时,探测器的火警确认灯应点亮并保持	GB 50166—2019　4.3.5			A 类
	b. 控制器应发出火灾报警声、光信号,记录报警时间	GB 50166—2019　4.3.5			A 类

检验项目	标准条款	检验结果	判定	重要程度
c.控制器应显示发出报警信号部件的类型和地址注释信息,且显示的地址注释信息应与附录D一致	GB 50166—2019　4.3.5			C类
(3)复位功能	GB 50166—2019　4.3.5			C类
部件类型	手动与自动控制转换装置、手动与自动控制状态显示装置、现场启动和停止按钮			
1.设备选型规格型号、适用场所	GB 50116—2013			A类
2.设备设置	GB 50166—2019　3.1.1			
(1)设置数量	GB 50166—2019　3.1.1			C类
(2)设置部位	GB 50166—2019　3.1.1			C类
3.消防产品准入制度证书和标识	GB 50166—2019　2.2.1			A类
4.安装质量	GB 50166—2019　3.3.16、3.3.19			
(1)转换装置和按钮安装	GB 50166—2019　3.3.16			
a.应设置在明显和便于操作的部位,其底边距地(楼)面的高度宜为1.3～1.5m,应设置明显的永久性标识	GB 50166—2019　3.3.16			C类
b.应安装牢固,不应倾斜	GB 50166—2019　3.3.16			C类
c.连接导线,应留有不小于150mm的余量,且在其端部应有明显的永久性标识	GB 50166—2019　3.3.16			C类
(2)显示装置安装	GB 50166—2019　3.3.19			
a.应安装在防护区域内的明显部位,采用壁挂方式安装时,底边距地面高度应大于2.2m	GB 50166—2019　3.3.19			C类
b.应安装牢固,表面不应有破损	GB 50166—2019　3.3.19			C类
5.基本功能	GB 50166—2019　4.15.5、4.15.6			
5.1现场启动和停止按钮基本功能和离线故障报警功能	GB 50166—2019　4.15.5			

（第一列纵向合并单元格：二十三、气体、干粉灭火系统）

检验项目		标准条款	检验结果	判定	重要程度
	(1)按钮离线时,控制器应发出故障声、光信号	GB 50166—2019 4.15.5			C类
	(2)控制器应显示故障部件的类型和地址注释信息等	GB 50166—2019 4.15.5			C类
	5.2 手动与自动控制转换装置和手动与自动控制状态显示装置基本功能-转换与显示功能	GB 50166—2019 4.15.6			
	(1)应能通过手动与自动控制转换装置控制系统的控制方式,手动与自动控制状态显示装置应能准确显示系统的手动、自动控制工作状态	GB 50166—2019 4.15.6			C类
	(2)控制器应准确显示系统的手动、自动控制工作状态	GB 50166—2019 4.15.6			C类
二十三、气体、干粉灭火系统	部件类型	火灾警报器、喷洒光警报器			
	1.设备选型规格型号、适用场所	GB 50116—2013			A类
	2.设备设置	GB 50166—2019 3.1.1			
	(1)设置数量	GB 50166—2019 3.1.1			C类
	(2)设置部位	GB 50166—2019 3.1.1			C类
	3.消防产品准入制度证书和标识	GB 50166—2019 2.2.1			A类
	4.设备安装质量	GB 50166—2019 3.3.19			
	(1)火灾警报器宜在防护区域内均匀安装	GB 50166—2019 3.3.19			C类
	(2)喷洒光警报器应安装在防护区域外,且应安装在出口门的上方	GB 50166—2019 3.3.19			C类
	(3)壁挂方式安装时,底边距地面高度应大于2.2	GB 50166—2019 3.3.19			C类

检验项目		标准条款	检验结果	判定	重要程度
	(4)应安装牢固,表面不应有破损	GB 50166—2019　3.3.19			C类
	5.基本功能	GB 50166—2019　4.12.1、4.12.2			
	5.1 火灾声警报器的基本功能	GB 50166—2019　4.12.1			
	(1)声警报功能	GB 50166—2019　4.12.1			A类
	5.2 火灾光警报器的基本功能、喷洒光警报器	GB 50166—2019　4.12.2			
	(1)光警报功能	GB 50166—2019　4.12.2			A类
二十三、气体、干粉灭火系统	(三)气体、干粉灭火系统控制功能	GB 50166—2019			
	1.联动控制功能	GB 50166—2019　4.15.8、4.15.12			
	(1)气体、干粉灭火控制器不具有火灾报警功能的灭火系统的联动控制功能	GB 50166—2019　4.15.8			
	a.消防联动控制器应发出控制灭火系统动作的首次启动信号,点亮启动指示灯	GB 50166—2019　4.15.8			A类
	b.灭火控制器应控制启动防护区内设置的声光警报器	GB 50166—2019　4.15.8			A类
	c.消防联动控制器应发出控制灭火系统动作的第二次启动信号	GB 50166—2019　4.15.8			A类
	d.灭火控制器应进入启动延时,显示延时时间	GB 50166—2019　4.15.8			A类
	e.灭火控制器应按设计文件规定,控制关闭该防护区域的电动送排风阀门、防火阀、门、窗	GB 50166—2019　4.15.8			A类
	f.延时结束,灭火控制器应控制启动灭火装置和防护区域外设置的火灾声光警报器、喷洒光警报器	GB 50166—2019　4.15.8			A类
	g.灭火控制器应接收并显示灭火装置、防火阀门等受控设备动作的反馈信号	GB 50166—2019　4.15.8			C类

续表

	检验项目	标准条款	检验结果	判定	重要程度
二十三、气体、干粉灭火系统	h. 消防联动控制器应接收并显示灭火控制器的启动信号、受控设备动作的反馈信号	GB 50166—2019　4.15.8			C类
	i. 消防控制器图形显示装置应显示灭火控制器控制状态信息、火灾报警控制器火灾报警信号、消防联动控制器启动信号、灭火控制器的启动信号、受控设备的动作反馈信号，且显示的信息应与控制器的显示一致	GB 50166—2019　4.15.8			C类
	(2)气体、干粉灭火控制器具有火灾报警功能的气体、干粉灭火系统的联动控制功能	GB 50166—2019　4.15.12			
	a 火灾探测器、手动火灾报警按钮处于报警状态时，灭火控制器应发出火灾报警声、光信号，记录报警时间	GB 50166—2019　4.15.12			A类
	b. 控制器应显示发出报警信号部件的类型和地址注释信息等	GB 50166—2019　4.15.12			C类
	c. 控制器应控制启动防护区域内的火灾声光警报器	GB 50166—2019　4.15.12			A类
	d. 火灾探测器、手动火灾报警按钮处于报警状态时，灭火控制器应记录现场部件火灾报警时间	GB 50166—2019　4.15.12			A类
	e. 控制器应显示发出报警信号部件的类型和地址注释信息等	GB 50166—2019　4.15.12			C类
	f. 灭火控制器应进入启动延时，显示延时时间	GB 50166—2019　4.15.12			A类
	g. 灭火控制器应按设计文件规定控制关闭该防护区域的电动送排风阀门、防火阀、门、窗	GB 50166—2019　4.15.12			A类
	h. 延时结束，灭火控制器应控制启动灭火装置和防护区域外设置的火灾声光警报器、喷洒光警报器	GB 50166—2019　4.15.12			A类

检验项目		标准条款	检验结果	判定	重要程度
	i.灭火控制器应接收并显示灭火装置、防火阀门等受控设备动作的反馈信号	GB 50166—2019 4.15.12			C类
	j.消防控制器图形显示装置应显示信息,且显示的信息应与控制器的显示一致	GB 50166—2019 4.15.12			C类
	2.手动插入优先功能	GB 50166—2019　4.15.9、4.15.13			
	(1)应能手动控制灭火控制器停止正在进行的联动控制操作	GB 50166—2019 4.15.9、4.15.13			A类
	(2)气体、干粉灭火控制器不具有火灾报警功能时:消防联动控制器应接收并显示灭火控制器的手动停止控制信号	GB 50166—2019 4.15.9、4.15.13			C类
	(3)消防控制室图形显示装置应显示灭火控制器的手动停止控制信号	GB 50166—2019 4.15.9、4.15.13			C类
二十三、气体、干粉灭火系统	3.现场紧急启动、停止功能	GB 50166—2019　4.15.10、4.15.14			
	(1)现场启动按钮动作后,灭火控制器应控制启动防护区域内设置的火灾声光警报器	GB 50166—2019 4.15.10、4.15.14			A类
	(2)灭火控制器应进入启动延时,显示延时时间	GB 50166—2019 4.15.10、4.15.14			A类
	(3)灭火控制器应按设计文件规定,控制关闭该防护区域的电动送排风阀门、防火阀、门、窗	GB 50166—2019 4.15.10、4.15.14			A类
	(4)现场停止按钮动作后,灭火控制器应能停止正在进行的操作	GB 50166—2019 4.15.10、4.15.14			A类
	(5)气体、干粉灭火控制器不具有火灾报警功能时:联动控制器应接收并显示灭火控制器的启动信号、停止信号	GB 50166—2019 4.15.10、4.15.14			C类
	(6)消防控制器图形显示装置应显示灭火控制器的启动信号、停止信号,显示的信息应与控制器的显示一致	GB 50166—2019 4.15.10、4.15.14			C类

火灾自动报警系统-电气火灾监控系统检验项目　　　　**表 9.10-10**

	检验项目	标准条款	检验结果	判定	重要程度
二十四、电气火灾监控系统	(一)电气火灾监控设备	GB 50166—2019　2.2.1			A 类
	1.设备选型规格型号	GB 50116—2013			A 类
	2.设备设置部位	GB 50166—2019　3.1.1			C 类
	3.消防产品准入制度证书和标识	GB 50166—2019　2.2.1			A 类
	4.安装质量	GB 50166—2019　3.3.1～3.3.5			
	(1)设备安装	GB 50166—2019　3.3.1			
	a.安装牢固,不应倾斜	GB 50166—2019　3.3.1			C 类
	b.安装轻质墙上应采取加固措施	GB 50166—2019　3.3.1			C 类
	(2)设备的引入线缆	GB 50166—2019　3.3.2			
	a.配线整齐,不宜交叉,牢固	GB 50166—2019　3.3.2			C 类
	b.线缆芯线端部标记	GB 50166—2019　3.3.2			C 类
	c.端子板每个接线端子接线不超过 2 根	GB 50166—2019　3.3.2			C 类
	d.线缆留有不少于 200mm 余量	GB 50166—2019　3.3.2			C 类
	e.线缆应绑扎成束	GB 50166—2019　3.3.2			C 类
	f.线缆穿管、槽口后管口封堵	GB 50166—2019　3.3.2			C 类
	(3)设备电源的连接	GB 50166—2019　3.3.3			
	a.设备主电源明显标识,与消防电源直接连接	GB 50166—2019　3.3.3			C 类
	b.设备与外接备用电源直接连接	GB 50166—2019　3.3.3			C 类
	(4)蓄电池安装	GB 50166—2019　3.3.4			C 类
	(5)设备接地	GB 50166—2019　3.3.5			C 类
	5.基本功能	GB 50166—2019　4.8.2			
	5.1 回路号(1)基本功能	GB 50166—2019　4.8.2			
	(1)自检功能	GB 50166—2019　4.8.2			C 类

检验项目		标准条款	检验结果	判定	重要程度
	(2)操作级别	GB 50166—2019　4.8.2			C类
	(3)故障报警功能	GB 50166—2019　4.8.2			C类
	(4)监控报警功能	GB 50166—2019　4.8.2			
	a.探测器发出报警信号后,监控设备应在10s内发出监控报警声、光信号,并记录报警时间	GB 50166—2019　4.8.2			B类
	b.监控设备应显示发出报警信号部件的地址注释信息,且显示的地址注释信息应与附录D一致	GB 50166—2019　4.8.2			C类
	(5)消声功能	GB 50166—2019　4.8.2			C类
	(6)复位功能	GB 50166—2019　4.8.2			C类
	5.2回路号(M)的基本功能	GB 50166—2019　4.8.3			
	(1)故障报警功能	GB 50166—2019　4.8.3			C类
二十四、电气火灾监控系统	(2)监控报警功能	GB 50166—2019　4.8.3			
	a.探测器发出报警信号后,监控设备应在10s内发出监控报警声、光信号,并记录报警时间	GB 50166—2019　4.8.3			B类
	b.监控设备应显示发出报警信号部件的地址注释信息,且显示的地址注释信息应与附录D一致	GB 50166—2019　4.8.3			C类
	(3)复位功能	GB 50166—2019　4.8.3			C类
	(二)电气火灾监控探测器	剩余电流式电气火灾监控探测器、可测温式电气火灾监控探测器、故障电弧探测器、线型感温火灾探测器			
	1.设备选型规格型号	GB 50116—2013			A类
	2.设备设置	GB 50166—2019　3.1.1			
	(1)设置数量	GB 50166—2019　3.1.1			C类
	(2)设置部位	GB 50166—2019　3.1.1			C类
	3.消防产品准入制度证书和标识	GB 50166—2019　2.2.1			A类
	4.安装质量	GB 50166—2019　3.3.12			

检验项目		标准条款	检验结果	判定	重要程度
二十四、电气火灾监控系统	(1)监控探测器安装	GB 50166—2019　3.3.12			
	a.在探测器周围应适当留出更换和标定的空间	GB 50166—2019　3.3.12			C 类
	b.剩余电流式电气火灾监控探测器负载侧的中性线不应与其他回路共用,且不应重复接地或测温式电气火灾监控探测器应采用配套装置固定在保护对象上	GB 50166—2019　3.3.12			C 类
	(2)线型感温火灾探测器	GB 50166—2019　3.3.8			
	a.探测器敏感部件应采用产品配套的固定装置固定.固定装置的间距不宜大于 2m	GB 50166—2019　3.3.8			C 类
	b.缆式线型感温火灾探测器的敏感部件应采用连续无接头方式安装,如确需中间接线,应用专用接线盒连接;敏感部件安装避免重力挤压冲击,不应硬性折弯、扭转,探测器的弯曲半径宜大于 0.2m	GB 50166—2019　3.3.8			C 类
	c.分布式线型光纤感温火灾探测器的感温光纤不应打结,弯曲半径应大于 50mm;感温光纤穿越相邻的报警区,隔断两侧应各留不小于 8m 的余量段;每个光通道始、末端光纤应各留不小于 8m 的余量段	GB 50166—2019　3.3.8			C 类
	d.光栅光纤线型感温火灾探测器的信号处理单元安装位置不应受强光直射,光纤光栅感温段的弯曲半径应大于 0.3m	GB 50166—2019　3.3.8			C 类
	5.基本功能	GB 50166—2019　4.8.4、4.8.5～4.8.7			
	5.1剩余电流电气火灾监控探测器监控报警基本功能	GB 50166—2019　4.8.4			
	(1)探测器监测区域的剩余电流达到报警设定值时,探测器的报警确认灯应在 30s 内点亮并保持	GB 50166—2019　4.8.4			B 类
	(2)监控设备应发出监控报警声、光信号,并记录报警时间	GB 50166—2019　4.8.4			B 类
	(3)监控设备应显示发出报警信号部件的地址注释信息,且显示的地址注释信息应与附录 D 一致	GB 50166—2019　4.8.4			C 类

	检验项目	标准条款	检验结果	判定	重要程度
二十四、电气火灾监控系统	5.2测温式电气火灾监控探测器监控报警基本功能	GB 50166—2019　4.8.5			
	(1)探测器监测区域的温度达到报警设定值时,探测器的报警确认灯应在40s内点亮并保持	GB 50166—2019　4.8.5			B类
	(2)监控设备应发出监控报警声、光信号,并记录报警时间	GB 50166—2019　4.8.5			B类
	(3)监控设备应显示发出报警信号部件的地址注释信息,且显示的地址注释信息应与附录D一致	GB 50166—2019　4.8.5			C类
	5.3 故障电弧探测器监控报警基本功能	GB 50166—2019　4.8.6			
	(1)探测器监测区域单位时间故障电弧的数量未达到报警设定值时,探测器的报警确认灯不应点亮	GB 50166—2019　4.8.6			C类
	(2)探测器监测区域单位时间故障电弧的数量达到报警设定值时,探测器的报警确认灯应在30s内点亮并保持	GB 50166—2019　4.8.6			B类
	(3)监控设备应发出监控报警声、光信号,并记录报警时间	GB 50166—2019　4.8.6			B类
	(4)监控设备应显示发出报警信号部件的地址注释信息,且显示的地址注释信息应与附录D一致	GB 50166—2019　4.8.6			C类
	5.4 线型感温火灾探测器监控报警基本功能	GB 50166—2019　4.8.7			
	(1)探测器监测区域的温度达到报警设定值时,探测器的报警确认灯应点亮并保持,并指示报警部位,且报警部位的指示应准确	GB 50166—2019　4.8.7			B类
	(2)监控设备应发出监控报警声、光信号,并记录报警时间	GB 50166—2019　4.8.7			B类
	(3)监控设备应显示发出报警信号部件的地址注释信息,且显示的地址注释信息应与附录D一致	GB 50166—2019　4.8.7			C类

火灾自动报警系统-消防设备电源监控系统检验项目 　　表 9.10-11

检验项目		标准条款	检验结果	判定	重要程度
二十五、消防设备电源监控系统	(一)消防设备电源监控器	GB 50116—2013；GB 50166—2019			
	1.设备选型规格型号	GB 50116—2013			A 类
	2.设备设置部位	GB 50166—2019　3.1.1			C 类
	3.消防产品准入制度检验报告	GB 50166—2019　2.2.1			A 类
	4.安装质量	GB 50166—2019　3.3.1、3.3.2、3.3.3、3.3.4、3.3.5			
	(1)设备安装	GB 50166—2019　3.3.1			
	a.安装牢固,不应倾斜	GB 50166—2019　3.3.1			C 类
	b.落地安装或安装轻质墙上应采取加固措施	GB 50166—2019　3.3.1			C 类
	(2)设备的引入线缆	GB 50166—2019　3.3.2			
	a.配线整齐,不宜交叉,固定牢固	GB 50166—2019　3.3.2			C 类
	b.线缆芯线端部标记	GB 50166—2019　3.3.2			C 类
	c.端子板每个接线端子接线不超过 2 根	GB 50166—2019　3.3.2			C 类
	d.线缆留有不少于 200mm 余量	GB 50166—2019　3.3.2			C 类
	e.线缆应绑扎成束	GB 50166—2019　3.3.2			C 类
	f.线缆穿管、槽口后管口封堵	GB 50166—2019　3.3.2			C 类
	(3)设备电源的连接	GB 50166—2019　3.3.3			
	a.设备主电源明显标识,与消防电源直接连接	GB 50166—2019　3.3.3			C 类
	b.设备与外接备用电源直接连接	GB 50166—2019　3.3.3			C 类
	(4)蓄电池安装	GB 50166—2019　3.3.4			C 类
	(5)设备接地	GB 50166—2019　3.3.5			C 类

检验项目			标准条款	检验结果	判定	重要程度
二十五、消防设备电源监控系统	5.基本功能		GB 50166—2019 4.9.2、4.9.3			
	5.1回路号(1)基本功能		GB 50166—2019 4.9.2			
		(1)自检功能	GB 50166—2019 4.9.2			C类
		(2)实时显示功能	GB 50166—2019 4.9.2			C类
		(3)主、备电自动转换功能	GB 50166—2019 4.9.2			C类
		(4)故障报警功能	GB 50166—2019 4.9.2			C类
		a.与备用电源之间连线断路、短路时,100s内报故障声、光信号,显示故障类型	GB 50166—2019 4.9.2			C类
		b.与现场部件间连接线路断路、短路时,100s内报故障声、光信号,显示故障部件注释信息	GB 50166—2019 4.9.2			C类
		(5)消防设备故障报警功能	GB 50166—2019 4.9.2			
		1)消防设备断电后,监控器应在100s内发出声、光报警信号,并记录报警时间	GB 50166—2019 4.9.2			B类
		2)监控设备应显示发出报警信号部件的地址注释信息,且显示的地址注释信息应与附录D一致	GB 50166—2019 4.9.2			C类
		(6)消声功能	GB 50166—2019 4.9.2			C类
		(7)复位功能	GB 50166—2019 4.9.2			C类
	5.2回路号(M)基本功能		GB 50166—2019 4.9.3			
		(1)故障报警功能	GB 50166—2019 4.9.3			C类
		(2)监控报警功能	GB 50166—2019 4.9.3			
		a.探测器发出报警信号后,监控设备应在10s内发出监控报警声、光信号,并记录报警时间	GB 50166—2019 4.9.3			B类

检验项目		标准条款	检验结果	判定	重要程度
二十五、消防设备电源监控系统	b.监控设备应显示发出报警信号部件的地址注释信息,且显示的地址注释信息应与附录D一致	GB 50166—2019　4.9.3			C类
	(3)复位功能	GB 50166—2019　4.9.3			C类
	(二)传感器	电压信号传感器、电流信号传感器、电压/电流信号传感器			
	1.设备选型规格型号	GB 50116—2013			A类
	2.设备设置	GB 50166—2019　3.1.1			
	(1)设置数量	GB 50166—2019　3.1.1			C类
	(2)设置部位	GB 50166—2019　3.1.1			C类
	3.消防产品准入制度证书和标识	GB 50166—2019　2.2.1			A类
	4.传感器安装质量	GB 50166—2019　3.3.21			
	(1)传感器与裸带电导体应保证安全距离,金属外壳的传感器应有安全接地	GB 50166—2019　3.3.21			C类
	(2)传感器应独立支撑或固定,安装牢固,并应采取防潮、防腐蚀等措施	GB 50166—2019　3.3.21			C类
	(3)传感器的输出回路的连接线应使用截面积不小于 1.0mm² 的双绞铜芯导线,并应留有不小于 150mm 的余量,其端部应有明显标识	GB 50166—2019　3.3.21			C类
	(4)传感器的安装不应破坏被监控线路的完整性,不应增加线路接点	GB 50166—2019　3.3.21			C类
	5.消防设备电源故障报警基本功能	GB 50166—2019　4.9.4			
	(1)传感器监测消防设备的电源断电后,监控器应发出监控报警声、光信号,并记录报警时间	GB 50166—2019　4.9.4			C类
	(2)监控器应显示发出报警信号部件的地址注释信息等	GB 50166—2019　4.9.4			C类

火灾自动报警系统-可燃气体探测报警系统检验项目　　　表 9.10-12

	检验项目	标准条款	检验结果	判定	重要程度
二十六、可燃气体探测报警系统	(一)可燃气体报警控制器	GB 50116—2013;GB 50166—2019			
	1.设备选型规格型号	GB 50116—2013			A类
	2.设备设置部位	GB 50166—2019　3.1.1			C类
	3.消防产品准入制度证书和标识	GB 50166—2019　2.2.1			A类
	4.安装质量	GB 50166—2019　3.1.2、3.3.1～3.3.5			
	(1)安装工艺	GB 50166—2019　3.1.2			C类
	(2)设备安装	GB 50166—2019　3.3.1			
	a.安装牢固,不应倾斜	GB 50166—2019　3.3.1			C类
	b.落地安装或安装轻质墙上	GB 50166—2019　3.3.1			C类
	(3)设备的引入线缆	GB 50166—2019　3.3.2			
	a.配线整齐,不宜交叉,牢固	GB 50166—2019　3.3.2			C类
	b.线缆芯线端部标记	GB 50166—2019　3.3.2			C类
	c.端子板每个接线端子接线不超过2根	GB 50166—2019　3.3.2			C类
	d.线缆留有不少于200mm余量	GB 50166—2019　3.3.2			C类
	e.线缆应绑扎成束	GB 50166—2019　3.3.2			C类
	f.线缆穿管、槽口后管口封堵	GB 50166—2019　3.3.2			C类
	(4)设备电源的连接	GB 50166—2019　3.3.3			
	a.设备主电源明显标识,与消防电源直接连接	GB 50166—2019　3.3.3			C类
	b.设备与外接备用电源直接连接	GB 50166—2019　3.3.3			C类

检验项目		标准条款	检验结果	判定	重要程度
	(5)蓄电池安装	GB 50166—2019　3.3.4			C类
	(6)设备接地	GB 50166—2019　3.3.5			C类
	5.基本功能				
	5.1 总线制控制器回路(1)号的基本功能、多线制控制器的基本功能	GB 50166—2019　4.7.2、3.3.3～3.3.5			
	(1)自检功能	GB 50166—2019　4.7.2			C类
	(2)操作级别	GB 50166—2019　4.7.2			C类
	(3)浓度信息显示功能	GB 50166—2019　4.7.2			C类
	(4)主、备电自动切换功能	GB 50166—2019　4.7.2			C类
二十六、可燃气体探测报警系统	(5)故障报警功能	GB 50166—2019　4.7.2			
	a.控制器与备用电源之间连线断路、短路时,控制器应在100s内发出故障声光信号,显示故障类型	GB 50166—2019　4.7.2			C类
	b.控制器与现场部件之间的通信故障时,控制器应在100s内显示故障部件的类型和地址注释信息等	GB 50166—2019　4.7.2			C类
	(6)总线制控制器短路隔离保护功能	GB 50166—2019　3.3.3			
	a.总线处于短路状态时,短路隔离器应能将短路总线配接的设备隔离;控制器应显示被隔离部件地址注释信息,且显示的地址注释信息应与附录 D 一致	GB 50166—2019　3.3.3			C类
	b.设备与外接备用电源直接连接	GB 50166—2019　3.3.3			C类
	(7)蓄电池安装	GB 50166—2019　3.3.4			C类
	(8)设备接地	GB 50166—2019　3.3.5			C类

火灾自动报警系统-家用火灾安全系统检验项目   **表 9.10-13**

检验项目		标准条款	检验结果	判定	重要程度
二十七、家用火灾安全系统	(一)控制中心监控设备	GB 50116—2013;GB 50166—2019			
	1.设备选型规格型号	GB 50116—2013			A类
	2.设备设置部位	GB 50166—2019 3.1.1			C类
	3.消防产品准入制度证书和标识	GB 50166—2019 2.2.1			A类
	4.安装质量	GB 50166—2019 3.3.1~3.3.5			
	(1)设备安装	GB 50166—2019 3.3.1			
	a.安装牢固,不应倾斜	GB 50166—2019 3.3.1			C类
	b.落地安装或安装轻质墙上	GB 50166—2019 3.3.1			C类
	(2)设备的引入线缆	GB 50166—2019 3.3.2			
	a.配线整齐,不宜交叉,牢固	GB 50166—2019 3.3.2			C类
	b.线缆芯线端部标记	GB 50166—2019 3.3.2			C类
	c.端子板每个接线端子接线不超过2根	GB 50166—2019 3.3.2			C类
	d.线缆留有不少于200mm余量	GB 50166—2019 3.3.2			C类
	e.线缆应绑扎成束	GB 50166—2019 3.3.2			C类
	f.线缆穿管、槽口后管口封堵	GB 50166—2019 3.3.2			C类
	(3)设备电源的连接	GB 50166—2019 3.3.3			
	a.设备主电源明显标识,与消防电源直接连接	GB 50166—2019 3.3.3			C类
	b.设备与外接备用电源直接连接	GB 50166—2019 3.3.3			C类
	(4)蓄电池安装	GB 50166—2019 3.3.4			C类

续表

检验项目		标准条款	检验结果	判定	重要程度
二十七、家用火灾安全系统	(5)设备接地	GB 50166—2019 3.3.5			C类
	5.监控器基本功能	GB 50166—2019 4.4.2			
	(1)操作级别	GB 50166—2019 4.4.2			C类
	(2)接收和显示报警信号功能	GB 50166—2019 4.4.2			C类
	a.家用火灾报警控制器发出火灾报警信号后,监控器应发出声、光报警信号	GB 50166—2019 4.4.2			A类
	b.监控器应显示发出报警信号部件的地址注释信息等	GB 50166—2019 4.4.2			C类
	(3)消声功能	GB 50166—2019 4.4.2			C类
	(4)复位功能	GB 50166—2019 4.4.2			C类
	(二)家用火灾报警控制器	GB 50116—2013;GB 50166—2019			
	1.设备选型规格型号	GB 50116—2013			A类
	2.设备设置部位	GB 50166—2019 3.1.1			C类
	3.消防产品准入制度证书和标识	GB 50166—2019 2.2.1			A类
	4.安装质量	GB 50166—2019 3.3.1~3.3.5、4.4.4			
	(1)设备安装	GB 50166—2019 3.3.1			
	a.安装牢固,不应倾斜	GB 50166—2019 3.3.1			C类
	b.安装轻质墙上应采取加固措施	GB 50166—2019 3.3.1			C类
	(2)设备的引入线缆	GB 50166—2019 3.3.2			
	a.配线整齐,不宜交叉,牢固	GB 50166—2019 3.3.2			C类

检验项目		标准条款	检验结果	判定	重要程度
	b.线缆芯线端部标记	GB 50166—2019 3.3.2			C类
	c.端子板每个接线端子接线不超过2根	GB 50166—2019 3.3.2			C类
	d.线缆留有不少于200mm余量	GB 50166—2019 3.3.2			C类
	e.线缆应绑扎成束	GB 50166—2019 3.3.2			C类
	f.线缆穿管、槽口后管口封堵	GB 50166—2019 3.3.2			C类
	(3)设备电源的连接	GB 50166—2019 3.3.3			
	a.设备主电源明显标识,与消防电源直接连接	GB 50166—2019 3.3.3			C类
	b.设备与外接备用电源直接连接	GB 50166—2019 3.3.3			C类
二十七、家用火灾安全系统	(4)蓄电池安装	GB 50166—2019 3.3.4			C类
	(5)设备接地	GB 50166—2019 3.3.5			C类
	(6)二次火警优先功能	GB 50166—2019 4.4.4			
	a.探测器发出火灾报警信号后,控制器应在10s内发出火灾报警声、光信号,并记录报警时间	GB 50166—2019 4.4.4			A类
	b.控制器应显示发出报警信号部件设备类型和地址注释信息等	GB 50166—2019 4.4.4			C类
	(7)消声功能	GB 50166—2019 4.4.4			C类
	5.2回路号(M)基本功能(备电供电)	GB 50166—2019 4.4.5			
	1.故障报警功能	GB 50166—2019 4.4.5			C类
	2.火警优先功能	GB 50166—2019 4.4.5			

续表

检验项目		标准条款	检验结果	判定	重要程度
	a.探测器发出火灾报警信号后,控制器 10s 内发出声、光信号,并记录报警时间	GB 50166—2019　4.4.5			A 类
	b.控制器应发出部件类型和地址注释信息等	GB 50166—2019　4.4.5			C 类
	3.复位功能	GB 50166—2019　4.4.5			C 类
二十七、家用火灾安全系统	(三)家用安全系统现场部件	点型家用感烟、感温火灾探测器,独立式感烟、感温火灾探测器			
	1.设备选型规格型号	GB 50116—2013			A 类
	2.设备设置	GB 50166—2019　3.1.1			
	(1)设置数量	GB 50166—2019　3.1.1			C 类
	(2)设置部位	GB 50166—2019　3.1.1			C 类
	3.消防产品准入制度证书和标识	GB 50166—2019　2.2.1			A 类
	4.探测器安装	GB 50166—2019　3.3.6			C 类
	5.火灾报警基本功能	GB 50166—2019　4.4.6			
	(1)探测器处于报警状态时,探测器应发出火灾报警声信号,声报警信号的 A 计权声压级应在 45～75dB 之间,并应采用逐渐增大的方式,初始声压级不应大于 45dB	GB 50166—2019　4.4.6			A 类
	(2)控制器应发出火灾报警声光信号,记录报警时同	GB 50166—2019　4.4.6			A 类
	(3)控制器应显示发出报警信号部件类型和地址注释信息,显示的地址注释信息应与附录 D 一致	GB 50166—2019　4.4.6			C 类

火灾自动报警系统检验项目 　　　　　　　　　表 9.10-14

	检验项目	标准条款	检验结果	判定	重要程度
二十八、整体系统联动控制功能	1.消防联动控制器发出控制火灾警报、防烟排烟等相关联动系统的启动信号,点亮启动指示灯	GB 50166—2019　4.21.2			A类
	2.警报器和扬声器应按规定交替工作	GB 50166—2019　4.21.2			A类
	3.防火卷帘控制器应控制防火卷帘下降至楼板面	GB 50166—2019　4.21.2			A类
	4.防火门监控器应控制报警区域内所有常开防火门关闭	GB 50166—2019　4.21.2			A类
	5.相应的电动送风口应开启,风机控制箱、柜应控制加压送风机启动	GB 50166—2019　4.21.2			A类
	6.电动挡烟垂壁、排烟口、排烟阀、排烟窗、空气调节系统的电动防火阀应动作	GB 50166—2019　4.21.2			A类
	7.风机控制箱、柜应控制排烟风机启动	GB 50166—2019　4.21.2			A类
	8.应急照明控制器应控制配接的消防应急灯具、应急照明集中电源、应急照明配电箱应急启动	GB 50166—2019　4.21.2			A类
	9.电梯应停于首层或转换层、非相关消防电源应切断、其他相关系统设备应动作	GB 50166—2019　4.21.2			A类
二十九、文件资料	1.文件资料的齐全、符合性	GB 50166—2019　5.0.3			B类
	(1)竣工验收申请报告、设计变更通知书、竣工图	GB 50166—2019　5.0.3			
	(2)工程质量事故处理报告	GB 50166—2019　5.0.3			
	(3)施工现场质量管理检查记录	GB 50166—2019　5.0.3			
	(4)系统安装过程质量检查记录	GB 50166—2019　5.0.3			
	(5)系统部件的现场设置情况记录	GB 50166—2019　5.0.3			
	(6)系统联动编程设计记录	GB 50166—2019　5.0.3			
	(7)系统调试记录	GB 50166—2019　5.0.3			
	(8)火灾自动报警系统内各设备的检验报告、合格证及相关材料	GB 50166—2019　5.0.3			

9.11 检验检测机构资质认定检验检测能力申请表

检验检测能力申请表

检验检测机构地址：   表 9.11-1

序号	类别(产品/项目/参数)	产品/项目/参数序号	产品/项目/参数名称	依据的标准(方法)名称及编号(含年号)	限制范围	说明
一				消防设施检测		
(一)	火灾自动报警系统	1	导线截面积	《火灾自动报警系统设计规范》 GB 50116—2013 11.1.2、10.2.3、10.2.4		
		2	距离(长度、宽度、高度、距离)	《火灾自动报警系统设计规范》 GB 50116—2013 3.4.8、6.1.3、6.2.2、6.2.5、6.2.7、6.2.4、6.2.6、6.2.7、6.2.8、6.2.11、6.2.15、6.2.16、6.2.17、6.2.18、6.2.3、6.2.10、6.3.1、6.3.2、6.4.2、6.5.3、6.6.1、6.6.2 《火灾自动报警系统施工及验收规范》 GB 50166—2019 3.2.1、3.2.2、3.2.5、3.2.14、3.3.1、3.3.2、3.3.6、3.3.8、3.3.11、3.3.13、3.3.16、3.3.19、3.3.21、3.3.22		
		3	绝缘电阻	《火灾自动报警系统施工及验收规范》 GB 50166—2019 3.2.16 《火灾自动报警系统设计规范》 GB 50166—2013 10.2.1		
		4	角度	《火灾自动报警系统施工及验收规范》 GB 50166—2019 3.3.6		
		5	声压级	《火灾自动报警系统设计规范》 GB 50116—2013 6.5.2、6.6.1.2 《火灾报警控制器》 GB 4717—2005 5.4.4 《火灾自动报警系统施工及验收规范》 GB 50166—2019 4.4.6、4.12.1、4.12.5		
		6	时间	《建筑防火设计规范》 GB 50016—2014 7.3.8.3 《火灾自动报警系统施工及验收规范》 GB 50166—2019 4.4.4、4.4.5、4.6.1、4.7.2、4.7.3、4.7.5、4.8.2、4.8.3、4.8.4、4.8.5、4.8.6、4.9.2、4.9.3、4.10.2、4.11.1、4.11.2、4.12.4、4.12.6、4.13.1、4.14.2、4.14.3、4.15.1、4.15.2、4.16.1、4.21.2		

续表

序号 (产品/ 项目/ 参数)	类别 (产品/ 项目/ 参数)	产品/项目/参数		依据的标准(方法)名称 及编号(含年号)	限制 范围	说明
		序号	名称			
		7	照度	《建筑设计防火规范》 GB 50016—2014 10.3.3		
		8	温度/烟雾浓度	《火灾自动报警系统施工及验收规范》 GB 50166—2019 4.3.5、4.4.6、4.8.5、4.8.7		
		9	剩余电流	《火灾自动报警系统施工及验收规范》 GB 50166—2019 4.8.4		
		10	故障电弧	《火灾自动报警系统施工及验收规范》 GB 50166—2019 4.8.6		
		11	探测器、手动报警按钮、火灾显示盘、模块、传感器等基本功能	《火灾自动报警系统施工及验收规范》 GB 50166—2019 4.3.4、4.3.5、4.3.6、4.3.7、4.3.8、4.3.9、4.3.10、4.3.11、4.3.12、4.3.13、4.3.14、4.3.15、4.3.16、4.4.6、4.5.5、4.5.6、4.5.7、4.5.8、4.7.4、4.7.5、4.8.4、4.8.5、4.8.6、4.8.7、4.9.4、4.13.2、4.14.4、4.14.5、4.14.6、4.14.7、4.16.2、4.16.3		
		12	控制器、监控设备基本功能	《火灾自动报警系统施工及验收规范》 GB 50166—2019 4.3.2、4.3.3、4.5.2、4.5.3、4.4.2、4.4.4、4.4.5、4.4.6、4.6.1、4.6.2、4.6.3、4.7.2、4.7.3、4.8.2、4.8.3、4.9.2、4.9.3、4.10.2、4.11.1、4.11.2、4.12.1、4.12.2、4.12.4、4.12.5、4.13.1、4.13.3、4.14.2、4.14.3、4.15.1、4.15.2、4.15.5、4.15.6、4.16.1、4.16.2、4.16.3、4.17.3、4.17.4、4.18.1、4.18.2、4.18.3 《火灾自动报警系统设计规范》 GB 50116—2013 4.7.1、4.7.2、4.8.1 《建筑设计防火规范》 GB 50016—2014 10.1.8		
		13	消防联动控制设备基本功能	《火灾自动报警系统施工及验收规范》 GB 50166—2019 4.12.6、4.12.7、4.13.5、4.13.6、4.13.8、4.13.9、4.14.9、4.15.8、4.15.9、4.15.10、4.15.12、4.15.13、4.15.14、4.16.5、4.16.6、4.16.8、4.16.9、4.16.12、4.16.13、4.16.16、4.16.17、4.17.6、4.18.5、4.18.6、4.18.2、4.18.3、4.18.8、4.18.9、4.19.1、4.19.2、4.20.2、4.21.2 《火灾自动报警系统设计规范》 GB 50116—2013 4.2、4.3、4.4、4.5、4.6、4.7、4.8、4.9、4.10		

续表

9.12 检验检测机构资质认定仪器设备（标准物质）配置表

仪器设备（标准物质）配置表

检验检测机构地址： 表 9.12-1

| 序号 | 类别（产品/项目/参数） | 产品/项目/参数 | | 依据的标准(方法)名称及编号 | 仪器设备(标准物质) | | | 溯源方式 | 有效日期 | 确认结果 |
		序号	名称	（含年号）	名称	型号/规格/等级	测量范围			
（九）	火灾自动报警系统	1	导线截面积	《火灾自动报警系统设计规范》GB 50116—2013 11.1.2、10.2.3、10.2.4	外径千分尺卡尺					
		2	距离	《火灾自动报警系统设计规范》GB 50116—2013 3.4.8、6.1.3、6.2.2、6.2.5、6.2.7、6.2.4、6.2.6、6.2.7、6.2.8、6.2.11、6.2.15、6.2.16、6.2.17、6.2.18、6.2.3、6.2.10、6.3.1、6.3.2、6.4.2、6.5.3、6.6.1、6.6.2 《火灾自动报警系统施工及验收规范》GB 50166—2019 3.2.1、3.2.2、3.2.5、3.2.14、3.3.1、3.3.2、3.3.6、3.3.8、3.3.11、3.3.13、3.3.16、3.3.19、3.3.21、3.3.22	钢卷尺塞尺					
		3	绝缘电阻	《火灾自动报警系统施工及验收规范》GB 50166—2019 3.2.16 《火灾自动报警系统设计规范》GB 50116—2013 10.2.1	数字兆欧表					
		4	角度	《火灾自动报警系统施工及验收规范》GB 50166—2019 3.3.6 《消防设施检测技术规程》DB21/T 2869—2017 6.2.5.2.1.7	万能角度尺					

序号 (产品/ 项目/ 参数)	类别 (产品/ 项目/ 参数)	产品/项目/参数		依据的标准(方法)名称及编号	仪器设备(标准物质)			溯源 方式	有效 日期	确认 结果
		序号	名称	(含年号)	名称	型号/规 格/等级	测量 范围			
(九)	火灾自动报警系统	5	声压级	《火灾自动报警系统施工及验收规范》 GB 50166—2019 4.4.6、4.12.1、4.12.5 《火灾自动报警系统设计规范》 GB 50116—2013 6.5.2、6.6.1.2 《火灾报警控制器》 GB 4717—2005 5.4.4	声级计					
		6	时间	《建筑设计防火规范》 GB 50016—2014 7.3.8.3 《火灾自动报警系统施工及验收规范》 GB 50166—2019 4.4.4、4.4.5、 4.6.1、4.7.2、4.7.3、4.7.5、 4.8.2、4.8.3、4.8.4、4.8.5、 4.8.6、4.9.2、4.9.3、4.10.2、 4.11.1、4.11.2、4.12.4、4.12.6、 4.13.1、4.14.2、4.14.3、4.15.1、 4.15.2、4.16.1、4.21.2	秒表					
		7	照度	《建筑设计防火规范》 GB 50016—2014 10.3.3	照度计					
		8	温度/ 烟雾浓度	《火灾自动报警系统施工及验收规范》 GB 50166—2019 4.3.5、4.4.6、4.8.5、4.8.7	专用试 验仪器					
		9	剩余电流	《火灾自动报警系统施工及验收规范》 GB 50166—2019 4.8.4	剩余电流 发生器					
		10	故障电弧	《火灾自动报警系统施工及验收规范》 GB 50166—2019 4.8.6	故障电弧 发生装置					

续表

| 序号 | 类别
(产品/
项目/
参数) | 产品/项目/参数 | | 依据的标准(方法)名称及编号 | 仪器设备(标准物质) | | | 溯源
方式 | 有效
日期 | 确认
结果 |
		序号	名称	(含年号)	名称	型号/规 格/等级	测量 范围			
(九)	火灾自动报警系统	11	探测器、手动报警按钮报警功能	《火灾自动报警系统施工及验收规范》 GB 50166—2019　4.3.4、4.3.5、4.3.6、4.3.7、4.3.8、4.3.9、4.3.10、4.3.11、4.3.12、4.3.13、4.3.14、4.3.15、4.3.16、4.4.6、4.5.5、4.5.6、4.5.7、4.5.8、4.7.4、4.7.5、4.8.4、4.8.5、4.8.6、4.8.7、4.9.4、4.13.2、4.14.4、4.14.5、4.14.6、4.14.7、4.16.2、4.16.3	滤光片					
		12	设备基本功能	《火灾自动报警系统施工及验收规范》 GB 50166—2019　4.3.2、4.3.3、4.5.2、4.5.3、4.4.2、4.4.4、4.4.5、4.4.4、4.6.1、4.6.2、4.6.3、4.7.2、4.7.3、4.8.2、4.8.3、4.9.2、4.9.3、4.10.2、4.11.1、4.11.2、4.12.1、4.12.2、4.12.4、4.12.5、4.13.1、4.13.3、4.14.2、4.14.3、4.15.1、4.15.2、4.15.5、4.15.6、4.16.1、4.16.2、4.16.3、4.17.3、4.17.4、4.18.1、4.18.2、4.18.3 《火灾自动报警系统设计规范》 GB 50116—2013 4.7.1、4.7.2、4.8.1 《建筑设计防火规范》 GB 50016—2014　10.1.8	手动试验					
		13	消防联动控制设备基本功能	《火灾自动报警系统施工及验收规范》 GB 50166—2019　4.12.6、4.12.7、4.13.5、4.13.6、4.13.8、4.13.9、4.14.9、4.15.8、4.15.9、4.15.10、4.15.12、4.15.13、4.15.14、4.16.5、4.16.6、4.16.8、4.16.9、4.16.12、4.16.13、4.16.16、4.16.17、4.17.6、4.18.5、4.18.6、4.18.2、4.18.3、4.18.8、4.18.9、4.19.1、4.19.2、4.20.2、4.21.2 《火灾自动报警系统设计规范》 GB 50116—2013　4.2、4.3、4.4、4.5、4.6、4.7、4.8、4.9、4.10	手动试验					

9.13 系统验收检测原始记录格式化

检测系统：火灾自动报警系统

火灾自动报警系统原始记录

表 9.13-1

依据标准	GB 50166—2019；GB 50116—2013	工程名称	
控制器类型	□火灾报警控制器 □消防联动控制器 □火灾报警控制器（联动型） □电气火灾监控设备 □消防设备电源监控器 □消防应急广播控制装置 □防火卷帘控制器 □气体、干粉灭火控制器		

年 月 日

检验项目	标准条款		数量	台	厂家
控制器规格型号	GB 50116—2013 3.1、3.2.5.1~5.4				
控制器编号					
认证证书和标识、检验报告	GB 50166—2019 2.2.1.3.1.1	□提供 □未提供			

检验项目	标准条款	检测方法	检测结果	判定

		检验结果			
		设置部位	配接回路数	余量	回路 M 配接数量

容量	检验项目	标准条款	检测方法	检测结果
	总容量	GB 50116—2013 3.1	目测	
	每回路带载量			
	各类模块和消火栓的地址总数			
	（联动型）每回路模块和消火栓的地址总数			

检验项目	标准条款	检测方法	检测结果	判定
消防控制室应急照明	GB 50016—2014 10.3.3	照度计	检测结果	判定

检验员：

核验员：

火灾自动报警系统原始记录

表9.13-2

检测项目：控制器类和显示器类设备安装

工程名称 _____

年 月 日

依据标准	GB 50166—2019								
控制与显示类设备	□火灾报警控制器 □消防联动控制器 □火灾显示盘 □控制中心监控设备 □家用火灾报警控制器 □可燃气体报警控制器 □电气火灾监控设备 □消防设备电源监控器 □消防应急广播控制装置 □消防电话总机 □防火卷帘控制器 □气体、干粉灭火控制器 □防火门监控器 防控制室图形显示装置和传输设备 消防应急广播控制装置 消								
检验项目	标准条款	检测方法	检验结果	结论	检验项目	标准条款	检测方法	检验结果	结论
设备安装 — 安装工艺	GB 50166—2019 3.1.2				设备的引入线缆 — 配线整齐，不宜交叉、牢固		目测		
安装牢固，不应倾斜					线缆芯线端部标记		目测		
落地安装设备底边宜高出（楼）地面0.1~0.2m	GB 50166—2019 3.3.1	钢卷尺			端子板每个接线端子接线不超过2根	GB 50166—2019 3.3.2	目测		
安装轻质墙上采取加固措施					线缆留有不少于200mm余量		钢卷尺		
设备电源的连接 — 设备主电源明显标识，与消防电源直接连接	GB 50166—2019 3.3.3	目测			线缆应绑扎成束		目测		
设备与外接备用电源直接连接		目测			线缆穿管、槽口后管口封堵		目测		
蓄电池安装	GB 50166—2019 3.3.4	目测			产品准入制度认证标识、证书和检验报告	GB 50166—2019 2.2.1	目测		
设备接地	GB 50166—2019 3.3.5	手感							

核验员：

检验员：

499

火灾自动报警系统原始记录

表 9.13-3

年　月　日　　　　工程名称

检测系统：探测器规格型号

依据标准：GB 50166—2019、GB 50116—2013

检验项目			标准条款	检测方法	规格、型号	数量	检测结果 制造单位	国检报告 □提供　□未提供	判定
探测器规格、型号、数量	点型感烟火灾探测器			目测					
	点型感温火灾探测器			目测					
	点型火焰探测器	单波段 红外	GB 50116—2013 5.1.5.2 GB 50166—2019 2.2.1.3.1.1	目测					
		紫外		目测					
		复合		目测					
	图像型火焰探测器			目测					
	可燃气体探测器			目测					
	点型一氧化碳火灾探测器			目测					
	线型光束感烟火灾探测器			目测					
	缆式线型感温火灾探测器		GB 50116—2013 5.2.5.3、5.4 GB 50166—2019 2.2.1	目测					
	线型光纤感温火灾探测器			目测					
	管路采样式吸气感烟火灾探测器			目测					

检验员：　　　　　　　　　　　　　　　　　　　校验员：

表 9.13-4

火灾自动报警系统原始记录

检测项目：烟感（Y）；温感（W）；CO 探测器设置

年 月 日

依据标准	GB 50116—2013 6.2 GB 50166—2019 3.1.1,3.1.2,3.3.6, 3.3.13,3.3.14		工程名称							
检验项目		火灾探测器								
单元(层数)										
设置部位										
探头代号:烟感(Y);温感(W);CO 探测器										
设置数量										
安装间距和保护半径										
保护面积										
梁间区域的设置	突出顶棚梁高度/mm									
	梁间距离/m									
隔断区域的设置										
感烟探测器热屏障屋顶的设置										
屋脊处设置(探测器下表面至屋顶最高处距离)										
井道内设置										
格栅吊顶场所的设置										
报警功能:火警(√);故障(○)										

核验员：   检验员：

表 9.13-5

火灾自动报警系统原始记录

检测项目：烟感（Y）；温感（W）；CO探测器安装质量

依据标准	GB 50116—2013　6.2 GB 50166—2019　3.1.2,3.3.6,3.3.13,3.3.14		工程名称			应用系统	
			年　月　日			火灾探测器	
	检验项目						
单元（层数）							
设置部位							
烟感（Y）；温感（W）；CO探测器							
安装工艺							
安装位置	探测器至墙壁、梁边的水平距离不应小于 0.5m						
	探测器周围水平距离 0.5m 内不应有遮挡物						
	至空调送风口最近边水平距离不应小于 1.5m，至多孔送风顶棚孔口水平距离不应小于 0.5m						
	在宽度小于 3m 的内走道顶棚上安装探测器时，宜居中安装。						
	安装间距						
	安装角度						
底座安装	安装牢固，与导线连接必须可靠压接或焊接；焊接时，不应使用带腐蚀性的助焊剂；连接导线应留有不小于 150mm 的余量，端部应有明显的永久性标识底座的穿线孔宜封堵，安装完毕的探测器底座应采取保护措施						
报警确认灯							
报警功能：火警（√）；故障（○）							

核验员：　　　　　　　　　　　　　　　　　　　　　　　　　检验员：

502

表 9.13-6

火灾自动报警系统原始记录

年　月　日

检测系统：火灾自动报警系统										
工程名称			施工单位							
探测器类型	烟感（Y）；温感（W）；CO 探测器基本功能		安装场所							
探测器编码										
	检测项目	标准条款	检测方法	部位	检测结果	结论	部位	检测结果	部位	检测结果	结论
离线故障报警功能	探测器离线时，控制器应发出故障声、光信号	GB 50166—2019 4.3.4	手试							
	控制器应显示故障部件的类型和地址注释信息，且显示的地址注释信息应与附录 D 一致									
火灾报警功能	探测器处于报警状态时，探测器的火警确认灯应点亮并保持	GB 50166—2019 4.3.5	目测							
	控制器应发出火警声光信号，记录报警时间		目测							
	控制器应显示发出报警信号部件类型和地址注释信息，并与附录 D 一致		目测							
	复位功能		手试							

核验员：　　　　　　　　　　　　　　　　　　　　　　　　　　　　　　检验员：

504

表 9.13-7

火灾自动报警系统原始记录

年 月 日

检测系统：火灾自动报警系统

工程名称					施工单位							
探测器类型	线型光束感烟火灾探测器安装质量				安装场所							

探测器编码

检测项目		标准条款	检测方法	部位	检测结果	结论	部位	检测结果	结论
安装工艺		GB 50166—2019 3.1.2	目测						
场所高度	光束轴线至顶棚、地面距离		钢卷尺						
	高度大于12m场所								
发射器和接收器之间距离不大于100m		GB 50166—2019 3.3.7	钢卷尺						
相邻两组探测器间距不大于14m			钢卷尺						
探测器至侧墙距离0.5m≤h≤7m			钢卷尺						
安装位置	安装牢固,安装钢结构保证正常运行		目测						
	避免人工和日光照射		目测						
	光路上无遮挡物		目测						
报警确认灯		GB 50166—2019 3.3.14	目测						

检验员：　　　　　　　　　　　　　　　　　　　检验员：

火灾自动报警系统原始记录

表9.13-8

年 月 日

检测系统：火灾自动报警系统

工程名称			施工单位								
探测器类型	线型光束感烟火灾探测器基本功能		安装场所								
探测器编码											
检测项目		标准条款	检测方法	部位	检测结果	结论	部位	检测结果	结论	部位	检测结果	结论
离线故障报警功能	由控制器供电的	GB 50166—2019 4.3.4	手试								
	不由控制器供电的		手试								
火灾报警功能	探测器处于正常监视状态		钢卷尺								
	用减光率为0.9dB减光片		减光片								
	用减光率为1.0~10.0dB减光片	GB 50166—2019 4.3.6	减光片								
	用减光率为11.05dB减光片		减光片								
	确认灯点亮		目测								
	控制器火警信息		目测								
	光路上无遮挡物		目测								
	复位功能		目测								

核验员：   检验员：

505

火灾自动报警系统原始记录

表 9.13-9

检测系统：火灾自动报警系统

工程名称				施工单位						
探测器类型		管路采样式吸气感烟火灾探测器设置及安装质量			安装场所					
检测项目			标准条款	检测方法	部位	检测结果	结论	部位	检测结果	结论
安装工艺			GB 50166—2019 3.1.2	目测						
设备设置	采样管长度			钢卷尺						
	采样管路敷设			目测						
	采样孔数量			目测						
采样管牢固安装在过梁、支架等建筑结构上				目测						
采样孔设置	大空间场所保护面积、保护半径			钢卷尺						
	垂直安装	每隔 2℃ 或 3m 高差设一个		钢卷尺						
		采样孔不应背对气流	GB 50166—2019 3.3.9	目测						
	采样孔直径、数量			卡尺						
	毛细管长度不宜超过 4m			钢卷尺						
安装高度	高灵敏型探测器	安装高度可大于 16m		钢卷尺						
		至少有 2 个采样孔低于 16m		钢卷尺						
	非高灵敏型吸气式安装高度不宜大于 16m			钢卷尺						
探测器标识				目测						

核验员：　　　　　　　　　　　检验员：

检验员：

火灾自动报警系统原始记录

表 9.13-10

检测系统：火灾自动报警系统

工程名称			施工单位					
探测器类型	管路采样式吸气感烟火灾探测器基本功能		安装场所					

年 月 日

探测器或其控制装置编码

	检测项目	标准条款	检测方法	部位	检测结果	结论	部位	检测结果	结论
离线故障报警功能	由控制器供电的	GB 50166—2019 4.3.4	手试						
	不由控制器供电的		目测						
	控制器显示故障类型、地址与附录D一致		目测						
气流故障报警功能	采样管路的气流改变时，探测器或其控制装置发出的故障声、光信号	GB 50166—2019 4.3.10	目测						
	控制器显示故障类型、地址与附录D一致		目测						
	采样管路的气流恢复正常后，探测器应恢复正常监视状态		目测						
火灾报警功能	烟雾浓度达到探测器报警设定阈值时，探测器或其控制装置的火警应在120s内点亮并保持	GB 50166—2019 4.3.11	秒表						
	控制器应发出火警声、光信号号，记录报警时间		目测						
	控制器显示故障类型、地址与附录D一致		目测						
	控制器对探测器报警状态复位、报警确认灯熄灭功能		手试						

核验员：　　　　　　　　检验员：

表 9.13-11

火灾自动报警系统原始记录
年 月 日

检测系统：火灾自动报警系统

工程名称			施工单位							
探测器类型			安装场所							
检测项目		标准条款	检测方法	部位	检测结果	结论	部位	检测结果	部位	结论
点型火焰探测器和图像型火灾探测器设置及安装质量										
安装工艺		GB 50166—2019 3.1.2	目测							
设备设置	设置数量		目测							
	视场角	GB 50166—2019 3.1.1	钢卷尺							
	探测距离		钢卷尺							
安装位置	安装位置应保证其视场角覆盖探测区域		目测							
	应避免光源直接照射在探测器的探测窗口	GB 50166—2019 3.3.10	目测							
	探测器的探测视角内不应存在遮挡物		目测							
室外或交通隧道安装防尘、防水措施			目测							

核验员：　　　　　　　　　　　检验员：

508

火灾自动报警系统原始记录

表 9.13-12

年　月　日

检测系统：火灾自动报警系统

工程名称				施工单位					
探测器类型		点型火焰探测器和图像型火灾探测器基本功能		安装场所					

探测器或其控制装置编码

	检测项目	标准条款	检测方法	部位	检测结果	结论	部位	检测结果	结论
离线故障报警功能	由控制器供电的	GB 50166—2019 4.3.4	手试						
	不由控制器供电的								
	控制器显示故障类型、地址与附录D一致		目测						
火灾报警功能	光波达到探测器报警设定阈值时，探测器或其控制装置的火警确认灯应在30s内点亮并保持	GB 50166—2019 4.3.12	秒表						
	控制器应发出火警声、光信号，记录报警时间								
	控制器显示故障类型、地址与附录D一致		目测						
	控制器对探测器报警状态复位、报警确认灯熄灭功能		手试						

核验员：　　　　　　　　　　　　　　　　　　　　　　　　　　　检验员：

509

火灾自动报警系统原始记录

检测系统：火灾自动报警系统　　　　**年　月　日**　　　　**表 9.13-13**

工程名称		施工单位	
检测项目:线型感温火灾探测器设置及安装质量			

检测项目			标准条款	检测方法	检测结果	结论
安装工艺			GB 50166—2019　3.1.2	目测		
设备设置	缆式线型光纤感温探测器敏感部件的长度和敷设		GB 50166—2019　3.3.8	钢卷尺		
设备设置	分布式线型光纤感温探测器敏感部件的长度和敷设		GB 50166—2019　3.3.8	钢卷尺		
设备设置	光纤光栅	设置数量	GB 50166—2019　3.3.8	目测		
设备设置	光纤光栅	半径、保护面积	GB 50166—2019　3.3.8	钢卷尺		
设备设置	接口模块不宜设置在长期潮湿或温度变化较大场所		GB 50166—2019　3.3.8	目测		
敏感部件敷设	线型差温火灾探测器	至顶棚距离宜为0.1m,相邻探测器之间的水平距离不宜大于5m	GB 50166—2019　3.3.8	钢卷尺		
敏感部件敷设	线型差温火灾探测器	探测器至墙壁距离宜为1～1.5m	GB 50166—2019　3.3.8	钢卷尺		
敏感部件敷设	在电缆桥架、变压器等设备上安装时,宜采用接触式布置		GB 50166—2019　3.3.8	目测		
敏感部件敷设	在各种皮带输送装置上敷设时,宜敷设在装置的过热点附近		GB 50166—2019　3.3.8	目测		

检测项目			标准条款	检测方法	检测结果	结论
敏感部件和信号处理单元的安装	探测器敏感部件配套固定装置的间距不宜大于2m		GB 50166—2019　3.3.8	钢卷尺		
敏感部件和信号处理单元的安装	缆式线型敏感部件	采用连续无接头方式安装、专用接线盒连接	GB 50166—2019　3.3.8	目测		
敏感部件和信号处理单元的安装	缆式线型敏感部件	敷设时应避免重力挤压冲击,不应硬性折弯、扭转.探测器的弯曲半径宜大于0.2m	GB 50166—2019　3.3.8	钢卷尺		
敏感部件和信号处理单元的安装	分布式线型光纤	感温光纤不应打结,弯曲半径应大于50mm	GB 50166—2019　3.3.8	钢卷尺		
敏感部件和信号处理单元的安装	分布式线型光纤	隔断两侧及始末端感温光纤各留不小于8m的余量段	GB 50166—2019　3.3.8	钢卷尺		
敏感部件和信号处理单元的安装	光栅光纤线型	信号处理单元安装位置不应受强光直射	GB 50166—2019　3.3.8	目测		
敏感部件和信号处理单元的安装	光栅光纤线型	感温段的弯曲半径应大于0.3m	GB 50166—2019　3.3.8	钢卷尺		

核验员：　　　　　　　　　　检验员：

火灾自动报警系统原始记录

检测系统：火灾自动报警系统　　　　　　　年　月　日　　　　　　　　表 9.13-14

工程名称				施工单位				
探测器类型		线型感温火灾探测器基本功能		安装场所				
探测器或其控制装置编码								
检测项目		标准条款	检测方法	部位	检测结果	结论	部位	检测结果	结论
离线故障报警功能	由控制器供电的	GB 50166—2019 4.3.4	手试						
	不由控制器供电的								
	控制器显示故障类型、地址与附录D一致		目测						
敏感部件故障报警功能	敏感部件与信号处理单元断开时	敏感部件与信号处理单元断开时，探测器信号处理单元的故障指示灯应点亮	GB 50166—2019 4.3.7	手试					
		控制器应发出故障声、光信号		目测						
		控制器显示故障类型、地址与附录D一致		目测						
火灾报警功能	探测器处于报警状态时，确认灯应点亮并保持	GB 50166—2019 4.3.8	手试/目测						
	控制器应发出火警声光信号，记录报警时间		目测						
	控制器显示报警类型、地址与附录D一致		目测						
控制器对探测器报警状态复位、报警确认灯熄灭功能			手试						

核验员：　　　　　　　　　　　　　　　　　检验员：

511

表 9.13-15

火灾自动报警系统原始记录

年　月　日

检测系统：火灾自动报警系统

工程名称		施工单位	
探测器类型	线型感温火灾探测器基本功能	安装场所	

探测器或其控制装置编码

	检测项目	标准条款	检测方法	部位	检测结果	结论	部位	检测结果	结论
小尺寸高温报警功能（长度为100mm敏感部件周围的温度达到高温报警设定阈值时报警功能）	探测器的火警确认灯应点亮并保持	GB 50166—2019 4.3.9	手试/目测						
	控制器应发出火警声光信号,记录报警时间		目测						
	控制器显示报警类型、地址与附录D一致		目测						
	恢复探测器正常连接,控制器能对探测器报警状态进行复位,确认警状态灯熄灭		手试						

核验员：

检验员：

火灾自动报警系统原始记录

依据标准	GB 50166—2019、GB 50116—2013		工程名称		
模拟火警试验记录					

核验员：　　　　　　　　　　　　　　　　　　检验员：

火灾自动报警系统原始记录

检测项目：手动火灾报警按钮　　　　　　　　　　年　月　日　　　　　　　　　　**表 9.13-17**

工程名称						施工单位					
部件类型	□手动火灾报警按钮										
标准条款	GB 50166—2019　3.1.1、2.2.1、3.3.19、4.12.5										
规格型号及适用场所	GB 50116—2013		数量		厂家						

检验项目		标准条款	检测方法	检测结果	判定	检验项目	标准条款	检测方法	检测结果	判定
设备设置	设置数量	GB 50166—2019　3.1.1	目测			离线故障报警功能	按钮离线时，控制器应发出故障声、光信号	GB 50166—2019　4.3.13	手试		
	设置部位						控制器应显示故障部件的类型和地址注释信息，且显示的地址注释信息应与附录D一致		目测		
消防产品准入制度证书和标识		GB 50166—2019　2.2.1	目测	□提供□未提供						
安装质量	安装工艺	GB 50166—2019　3.3.16	目测			火灾报警功能	按钮动作后，按钮的火警确认灯应点亮并保持	GB 50166—2019　4.3.14	目测		
	明显和便于操作的部位；其底边距地（楼）面的高度宜为1.3～1.5m，设置明显的永久性标识		钢卷尺				控制器应发出火警声光信号，记录报警时间		目测		
	按钮的连接导线应留有不小于150mm的余量，且在其端部应有明显的永久性标识		钢卷尺				控制器应显示发出报警信号部件类型和地址注释信息，与附录D一致		目测		
	应安装牢固，表面不应有破损		手试				复位功能		手试		

核验员：　　　　　　　　　　　　　　　　　　检验员：

火灾自动报警系统原始记录

检测项目：控制器基本功能　　　　　　　　年 月 日　　　　　　　　表 9.13-18

工程名称					主机编码		出厂日期			
供电形式	(主电供电控制器)回路(1)号基本功能				控制器类型			部位		
检测项目	标准条款	检测方法	检测结果	判定	检测项目	标准条款	检测方法	检测结果	判断	
自检功能	GB 50166—2019 4.3.2、4.5.2	手试			火警优先功能	探测器、手报按钮发出火灾报警信号后，控制器 10s 内发出声、光信号，并记录报警时间	GB 50166—2019 4.3.2、4.5.2	秒表		
操作级别	GB 50166—2019 4.3.2、4.5.2	手试				控制器应发出部件类型和地址注释信息	GB 50166—2019 4.3.2、4.5.2	目测		
二次报警功能	探测器、手报按钮发出火灾报警信号后，控制器 10s 内发出声、光信号，并记录报警时间	GB 50166—2019 4.3.2	秒表			主、备电自动转换	GB 50166—2019 4.3.2、4.5.2	手试		
	显示报警类型、地址信息	GB 50166—2019 4.3.2	目测			屏蔽功能	指定部件屏蔽显示	GB 50166—2019 4.3.2、4.5.2	手试	
	消声功能	GB 50166—2019 4.3.2、4.5.2	手试				屏蔽解除功能	GB 50166—2019 4.3.2、4.5.2	手试	
故障报警功能	与备用电源之间连线短路、断路时，100s 内报故障	GB 50166—2019 4.3.2、4.5.2	秒表			短路隔离保护功能	GB 50166—2019 4.3.3、4.5.3	手试		
	与现场部件间连接线路断路时，100s 内报故障	GB 50166—2019 4.3.2、4.5.2	秒表			复位功能	GB 50166·—2019 4.3.2、4.5.2	手试		
消防联动(型)控制器自动和手动工作状态转换功能	GB 50166—2019 4.5.2	手试								

核验员：　　　　　　　　　　　　　检验员：

火灾自动报警系统原始记录

检测项目：控制器基本功能 年 月 日 表 9.13-19

工程名称					主机编码				出厂日期		
供电形式	(主电供电控制器)回路(1)号基本功能				控制器类型				部位		
	检测项目	标准条款	检测方法	检测结果	判定	检测项目	标准条款	检测方法	检测结果	判断
负载功能	火灾报警控制器负载功能火警部件时间记录	GB 50166—2019 4.3.2	手试			火灾报警控制器(联动型)负载功能应分别记录发出火灾报警信号部件的报警时间	GB 50166—2019 4.3.2、4.5.2	手试		
	火灾报警控制器负载功能应显示发出报警信号部件类型和地址注释信息等	GB 50166—2019 4.3.2	手试			火灾报警控制器(联动型)负载功能应分别显示发出报警信号部件类型和地址注释信息等	GB 50166—2019 4.3.2、4.5.2	手试		
	消防联动控制器负载功能应记录启动设备总数和分别记录启动设备启动时间	GB 50166—2019 4.5.2	手试			火灾报警控制器(联动型)负载功能应分别记录启动设备总数,并分别记录启动设备的启动时间	GB 50166—2019 4.3.2、4.5.2	手试		
	消防联动控制器负载功能应分别显示启动设备名称和地址注释信息等	GB 50166—2019 4.5.2	手试			火灾报警控制器(联动型)负载功能应分别显示启动设备名称和地址注释信息等	GB 50166—2019 4.3.2、4.5.2	手试		

核验员： 检验员：

火灾自动报警系统原始记录

检测项目：控制器基本功能　　　　　　　　　　年　月　日　　　　　　　　　　表 9.13-20

工程名称			主机编码			出厂日期		
供电形式		(备电供电控制器)回路(M)号基本功能	控制器类型			部位		
检测项目		标准条款	检测方法	检测结果	判定	检测项目	标准条款	检测方法	检测结果	判断

检测项目		标准条款	检测方法	检测结果	判定	检测项目	标准条款	检测方法	检测结果	判断
负载功能	火灾报警控制器负载功能火警部件时间记录	GB 50166—2019 4.3.2	手试			火灾报警控制器(联动型)负载功能应分别记录发出火灾报警信号部件的报警时间	GB 50166—2019 4.3.2、4.5.2	手试		
	火灾报警控制器负载功能应显示发出报警信号部件类型和地址注释信息等	GB 50166—2019 4.3.2	手试			火灾报警控制器(联动型)负载功能应分别显示发出报警信号部件类型和地址注释信息等	GB 50166—2019 4.3.2、4.5.2	手试		
	消防联动控制器负载功能应记录启动设备总数和分别记录启动设备启动时间	GB 50166—2019 4.5.2	手试			火灾报警控制器(联动型)负载功能应分别记录启动设备总数,并分别记录启动设备的启动时间	GB 50166—2019 4.3.2、4.5.2	手试		
	消防联动控制器负载功能应分别显示启动设备名称和地址注释信息等	GB 50166—2019 4.5.2	手试			火灾报警控制器(联动型)负载功能应分别显示启动设备名称和地址注释信息等	GB 50166—2019 4.3.2、4.5.2	手试		
故障报警功能		GB 50166—2019 4.3.3、4.5.3				短路隔离保护功能	GB 50166—2019 4.3.3、4.5.3	手试		
复位功能		GB 50166—2019 4.3.2、4.5.2	手试							

核验员：　　　　　　　　　　　　　　　　　　检验员：

火灾自动报警系统原始记录

工程名称			主机编码			
环境温度			环境湿度			
空载测试时间		带载测试时间		带载能力	直流电压测试点	

检测项目			标准条款	检测结果		判断
计算公式	电源性能测试项目	输入		检测方法	输出直流电压/V	
					第一次测试　第二次测试	
$U_i = \left\| \dfrac{\Delta U_0}{U_0} \right\| \times 100\%$ $\Delta U_0 = U_0 - U_{01}$ U_0:直流基准电压 U_i:稳定度电压 U_{01}:实测电压 U_{01} 取最大值	电压稳定度	220V	GB 16806—2006 4.2.7.4	调压器 稳压器 万用表		
		242V				
		187V				
	负载稳定度	242V	GB 50166—2019 4.3.2、4.5.2			
		187V				

备注：

核验员：　　　　　　　　　　　　　　　　　　检验员：

火灾自动报警系统原始记录

检测项目：家用火灾报警控制器基本功能　　　　年　月　日　　　　　　　　表 9.13-22

工程名称					主机编码				出厂日期		
供电形式		回路(1)号基本功能			控制器类型				部位		
检测项目		标准条款	检测方法	检测结果	判定	检测项目	标准条款	检测方法	检测结果	判断	
自检功能	指示灯	GB 50166—2019 4.4.4	手试			火警优先功能	探测器、手报按钮发出火灾报警信号后，控制器10s内发出声、光信号，并记录报警时间	GB 50166—2019 4.4.4	秒表		
	显示器										
	音响器件						控制器应发出部件类型和地址注释信息				
二次报警功能	探测器、手报按钮发出火灾报警信号后，控制器10s内发出声、光信号，并记录报警时间	GB 50166—2019 4.4.4	秒表			主、备电自动转换	自动转换	GB 50166—2019 4.4.4	手试		
							指示灯显示工作状态				
	显示报警类型、地址信息	GB 50166—2019 4.4.4	目测			故障报警功能	与备用电源之间连线短路、断路时，100s内报故障	GB 50166—2019 4.4.4	秒表		
	消声功能	GB 50166—2019 4.4.4	手试				与现场部件间连接线路断路时，100s内报故障类型和地址注释信息与附录D一致		秒表		
	复位功能	GB 50166—2019 4.4.4	手试								

核验员：　　　　　　　　　　　　　　　　检验员：

火灾自动报警系统原始记录

表 9.13-23

工程名称		主机编码		出厂日期		
供电形式		回路(M)号基本功能		控制器类型		

检测项目：家用火灾报警控制器基本功能

	检测项目	标准条款	检测方法	检测结果	判定
火警功能	非故障探测器报警优先功能	GB 50166—2019 4.4.5	手试		
	10秒发出火灾报警、光信号		秒表		
	并记录报警时间		目测		
复位功能	控制器报警状态复位	GB 50166—2019 4.4.5	手试		
	声光报警信号复位		目测		

	检测项目	标准条款	检测方法	部位	检测结果	判断
故障报警功能	与现场部件间通信故障时，100s内报故障信号	GB 50166—2019 4.4.5	秒表			
	发出故障声、光报警信号					
	故障类型和地址注释信息与附录D一致		目测			

核验员：　　　　　　　　　　检验员：

520

表 9.13-24

火灾自动报警系统原始记录

检测项目：家用安全系统现场部件

工程名称				施工单位						
部件类型	□点型家用感烟探测器　□点型家用感温探测器　□独立式感烟探测器　□独立式感温探测器									
标准条款	GB 50166—2019　3.1.1、2.2.1、3.3.6、4.4.6									
规格型号			数量		厂家					

年　月　日

检验项目	标准条款	检测方法	检测结果	判定	检测结果	判定	检测结果	判定	检测结果	判定
设置部位	GB 50166—2019 3.1.1	目测								
消防产品准入制度	GB 50166—2019 2.2.1	目测	□提供□未提供							
探测器安装	GB 50166—2019 3.3.6	角度尺								
探测器火灾报警功能 · 探测器发出声信号，A计权声压级 45～75dB，并应采用逐渐增大方式		声级计								
初始声压级不应大于 45dB	GB 50166—2019 4.4.6	声级计								
控制器发出声光信号，并记录报警时间		目测								
控制器显示发出报警部件类型和地址注释信息，并与附录 D 一致		目测								

核验员：　　　　　　　　　　　　　　　　检验员：

火灾自动报警系统原始记录

表 9.13-25

检测项目：消防电话总机基本功能

工程名称		主机编码		出厂日期	
总机规格型号		设置部位		年 月 日	

检测项目		标准条款	检测方法	检测结果	判定	检测项目		标准条款	检测方法	检测结果	判断
自检功能	指示灯	GB 50166—2019 4.6.1	手试			呼叫分机功能	显示呼叫分机地址注释信息，信息与附录D一致	GB 50166—2019 4.6.1	手试		
	显示器						分机 3s 内发出声、光信号		秒表		
	音响器件						通话语音清晰		手试		
接受呼叫功能	总机 3s 内发出呼叫声、光信号	GB 50166—2019 4.6.1	秒表			故障报警功能	与现场部件间连接线路断路时，100s 内发出故障声、光信号	GB 50166—2019 4.6.1	秒表		
	显示呼叫分机地址注释信息，地址信息与附录D一致		目测				故障类型和地址注释信息与附录D一致		目测		
	通话语音清晰		手试			消声功能	消声功能	GB 50166—2019 4.6.1	手试		

检验员：　　　　　　　　　　　检验员：

火灾自动报警系火灾自动报警系统原始记录

表9.13-26

检测项目：消防电话总机现场部件安装质量及基本功能

依据标准	GB 50116—2013 GB 50166—2019 3.1.1.2.2.1.3.1.2.3.3.18	工程名称		年 月 日

检验项目		火 灾 探 测 器				
单元(层数)						
安装工艺	□消防电话分机　□消防电话插孔					
设备设置	设备数量					
	设备部位					
设备安装	避难层中,分机和电话插孔间距不应大于20m					
	安装在明显便于操作位置					
	电话插孔不应设置在消火栓箱内					
	壁挂方式安装,底边距(楼)地面高度宜为1.3～1.5m					
	设明显与永久性标识					
电话分机基本功能	分机呼叫总机时,总机应在3s内发出声,光信号指示					
	信号,显示呼叫消防分机的地址注释信息等					
	总机与分机之间通话的语音应清晰					
	总机呼叫分机时,总机显示呼叫消防分机的地址注释					
	信息应与附录D一致					
	分机应在3s内发出声,光信号指示信号					
	通话语音清晰					
	总机与分机之间通话的语音应清晰					
	通过电话插孔呼叫电话总机功能					

核验员：　　　　　　　　　　　　　　　　　　　　　检验员：

523

火灾自动报警系统原始记录

检测项目：可燃气体报警控制器基本功能 　　　年　月　日 　　　　　表 9.13-27

工程名称					主机编码				出厂日期	
供电形式	□总线制控制器回路(1)号基本功能　□多线制控制器类型							部位		
检测项目		标准条款	检测方法	检测结果	判定	检测项目	标准条款	检测方法	检测结果	判断
自检功能	指示灯	GB 50166—2019 4.7.2	手试			可燃气体报警功能	探测器发出火灾报警信号后，控制器30s内发出声、光信号，并记录报警时间	GB 50166—2019 4.7.2	秒表		
	显示器										
	音响器件										
	操作级别	GB 50166—2019 4.7.2	手试				控制器应显示报警部件类型和地址注释信息与附录D一致		目测		
浓度信息显示功能	多线制控制器显示全部探测器浓度值和地址注释信息	GB 50166—2019 4.7.2	目测			负载功能	主、备电自动转换	GB 50166—2019 4.7.2	手试		
	总线制控制器显示最高浓度值探测器浓度值和地址注释信息		目测				不少于4只(少于4只全部)探测器报警状态，分别记录报警时间	GB 50166—2019 4.7.2	手试		
	消声功能	GB 50166—2019 4.7.2	手试				控制器应显示报部件类型和地址信息与附录D一致		手试		
故障报警功能	与备用电源之间连线短路、断路时，100s内报故障	GB 50166—2019 4.7.2	秒表				总线制控制器短路隔离保护功能	GB 50166—2019 4.7.2	手试		
	与现场部件间连接线路断路时，100s内报故障		秒表				复位功能	GB 50166—2019 4.7.2	手试		

核验员： 　　　　　　　　　　　　　　　　检验员：

表 9.13-28

火灾自动报警系统原始记录

年　月　日

检测项目：可燃气体报警控制器基本功能

工程名称		主机编码		出厂日期	

控制器形式		总线制报警控制器回路（M号基本功能）			

	检测项目	标准条款	检测方法	检测结果	判定
负载功能	不少于4个（全部少于4个）探测器报警状态，分别记录报警时间	GB 50166—2019 4.7.3	手试		
	控制器应分别显示报警部件类型和地址报警信息与附录D一致		手试		
故障报警功能	与现场部件连接断线时，100s内显示故障部件类型和注释信息		秒表		
	显示的注释信息与附录D一致		手试		

控制器部位

	检测项目	标准条款	检测方法	检测结果	判断
短路隔离保护功能	总线处于短路隔离状态时，将短路总线配接的设备隔离	GB 50166—2019 4.7.3	手试		
	控制器显示被隔离部件的地址注释信息与附录D一致		目测		
	复位功能		手试		

核验员：　　　　　　　检验员：

火灾自动报警系统原始记录

检测项目：可燃气体探测器设置　　　　　　　年　月　日　　　　　　　　　　表 **9.13-29**

依据标准	GB 50116—2013 GB 50166—2019　3.1.1、3.1.2、3.3.6、3.3.13、3.3.14	工程名称	

检验项目		火灾探测器									
单元(层数)											
设置部位											
□点型可燃气体探测器　□线型可燃气体探测器											
设备数量											
系统连接											
保护面积											
梁间区域的设置	突出顶棚梁高度/mm										
	梁间距离/m										
隔断区域的设置											
感烟探测器热屏障屋顶的设置											
屋脊处设置(探测器下表面至屋顶最高处距离)											
井道内设置											
格栅吊顶场所的设置											
报警功能:火警(√);故障(○)											

核验员：　　　　　　　　　　　　　　　检验员：

526

火灾自动报警系统原始记录

检测项目：可燃气体探测器设置、安装质量及基本功能　　　　年　月　日　　　　**表 9.13-30**

依据标准	GB 50116—2013 GB 50166—2019　3.1.2、3.3.11、4.7.4、4.7.5		工程名称							

检验项目		可燃气体探测器							
单元(层数)									
设置部位									
□点型可燃气体探测器　□线型可燃气体探测器									
设备数量									
系统连接									
安装工艺									
安装位置	探测器安装位置								
	在探测器周围应适当留出更换和标定的空间								
	线型可燃气体探测器安装								
报警功能	探测器监测区域可燃气体浓度达到报警设定值时,探测器的报警确认灯应在30s内点亮并保持								
	控制器应发出可燃气体报警声、光信号,记录报警时间								
	控制器应显示发出报警信号部件的地址注释信息,且显示的地址注释信息应与附录D一致								
复位功能									
线型故障功能	探测器的光路被遮挡后,探测器或其控制装置的故障指示灯应在100s内点亮								
	控制器应显示故障部件的类型和地址注释信息,且应与附录D一致								

核验员：　　　　　　　　　　　　　　检验员：

表 9.13-31

火灾自动报警系统原始记录

检测项目：电气火灾监控设备基本功能

年　月　日

工程名称			主机编码		出厂日期				
任一备调总线回路连接	回路(1)号基本功能				控制器类型				

检测项目	标准条款	检测方法	检测结果	判定	检测项目	标准条款	检测方法	检测结果	判断
指示灯	GB 50166—2019 4.8.2	手试						部位	
显示器					监控报警功能：探测器发出火灾报警信号后，控制器 10s 内发出声、光信号，并记录报警时间	GB 50166—2019 4.8.2	秒表		
音响器件					功能：监控设备应显示发出报警部件类型和地址注释信息与附录 D 一致	GB 50166—2019 4.8.2	目测		
自检功能	GB 50166—2019 4.8.2	手试			故障报警功能：与现场部件间连接线路断路时，100s 内报故障声、光信号	GB 50166—2019 4.8.2	秒表		
操作级别	GB 50166—2019 4.8.2	手试			功能：应显示故障部件类型和地址注释信息与附录 D 一致	GB 50166—2019 4.8.2	目测		
消声功能	GB 50166—2019 4.8.2	手试							
复位功能	GB 50166—2019 4.8.2	手试							

核验员：

检验员：

火灾自动报警系统原始记录

年 月 日

表 9.13-32

检测项目：电气火灾监控设备基本功能

工程名称		主机编码		出厂日期	
将备调总线回路连接	回路（M）号基本功能		控制器类型		部位

	检测项目	标准条款	检测方法	检测结果	判定
监控报警功能	探测器发出火灾报警信号号后，控制器10s内发出声、光信号，并记录报警时间	GB 50166—2019 4.8.3	秒表		
	监控设备应显示发出报警部件类型和地址注释信息与附录D一致		目测		
复位功能	监控设备报警状态复位	GB 50166—2019 4.8.3	手试		
	声、光报警信号复位		目测		

	检测项目	标准条款	检测方法	检测结果	判断
故障报警功能	与现场部件间通信故障时，100s内报故障声、光信号	GB 50166—2019 4.8.3	秒表		
	故障类型和地址注释信息与附录D一致		目测		

核验员：

检验员：

火灾自动报警系统原始记录

检测项目：电气火灾监控探测器及安装质量　　　　年　月　日　　　　　　　　表9.13-33

工程名称						施工单位					
部件类型		□剩余电流式电气火灾监控探测器　□可测温式电气火灾监控探测器　□故障电弧探测器　□线型感温火灾探测器									
标准条款		GB 50166—2019　3.1.1、2.2.1、3.3.8、3.3.12									
规格型号				数量			厂家				

检验项目		标准条款	检测方法	检测结果	判定	检验项目		标准条款	检测方法	检测结果	判定
设置部位		GB 50166—2019 3.1.1	目测			探测器敏感部件应采用产品配套的固定装置固定,固定装置的间距不宜大于2m			钢卷尺		
消防产品准入制度		GB 50166—2019 2.2.1	目测	□提供 □未提供		缆式线型感温火灾探测器的敏感部件安装敷设,探测器的弯曲半径宜大于0.2m			钢卷尺		
监控探测器安装	在探测器周围应适当留出更换和标定的空间	GB 50166—2019 3.3.12	目测			线型感温火灾探测器安装	分布式线型光纤感温火灾探测器的感温光纤不应打结,光纤弯曲半径应大于50mm	GB 50166—2019 3.3.8	钢卷尺		
	剩余电流式电气火灾监控探测器负载侧的中性线不应与其他回路共用,且不应重复接地		目测				感温光纤穿越相邻的报警区域应设置光缆余量段,隔断两侧应各留不小于8m的余量段		钢卷尺		
	测温式电气火灾监控探测器应采用产品配套的固定装置固定在保护对象上		目测				每个光通道始端及末端光纤应各留不小于8m的余量段		钢卷尺		
							光栅光纤线型感温火灾探测器的信号处理单元安装位置不应受强光直射,光纤光栅感温段的弯曲半径应大于0.3m		钢卷尺		

核验员：　　　　　　　　　　　　　　　　　　　检验员：

火灾自动报警系统原始记录

检测项目：电气火灾监控探测器基本功能　　　　年　月　日　　　　　　　　表 9.13-34

工程名称						施工单位	
部件类型	□剩余电流式电气火灾监控探测器(1.6.7) □故障电弧探测器(3.4.6.7)			□可测温式电气火灾监控探测器(2.6.7) □线型感温火灾探测器(5.6.7)				
标准条款	GB 50166—2019 4.8.4	GB 50166—2019 4.8.5	GB 50166—2019 4.8.6	GB 50166—2019 4.8.4、4.8.5、4.8.6、4.8.7				
检测方法	秒表	秒表	手试	秒表				
检测结果部位	1. 探测器监测区域的剩余电流达到报警设定值时，报警确认灯应在30s内点亮并保持	2. 探测器监测区域的温度达到报警设定值时，探测器的报警确认灯应在40s内点亮并保持	3. 探测器监测区域单位时间故障电弧的数量未达到报警设定值时探测器的报警确认灯不应点亮	4. 探测器监测区域单位时间故障电弧的数量达到报警设定值时，探测器的报警确认灯应在30s内点亮并保持	5. 探测器监测区域的温度达到报警设定值时，探测器的报警确认灯应点亮并保持，并指示报警部位，且报警部位的指示应准确	6. 监控设备应发出监控报警声、光信号，并记录报警时间	7. 监控设备应显示发出报警信号部件的地址注释信息，且显示的地址注释信息应与附录D一致	

核验员：　　　　　　　　　　　　　　　　检验员：

表 9.13-35

火灾自动报警系统原始记录

年　月　日

检测项目：消防设备电源监控器基本功能

工程名称		主机编码		出厂日期	
监控器类型		控制器类型		部位	

检测项目		标准条款	检测方法	检测结果	判定
回路号（1）基本功能					
自检功能	指示灯	GB 50166—2019 4.9.2	手试		
	显示器				
	音响器件				
实时显示功能		GB 50166—2019 4.9.2	目测		
消防设备故障报警功能	消防设备断电后，监控器100s内发出声、光信号，并记录报警时间	GB 50166—2019 4.9.2	秒表		
	显示报警部件地址注释信息与附录D一致	GB 50166—2019 4.9.2	目测		
	消声功能	GB 50166—2019 4.9.2	手试		

检验员：　　　　　核验员：

检测项目		标准条款	检测方法	检测结果	判断
故障报警功能	与备用电源之间连线短路，断路时，100s内发出故障声、光信号，报故障类型	GB 50166—2019 4.9.2	秒表		
	与现场部件间连接线路断路时，100s内显示故障部件地址注释信息与附录D一致	GB 50166—2019 4.9.2	秒表		
主、备电自动转换		GB 50166—2019 4.9.2	手试		
复位功能		GB 50166—2019 4.9.2	手试		

检验员：

火灾自动报警系统原始记录

表 9.13-36

检测项目：消防设备电源监控器基本功能

工程名称		主机编码		出厂日期 年 月 日

监控器(M)基本功能	检测项目		标准条款	检测方法	检测结果	判定	检测结果	判断	检测结果	判断	检测结果	判断
故障报警功能	与现场部件间连接线路断路时	监控器100s内发出故障声、光信号	GB 50166—2019 4.9.3	秒表								
		显示故障部件地址注释信息与附录D一致	GB 50166—2019 4.9.3	手试								
消防设备故障报警功能	消防设备断电后，监控器100s内发出声、光信号，并记录报警时间		GB 50166—2019 4.9.3	秒表								
	显示报警部件地址注释信息与附录D一致		GB 50166—2019 4.9.3	目测								
复位功能			GB 50166—2019 4.9.3	手试								

核验员：　　　　　　　　　　　　　　检验员：

表 9.13-37

火灾自动报警系统原始记录

年 月 日

检测系统：消防设备应急电源

依据标准	GB 50166—2019；GB 50116—2013		工程名称	

检验项目	标准条款	检验结果	
设备型号规格	GB 50116—2013 3.1.3.2.5.1~5.4 GB 50166—2019 2.2.1.3.1.1	数量	台
厂家			
认证证书和标识		□提供 □未提供	

检验项目	标准条款	检测方法	检测结果	判定
设备应急电池安装	安装场所通风	GB 50166—2019 3.3.20	目测	
	安装场所环境温度			
	不应设置量爆炸环境场所			
	酸、碱性电池安装场所			

检验项目	标准条款	检测方法	检验结果	判定
设置部位				
设备编号				
容量				
现场安装蓄电池	规格	GB 50166—2019 3.3.4	目测	
	型号		目测	
	容量		目测	

检验员：

检验员：

核验员：

534

火灾自动报警系统原始记录

检测系统：消防设备应急电源—基本功能　　　　年　月　日　　　　　　　表 9.13-38

依据标准			GB 50166—2019；GB 50116—2013				工程名称				
检验项目			标准条款	检测方法	检测结果	判定	检验项目	标准条款	检测方法	检测结果	判定
正常显示功能	交流输出应急电源应能显示	输入电压	GB 50166—2019 4.10.2	目测			消声功能	GB 50166—2019 4.10.2	目测		
		输出电压					转换功能		秒表		
		输出电流					应急电源主电断电后,应在 5s 内自动切换到蓄电池组供电状态,并发出声提示信号		秒表		
		主电源工作状态					应急电源主电源恢复后,应在 5s 内自动切换到主电源供电状态		秒表		
		蓄电池组电压					切换不应影响消防设备的正常运行		目测		
	直流输出应急电源应能显示	输出电压									
		输出电流									
		主电源工作状态									
故障报警功能	应急电源与蓄电池组之间连线断开报声、光信号和故障类型显示			秒表							
	蓄电池组之间连线断开报声、光信号和故障类型显示			秒表							

核验员：　　　　　　　　　　　　　　　检验员：

表 9.13-39

火灾自动报警系统原始记录

年 月 日

工程名称			施工单位	
系统形式				
标准条款	□消防控制室图形显示装置基本功能		GB 50166—2019 4.11.1	

检测项目：消防控制室图形显示装置和传输设备

检测方法	目测			手试		秒表		目测					手试
检测项目	1. 图形显示功能			2. 通信故障报警功能	3. 消声功能	4. 信号接收和显示功能		5. 信息记录功能					6. 复位功能
	1.1 显示建筑的总平面布局图	1.2 应能显示建筑平面图，显示建筑内主要部位和设备的名称、疏散路线、建筑内危化品的位置	1.3 应能显示自动消防设施系统、灭火及其他控制系统各部件设置部位，系统分区，各消防设备的名称、设置部位、系统的系统图	显示装置与控制器间通信中断时，显示装置应在10s内发出故障声、光信号	显示装置应能手动消除报警声信号	4.1 控制器发出火警信号、联动控制信号、反馈信号时，显示装置应在10s内显示启动设备或手动启动设备的建筑平面图，指示启动设备或手动启动设备的物理地址、报警信息，记录报警时间，记录地址注释信息或控制器的信息与控制器的信息一致	4.2 控制器发出监管信号、屏蔽信号、故障信号时，显示装置应在100s内显示对应设备位置，建筑平面图上指示发出信息设备的物理位置，地址注释信息，记录报警时间，且显示的信息应与控制器的显示信息一致	5.1 应记录火灾报警器件触发的报警时间	5.2 应记录受控设备的类型、启动时间、反馈信息、地址注释信息	5.3 应记录消防设备（设施）的动态信息	5.4 应记录值班及操作人员的代码、产品维护保养的内容和时间、系统程序的进入和退出人员退出时间	5.5 应记录消防设备（设施）的制造商、产品有效期等信息	火灾报警控制器、消防联动控制器的各输入信号撤除装置后，显示状态应能对显示装置复位，工作状态复位，恢复正常显示状态
检测结果													
检测部位													

核验员： 检验员：

检测项目：消防控制室图形显示装置和传输设备

火灾自动报警系统原始记录

年 月 日

表 9.13-40

工程名称			施工单位						
系统形式									
标准条款			GB 50166—2019 4.11.2						
检测方法			手试	秒表	手试	目测	手试	手试	
检测项目	1. 自检功能		2. 主、备电自动转换功能	3. 故障报警功能	4. 消声功能	5. 信号接收和显示功能	6. 手动报警功能	7. 复位功能	
	1.1 指示灯	1.2 显示器 1.3 音响器件	传输设备主电断电后，备电应能自动投入；主电恢复后，应能自动投入；主、备电工作指示灯应能正确指示传输设备的工作状态	3.1 传输设备与备用电源之间的连线断路、短路时，传输设备应在100s内发出故障声、光信号，显示故障类型 3.2 传输设备与控制器之间的通信中断时，传输设备应在100s内发出故障声、光信号，显示故障类型	传输设备应能手动消除报警声信号	控制器发出火灾报警信号、监管报警信号、屏蔽信号、故障信号后，传输设备应发出火灾报警、监管报警、故障报警、屏蔽报警状态光指示信号	手动报警按钮动作后，传输设备应发出手动报警状态光指示信号	火灾报警控制器的各输入信号撤除后，传输设备应能对设备工作状态复位，传输设备工作状态恢复正常显示状态	
检测结果									
检测部位									

核验员：

检验员：

火灾自动报警系统原始记录

检测项目：火灾警报和消防应急广播系统现场部件　　　年　月　日　　　　表 9.13-41

工程名称					施工单位				
部件类型	□火灾声警报器　□火灾光警报器　□火灾声光警报器								
标准条款	GB 50116—2013；GB 50166—2019　3.1.1、2.2.1、3.3.6、4.4.6								
规格型号			数量		厂家		适用场所		

检验项目		标准条款	检测方法	检测结果	判定	检验项目	标准条款	检测方法	检测结果	判定
设置部位		GB 50166—2019 3.1.1	目测			火灾声警报器警报功能	GB 50166—2019 4.12.1	声级计		
消防产品准入制度		GB 50166—2019 2.2.1	目测	□提供 □未提供		火灾光警报器警报功能	GB 50166—2019 4.12.2	目测		
安装工艺		GB 50166—2019 3.1.2	目测							
设备安装	声警报器宜在报警区域内均匀安装	GB 50166—2019 3.3.19	目测							
	光警报器应安装在楼梯口、消防电梯前室、建筑内部拐角等处的明显部位；且不宜与消防应急疏散指示标志灯具安装在同一面墙上，确需安装在同一面墙上时，之间的距离不应小于1m		钢卷尺							
	壁挂安装时，底边距地面高度应大于2.2m		钢卷尺							
	应安装牢固，表面不应有破损		目测							

核验员：　　　　　　　　　　　　　　　　　检验员：

表 9.13-42

火灾自动报警系统原始记录

检测项目：消防应急广播控制设备基本功能

工程名称		主机编码		出厂日期	
设置部位		控制器类型		年　月　日	

	检测项目	标准条款	检测方法	检测结果	判定
自检功能	指示灯	GB 50166—2019 4.12.4	手试		
	显示器				
	音响器件				
现场语音播报功能	通过传声器现场播报语音信息时，广播控制设备应自动中断预设信息，广播控制设备应同时播放配接的扬声器的广播信息	GB 50166—2019 4.12.4	秒表		
	停止利用传声器进行应急广播后，广播控制设备应在3s内恢复至预设信息广播状态				
消声功能		GB 50166—2019 4.12.4	手试		

检测项目		标准条款	检测方法	检测结果	判断
应急广播启动功能	控制设备应能控制其配接的扬声器，在10s内同时播放预设的广播信息，且语音信息应清晰	GB 50166—2019 4.12.4	秒表		
主、备电自动转换	自动转换				
	指示灯显示工作状态	GB 50166—2019 4.12.4	手试		
故障报警功能	与扬声器之间连线断路、短路时，控制设备应在100s内发出故障声光信号，显示故障部件地址注释信息与附录D一致	GB 50166—2019 4.12.4	秒表		
应急广播停止功能		GB 50166—2019 4.12.4	手试		

核验员：　　　　　　　检验员：

表 9.13-43

火灾自动报警系统原始记录

年 月 日

检测项目：扬声器及安装质量

工程名称			施工单位	
部件类型	□扬声器			
标准条款	GB 50166—2019 3.1.1.2.2.1.3.3.19.4.12.5			
规格型号			厂家	

检验项目		标准条款	检测方法	检测结果	判定	检验项目		标准条款	检测方法	检测结果	判定
设备设置	设置数量	GB 50166—2019 3.1.1	目测			安装工艺		GB 50166—2019 3.1.2	目测		
	设置部位					安装质量	扬声器宜在报警区域内均匀安装		目测		
消防产品准入制度证书和标识		GB 50166—2019 2.2.1	目测	□提供 □未提供			扬声器在走道内安装时，距走道末端的距离不大12.5m		钢卷尺		
扬声器广播功能	广播的A计权声压应大于60dB		声级计				壁挂安装时，底边距地面高度应大2.2m	GB 50166—2019 3.3.19	钢卷尺		
	环境噪声大于60dB时，广播的A计权声压级应高于背景噪声15dB	GB 50166—2019 4.12.5	声级计				应安装牢固、表面不应有破损		手试		
	扬声器应能清晰播报语音信息		目测								

检验员：

核验员：

火灾自动报警系统原始记录

表 9.13-44

年 月 日

检测项目: 火灾警报和消防应急广播系统的控制

工程名称		施工单位				
标准条款	GB 50166—2019 4.12.6				GB 50166—2019 4.12.7	
检测方法	手试	目测	秒表	秒表	目测	手试	手试
检测结果	消防联动控制器应发出控制火灾警报装置和应急广播控制装置动作的启动信号,点亮启动指示灯	应急广播系统与普通广播或背景音乐广播系统合用时,广播控制装置应停止正常广播	联动控制功能——警报器和扬声器应交替作：警报器应同时启动,持续工作8～20s后所有的警报器应同时停止警报	警报器停止,1～2次应急广播,每次应急广播时间应10～30s,应急广播结束后,所有扬声器应停止播放广播信息	消防控制器图形显示装置应显示火灾报警控制器的火灾报警信号,消防联动控制器的启动信号,且显示的信息应与控制器的显示一致	手动插入优先功能——应能手动控制所有的火灾声光警报器和扬声器停止正在进行的警报和应急广播	应能手动控制所有的火灾声光警报器和扬声器恢复警报和应急广播
检测部位							

检验员:

核验员:

表 9.13-45

火灾自动报警系统原始记录

检测项目：防火卷帘现场部件安装质量及基本功能

工程名称			施工单位		
部件类型		手动控制装置		规格型号	
	检验项目	标准条款	检测方法	检测结果	
单元(层数)			年 月 日		
设备设置部位					
设备安装	安装在明显便于操作位置	GB 50166—2019 3.1.1	目测		
	疏散通道两侧均应设置		目测		
	底边距(楼)地面高度宜为1.3~1.5m		钢卷尺		
	设明显永久性标识	GB 50166—2019 3.3.16	目测		
	安装牢固，不应倾斜		手试		
	按钮的连接导线，应留有不小于150mm的余量，且在其端部应有明显永久性标识		钢卷尺		
控制功能	通过操作手动控制装置应能控制防火卷帘上升、停止和下降	GB 50166—2019 4.13.3	手试		
	卷帘控制器应发出卷帘动作声、光信号		手试		
消防产品准入检验报告		GB 50166—2019 2.2.1	目测	□已提供 □未提供	

核验员：　　　　　　　　　　　　　　　　　　检验员：

542

火灾自动报警系统原始记录

表 9.13-46

检测项目：防火卷帘控制器基本功能

工程名称		主机编码		出厂日期	
部位			部位		

检测项目		标准条款	检测方法	检测结果	判定	检测项目		标准条款	检测方法	检测结果	判断
自检功能	指示灯	GB 50166—2019 4.13.1	手试			手动控制功能		GB 50166—2019 4.13.1	手试		
	显示器					速放控制功能		GB 50166—2019 4.13.1	手试		
	音响器件					自动转换	主、备电自动转换	GB 50166—2019 4.13.1	手试		
故障报警功能	与备用电源之间连线短路、断路时,100s内报故障声光信号		秒表 秒表				指示灯显示工作状态				
	与速放控制装置间连线断路、短路时,100s内报故障声光信号	GB 50166—2019 4.13.1	秒表						.		
	与探测器连线断路、短路时,100s内发出故障声光信号		手试						.		
消声功能		GB 50166—2019 4.13.1	手试						.		

核验员：   检验员：

表 9.13-47

火灾自动报警系统原始记录

检测项目：防火卷帘控制功能

工程名称		施工单位	
卷帘设置部位	□非疏散通道 1~4,6~9　□疏散通道(控制器配接探测器)1,2,4~8　□疏散通道(控制器不配接探测器)1~8		

年 月 日

标准条款	GB 50166—2019　4.13.5、4.13.6、4.13.8	GB 50166—2019　4.13.9
检测方法	手试	目测	秒表	目测	手试

联动控制功能 / **手动控制功能**

项目：

1. 专用区域内感烟探测器
2. 感温探测器
3. 联动控制器发出启动信号，点亮启动指示灯
4. 卷帘控制器控制卷帘下降
5. 防火卷帘半降距地面 1.8m 处
6. 防火卷帘全降至地面
7. 消防联动控制器应接收并显示
   - 7.1 防火卷帘下降至距楼板面 1.8m 处、楼板面的反馈信号
   - 7.2 防火卷帘配接的火灾探测器的火灾报警信号
8. 消防控制器图形显示装置应显示信息，且显示的信息应与控制器的显示一致
   - 8.1 火灾报警控制器的火灾报警信号
   - 8.2 消防联动控制器的启动信号和设备动作的反馈信号
   - 8.3 火灾探测器的火灾报警信号和设备动作的反馈信号
9. 消防联动控制器应手动控制(总线控制盘上)手动控制防火卷帘的下降

检测结果

部位

核验员：

检验员：

火灾自动报警系统原始记录

检测项目：防火门监控器基本功能　　　　　　年　月　日　　　　　　　　　　　表9.13-48

工程名称						主机编码				出厂日期	
回路形式		□回路号(1)的基本功能　□回路号(M)的基本功能				控制器类型				部位	
检测项目		标准条款	检测方法	检测结果	判定	检测项目		标准条款	检测方法	检测结果	判断
自检功能	指示灯	GB 50166—2019 4.14.2	手试			防火门故障报警功能	常闭防火门未完全关闭时,监控器应在100s内发出故障声报警信号,点亮故障指示灯	GB 50166—2019 4.14.2、4.14.3	秒表		
	显示器						故障声报警信号每分钟至少提示一次,每次持续时间应为1～3s		秒表		
	音响器件						显示防火门地址注释信息,且显示的地址注释信息应与附录D一致		目测		
启动、反馈功能	监控器应能控制常开防火门关闭	GB 50166—2019 4.14.2、4.14.3	秒表			主、备电自动转换	自动转换	GB 50166—2019 4.14.2	手试		
							指示灯显示工作状态				
	接收并显示防火门关闭的反馈信息,显示防火门的地址注释信息,且应与附录D一致		目测			故障报警功能	与备用电源之间连线短路、断路时,100s内报故障	GB 50166—2019 4.14.2、4.14.3	秒表		
消声功能		GB 50166—2019 4.14.2	手试				与监控模块间连接线路断路时,100s内报故障类型和地址注释信息与附录D一致		秒表		

核验员：　　　　　　　　　　　　　　　　　检验员：

检测项目：防火门监控器现场部件

火灾自动报警系统原始记录

表 9.13-49

工程名称：

| 部件类型 | □监控模块 | □电动闭门器 | □释放器 | □门磁开关 |
| | | 施工单位 | | |

数量

年 月 日

厂家

检验项目	标准条款	检测方法	检测结果	判定	检测结果	判定	检测结果	判定	检测结果	判定	检测结果	判定
规格型号	GB 50116—2013	目测										
设置部位	GB 50166—2019 3.1.1	目测										
设置数量	GB 50166—2019 2.2.1	目测										
消防产品准入制度			□提供 □未提供									
安装后质量 监控模块至电动闭门器、释放器，门磁开关之间连接线的长度不应大于3m		钢卷尺										
监控模块、电动闭门器、释放器、门磁开关应安装牢固	GB 50166—2019 3.3.22	手试										
门磁开关安装不应破坏门扇与门框的密闭性		目测										

核验员：

检验员：

表 9.13-50

火灾自动报警系统原始记录

年 月 日

检测项目：防火门监控器现场部件基本

工程名称		施工单位	
部件类型	□监控模块　□电动闭门器　□释放器　□门磁开关		

部位									部位						
检验项目		标准条款	检测方法	检测结果	判定				检验项目		标准条款	检测方法	检测结果	判定
监控模块离线故障报警功能	监控模块离线时，监控器应发出故障声、光信号	GB 50166—2019 4.14.4	手试						监控模块反馈功能	常开防火门监控模块应接收并向监控器发送常开防火门闭合反馈信号	GB 50166—2019 4.14.6	手试		
	显示故障部件的类型和地址注释信息，应与附录 D 一致		目测							监控器应显示防火门的地址注释信息，且与附录 D 一致		目测		
监控模块连接部件断线故障报警功能	监控模块与连接部件的连接线路断路时，监控器应发出故障声、光信号	GB 50166—2019 4.14.5	手试						防火门门故障报警功能	常闭防火门未完全闭合时，监控模块应向监控器发送常闭防火门闭合信号，监控器应发出故障声、光信号	GB 50166—2019 4.14.7	手试		
	监控器显示故障部件的类型和地址注释信息，应与附录 D 一致		目测							监控器显示故障防火门的地址注释信息与附录 D 一致		目测		
监控模块启动功能		GB 50166—2019 4.14.6	手试											

核验员：　　　　　　　　　　　　　　　　　　　　　　　　　　　　　　　　检验员：

火灾自动报警系统原始记录

检测项目：防火门监控系统联动控制功能　　　年　月　日　　　　　　　　表9.13-51

检测结果　部位 项目	报警区域		消防联动控制器应发出控制防火门关闭的信号，点亮启动指示灯	监控器制区域有防火关闭	防火门监控应区域内常火全闭并每常关闭	火门控器接收显示正防门一开门闭反信号	消防控制器图形显示装置应显示信息		
	探测器动作	手动按钮					火灾报警控制器的火灾报警信号	消防联动控制器的启动信号和受控设备动作的反馈信号	显示的信息应与控制器的显示一致

核验员：　　　　　　　　　　　　检验员：

548

火灾自动报警系统原始记录

检测项目：气体、干粉灭火控制器基本功能　　　　年　月　日　　　　　　　　表 9.13-52

工程名称						主机编码			出厂日期		
系统形式	□不具有火灾报警功能的气体、干粉灭火控制器基本功能 □具有火灾报警功能的气体、干粉灭火控制器基本功能(续)								部位		
检测项目		标准条款	检测方法	检测结果	判定	检测项目	标准条款	检测方法	检测结果	判断
自检功能	指示灯	GB 50166—2019 4.15.1、4.15.2.	手试			手动控制功能	控制器应能手动控制特定防护区域声光警报器启动，防护区的防火门、窗和防火阀等关闭，通风空调系统停止	GB 50166—2019 4.15.1、4.15.2	手试		
	显示器										
	音响器件						并进入启动延时，延时结束后，控制驱动装置动作		秒表		
故障报警功能	与备用电源之间的连线断路、短路时，控制器应100s内发出故障声、光信号，显示故障类型		秒表				控制器发出声光信号，记录启动时间		目测		
	控制器应100s内显示故障部件的地址注释信息，且应与附录D一致	与声光报警器的连线断路、短路时	GB 50166—2019 4.15.1、4.15.2	秒表			主、备电自动转换	GB 50166—2019 4.15.1、4.15.2	手试		
		与驱动部件的连线断路、短路时		秒表			消声功能	GB 50166—2019 4.15.1、4.15.2	手试		
		与现场启动和停止按钮的连线断路、短路时		秒表			延时设置	GB 50166—2019 4.15.1、4.15.2	手试		
		与探测器、火灾报警按钮的连线断路、短路时	GB 50166—2019 4.15.2	秒表			手、自动转换功能	GB 50166—2019 4.15.1、4.15.2	手试		
	接收受控设备动作反馈信号，显示受控设备类型和地址信息		GB 50166—2019 4.15.1、4.15.2	手试			复位功能	GB 50166—2019 4.15.1、4.15.2	手试		

核验员：　　　　　　　　　　　　　　　　　　检验员：

火灾自动报警系统原始记录

表 9.13-53

检测项目：气体、干粉灭火控制器基本功能

| 工程名称 | | 系统形式 | | 主机编码 | | 出厂日期　　年　月　日 | | 部位 | |

检测项目		标准条款	检测方法	检测结果	判定	检测项目		标准条款	检测方法	检测结果	判断
系统形式											
□具有火灾报警功能的气体、干粉灭火控制器基本功能											
操作级别						火警优先功能	探测器、手报按钮发出出火灾报警信号后，控制器 10s 内发出声、光信号，并记录报警时间	GB 50166—2019 4.15.2	秒表		
屏蔽功能	指定部件屏蔽显示	GB 50166—2019 4.15.2	手试				控制器应发出部件类型和地址注释信息与附录D一致		目测		
	屏蔽解除功能	GB 50166—2019 4.15.2	手试			短路隔离	隔离短路总线控制设备数量不超过32个	GB 50166—2019 4.15.1、4.15.2	手试		
二次报警功能	探测器、手报按钮发出火灾报警信号后，控制器 10s 内发出声、光信号，并记录报警时间	GB 50166—2019 4.15.2	秒表			短路隔离保护功能	显示隔离设备类型、地址等		手试		
	显示报警类型、地址信息与附录D一致	GB 50166—2019 4.15.2	目测								

检验员：　　　　　　　　　　检验员：

550

火灾自动报警系统原始记录

表 9.13-54

检测项目：气体、干粉灭火系统现场部件

工程名称：				施工单位：			
部件类型	□火灾声警报器　□喷洒光警报器						
厂家：			数量：				

左表

检验项目		标准条款	检测方法	检测结果	判定
规格型号					
设置部位		GB 50116—2013	目测		
设置数量		GB 50166—2019 3.1.1	目测		
消防产品证书和标识		GB 50166—2019 2.2.1	目测	□提供 □未提供	
设备安装	火灾声警报器宜在防护区域内均匀安装		目测		
	喷洒光警报器应安装在防护区域外、且应安装在出口门的上方	GB 50166—2019 3.3.19	目测		
	壁挂方式安装时、底边距地面高度应大于2.2m		钢卷尺		
	应安装牢固、表面不应有破损		目测		

核验员：

右表

检验项目		标准条款	检测方法	检测结果	判定
火灾声警报器声警报功能	声警报的A计权声压级应大于60dB		声级计		
	环境噪声大于60dB时，声警报的A计权声压级应高于背景噪声15dB	GB 50166—2019 4.12.1	声级计		
	带有语音提示功能的声警报应能清晰播报语音信息				
火灾光警报器、喷洒光警报器光警报功能	在正常环境光线下，火灾光警报器在生产企业声称的最大设置间距处应可见	GB 50166—2019 4.12.2	手试		
	喷洒光警报器的光信号，最大设置间距处应清晰可见		目测		

检验员：

火灾自动报警系统原始记录

检测项目：气体、干粉灭火系统现场部件　　　　　年　月　日　　　　　　表 9.13-55

工程名称			施工单位						

部件类型：□手动与自动控制转换装置　□手动与自动控制状态显示装置　□现场启动和停止按钮

厂家			数量						

检验项目		标准条款	检测方法	检测结果	判定	检验项目	标准条款	检测方法	检测结果	判定
规格型号		GB 50116—2013	目测			现场启动和停止按钮离线故障报警功能｜按钮离线时，控制器应发出故障声、光信号	GB 50166—2019 4.15.5	手试		
设置部位		GB 50166—2019 3.1.1	目测			控制器应显示故障部件的类型和地址注释信息，与附录D一致		目测		
设置数量			目测							
消防产品准入制度		GB 50166—2019 2.2.1	目测	□提供 □未提供						
转换装置和按钮安装	应设置在明显和便于操作的部位，其底边距地(楼)面的高度宜为 1.3～1.5m，应设置明显的永久性标识	GB 50166—2019 3.3.16	钢卷尺			手动与自动控制转换及状态显示装置功能｜应能控制系统的控制方式，手动与自动控制状态显示装置应能准确显示系统的手动、自动控制工作状态	GB 50166—2019 4.15.6	手试		
	应安装牢固，不应倾斜		手试							
	连接导线，应留有不小于 150mm 的余量，且在其端部应有明显的永久性标识		钢卷尺			控制器应准确显示系统的手动、自动控制工作状态		目测		
显示装置安装	应安装在防护区域内的明显部位，壁挂方式安装时，底边距地面高度应大于 2.2m	GB 50166—2019 3.3.19	钢卷尺							
	应安装牢固，表面不应有破损		手试							

核验员：　　　　　　　　　　　　　　　　　　检验员：

火灾自动报警系统原始记录

表 9.13-56

检测项目：气体、干粉灭火系统控制功能

年 月 日

工程名称		施工单位	
控制器形式	气体、干粉灭火控制器　□具有火灾报警功能的气体、干粉灭火系统的联动控制功能 2~7,9~11.2　□不具有火灾报警功能的气体、干粉灭火系统的联动控制功能 2~11		
标准条款	GB 50166—2019　4.15.8,4.15.12,4.15.9,4.15.10,4.15.13,4.15.14		
检测方法	手试　目测　手试　目测　秒表　目测　手试　目测　手试　目测　手试		

检测结果　部位 / 检测项目（启动方式）	1. 现场紧急启、停按钮（手试）	2. 首次报警探测器□手动报警按钮（手试）	3. 灭火控制器启动防护区内声光警报器动作（目测）	4. 二次报警探测器□手动报警按钮（手试）	5. 灭火控制器启动并显示延时，并显示延时时间（目测）	6. 延时结束，灭火控制器应启动防护区域的电动送风阀、排风阀、防火阀、门、窗关闭（目测）	7. 防护区域外的火灾声光警报器、喷洒光警报器动作（秒表）	8. 灭火控制器应显示火灾报警部件信息且信息显示与附录 D 一致，显示启动和受控设备动作反馈信号，记录报警时间（秒表）	9. 灭火控制器接收并显示灭火装置、防火阀、门等设备动作的反馈信号（目测）	10. 消防联动控制器（目测）			11. 消防控制室图形显示装置应显示信息（手试）			12. 应能手动控制灭火控制器正在进行的联动控制操作（目测）	13. 控制器不具有火灾报警功能时：消防联动控制器接收并显示火灾控制器的手动停止控制信号（手试）
										10.1 发出首次启动信号，点亮启动指示灯	10.2 发出二次启动信号，完成启动	10.3 接收并显示灭火控制器的启动信号、受控设备动作的反馈信号	11.1 显示气体灭火控制器的状态	11.2 显示的信息与控制器的显示一致	11.3 显示火灾控制器手动停止控制信号		
联动																	
手动插入优先																	
现场紧急启、停按钮																	

校验员：　　　　　　　　　　　　　　　　　　　　　　　　　　检验员：

火灾自动报警系统原始记录

检测系统：火灾自动报警系统　　　　　　　　年　月　日　　　　　　　　　　表 9.13-57

依据标准	GB 50166—2019　4.16.1 GB 50116—2013　4.3		工程 名称						
检测项目		检测结果						检测 方法	判定
消防泵	现场启动消防泵	主泵 运行		备泵 运行		运行 指示		故障 指示		手试	
	现场二次启动消防泵	主泵 运行		备泵 运行		运行 指示		故障 指示		手试	
	控制室启动消防泵	主泵 运行		备泵 运行		运行 指示		故障 指示		手试	
	控制室二次启动消防泵	主泵 运行		备泵 运行		运行 指示		故障 指示		手试	
	消防泵自动联动	主泵 运行		备泵 运行		运行 指示		水箱间 流量开 关		手试	
	消防泵自动联动	主泵 运行		备泵 运行		运行 指示		水箱间 流量开 关		手试	
	消防泵自动联动	主泵 运行		备泵 运行		运行 指示		水箱间 流量开 关		手试	
	消防泵自动联动	主泵 运行		备泵 运行		运行 指示		泵出水 干管低 压压力 开关		手试	
	消防泵自动联动	主泵 运行		备泵 运行		运行 指示		泵出水 干管低 压压力 开关		手试	

核验员：　　　　　　　　　　　　　　　　　　　　　检验员：

火灾自动报警系统原始记录

依据标准	GB 50166—2019　4.17.6 GB 50116—2013　4.3	工程名称							

检测项目		检测结果						检测方法	判定
消防泵	现场启动消防泵	主泵运行		备泵运行		运行指示	故障指示	手试	
	现场二次启动消防泵	主泵运行		备泵运行		运行指示	故障指示	手试	
	控制室启动消防泵	主泵运行		备泵运行		运行指示	故障指示	手试	
	控制室二次启动消防泵	主泵运行		备泵运行		运行指示	故障指示	手试	
	消防泵自动联动	主泵运行		备泵运行		运行指示	消火栓按钮	手试	
	消防泵自动联动	主泵运行		备泵运行		运行指示	消火栓按钮	手试	
	消防泵自动联动	主泵运行		备泵运行		运行指示	消火栓按钮	手试	
	消防泵自动联动	主泵运行		备泵运行		运行指示	消火栓按钮	手试	
	消防泵自动联动	主泵运行		备泵运行		运行指示	消火栓按钮	手试	

核验员：　　　　　　　　　　　　　　　　　　检验员：

火灾自动报警系统原始记录

检测系统：火灾自动报警系统-自动喷水灭火系统　　　　　年　月　日　　　　　　表 9.13-59

依据标准	GB 50166—2019 4.16.5、4.15.2 GB 50116—2013　4.2	工程名称						

检测项目		检测结果						检测方法	判定
湿式和干式系统喷洒泵	现场启动喷洒泵	主泵运行		备泵运行		运行指示		故障指示		手试	
	现场二次启动喷洒泵	主泵运行		备泵运行		运行指示		故障指示		手试	
	直接手动启动喷洒泵	主泵运行		备泵运行		运行指示		故障指示		手试	
	控制室二次启动喷洒泵	主泵运行		备泵运行		运行指示		故障指示		手试	
	自动联动喷洒泵	主泵运行		备泵运行		水流指示		压力开关		手试	
	自动联动喷洒泵	主泵运行		备泵运行		水流指示		压力开关		手试	
	自动联动喷洒泵	主泵运行		备泵运行		水流指示		压力开关		手试	
	自动联动喷洒泵	主泵运行		备泵运行		水流指示		压力开关		手试	
	自动联动喷洒泵	主泵运行		备泵运行		水流指示		压力开关		手试	
	自动联动喷洒泵	主泵运行		备泵运行		水流指示		压力开关		手试	
	自动联动喷洒泵	主泵运行		备泵运行		水流指示		压力开关		手试	
	自动联动喷洒泵	主泵运行		备泵运行		水流指示		压力开关		手试	

核验员：　　　　　　　　　　　　　　　　　　　检验员：

火灾自动报警系统原始记录

检测项目：控制箱、柜　　　　　　　　年　月　日　　　　　　　　**表 19.13-60**

工程名称				施工单位					
部件类型	□消防泵控制箱、柜　□风机控制箱、柜			规格型号					
厂家		数量			系统分类				

检验项目	标准条款	检测方法	检测结果	判定	检验项目		标准条款	检测方法	检测结果	判定
规格型号	GB 50116—2013	目测			手、自动转换功能			手试		
设置部位	GB 50166—2019 3.1.1	目测			手动控制功能	主泵启动停状态	GB 50166—2019 4.16.1、4.18.1	手试		
消防产品证书和标识	GB 50166—2019 2.2.1	目测	□提供 □未提供			备泵启动停状态		手试		
设备安装 设备安装前检查	GB 50166—2019 3.3.23	目测			自动控制功能			手试		
设备安装 外接导线的端部，应设置明显的永久性标识	GB 50166—2019 3.3.23	目测			主、备泵自动切换功能（3s自动转换）		GB 50166—2019 4.16.1	秒表		
设备安装 应安装牢固，不应倾斜	GB 50166—2019 3.3.23	目测								
设备安装 安装在轻质墙体上时，应采取加固措施	GB 50166—2019 3.3.23	目测			手动控制插入优先功能		GB 50166—2019 4.16.1、4.18.1	手试		
操作级别	GB 50166—2019 4.16.1、4.18.1	手试								

核验员：　　　　　　　　　　　　　　　检验员：

557

火灾自动报警系统原始记录

检测项目：□自动喷水灭火系统　□消火栓系统联动部件　　　年　月　日　　　　　表 9.13-61

工程名称					施工单位		
部件类型	□水流指示器　□压力开关　□信号阀　□消防水池、水箱液位探测器						
标准条款	GB 50166—2019　4.16.2、4.16.3						
	手试	手试	手试	手试	目测		
检测结果 检测部位	基本功能						
	水流指示器动作	压力开关动作	信号阀动作	消防水池液位探测器低液位报警	消防水箱液位探测器低液位报警	消防联动控制器	
						显示动作部件类型和地址注释信息	显示的信息应与附录D一致

核验员：　　　　　　　　　　　　　　检验员：

558

火灾自动报警系统原始记录

检测系统：（　　）消防泵控制箱、柜基本功能　　　　年　月　日　　　　　**表 9.13-62**

检测项目		检测结果						消防联动控制器		消控室图形显示装置显示信息	判定
								发启动信号出/亮指示灯	接收并显示功能		
喷洒泵	现场二次启动喷洒泵	主泵运行		备泵运行		运行指示		故障指示			
	直接手动启动喷洒泵	主泵运行		备泵运行		运行指示		故障指示			
	控制室二次启动喷洒泵	主泵运行		备泵运行		运行指示		故障指示			
	自动联动喷洒泵	主泵运行		备泵运行		探测器或手报按钮报警		报警阀压力开关动作			
	自动联动喷洒泵	主泵运行		备泵运行		探测器或手报按钮报警		报警阀压力开关动作			
	自动联动喷洒泵	主泵运行		备泵运行		探测器或手报按钮报警		报警阀压力开关动作			
	自动连锁喷洒泵	主泵运行		备泵运行		水箱间流量开关		泵出水干管启泵压力开关			
	自动连锁喷洒泵	主泵运行		备泵运行		水箱间流量开关		泵出水干管启泵压力开关			

依据标准　GB 50166—2019　4.16.1、4.16.6　　GB 50116—2013　4.2　　工程名称

核验员：　　　　　　　　　　　　　　　　　　检验员：

火灾自动报警系统原始记录

检测系统：自动喷水灭火系统-预作用　　　　年　月　日　　　　　表 9.13-63

依据标准	GB 50166—2019　4.16.6、4.16.8、4.16.9 GB 50116—2013　4.2	工程名称		

检测方法				检测结果				消防联动控制器 发出启动信号/亮指示灯	消防联动控制器 接收并显示功能	消控室图形显示装置显示信息	判定
预作用系统喷洒泵	现场启动喷洒泵	主泵运行	备泵运行		运行指示	故障指示					
	现场二次启动喷洒泵	主泵运行	备泵运行		运行指示	故障指示					
	控制室直接启动喷洒泵	主泵运行	备泵运行		运行指示	故障指示					
	控制室二次启动喷洒泵	主泵运行	备泵运行		运行指示	故障指示					
	自动联动喷洒泵（预）	感烟	预作用阀动作	排气阀前电动阀	水流指示器	压力开关	喷洒泵运行				
	自动联动喷洒泵（预）	感烟、手报	预作用阀动作	排气阀前电动阀	水流指示器	压力开关	喷洒泵运行				
	自动联动喷洒泵（预）	感烟	预作用阀动作	排气阀前电动阀	水流指示器	压力开关	喷洒泵运行				
	联动控制器直接启动功能	编号	预作用阀动作	排气阀前电动阀	水流指示器	压力开关	喷洒泵运行				

核验员：　　　　　　　　　　　　　　　　　检验员：

火灾自动报警系统原始记录

检测系统：自动喷水灭火系统-预作用　　　　　年　月　日　　　　　　　　　　　表9.13-64

依据标准	GB 50166—2019　4.16.6、4.16.9、4.16.13 GB 50116—2013　4.2							工程名称			
检测项目			检测结果						消防联动控制器		消防控制室图形显示装置显示信息	判定
									发出启动信号/亮指示灯	接收并显示功能		
直接手动控制功能	联动控制器直接启动功能	编号	预作用阀动作	排气阀前电动阀	水流指示器	压力开关	喷洒泵运行					
	联动控制器直接启动功能	编号	预作用阀动作	排气阀前电动阀	水流指示器	压力开关	喷洒泵运行					
	联动控制器直接启动功能	编号	预作用阀动作	排气阀前电动阀	水流指示器	压力开关	喷洒泵运行					
	联动控制器直接启动功能	编号	预作用阀动作	排气阀前电动阀	水流指示器	压力开关	喷洒泵运行					
	联动控制器直接启动功能	编号	预作用阀动作	排气阀前电动阀	水流指示器	压力开关	喷洒泵运行					
	联动控制器直接启动功能	编号	预作用阀动作	排气阀前电动阀	水流指示器	压力开关	喷洒泵运行					
	联动控制器直接启动功能	编号	预作用阀动作	排气阀前电动阀	水流指示器	压力开关	喷洒泵运行					
	联动控制器直接启动功能	编号	预作用阀动作	排气阀前电动阀	水流指示器	压力开关	喷洒泵运行					

核验员：　　　　　　　　　　　　　　　　　　　　检验员：

火灾自动报警系统原始记录

检测系统：**自动喷水灭火系统-雨淋系统**　　　　　年　月　日　　　　　　　　**表 9.13-65**

检测项目		检测结果				消防联动控制器 发出启动信号/亮指示灯	消防联动控制器 接收并显示功能	消防联动控制器	判定
雨淋系统喷洒泵	现场二次启动喷洒泵	主泵运行	备泵运行	运行指示	故障指示				
	控制室直接启动喷洒泵	主泵运行	备泵运行	运行指示	故障指示				
	控制室二次启动喷洒泵	主泵运行	备泵运行	运行指示	故障指示				
	自动联动喷洒泵	感温	雨淋阀组开启	水流指示	压力开关	喷洒泵运行			
	自动联动喷洒泵	感温、手报	雨淋阀组开启	水流指示	压力开关	喷洒泵运行			
	联动控制器直接启动功能	编号	雨淋阀组开启	水流指示	压力开关	喷洒泵运行			
	联动控制器直接启动功能	编号	雨淋阀组开启	水流指示	压力开关	喷洒泵运行			

核验员：　　　　　　　　　　　　　　　　　检验员：

562

火灾自动报警系统原始记录

年　月　日

表 9.13-66

检测系统：火灾自动报警系统-自动喷水灭火系统

依据标准	GB 50166—2019　4.16.9、4.16.16、4.16.13 GB 50116—2013　4.2			工程名称					
检测项目	检测结果					消防联动控制器		消防联动控制器	判定
						发启动信号出/亮指示灯	发启动信号出/亮指示灯		
现场启动喷洒泵	主泵运行	备泵运行	运行指示	故障指示					
现场二次启动喷洒泵	主泵运行	备泵运行	运行指示	故障指示					
控制室直接启动喷洒泵	主泵运行	备泵运行	运行指示	故障指示					
控制室二次启动喷洒泵	主泵运行	备泵运行	运行指示	故障指示					
自动联动喷洒泵（防火卷帘保护）	传十探测器或手报	水幕阀组动作	压力开关						
自动联动喷洒泵（防火卷帘保护）	传十探测器或手报	水幕阀组动作	压力开关						
联动控制器直接启动功能	编号	水幕阀组动作	压力开关	喷洒泵运行					
联动控制器直接启动功能	编号	水幕阀组动作	压力开关	喷洒泵运行					

（左侧分组标签：自动控制水幕系统喷洒泵）

核验员：　　　　　　　　　　　　　检验员：

563

表 9.13-67

火灾自动报警系统原始记录

检测系统：自动喷水灭火系统-自动控制水幕系统

依据标准	GB 50166—2019	4.16.1、4.16.9、4.16.13、4.16.17					工程名称				判定
	GB 50116—2013	4.2					年 月 日				
检测项目		检测结果						消防联动控制器			
								发出启动信号出/亮指示灯	发出启动信号出/亮指示灯	消防联动控制器	
自动控制水幕系统喷洒泵	现场启动喷洒泵	主泵运行	备泵运行	运行指示	故障指示						
	现场二次启动喷洒泵	主泵运行	备泵运行	运行指示	故障指示						
	控制室直接启动喷洒泵	主泵运行	备泵运行	运行指示	故障指示						
	控制室二次启动喷洒泵	主泵运行	备泵运行	运行指示	故障指示						
	自动联动喷洒泵（防火分隔）	感温	水幕阀组动作		压力开关	喷洒泵运行					
	联动控制器直接启动功能	编号	水幕阀组动作		压力开关	喷洒泵运行					
	联动控制器直接启动功能	编号	水幕阀组动作		压力开关	喷洒泵运行					

核验员：　　　　　　　　　检验员：

564

火灾自动报警系统原始记录

表 9.13-68

检测项目：消火栓按钮的安装质量及功能

工程名称		施工单位	年 月 日
部件类型	□消火栓按钮		
数量		厂家	

	检验项目	标准条款	检测方法	检测结果	判定
设备设置	规格型号	GB 50116—2013 3.1.1	目测		
	设置数量	GB 50166—2019 2.2.1	目测		
	设置部位		目测		
	消防产品准入制度证书和标识	GB 50166—2019 4.17.3	目测	□提供 □未提供	
离线故障报警功能	按钮离线时，控制器应发出故障声、光信号		声级计		
	控制器应显示故障部件的类型和地址注释信息，应与附录D一致	GB 50166—2019 4.17.4	声级计		
	按钮启动，确认灯应点亮并保持		手试		
启动功能 控制器	发出声、光报警信号，记录启动时间		目测		
	应显示启动部件的类型和地址注释信息		目测		

	检验项目	标准条款	检测方法	检测结果	判定
控制启动功能	显示的地址注释信息应与附录D一致	GB 50166—2019 4.17.4	目测		
	消防泵启动后，按钮回答确认灯应点亮并保持		目测		
按钮安装质量	应安装在消火栓箱内		目测		
	应安装牢固，不应倾斜		手试		
	按钮安装导线应留有余量不小于150mm	GB 50166—2019 3.3.19	钢卷尺		
	导线端部应有明显的永久性标识		目测		

核验员：

检验员：

表 9.13-69

火灾自动报警系统原始记录

工程名称									施工单位		

检测项目：消火栓系统控制功能　　　　　　　　年　月　日

标准条款	GB 50166—2019 4.17.6						GB 50166—2019 4.16.6		
检测方法	手试		目测					手试	
项目	联动控制功能							直接手动控制功能	
	1. 发出火灾报警信号	2. 消火栓按钮动作	3. 联动控制器发出启动信号，点亮启动指示灯	4. 消防泵控制箱、柜应控制启动消防泵	5. 消防联动控制器应接收并显示	6. 消防控制器图形显示装置应显示信息，且显示的信息应与控制器的显示一致		7. 在消防控制器能通过消防联动控制器的直接手动控制单元	8. 消防控制室图形显示装置应显示消防联动控制器的直接手动控制启动、停止信号
	1.1 两只火灾探测器　1.2 或一只火灾探测器和手动火灾报警按钮				5.1 干管水流指示器的动作反馈信号　5.2 显示动作部件类型地址的信息与附录D一致	6.1 火灾报警控制器的火灾报警信号　6.2 消防联动控制器的启动信号和设备动作的反馈信号	6.3 消火栓按钮的启动信号	7.1 手动控制消防泵箱、柜启动消防泵运转　7.2 手动控制消防泵箱、柜停止消防泵运转	
检测结果　部位									

核验员：　　　　　　　　　　　　　　　　　　　　　　检验员：

表 9.13-70

火灾自动报警系统原始记录

检测项目：防排烟系统联动部件基本功能

工程名称		施工单位		年　月　日

部件类型：□电动送风口　□电动挡烟垂壁　□排烟口　□排烟阀　□排烟窗　□电动防火阀　□排烟风机入口处的总管上设置280℃的排烟防火阀

标准条款	GB 50166—2019　4.18.2、4.18.3	GB 50166—2019　4.18.6、4.18.9
检测方法	手试	目测	手试

项目 检测结果 部位	消防联动控制器总线控制设备动作基本功能						消防联动控制器受控设备动作信号反馈基本功能			排烟防火阀动作信号反馈功能
	1.电动送风口开启	2.电动挡烟垂壁下降	3.排烟口开启	4.排烟阀开启	5.排烟窗开启	6.电动防火阀关闭	7.消防联动控制器应接收并显示			排烟防火阀动作信号反馈功能
							7.1 受控设备的动作反馈信号	7.2 排烟防火阀关闭，排烟风机停止动作反馈信息	7.3 显示动作部件类型和地址注释信息应与附录D一致	8.排烟防火阀关闭后，排烟风机停止运转

核验员：　　　　　　　　　　　　　　　检验员：

火灾自动报警系统原始记录

表 9.13-71

检测项目：防排烟系统控制功能

工程名称：		施工单位：	

系统类别：□加压送风系统的联动控制功能　□电动挡烟垂壁、排烟系统的联动控制功能

年　月　日

项目	联动控制功能										直接手动控制功能			
标准条款	GB 50166—2019 4.18.5										GB 50166—2019 4.18.6、4.18.9			
检测方法	手试					目测					手试			
	1. 防火分区发出火灾报警信号		2.联动控制器发出启动信号、点亮启动指示灯	3.相应电动送风口开启	4.风机控制箱、控制加压送风机启动	5.消防联动控制器显示		6.消防联动控制器图形显示装置应显示信息，且显示应与控制器的显示一致		7.在消防控室应能通过消防联动控制器的直接手动控制单元		8.消防控室图形显示装置应显示消防联动控制器的直接手动启动、停止控制信号
检测结果 部位	1.1 两只火灾探测器或防烟区域/两只感烟探测器	1.2 或一只火灾探测器和手动火灾报警按钮				5.1 电动送风口、加压送风机的动作信号	5.2 显示动作部件类型和地址注释信息应与附录D一致	6.1 火灾报警控制器的火灾报警信号	6.2 消防联动控制器的启动信号和设备动作的反馈信号	7.1 手动控制风机控制箱、柜启动加压送风机、排烟风机	7.2 手动控制风机箱、柜停止加压送风机、排烟风机停止	

核验员：　　　　　　　　　　　检验员：

火灾自动报警系统原始记录

表 9.13-72

检测项目：防排烟系统控制功能

工程名称														
系统类型	□电动挡烟垂壁、排烟系统的联动控制功能													
标准条款	GB 50166—2019 4.18.8										GB 50166—2019 4.18.6、4.18.9			
检测方法	手试								目测		手试			

项目 ＼ 检测结果 部位	联动控制功能												直接手动控制功能	
	1.防烟分区两只感烟探测器	2.联动控制器发出启动信号，点亮启动指示灯	3.电动挡烟垂壁下降	4.排烟口开启	5.排烟阀开启	6.排烟窗开启	7.空调系统的电动防火阀关闭	8.风机控制箱、控制柜应控制的排烟风机启动	9.消防联动控制器应接收并显示		10.消防控制装置应显示的信息，且显示的信息应与控制器的显示一致		11.在消防控制室应能通过消防联动控制单元直接手动控制	12.消防控制室图形显示装置应显示消防联动控制器的直接手动控制启动、停止控制信号
									9.1受控的设备的动作反馈信号	9.2显示动作部件类型和地址注释信息应与附录D一致	10.1火灾报警控制器的火灾报警信号	10.2消防联动控制器的启动信号和设备动作的反馈信号	11.1手动控制风机控制箱、柜启动加压送风机、排烟风机 / 11.2手动控制风机控制箱、柜停止加压送风机、排烟风机停止	

核验员：

检验员：

火灾自动报警系统原始记录

表 9.13-73

检测项目：消防应急照明和疏散指示系统控制功能

工程名称		施工单位	
系统形式	□集中控制型系统的控制功能 1-5,7-8　　□非集中控制型系统应急启动控制功能 1,2,5,6		
标准条款	GB 50166—2019　4.19.1,4.19.2		
检测方法	手试　　　目测		

年　月　日

联动控制功能

项目					
检测结果 部位					

6. 火灾报警控制器
- 1. 报警区域内两只火灾探测器或一探测器和一手报
- 2. 火灾报警控制器控制输出触点动作
- 3. 联动控制器发出启动信号，点亮启动指示灯动作
- 4. 应急照明控制器控制配接的消防应急灯具点亮、熄灭
- 5. 控制系统蓄电池电源的应急灯点亮、熄灭转换
- 6.1 控制应急照明集中电源转入蓄电池电源输出
- 6.2 控制应急照明配电箱切断主电源输出
- 6.3 控制接收其配具灯的源应光点亮急点亮

7. 消防联动控制器应接收并显示
- 7.1 应急照明控制器应启动的动作反馈信号
- 7.2 显示动作件类型和地址注释信息，显示地址的注释信息应与附录 D 一致

8. 消防控制器图形显示装置应显示信息
- 8.1 火灾报警控制器的火灾报警信号
- 8.2 消防联动控制器的启动信号和设备的反馈信号
- 8.3 显示的信息应与控制器的显示一致

校验员：

表 9.13-74

火灾自动报警系统原始记录

检测项目：电梯、非消防电源等相关系统联动控制功能

工程名称	
系统形式	施工单位
标准条款	□电梯、非消防电源等相关系统联动控制功能
检测方法	GB 50166—2019 4.20.2
	手试 目测

项目 检测结果 部位	联动控制功能				5. 消防联动控制器应接收并显示		6. 消防控制器图形显示装置应显示信息		
	1. 报警区域内火灾探测器或手动报警按钮报警	2. 消防联动控制器或消控电梯停于首层或转换层	3. 联动控制器发出切断相关非消防电源启动信号、非消防电源断电状态	4. 联动控制器发出其他相关系统设备启动信号、点亮启动指示灯	5.1 受控设备的动作反馈信号	5.2 显示动作类型部件信息，显示的地址注释信息、显示的地址与附录D一致	6.1 火灾报警控制器的火灾报警信号	6.2 消防联动控制器的启动信号和设备动作的反馈信号	6.3 显示的信息应与控制器信息显示一致

核验员：

检验员：

火灾自动报警系统原始记录

检测系统：消防电梯   年 月 日   表 9.13-75

依据标准	GB 50016—2014 7.3.7、7.3.8 GB 50116—2013 4.7；GB 50166—2019 4.20.2			工程名称		
检验项目	消防电梯型号		制造单位		数量	
电梯编号						
设置位置						
专用按钮						
专用电话						
运行时间						
挡水措施						
排水措施						
报警联动						
远程启动						
现场启动						
首层信号反馈						
电源自动切换						
备注：						

核验员：   检验员：

火灾自动报警系统原始记录

检测系统：火灾自动报警系统　　　　　　年　月　日　　　　　　　　表 9.13-76

工程名称		依据标准	GB 50166—2019； GB 50116—2013 GB 4717—2005； GB 16806—2006	
检验项目	消防联动控制器(设备)基本功能及系统整体联动功能			
标准条款	GB 50116—2013　4.0； GB 50166—2019　3.21.2； GB 4717—2005　4.2.7、5.2.4、5.2.8 GB 16806—2006　4.2.1.1～4.2.7.5			
检验结果				
外观质量		自动喷水灭火系统联动控制		火灾警报的联动控制	
安装		气体灭火系统联动控制		自动/手动工作状态显示,手动插入优先	
火灾报警功能		泡沫灭火系统联动控制		消防控制室的手动直接控制装置	
消声复位功能		干粉灭火系统联动控制		控制输出功能设置延时和信息记录功能	
故障报警功能		防火门及防火卷帘系统联动控制		自检功能和操作级别	
显示报警部位		通风空调系统联动控制		隔离(屏蔽)功能	
显示保护对象平面图		防烟排烟系统联动控制		总线隔离器设置	
显示电源工作状态		电梯联动控制		电源转换功能	
切断非消防电源		消防应急广播系统的联动控制		信号显示功能	
消火栓系统联动控制		消防应急照明和疏散指示系统的联动控制		其他	

核验员：　　　　　　　　　　　　　　　　检验员：

火灾自动报警系统原始记录

检测系统：火灾自动报警系统　　　　　　　年　月　日　　　　　　　　　　**表 9.13-77**

依据标准	GB 50166—2019、GB 50116—2013			工程名称				
检验项目	标准条款	检测方法	检测结果	判定	检验项目	标准条款	检测方法	检测结果	判定
消防控制室	设计	GB 50116—2013 3.4	目测			设备布置	设备面盘前操作距离	GB 50116—2013 3.4	钢卷尺		
	设置	送、回风管的穿墙处应设防火阀					经常工作一面，设备面盘至墙的距离		钢卷尺		
		单独设置时，消防控制室内电气线路及管路					设备面盘后的维修距离		钢卷尺		
		不应设置在电磁场干扰较强等设备用房附近					设备面盘的排列长度大于 4m 时，其两端通道		钢卷尺		
	基本设备的配置						与其他弱电系统合用时，消防设备集中设置，有明显间隔		目测		
	起集中控制功能报警控制器的设置					系统接地	及专用接地线的安装应满足设计要求	GB 50166—2019 3.4.1	目测		
	显示装置接口		目测				交流供电和 36V 以上直流供电的消防用电设备的接地保护，接地线与电气保护接地干线（PE）相连接	GB 50166—2019 3.4.2	目测		
	外线电话		目测				存档文件资料	GB 50166—2019 6.0.1	目测		

核验员：　　　　　　　　　　　　　　　　　　检验员：

火灾自动报警系统原始记录

检测系统：火灾自动报警系统　　　　　　　　年　月　日　　　　　　　　**表 9.13-78**

检验项目		标准条款	检测方法	检测部位	检测结果	判定
依据标准		GB 50166—2019；GB 50116—2013	工程名称			
导线选择	种类	GB 50166—2019 3.2.9	目测			
	电压等级					
导线颜色		GB 50166—2019 3.2.10	目测			
管内和线槽内不应有积水及杂物		GB 50166—2019 3.2.11				
线路明敷设		GB 50166—2019 3.2.1	钢直尺			
线路暗敷设		GB 50166—2019 3.2.2	钢直尺			
管线经过建筑物的沉降缝、伸缩缝、抗震缝等变形处，应采取补偿措施		GB 50166—2019 3.2.3	目测			
管口密封处理		GB 50166—2019 3.2.4	目测			
系统应单独布线，除设计要求以外，不同回路、不同电压和交流与直流的线路，不应布在同一管内或槽盒的同一槽孔内		GB 50166—2019 3.2.12	目测			
线缆在管内或槽盒内，不应有接头或扭结		GB 50166—2019 3.2.13	目测			
导线应在接线盒内采用焊接、压接、接线端子可靠连接		GB 50166—2019 3.2.13	目测			
从接线盒、线槽等处引的线路采用金属软管保护时长度		GB 50166—2019 3.2.14	钢卷尺			
接线盒设置		GB 50166—2019 3.2.5	钢卷尺			
锁母、护口		GB 50166—2019 3.2.6、3.2.14	目测			
回路导线对地绝缘电阻值		GB 50166—2019 3.2.16	兆欧表			

核验员：　　　　　　　　　　　　　　　检验员：

火灾自动报警系统原始记录

检测系统：火灾自动报警系统 　　　　　　　年　月　日 　　　　　　　表 9.13-79

依据标准	GB 50166—2019；GB 50116—2013		工程名称			
检验项目	标准条款	检测方法	检测部位	检测结果		判定
线缆跨越变形缝的两侧应固定，并留有余量	GB 50166—2019　3.2.3	钢卷尺				
槽盒敷设时，在槽盒始端、终端及接头处；槽盒转角或分支处；直线段不大于3m处设置吊点或支点	GB 50166—2019　3.2.7	钢卷尺				
槽盒接口应平直、严密，槽盖应齐全、平整、无翘角，并列安装时，槽盖应便于开启	GB 50166—2019　3.2.8	目测				
系统的布线还应符合现行国家标准《建筑电气工程施工质量验收规范》GB 50303—2015 的相关规定	GB 50166—2019　3.2.15	目测				
电缆竖井	GB 50116—2013　11.2.4	目测				
电缆井、管道井防火封堵	GB 50016—2014　6.2.9.3	目测				
系统接地电阻值	GB 50116—2013　10.2.1	接地电阻测试仪		□共用　□专用		
接地导线截面积	GB 50116—2013　10.2.3、10.2.4	卡尺				
消防专用电话	GB 50116—2013　3.4.3	手试				
内线电话	GB 50166—2019　4.6.2	手试				

核验员： 　　　　　　　　　　　　　　　　检验员：

576

9.14 引用标准名录

《建筑设计防火规范》GB 50016—2014（2018 年版）

《火灾自动报警系统设计规范》GB50116—2013

《火灾自动报警系统施工及验收规范》GB 50166—2019

《家用火灾安全系统》GB 22370—2008

《消防控制室通用技术要求》GB 25506—2010

《建筑消防设施的维护管理》GB 25201—2010

《消防联动控制系统》GB 16806—2006

《火灾报警控制器》GB 4717—2005

《线型光束感烟火灾探测器》GB 14003—2005

《线型火灾感温探测器》GB 16280—2014

《防火门监控器》GB 29364—2012

《火灾显示盘》GB 17429—2011

《可燃气体报警控制器》GB 16808—2008

《消防应急照明和疏散指示系统技术标准》GB 51309—2018

《无线火灾自动报警系统技术规程》DB 21/T2966—2018

《建筑电气工程施工质量验收规范》GB 50303—2015

《建筑电气火灾监控系统》GB 14287—2014

《消防设备电源监控系统 》GB 28184—2011

《电气装置安装工程爆炸和火灾危险环境电气装置施工及验收规范》GB 50257—2014

《可视图像早期火灾报警系统技术规程》CECS 488：2016

《火灾探测报警产品的维修保养与报废》GB 29837—2013

《建筑消防设施检测技术规范》GA 503—2004

《民用建筑电气设计规范》JGJ 16—2008

《石油化工可燃气体和有毒气体检测报警设计规范》GB 50493—2009

《火灾自动报警系统组件兼容性要求》GB 22134—2008

第10章 消防供配电

消防供配电指在正常和应急情况下消防用电设备的电源及配电系统设计，合理科学的消防供配电设计关系到建筑消防设施可靠运行、人员安全疏散及消防救援人员的生命安全。

10.1 消防用电及负荷等级

消防用电设备包含消防水泵、消防电梯、防烟排烟设施、火灾探测与报警系统、自动灭火系统或装置、疏散照明、疏散指示标志、火灾时需要坚持工作房间的备用照明、电动的防火门窗、卷帘、阀门等设备。

根据建筑扑救难度、建筑的功能及其重要性，以及建筑发生火灾后可能所造成的损失或影响的程度，将消防用电设备分为一级负荷、二级负荷、三级负荷。

10.1.1 一级负荷

下列场所的消防用电应按一级负荷供电：

1）建筑高度大于50m的乙类、丙类生产厂房和丙类物品仓库；

2）一类高层民用建筑；

3）一级大型石油化工厂；

4）钢铁冶金企业内的消防水泵；

5）大型物资仓库；

6）建筑面积大于5000m² 的人防工程；

7）Ⅰ类汽车库。

10.1.2 二级负荷

下列建筑物、储罐（区）和堆场的消防用电应按二级负荷供电：

1）室外消防用水量大于30L/s的厂房（仓库）；

2）室外消防用水量大于35L/s的可燃材料堆场、可燃气体储罐（区）和甲、乙类液体储罐（区）；

3）粮食仓库及粮食筒仓；

4）二类高层建筑；

5）座位数超过1500个的电影院、剧场；

6）超过3000个座位的体育馆；

7）任一层建筑面积大于 3000m² 的商店和展览建筑；

8）省（市）级及以上的广播电视、电信和财贸金融建筑；

9）室外消防用水量大于 25L/s 的其他公共建筑；

10）建筑面积小于或等于 5000m² 的人防工程；

11）Ⅱ、Ⅲ类汽车库和Ⅰ类修车库；

12）钢铁冶金企业除消防水泵以外的消防用电设备。

10.1.3　三级负荷

除一、二级负荷以外的消防用电均属于三级负荷。

10.2　消防用电设备供配电系统

10.2.1　消防用电设备的供电电源要求

1）一级负荷的供电电源要求

（1）一级负荷供电应由两个电源供电，且应满足下述条件：

① 当一个电源发生故障时，另一个电源不应同时受到破坏；

② 一级负荷中特别重要的负荷，除由两个电源供电外，尚应增设应急电源，并严禁将其他负荷接入应急供电系统。应急电源可以是独立于正常电源的发电机组、供电网中独立于正常电源的专用的馈电线路、蓄电池或干电池。

（2）结合目前我国经济和技术条件、不同地区的供电状况，以及消防用电设备的具体情况，具备下列条件之一的供电，可视为一级负荷：

① 电源一个来自区域变电站（电压在 35kV 及以上），同时另设一台自备发电机组。

② 电源来自两个区域变电站。

③ 电源来自两个不同的发电厂。

2）二级负荷的供电电源要求

二级负荷的供电系统要尽可能采用两回路供电。在负荷较小或地区供电条件困难的条件下，允许由一路 6kV 以上专线架空线或电缆供电。

当采用架空线时，可为一回路架空线供电；当采用电缆线路供电时，由于电缆发生故障恢复时间和故障点排查时间长，故应采用两个电缆组成的线路供电，且每个电缆均应能承受 100% 的二级负荷。

3）三级负荷的供电电源要求

三级消防用电设备采用专用的单回路电源供电，有条件的建筑要尽量通过设置两台终端变压器来保证建筑的消防用电。

10.2.2　消防备用电源

对于重要的消防设备，为了保证供电的可靠性，除提供一路常用电源给消防设备供电外，另需要设置一路独立的电源作为备用电源。正常情况下，消防设备采用常用主电源供电，当主电源出线故障时，自动切换成备用电源供电。

除独立于工作电源的市电回路可作为备用电源外，常采用以下两种设备作为备用电源：应急发电机、应急电源装置（EPS）。

1）应急发电机组

应急发电机组有柴油发电机组和燃气轮机发电机组两种，一般采用柴油发电机组。

应急发电机组的选择应符合下列规定：

（1）机组容量与台数应根据应急负荷大小和投入顺序，以及单台电动机最大启动容量等因素综合确定。当应急负荷较大时，可采用多机并列运行，机组台数宜为 2～4 台。当受并列条件限制，可实施分区供电。当用电负荷谐波较大时，应考虑其对发电机的影响。

（2）在方案及初步设计阶段，柴油发电机容量可按配电变压器总容量的 10%～20% 进行估算。在施工图设计阶段，可根据一级负荷、消防负荷，以及某些重要二级负荷的容量，按下列方法计算的最大容量确定：

① 按稳定负荷计算发电机容量；

② 按最大的单台电动机或成组电动机启动的需要，计算发电机容量；

③ 按启动电动机时，发电机母线允许电压降计算发电机容量。

（3）当有电梯负荷时，在全电压启动最大容量笼型电动机情况下，发电机母线电压不应低于额定电压的 80%；当无电梯负荷时，其母线电压不应低于额定电压的 75%。当条件允许时，电动机可采用降压启动方式。

（4）多台机组时，应选择型号、规格和特性相同的机组和配套设备。

（5）宜选用高速柴油发电机组和无刷励磁交流同步发电机，配自动电压调整装置。选用的机组应装设快速自启动装置和电源自动切换装置。

2）应急电源装置（EPS）

EPS 是指平时以市政电源给蓄电池充电，市电断开后利用蓄电池继续供电的备用电源装置。EPS 的选择应符合下列规定：

（1）EPS 装置应按负荷性质、负荷容量及备用供电时间等要求选择。

（2）EPS 装置可分为交流制式及直流制式。电感性和混合性的照明负荷宜选用交流制式；纯阻性及交、直流共用的照明负荷宜选用直流制式。

（3）EPS 的额定输出功率不应小于所连接的应急照明负荷总容量的 1.3 倍。

（4）EPS 的蓄电池初装容量应保证备用时间不小于 90min。

（5）EPS 装置的切换时间应满足下列要求：

① 用作安全照明电源装置时，不应大于 0.25s；

② 用作疏散照明电源装置时，不应大于 5s；

③ 用作备用照明电源装置时，不应大于 5s；金融、商业交易场所不应大于 1.5s。

3）消防备用电源的选型及设置

消防备用电源电源类型的选择，应根据负荷的容量、允许中断供电的时间，以及要求的电源为交流或直流等条件来进行。

（1）消防备用电源电源类型的选择

消防用电设备与适宜备用电源种类表　　　　表 10.2

需要配接备用电源的消防设备	适宜的备用电源种类	
	应急发电机	应急电源装置（EPS）
室内消火栓系统	适宜	适宜
防排烟系统	适宜	适宜
自动喷水灭火系统	适宜	适宜
泡沫灭火系统	适宜	适宜
干粉灭火系统	适宜	适宜
消防电梯	适宜	不适宜
火灾自动报警系统	不适宜	适宜
电动防火门窗	适宜	适宜
消防联动控制系统	不适宜	适宜
消防应急照明和疏散指示系统	不适宜	适宜

（2）建筑内设置的自备柴油发电机一般作为备用电源外，可兼作建筑物内消防设备的应急电源，其确保的供电范围如下：

① 消防设施用电：消防电梯、消防水泵、防烟排烟设施、火灾自动报警、自动灭火装置、应急照明和电动的防火门、窗、卷帘门等；

② 保安设施、通信、航空障碍灯、电钟灯设备用电；

③ 航空港、星级饭店、商业、金融大厦中的中央控制室及计算机管理系统；

④ 大、中型电子计算机室等用电；

⑤ 医院手术室、重症监护室等用电；

⑥ 具有重要意义场所的部分电力和照明用电。

10.2.3　消防用电设备的配电设计

1）消防用电设备的配电设计要求

为了保证消防设备配电的独立性和可靠性，需满足以下要求：

（1）消防用电设备应采用专用的供电回路，当建筑内的生产、生活用电被切断时，应仍能保证消防用电。

（2）消防配电干线宜按防火分区划分，消防配电支线不宜穿越防火分区。

（3）消防控制室、消防水泵房、防烟和排烟风机房的消防用电设备及消防电梯等的供电，应在其配电线路的最末一级配电箱处设置自动切换装置。

（4）按一、二级负荷供电的消防设备，其配电箱应独立设置；按三级负荷供电的消防设备，其配电箱宜独立设置。消防配电设备应设置明显标志。

2）消防用电设备的配电接线形式

消防用电设备要求采用专用的供电回路，其宗旨是确保火灾期间消防电源最大限度的不受非消防负荷的影响。满足要求的做法是应从建筑物变电所低压侧封闭母线处就将消防电源分出各成独立系统。如果建筑物为低压电缆进线，则从进线隔离电器下端将消防电源和非消防电源分开，从而确保消防电源相对建筑物而言是独立的，保证消防负荷供电的可靠性。推荐的低压配电接线方案如图 10-1、图 10-2 所示：

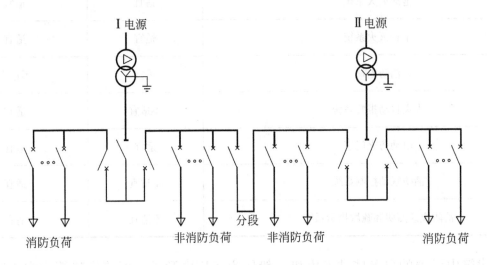

图 10-1　消防设备、非消防设备分组配电方案一

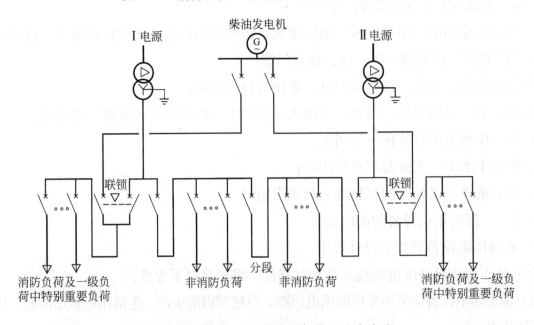

图 10-2　消防设备、非消防设备分组配电方案二

10.2.4　消防配电导线选择及敷设

1）导线选择

（1）消防线路的导线选择及其敷设，应满足火灾时连续供电或传输信号的需要，所有消防线路，应为铜芯导线或电缆。

（2）对一类高层建筑、对于大中型商店建筑的营业厅，以及重要的公共场所等防火要求高的建筑物，应采用阻燃低烟无卤交联聚乙烯绝缘电力电缆、电线或无烟无卤电力电缆、电线。

（3）当消防配电线路与其他配电线路在同一电缆井、沟内敷设时，消防配电线路应采用矿物绝缘类不燃性电缆。

2）线路敷设应要求

（1）当采用矿物绝缘电缆时，可采用明敷设或在吊顶内敷设。

（2）难燃型电缆或有机绝缘耐火电缆，在电气竖井内或电缆沟内敷设时可不穿导管保护服，但应采取与非消防用电电缆隔离措施。

（3）当采用有机绝缘耐火电缆为消防设备供电的线路，采用明敷设、吊顶内敷设或架空地板内敷设时，应穿金属导管或封闭式金属线槽保护；所穿金属导管或封闭式金属线槽应采取涂防火涂料等防火保护措施；当线路暗敷设时，应穿金属导管或难燃型刚性塑料导管保护，并应敷设在不燃烧结构内，且保护层厚度不应小于 30mm。

10.3　电气防火要求及技术措施

10.3.1　电气线路防火

电气线路是用于传输电能、传递信息和宏观电磁能量转换的载体，电气线路除了由外部的火源或火种直接引燃外，主要是由于自身在运行过程中出现的短路、过载、接触电阻过大，以及漏电等故障产生电弧、电火花或电线、电缆过热，引燃电线、电缆以及其周围的可燃物而引发的火灾。

1）电线电缆导体材料的选择

（1）电线电缆选择的一般要求

根据使用场所的潮湿、化学腐蚀、高温等环境因素及额定电压要求，选择适宜的电线电缆。同时根据系统的荷载情况，合理地选择导线截面面积，在经过计算所需导线截面积上留出适当增加负荷的余量。

（2）适用于地下客运设施、地下商业区、高层建筑和重要公共设施等电线电缆导体材料的选择：

① 固定敷设的供电线路宜选用铜芯线缆。

② 重要电源、重要的操作回路及二次回路、电动机的励磁回路等需要确保长期运行在连接可靠条件下的回路；移动设备的线路及振动场所的线路；对铝有腐蚀的环境；高温环

境、潮湿环境、爆炸及火灾危险环境；工业及市政工程等场所不应选用铝芯电缆。

③ 消防负荷、导体截面积在 10mm² 及以下的线路应选用铜芯电缆。

④ 对铜有腐蚀而对铝腐蚀相对较轻的场所应选用铝芯电缆。

2）电线电缆绝缘材料及护套的选择

（1）普通电线电缆

普通聚氯乙烯电线电缆的使用温度范围为 -15～60℃，适用场所的环境温度超出该范围时，应采用特种聚氯乙烯电线电缆；普通聚氯乙烯电线电缆在燃烧时会散发有毒烟气，不宜设在人员密集场所。

交联聚氯乙烯（XLPE）电线电缆不具备阻燃性能，但燃烧时不会产生大量烟气，适合用于有"清洁"要求的工业与民用建筑。

橡胶电线电缆的弯曲度好，能够在严寒气候下敷设，适合用于水平高差大和垂直敷设的场所；橡胶电线电缆适用于移动式设备的供电线路。

（2）阻燃电线电缆

阻燃电线电缆是指在规定试验条件下被燃烧，能使火焰蔓延仅在限定范围内，撤去火源后，残余和残灼能在限定时间内自行熄灭的电缆。

阻燃电缆的性能主要用氧指数和发烟性两个指标来评定。由于空气中氧气占 21%，因此氧指数超过 21 的材料在空气中会自熄。材料的氧指数越高，表示它的阻燃性越好。

阻燃电缆按燃烧时的烟气特性可分为一般阻燃电缆、低烟低卤阻燃电缆和无卤阻燃电缆 3 大类。电线电缆成束敷设时，应采用阻燃型电线电缆。当电缆在桥架内敷设时，应考虑在将来增加电缆时，也能符合阻燃等级，宜按近期敷设电缆的非金属材料体积预留 20% 余量。电线在槽盒内敷设时，也宜按此原则来选择阻燃等级。

同一通道中敷设的电缆应选用同一阻燃等级的电缆。阻燃和非阻燃电缆也不宜在同一通道内敷设。非同一设备的电力与控制电缆若在同一通道时，宜互相隔离。

直埋地电缆、直埋入建筑孔洞或砌体的电缆及穿管敷设的电线电缆，可选用普通型电线电缆。敷设在有盖槽盒、有盖板的电缆沟中的电缆若已采取封堵、阻水、隔离等防止延燃的措施，可降低一级阻燃要求。

（3）耐火电线电缆

耐火电线电缆是指在规定试验条件下，在火焰中被燃烧一定时间内能保持正常运行特性的电缆。

耐火电缆按绝缘材质可分为有机型和无机型两种。有机型主要采用 800℃ 高温的云母带以 50% 的重叠搭盖包覆两层作为耐火层；外部采用聚氯乙烯或交联聚氯乙烯为绝缘，若同时要求阻燃，只要绝缘材料选用阻燃型材料即可。有机型耐火电缆加入隔氧层后，可以耐受 950℃ 高温。无机型是矿物绝缘电缆。它是采用氧化镁作为绝缘材料、铜管作为护套的电缆，国际上称为 MI 电缆。

耐火电线电缆主要适用于在火灾时仍需要保持正常运行的线路，如工业及民用建筑的消防系统应急照明系统、救生系统、报警及重要的检测回路等。

耐火等级应根据火灾时可能达到的火焰温度确定。火灾时，由于环境温度剧烈升高，导致线芯电阻的增大，当火焰温度为 800～1000℃ 时，导体电阻增大 3～4 倍，此时仍应保证系统正常工作，需按此条件校验电压损失。耐火电缆亦应考虑自身在火灾时的机械强度，因此明敷的耐火电缆截面积应不小于 2.5mm²。应区分耐高温电缆与耐火电缆，前者只适用于调温环境。一般有机类的耐火电缆本身并不阻燃。若既需要耐火又要满足阻燃，应采用阻燃耐火型电缆或矿物绝缘电缆。普通电缆及阻燃电缆敷设在耐火电缆槽盒内，并不一定满足耐火要求，设计选用时必须注意这一点。

3）电线电缆截面积的选择

电线电缆截面积的选型原则应符合下列规定：

（1）通过负荷电流时，线芯温度不超过电线电缆绝缘所允许的长期工作温度；

（2）通过短路电流时，不超过所允许的短路强度，高压电缆要校验热稳定性，母线要校验动、热稳定性；

（3）电压损失在允许范围内；

（4）满足机械强度的要求；

（5）低压电线电缆应符合过负载保护的要求，还应保证在接地故障时保护电器能断开电路。

4）电气线路的保护措施

为有效预防由于电气线路故障引发的火灾，除了合理地进行电线电缆的选型，还应根据现场的实际情况合理选择线路的敷设方式，并严格按照有关规定规范线路的敷设及连接环节保证线路的施工质量。此外，低压配电线路还应按照《低压配电设计规范》GB 50054—2011 及《剩余电流保护装置安装和运行》GB/T 13955—2017 等相关标准要求设置短路保护、过载保护和接地故障保护。

（1）短路保护

短路保护装置应保证在短路电流对导体和连接处产生的热效应和机械力造成危害之前分断该短路电流；分段能力不应小于保护电气安装的预期短路电流，但在上级已装有所需分断能力的保护电气时，下级保护电路的分断能力允许小于预期短路电流，此时该上、下级保护电器的特性必须配合，使得通过下级保护电器的能量不超过其能够承受的能量。应在短路电流使导体达到允许的极限温度之前分断该电流。

（2）过载保护

保护电器应在过载电流引起的导体升温对导体的绝缘的绝缘、接头、端子或导体周围的物质造成损害之前分断过过载电流。对于突然断电比过载造成更大的损失更大的线路，如消防水泵之类的负荷，其过载保护应作为报警信号，不应作为直接切断电路的触发信号。

过载保护电器的动作特性应同时满足以下两个条件：

① 线路计算电流小于或等于熔断器熔断体的额定电流，后者应小于或等于导体允许持续载流量。

② 保证保护电器可靠动作的电流小于或等于 1.45 倍熔断器熔体额定电流。

需要注意的是，当保护电器为断路器时，保证保护电器可靠动作的电流为约定时间内的约定动作电流；当保护电器为熔断器时，保证保护电器可靠动作的电流为约定时间内的熔断电流。

（3）接地故障保护

当发生带电导体与外露可导电部分、装置外可导电部分、PE 线、PEN 线、大地等之间的接地故障时，保护电器必须切断该故障电路。接地故障保护电器的选择应根据配电系统的接地形式、电气设备使用特点及导体截面积等确定。

TN 系统的接地保护方式具体有以下几种：

① 当灵敏性符合要求时，采用短路保护兼作接地故障保护；

② 零序电流保护模式适用于 TN-C、TN-C-S、TN-S 系统，不适用于谐波电流大的配电系统；

③ 剩余电流保护模式适用于 TN-S 系统，不适用于 TN-C 系统。

10.3.2 用电设备防火

1) 照明灯具防火

照明灯具是现代照明的主要方式，电气照明往往伴随着大量的热和高温，如果安装或使用不当，极易引发火灾。照明灯具包括室内各类照明及艺术装饰的灯具，如各种室内照明灯具、镇流器、启辉器等。常用照明灯具有：白炽灯、荧光灯、高压汞灯、高压钠灯、卤钨灯和霓虹灯等。照明灯具的防火主要应从灯具选型、安装、使用上采取相应的措施。

2) 照明灯具的设置要求

（1）在连续出现或长期出现气体混合物的场所和连续出现或长期出现爆炸性粉尘混合物的场所选用定型照明灯具有困难时，可将开启型照明灯具做成嵌墙式壁龛灯，检修门应向墙外开启，并保证通风良好；向室外照射的一面应有双层玻璃严密封闭，其中至少有一层必须是高强度玻璃，安装位置不应设在门、窗及排风口的正上方，距门框、窗框的水平距离应不少于 3m，距排风口水平距离不小于 5m。

（2）照明与动力合用一电源时，应有各自的分支回路，所有照明线路均应有短路保护装置。配电盘后接线要尽量减少接头，接头应采用锡钎焊接并应用绝缘电布包好，金属盘面还应有良好的接地。

（3）照明电压一般采用 220V，携带式照明灯具（俗称行灯）的供电电压不应超过 36V，如在金属容器及特别潮湿场所内作业，行灯电压不得超过 12V。36V 以下照明供电变压器严禁使用自耦变压器。

（4）36V 以下和 220V 以上的电源插座应有明显区别，低压插头应无法插入较高电压的插座内。

（5）每一照明单相分支回路的电流不宜超过 16A，所接光源不宜超过 25 个；连接建筑组合灯具时，回路电流不宜超过 25A，光源数不宜超过 60 个；连接高强度气体放电灯的单相分支回路的电流不应超过 30A。

（6）插座不宜和照明灯连接在同一分支回路上。

（7）各种零件必须符合电压、电流等级，不得过电压、过电流使用。

（8）明装吸顶灯具采用木制底台时，应在灯具与底台中间铺垫石板或石棉布。附带镇流器的各式荧光吸顶灯，应在灯具与可燃材料之间加垫瓷夹板隔热，禁止直接安装在可燃吊顶上。

（9）可燃吊顶上所有暗装、明装灯具、舞台暗装彩灯、舞池脚灯的电源导线，均应穿钢管敷设。

（10）舞台暗装彩灯泡、舞池脚灯彩灯灯泡的功率均宜在 40W 以下，最大不应超过 60W。彩灯之间导线应焊接，所有导线不应与可燃材料直接接触。

（11）各种零件必须符合电压、电流等级、过电流使用。

10.3.3　电气装置防火

1）开关防火

开关应设开关箱内，开关箱应加盖。木质开关箱的内表面应覆以白铁皮，以防起火时蔓延。开关箱应设在干燥处，不应安装在易燃、受振、潮湿、高温、多尘的场所。开关的额定电流和额定电压均应和实际使用情况相适应。降低接触电阻防止发热过度。潮湿场所应选用拉线开关。有化学腐蚀、火灾危险和爆炸危险的房间，应把开关安装在室外或合适的地方，否则应用相应形式的开关，例如在有爆炸危险场所的场所采用隔爆型、防爆充油的防爆开关。

在中性点接地的系统中，单极开关必须接在相线上，否则开关虽断，电气设备仍然带电，一旦相线接地，有发生接地短路引起火灾的危险。库房内的电气线路，更需注意。

对于多极开关，应保证各级动作的同步性且接触良好，避免引起多相电动机因缺项运行而损坏的事故。

2）熔断器防火

选用熔断器的熔丝时，熔丝的额定电流与被保护的设备相适应，且不应大于熔断器、电度表等的额定电流。一般应在电源进线，线路分支和导线截面积改变的地方安装熔断器，尽量使每段线路都能得到可靠的保护。为避免熔体爆断时引起周围可燃物燃烧，熔断器宜装在具有火灾危险厂房的外边，否则应加密封外壳，并远离可燃建筑物件。

3）继电器防火

继电器在选用时，除线圈电压、电流应满足要求外，还应考虑被控对象的延误时间、脱扣电流倍数、触电个数等因素。继电器要安装在少振、少尘、干燥的场所，现场严禁有易燃、易爆物品存在。

4）接触器防火

接触器一般安装在干燥，少尘的控制箱内，其灭弧装置不能随意拆开，以免损坏。

5）启动器防火

启动器着火，主要是由于分断电路时接触部位的电弧飞溅，以及接触部位的接触电阻过大而产生的高温烧坏开关设备并引燃可燃物，因此启动器附近严禁有易燃、易爆物品存在。

10.3.4 剩余电流保护装置防火

剩余电流保护装置的火灾危险在于发生漏电事故后没有及时动作、不能迅速切断电源而引起的人身伤亡事故、设备损坏，甚至火灾。应按使用要求及规定位置进行选择和安装，以免影响动作性能。在安装带有短路保护的剩余电流保护装置时，必须保证在电弧喷出方向有足够的飞弧距离。应注意剩余电流保护装置的工作条件，在高温、低温、高湿、多尘，以及有腐蚀性气体环境中使用时，应采取必要的辅助保护措施。接线时应注意分清负载侧与电源侧，应按规定接线，切记接反。注意分清主电路与辅助电路的接线端子，不能接错。注意区分中性线和保护线。

10.4 消防供配电系统检测

10.4.1 供电设施

技术要求：按照《建筑设计防火规范》GB 50016—2014 的消防电源及其配电相关要求，查验消防负荷等级、供电形式，应为正式供电，并符合消防技术标准和消防设计文件要求。

检测方法：查阅供电合同及设计文件，现场核查供电负荷及消防设备配电设置，进行主备电切换试验，确认供电负荷等级符合设计要求。

10.4.2 消防专用供电回路

技术要求：消防用电设备应采用专用的供电回路。

检测方法：对照设计，直观检查。

10.4.3 消防配电设备

1）消防配电设备标志

（1）技术要求：消防配电设备应设有明显标志，其配电线路宜按防火分区划分。

（2）检测方法：现场检查消防配电设备的配电箱（柜），是否设有明显标志，观察本防火分区消防用电设备是否断电，是否切断其他防火分区及其他无关设备电源。

2）消防配电线路防护

技术要求：

消防用电设备的配电线路应满足火灾时连续供电的需要，暗敷时应穿阻燃硬质塑料管或金属管并敷设在不燃烧体结构内且保护层厚度不应小于 30mm，明敷时应穿有防火保护的金属管或有防火保护的封闭式金属线槽，保护层厚度应符合防火涂料标准要求，线路保护应完整密实；当采用阻燃或耐火电缆并敷设在电缆井、沟内时，可不穿金属导管或采用金属槽盒保护；当采用矿物绝缘类不燃性电缆时，可直接明敷。

检验方法：

查看消防设备供、配电的线路保护的管、槽材料，检查其防火检测报告；矿物绝缘类不燃性电缆检查产品检测报告；用超声波检测仪测试暗敷配电线路的结构保护层厚度，直观检查线路保护完整性。

10.4.4　消防用电设备

技术要求：

消防控制室、消防水泵房、防烟与排烟风机房及消防电梯等消防用电设备的供电应在配电线路的最末一级配电箱处设置自动切换装置，且能正常切换。设有主、备电自动切换装置的消防设备配电箱，当主电源发生故障时，备用电源应能自动投入，且设备运行正常。

检测方法：

查看各消防用电设备最末级配电箱内是否设置主备电自动切换装置。模拟主电源断电，在消防控制室、消防水泵房、消防电梯机房、防烟与排烟风机房等消防用电设备的最末一级配电箱处查看备用消防电源的自动投入及指示灯的显示情况；恢复主电，查看自投自复式装置的备电是否断开正常，各仪表、指示灯显示是否正常，对自投非自复式装置，切断备电，查看是否恢复主电工作。

10.4.5　消防备用电源柴油发电机

1）外观

技术要求：仪表、指示灯及开关按钮等应完好，显示应正常。

检测方法：观察发电设备仪表、指示灯及开关按钮是否完好，显示是否正常。

2）功能试验

技术要求：发电设备的规格、型号、功率应符合设计要求；自动启动并达到额定转速并发电的时间不应大于 30s，发电机运行及输出功率、电压、频率的显示均应正常。

检测方法：查看备用发电机或其他备用电源的铭牌，核对设计文件。现场手动启动发电机；自动方式启动发电机并用秒表计时至正常供电输出；核对仪表的显示及数据、并观察机组的运行状况，并与发电机铭牌参数进行核对。

3）其他备用电源

技术要求：应急电源装置（EPS）其供电时间和容量符合设计要求。

检测方法：查看产品使用说明书及检测报告，核对与设计要求是否一致。

10.4.6　检测规则

实际安装数量。

10.5　系统检测验收国标版检测报告格式化

消防供配电设备检验项目　　　　　　　　　　　表 10.5

检验项目		规范章节	检验结果	判定	重要程度
一、供电设施		GB 50016—2014　10.1.1~10.1.3 GB 50052—2009　3.0.1~3.0.9			A类
二、消防专用供电回路		GB 50016—2014　10.1.6			A类
三、消防配电设备	1. 消防配电设备标志	GB 50016—2014　10.1.9			B类
	2. 消防配电线路保护	GB 50016—2014　10.1.10			B类
四、消防控制室、消防水泵房等消防用电设备末级电源自动切换装置		GB 50016—2014　10.1.8 GB 50067—2014　9.0.2			A类
五、火灾自动报警系统供电		GB 50116—2013　10.1.1、10.1.2			A类
六、应急照明系统供电		GB 50016—2014　10.1.5 GB 51309—2018　3.2.4、3.3.1、3.3.2			A类
七、消防备用电源	发电机				
	a. 发电机容量等	JGJ 16—2008　6.1.2			A类
	b. 多机组规格、型号和特性相同性	JGJ 16—2008　6.1.2、6.1.4			A类
	c. 机房通风	JGJ 16—2008　6.1.3			B类
	d. 自动功能试验	GB 50016—2014　10.1.4 GB 50052—2009　4.0.2 JGJ 16—2008　6.1.8、6.1.10			A类
	e. 储油设施	JGJ 16—2008　6.1.11			A类
	其他备用电源	GB 50052—2009　3.0.4 GB 50116—2013　10.1			A类

10.6　引用标准、资料名录

《建筑设计防火规范》GB 50016—2014（2018 年版）

《供配电系统设计规范》GB 50052—2009

《汽车库、修车库、停车场设计防火规范》GB 50067—2014

《火灾自动报警系统设计规范》GB 50116—2013

《民用建筑电气设计规范》JGJ 16—2008

《消防应急照明和疏散指示系统技术标准》GB 51309—2018

《低压配电设计规范》GB 50054—2011

《剩余电流保护装置安装和运行》GB/T 13955—2007

《细水雾灭火系统技术规范》GB 50898—2013

《气体灭火系统设计规范》GB 50370—2005

《气体灭火系统施工及验收规范》GB 50263—2007

《二氧化碳灭火系统设计规范》GB 50193—93

《柜式气体灭火装置》GB 16670—2006

《泡沫灭火系统施工及验收规范》GB 50281—2006

《防火卷帘、防火门、防火窗施工及验收规范》GB 50877—2014

《固定消防炮灭火系统施工与验收规范》GB 50498—2009

《防火门》GB 12955—2019

《防火窗》GB 16809—2009

《防火卷帘》GB 14102—2005

《门和卷帘耐火试验方法》GB 7633—2008

第 11 章 固定消防炮灭火系统

11.1 固定消防炮灭火系统概述

固定消防炮系统按喷射介质可分为水炮系统、泡沫炮系统、水/泡沫两用炮和干粉炮系统；按安装方式分为固定式、隐蔽式、移动式、消防炮塔和船用消防炮；按控制方式分为手动、远控、自动和数码编程消防炮；按喷射状态分为直流、直流/喷雾和摇摆炮。

11.2 固定消防炮灭火系统选择

11.2.1 系统选用的灭火剂应和保护对象相适应，并应符合下列规定：

1）泡沫炮系统适用于甲、乙、丙类液体、固体可燃物火灾场所；

2）干粉炮系统适用于液化石油气、天然气等可燃气体火灾场所；

3）水炮系统适于一般固体可燃物火灾场所；

4）水炮系统和泡沫炮系统不得用于扑救遇水发生化学反应而引起燃烧、爆炸等物质的火灾。

11.2.2 设置在下列场所的固定消防炮灭火系统宜选用远控炮系统：

1）有爆炸危险性的场所；

2）有大量有毒气体产生的场所；

3）燃烧猛烈，产生强烈辐射热的场所；

4）火灾蔓延面积较大，且损失严重的场所；

5）高度超过 8m，且火灾危险性较大的室内场所；

6）发生火灾时，灭火人员难以及时接近或撤离固定消防炮位的场所。

11.3 固定消防炮灭火系统组件及要求

11.3.1 一般规定

1）消防炮、泡沫比例混合装置、消防泵组等专用系统组件必须采用通过国家消防产品质量监督检验测试机构检测合格的产品。

2）主要系统组件的外表面涂色宜为红色。

3）安装在防爆区内的消防炮和其他系统组件应满足该防爆区相应的防爆要求。

11.3.2　组件构成

包括水炮、泡沫炮、干粉炮、消防泵组、供水管道、泡沫液罐、泡沫比例混合装置、干粉罐、氮气瓶组、阀门、动力源、消防炮塔控制装置等系统组件及压力表、过滤装置和金属软管系统配件。

11.3.3　水炮安装和固定

1）室内消防炮的布置数量不应少于两门，其布置高度应保证消防炮的射流不受上部建筑构件的影响，并应能使两门水炮的水射流同时到达被保护区域的任一部位。

2）消防炮的安装应在供水管线系统试压、冲洗合格后进行。

3）消防炮可以根据炮的种类、作用力和场所不同另行选择安装位置，但其布置高度应保证射流不受影响和遮挡。

4）远控炮及自动炮可直接安装于墙柱上，当需进行人控操作和检修时，宜设置消防炮平台，平台及组件不得影响消防炮转动和工作，其结构强度应考虑喷射反作用力及人员设备的重量。

5）安装场所有防爆需求时，应采用防爆电机及可隔爆的装置，并满足《爆炸和火灾危险性环境电力装置设计规范》GB 50058—2014 的要求。

11.3.4　安装验收要求

组件安装应符合下列规定：

1）无变形及其他机械性损伤；

2）外露非机械加工表面保护涂层完好；

3）无保护涂层的机械加工面无锈蚀；

4）所有外露接口无损伤，堵、盖等保护物包封良好；

5）名牌标记清晰、牢固。

6）安装细则见《固定消防炮灭火系统设计规范》GB 50338—2003。

11.3.5　消防炮

1）远控消防炮应同时具有手动功能。

2）消防炮应满足相应使用环境和介质的防腐蚀要求。

3）安装在室外消防炮塔和设有护栏的平台上的消防炮的俯角均不宜大于 50°，安装在多平台消防炮塔的低位消防炮的水平回转角不宜大于 220°。

4）室内配置的消防水炮的俯角和水平回转角应满足使用要求。

5）室内配置的消防水炮宜具有直流—喷雾的转换功能。

11.3.6　泡沫比例混合装置与泡沫液罐

1）泡沫比例混合装置应具有在规定流量范围内自动控制混合比的功能。

2）泡沫液罐宜采用耐腐蚀材料制作；当采用钢质罐时，其内壁应做防腐蚀处理。与泡沫液直接接触的内壁或防腐层对泡沫液的性能不得产生不利影响。

3）贮罐压力式泡沫比例混合装置的贮罐上应设安全阀、排渣孔、进料孔、人孔和取样孔。

4）压力比例式泡沫比例混合装置的单罐容积不宜大于 $10m^3$。囊式压力式泡沫比例混合装置的皮囊应满足存贮、使用泡沫液时对其强度、耐腐蚀性和存放时间的要求。

11.3.7　泡沫比例混合装置与泡沫液罐

1）干粉罐必须选用压力贮罐，宜采用耐腐蚀材料制作；当采用钢质罐时，其内壁应做防腐蚀处理；干粉罐应按现行压力容器国家标准设计和制造，并应保证其在最高使用温度下的安全强度。

2）干粉罐的干粉充装系数不应大于 1.0kg/L。

3）干粉罐上应设安全阀、排放孔、进料孔和人孔。

4）干粉驱动装置应采用高压氮气瓶组，氮气瓶的额定充装压力不应小于 15MPa。干粉罐和氮气瓶应采用分开设置的形式。

5）氮气瓶的性能应符合现行国家有关标准的要求。

11.3.8　消防泵组与消防泵房

1）消防泵选用根据《消防给水及消火栓系统技术规范》GB 50974—2014 执行。

2）柴油机消防泵站应设置进气和排气的通风装置，冬季室内最低温度应符合柴油机制造厂提出的温度要求。

3）消防泵站内的电气设备应采取有效的防潮和防腐蚀措施。

11.3.9　阀门和管道

1）当消防泵出口管径大于 300mm 时，不应采用单一手动启闭功能的阀门。阀门应有明显的启闭标志，远控阀门应具有快速启闭功能，且密封可靠。

2）常开或常闭的阀门应设锁定装置，控制阀和需要启闭的阀门应设启闭指示器。参与远控炮系统联动控制的控制阀，其启闭信号应传至系统控制室。

3）干粉管道上的阀门应采用球阀，其通径必须和管道内径一致。

4）管道应选用耐腐蚀材料制作或对管道外壁进行防腐蚀处理。

5）在使用泡沫液、泡沫混合液或海水的管道的适当位置宜设冲洗接口。在可能滞留空气的管段的顶端应设置自动排气阀。

6）在泡沫比例混合装置后宜设旁通的试验接口。

11.3.10　消防炮塔

1）消防炮塔应具有良好的耐腐蚀性能，其结构强度应能同时承受使用场所最大风力和消防炮喷射反力。消防炮塔的结构设计应能满足消防炮正常操作使用的要求。

2）消防炮塔应设有与消防炮配套的供灭火剂、供液压油、供气、供电等管路，其管径、强度和密封性应满足系统设计的要求。进水管线应设置便于清除杂物的过滤装置。

3）室外消防炮塔没有防止雷击的避雷装置、防护栏杆和保护水幕；保护水幕的总流量不应小于 6L/s。

4）泡沫炮应安装在多平台消防炮塔的上平台。

11.4 固定消防炮系统检测

11.4.1 消防供水设施

消防水源、消防水箱、稳压设施、消防水泵、水泵接合器、消防水泵房等。

检测方法：参照第 2 章 2.4 节内容。

11.4.2 消防炮

1）一般规定

检测方法：对照设计，直观检查消防炮的规格型号、数量、安装位置应符合设计文件要求。

2）室外消防炮

（1）室外消防炮的布置及安装位置

检测方法：对照设计，直观检查：室外消防炮的布置及安装位置。

（2）装卸码头消防炮布置

检测方法：核查设计要求，直观检查。

3）室内消防炮

（1）室内消防炮的布置及安装位置

检测方法：对照设计，直观检查：消防炮的布置高度应保证消防炮的射流不受上部建筑构件的影响，并能使两门水炮的水射流同时到达被保护区域的任一部位。

（2）室内消防炮启动水泵按钮

检测方法：对照设计，直观检查消防炮、消防水泵启动按钮。

（3）现场操控装置

检测方法：对照设计，直观检查操控装置的设置。

11.4.3 管网

1）管材

检测方法：对照设计，直观检查：管材及压力等级应符合规范及设计要求，管材、管件内外涂层不应有脱落、锈蚀，表面无划痕、无裂痕。

2）阀门启闭标志

检测方法：观察阀门是否有明显的启闭标志。

3）阀门锁定装置

检测方法：观察阀门是否设置锁定装置，控制阀和需要启闭的阀门的启闭指示器。

4）控制阀的启闭信号

检测方法：手动开启和关闭控制阀，在控制室观察启闭反馈信号。

5）管道控制阀安装

检测方法：尺量检查控制阀安装高度。

11.4.4 系统功能

1）手动控制消防炮的功能

检测方法：手动操控消防炮。用压力表测量喷射压力。角度仪测量仰俯角度、水平回转角度。

2）炮位处的启泵按钮启泵功能

检测方法：按下启泵按钮，消防泵正常启动。

3）远控炮的远程控制功能

（1）远程控制消防泵的启、停；消防水泵的启、停状态和故障状态。

检测方法：在消防控制室远程操控消防泵，水泵按操控命令启停，动作状态和故障状态信号在消防控制室能显示。

（2）远程控制电动阀门的开启、关闭，相关信号能反馈至消防控制室。

检测方法：在消防控制室远程操控电动阀门，阀门按操控命令启停，其动作状态信号在消防控制室能显示。

（3）远程控制消防炮的俯仰、水平回转动作。

检测方法：在消防控制室远程操控消防炮，消防炮俯仰、水平回转动作正常。

（4）远控炮系统联动控制功能

检测方法：确认系统满足以下检测条件后，按设计的联动控制单元进行逐个检查。接通系统电源，使待检联动控制单元的被控设备均处于自动状态，按下对应的联动启动按钮，该单元应能按设计要求自动启动消防泵组，打开阀门等相关设备，用秒表测试开始喷水的时间，用压力表测试进口水压，直至消防炮喷射灭火剂（或水幕保护系统水），尺量射程距离。该单元设备的动作与信号反馈应符合设计要求。

11.4.5 抽检规则

本规则适用于建筑工程自动喷水灭火系统竣工验收检验。

1）抽样比例、数量

（1）消防水泵主、备电源切换应进行1~2次试验；

（2）消防炮、阀门、试验接口、套管安装等应按实际安装数量全部进行检验；

（3）管道坡度、坡向干管抽查1条；支管抽查2条；分支管抽查10%，且不得少于1条；

（4）管道固定立管应全数检查，其他管道按安装总数的5%抽查，且不得少于5个；

（5）系统联动功能试验应进行1~2次；

（6）其他项目按相关规定进行检验。

2）抽样方法

按上述规定抽样时，应在系统中分区、分楼层随机抽样。

11.5　系统检测验收国标版检测报告格式化

固定消防炮灭火系统检验报告　　　　　表 11.5

检验项目		规范章节条款	检验结果	判定	备注
一、系统施工质量	(一)水源	GB 50498—2009　8.2.1			
	1.水池或水罐、水箱容积	GB 50498—2009　8.2.1			A类
	2.天然水源	GB 50498—2009　8.2.1			A类
	3.补水设施	GB 50498—2009　8.2.1			A类
	4.水位指示器	GB 50498—2009　8.2.1			A类
	5.灭火剂等补给时间	GB 50338—2003　4.1.5			A类
	(二)消防水箱	GB 50498—2009　8.2.1;GB 50974—2014　5.2			
	1.有效容积	GB 50974—2014　5.2.1	m³		A类
	2.设置位置	GB 50974—2014　5.2.2、5.2.4			A类
	3.水箱安装	GB 50974—2014　5.2.6			C类
	4.水箱进水管设置	GB 50974—2014　5.2.6.5			B类
	5.水箱出水管设置	GB 50974—2014　5.2.6.9～5.2.6.11　5.2.6.1			B类
	6.溢流管、排水设施	GB 50974—2014　5.2.6.8、12.3.3.6			C类
	7.高位消防水箱水位监测	GB 50974—2014　11.0.7.3			C类
	8.合用水箱	GB 50974—2014　5.2.6.1、13.1.3.1			B类
	(三)消防水泵接合器	GB 50974—2014　5.4.3、5.4.7～5.4.9、12.3.6;GB 50016—2014　8.1.3			
	1.固定消防炮灭火系统接合器设置	GB 50016—2014　8.1.3			A类
	2.设置数量	GB 50974—2014　5.4.3			B类
	3.设置位置	GB 50974—2014　5.4.7			B类
	4.水泵接合器安装	GB 50974—2014　5.4.8			B类
	5.水泵接合器标志	GB 50974—2014　5.4.9			B类

检验项目	规范章节条款	检验结果	判定	备注
6.水泵接合器止回阀安装方向	GB 50974—2014　12.3.6			B类
(四)消防泵房	GB 50498—2009　8.2.1;GB 50338—2003　5.5.7、5.5.8			
1.设置位置	GB 50498—2009　8.2.1			B类
2.耐火等级	GB 50498—2009　8.2.1			B类
3.电气设备防潮和防腐蚀措施	GB 50338—2003　5.5.8			B类
4.柴油机泵站通风装置	GB 50338—2003　5.5.7			B类
5.柴油机泵站防冻设施	GB 50338—2003　5.5.7			A类
(五)消防泵组	GB 50498—2009　3.4.1、3.4.2、4.5.1、4.5.2、4.5.3、4.5.4 GB 50338—2003　5.5.2、5.5.6			
1.消防泵组外观	GB 50498—2009　3.4.1			C类
2.消防泵组规格、型号及性能	GB 50498—2009　3.4.2			A类
3.整体安装基础上并固定牢固	GB 50498—2009　4.5.1			B类
4.吸水管及其附件安装	GB 50498—2009　4.5.2			
(1)过滤装置安装及防海生物附着装置	GB 50498—2009　4.5.2			A类
(2)控制阀安装	GB 50498—2009　4.5.2			A类
(3)加设柔性连接管	GB 50498—2009　4.5.2			B类
(4)不应有气囊和漏气,正确变径连接	GB 50498—2009　4.5.2			A类
(5)吸水管上真空压力表安装	GB 50338—2003　5.5.2			B类
5.出水管设压力表、自动泄压阀、回流管	GB 50338—2003　5.5.2			A类
6.内燃机冷却器的泄水管通向排水设施	GB 50498—2009　4.5.3			B类
7.内燃机驱动的消防泵组排气管的安装	GB 50498—2009　4.5.4			B类
8.备用泵	GB 50338—2003　5.5.6			A类

一、系统施工质量

检验项目		规范章节条款	检验结果	判定	备注
一、系统施工质量	(六)消防炮	GB 50498—2009　3.4.1、3.4.2、4.2.1、4.2.2、4.2.3、4.2.4、4.2.5			
	1.外观	GB 50498—2009　3.4.1			C类
	2.规格、型号	GB 50498—2009　3.4.2			B类
	3.消防炮安装	GB 50498—2009　4.2.1 GB 50338—2003　4.2			
	(1)室内消防炮的布置数量、高度、间距	GB 50498—2009　4.2.1 GB 50338—2003　4.2.1			B类
	(2)室内消防炮应采用湿式、炮位处应设启泵按钮	GB 50498—2009　4.2.1 GB 50338—2003　4.2.1			B类
	(3)室外消防炮的布置	GB 50498—2009　4.2.1 GB 50338—2003　4.2.2			B类
	(4)甲、乙、丙类液体储罐区消防炮的布置及防爆和隔热保护措施	GB 50498—2009　4.2.1 GB 50338—2003　4.2.3			B类
	(5)甲、乙、丙类液体、液化石油气等码头消防炮的布置数量、射程	GB 50498—2009　4.2.1 GB 50338—2003　4.2.4			B类
	4.基座上供灭火剂立管固定可靠	GB 50498—2009　4.2.2			A类
	5.炮回转范围与防护区相对应	GB 50498—2009　4.2.3			B类
	6.炮回转范围内不与周围构件碰撞	GB 50498—2009　4.2.4			B类
	7.与消防炮连接的电、液、气管线安装	GB 50498—2009　4.2.5			A类
	(七)泡沫比例混合装置和泡沫液罐	GB 50498—2009　3.4.1、3.4.2、4.3.1～4.3.7			
	1.外观	GB 50498—2009　3.4.1			C类
	2.规格、型号	GB 50498—2009　3.4.2			A类
	3.泡沫液罐安装位置和高度	GB 50498—2009　4.3.1			A类
	4.常压泡沫液罐	GB 50498—2009　4.3.2			
	(1)吸液口距罐底距离及口的形状	GB 50498—2009　4.3.2.1			B类
	(2)泡沫液罐严密性试验	GB 50498—2009　4.3.2.2			B类
	(3)泡沫液罐内、外表面防腐	GB 50498—2009　4.3.2.3			B类

检验项目		规范章节条款	检验结果	判定	备注
一、系统施工质量	(4)罐体与支座接触部位防腐	GB 50498—2009　4.3.2.4			A类
	(5)安装方式	GB 50498—2009　4.3.2.5			A类
	5.压力式泡沫液罐安装	GB 50498—2009　4.3.3			C类
	6.室外泡沫液罐安装及防晒、防冻、防腐措施	GB 50498—2009　4.3.4			C类
	7.泡沫比例混合装置安装	GB 50498—2009　4.3.5			
	(1)标注方向与液流方向一致	GB 50498—2009　4.3.5.1			C类
	(2)与管道连接处的安装应严密	GB 50498—2009　4.3.5.2			C类
	8.压力式比例混合装置安装	GB 50498—2009　4.3.6			C类
	9.平衡式比例混合装置安装	GB 50498—2009　4.3.7			C类
	(1)平衡阀、压力表安装	GB 50498—2009　4.3.7.1			A类
	(2)水力驱动平衡式比例混合装置泡沫液泵安装	GB 50498—2009　4.3.7.2			B类
	(八)干粉罐与氮气瓶	GB 50498—2009　3.4.1			
	1.外观	GB 50498—2009　3.4.1			B类
	2.规格、型号	GB 50498—2009　3.4.2			B类
	3.干粉罐与氮气瓶组室外安装	GB 50498—2009　4.4.1			C类
	4.干粉罐与氮气瓶组安装位置和高度	GB 50498—2009　4.4.2			C类
	5.干粉罐与氮气瓶组现场制作连接管防腐处理	GB 50498—2009　4.4.4			A类
	6.干粉罐与氮气瓶组支架安装固定牢固及防腐处理	GB 50498—2009　4.4.5			A类
	(九)管道与阀门	GB 50498—2009　3.2.1、3.2.2、4.6.1、4.6.2；GB 50338—2003　4.1.1、4.1.2、5.6			
	1.管道材质、规格、型号质量	GB 50498—2009　3.2.1			A类
	2.管道外观	GB 50498—2009　3.2.2			B类
	3.管道安装	GB 50498—2009　4.6.1			

检验项目		规范章节条款	检验结果	判定	备注
一、系统施工质量	(1)水平管道安装坡度、坡向及 U 型管防空措施	GB 50498—2009　4.6.1.1			C 类
	(2)立管管卡固定及其间距	GB 50498—2009　4.6.1.2			C 类
	(3)埋地管道安装	GB 50498—2009　4.6.1.3			B 类
	(4)管道安装允许偏差	GB 50498—2009　4.6.1.4			B 类
	(5)支吊架安装、管墩的砌筑及间距	GB 50498—2009　4.6.1.5			B 类
	(6)套管安装	GB 50498—2009　4.6.1.6			A 类
	(7)立管与地上水平或埋地管道的金属软管连接及其支架和管墩	GB 50498—2009　4.6.1.7			C 类
	(8)立管下端锈渣清扫口及距地面高度	GB 50498—2009　4.6.1.8			C 类
	(9)流量检测仪器安装	GB 50498—2009　4.6.1.9 GB 50338—2003　5.6.6			C 类
	(10)管道上试验检测口的设置位置和数量	GB 50498—2009　4.6.1.10 GB 50338—2003　5.6.6			C 类
	(11)冲洗及放空管道的设置	GB 50498—2009　4.6.1.11			C 类
	(12)供水管道的设置及防冻措施	GB 50338—2003　4.1.1、4.1.2			B 类
	4. 阀门外观	GB 50498—2009　3.4.1			C 类
	5. 阀门的规格、型号、性能	GB 50498—2009　3.4.2、8.2.1			A 类
	6. 阀门安装	GB 50498—2009　4.62 GB 50338—2003　5.6			
	(1)阀门安装及明显启闭标志	GB 50498—2009　4.6.2.1 GB 50338—2003　5.6			C 类
	(2)具有遥控、自动控制功能阀门安装	GB 50498—2009　4.6.2.2 GB 50338—2003　5.6			C 类
	(3)自动排气阀立式安装	GB 50498—2009　4.6.2.3 GB 50338—2003　5.6.5			C 类
	(4)管道上控制阀安装高度	GB 50498—2009　4.6.2.4			C 类
	(5)泵组出口管道上带控制阀的回流管及控制阀安装高度	GB 50498—2009　4.6.2.5			C 类

检验项目		规范章节条款	检验结果	判定	备注
	(6)管道上放空阀的安装	GB 50498—2009　4.6.2.6			C类
	(十)消防炮塔	GB 50498—2009　3.4.1、3.4.2、4.7.1～4.7.5 GB 50338—2003　4.2.5、5.7.3			
	1.外观	GB 50498—2009　3.4.1			C类
	2.规格、型号、性能	GB 50498—2009　3.4.2			C类
	3.地面基座应稳固	GB 50498—2009　4.7.1			B类
	4.炮塔与地面基座的连接	GB 50498—2009　4.7.2			C类
	5.消防炮塔周围	GB 50498—2009　4.7.3			C类
	6.消防炮塔防腐措施	GB 50498—2009　4.7.4			B类
	7.消防炮塔的防雷接地	GB 50498—2009　4.7.5			A类
	8.消防炮塔的布置	GB 50338—2003　4.2.5			A类
一、系统施工质量	9.消防炮塔的保护水幕	GB 50338—2003　5.7.3			A类
	(十一)动力源	GB 50498—2009　4.8.1、4.8.2；GB 50338—2003　5.8.1～5.8.4			
	1.动力源具有防腐蚀、防雨、密封性能	GB 50498—2009　4.8.1 GB 50338—2003　5.8.1			A类
	2.动力源及其管道防火措施	GB 50498—2009　4.8.1 GB 50338—2003　5.8.2			A类
	3.液压/气压动力源与其控制消防炮距离	GB 50498—2009　4.8.1 GB 50338—2003　5.8.3			B类
	4.动力源满足规定时间内操作控制与联动控制要求	GB 50498—2009　4.8.1 GB 50338—2003　5.8.4			A类
	5.动力源整体安装在基础上,并应牢固固定	GB 50498—2009　4.8.2			B类
	(十二)电源、备用动力及电气设备	GB 50498—2009　8.2.1.7			
	1.电源负荷级别	GB 50498—2009　8.2.1.7			A类
	2.备用动力容量	GB 50498—2009　8.2.1.7			A类
	3.主、备电源切换	GB 50498—2009　8.2.1.7			A类
	4.电气设备规格、型号	GB 50498—2009　8.2.1.7			A类
	5.电气设备安装	GB 50498—2009　8.2.1.7			C类

检验项目		规范章节条款	检验结果	判定	备注
二、系统功能	(一)系统启动功能	GB 50498—2009　8.2.2			
	1.系统手动启动功能	GB 50498—2009　8.2.2.1			
	(1)消防泵组启、停	GB 50498—2009　8.2.2.1			A类
	(2)电控阀门开、关	GB 50498—2009　8.2.2.1			A类
	(3)消防炮俯仰、水平回转	GB 50498—2009　8.2.2.1			A类
	(4)消防炮直流喷雾转换功能	GB 50498—2009　8.2.2.1			A类
	(5)稳压泵启、停	GB 50498—2009　7.2.1.4、8.2.2.1			A类
	(6)反馈信号正常	GB 50498—2009　8.2.2.1			A类
	2.主、备电源的切换功能	GB 50498—2009　8.2.2.2			A类
	3.消防泵组功能	GB 50498—2009　8.2.2.3			
	(1)消防泵组运行试验	GB 50498—2009　8.2.2.3.1			A类
	(2)主备泵组自动切换功能试验	GB 50498—2009　8.2.2.3.2			A类
	4.稳压泵组功能	GB 50498—2009　7.2.4			A类
	5.联动控制功能	GB 50498—2009　8.2.2.4			
	(1)自动启动消防泵组	GB 50498—2009　8.2.2.4			A类
	(2)打开阀门	GB 50498—2009　8.2.2.4			A类
	(3)消防炮喷射灭火剂	GB 50498—2009　8.2.2.4			A类
	(4)水幕保护系统出水	GB 50498—2009　8.2.2.4			A类
	(5)反馈信号正常	GB 50498—2009　8.2.2.4			A类
	(二)系统喷射功能	GB 50498—2009　8.2.3			
	1.水炮实际工作压力	GB 50498—2009　8.2.3			A类
	2.水幕实际工作压力	GB 50498—2009　8.2.3			A类
	3.泡沫炮实际工作压力	GB 50498—2009　8.2.3			A类

检验项目	规范章节条款	检验结果	判定	备注
4. 水炮的水平、俯仰回转角	GB 50498—2009 8.2.3			A 类
5. 泡沫炮的水平、俯仰回转角	GB 50498—2009 8.2.3			A 类
6. 干粉炮的水平、俯仰回转角	GB 50498—2009 8.2.3			A 类
7. 消防水炮的喷雾角	GB 50498—2009 8.2.3			A 类
8. 保护水幕喷头喷射高度	GB 50498—2009 8.2.3			A 类
9. 泡沫炮系统的混合液的混合比	GB 50498—2009 8.2.3			A 类
10. 水炮系统出水时间	GB 50498—2009 8.2.3	min		A 类
11. 泡沫炮系统出泡沫时间	GB 50498—2009 8.2.3	min		A 类
12. 干粉炮系统喷出干粉时间	GB 50498—2009 8.2.3	min		A 类
二、系统功能				

判定：A＝0，B≤2，B＋C≤6

11.6　检验检测机构资质认定检验检测能力申请表

检验检测能力申请表

检验检测机构地址：　　　　　　　　　　　　　　　　　　　　　　　　**表 11.6**

类别 （产品/ 项目/ 参数）	产品/项目/参数		依据的标准（方法）名称 及编号（含年号）	限制范围	说明
	序号	名称			
固定消防炮灭火系统	1	距离（长度、宽度、高度、距离）	《固定消防炮灭火系统设计规范》 GB 50338—2003　4.2.5.2 《固定消防炮灭火系统施工与验收规范》 GB 50498—2009　4.3.1、4.3.2、4.3.7、4.4.2、 4.6.1.2、4.6.1.4、4.6.1.6、4.6.1.8、4.6.2.4、4.6.2.5、5.3.2		
	2	坡度	GB 50498—2009　4.6.1.1		
	3	角度	GB 50338—2003　5.2.3		
	4	时间	GB 50498—2009　7.2.3.1、 7.2.3.2、7.2.6.2、7.2.8.1、7.2.8.2、7.2.8.3、7.2.8.4		
	5	压力	GB 50498—2009　7.2.3.1、7.2.3.2、7.2.6.1、7.2.6.2、 7.2.8.1、7.2.8.3、7.2.8.4		
	6	流量	GB 50498—2009　7.2.3.1、7.2.3.2、7.2.8.1、7.2.8.4、7.2.5		
	7	混合比	GB 50498—2009　7.2.5、8.2.3		
	8	系统启动功能	《固定消防炮灭火系统施工与验收规范》 GB 50498—2009　7.2.1.1、7.2.1.2、7.2.1.3、7.2.1.4、 8.2.2.1、7.2.2、8.2.2.2、7.2.3.1、8.2.2.3、7.2.3.2、7.2.4、 7.2.5、7.2.6.1、7.2.6.2、7.2.7、8.2.2.4		
	9	系统喷射功能	《固定消防炮灭火系统施工与验收规范》 GB 50498—2009　7.2.8.1、7.2.8.2、7.2.8.3、7.2.8.4、8.2.3		

11.7 检验检测机构资质认定仪器设备（标准物质）配置表

仪器设备（标准物质）配置表

检验检测机构地址：

表 11.7

序号	类别（产品/项目/参数）	产品/项目/参数		依据的标准（方法）名称及编号	仪器设备（标准物质）			溯源方式	有效日期	确认结果
		序号	名称	（含年号）	名称	型号/规格/等级	测量范围			
（十一）	固定消防炮灭火系统	1	距离（长度、宽度、高度、距离）	《固定消防炮灭火系统设计规范》GB 50338—2003 4.2.5.2、GB 50498—2009 4.3.1、4.3.2、4.3.7、4.4.2、4.6.1.2、4.6.1.4、4.6.1.6、4.6.1.8、4.6.2.4、4.6.2.5、5.3.2	钢卷尺塞尺					
		2	坡度	《固定消防炮灭火系统施工与验收规范》GB 50498—2009 4.6.1.1	数字坡度仪					
		3	角度	《固定消防炮灭火系统设计规范》GB 50338—2003 5.2.3	量角器					
		4	时间	《固定消防炮灭火系统施工与验收规范》GB 50498—2009 7.2.3.1、7.2.3.2、7.2.6.2、7.2.8.1、7.2.8.2、7.2.8.3、7.2.8.4	电子秒表					
		5	压力	《固定消防炮灭火系统施工与验收规范》GB 50498—2009 7.2.3.1、7.2.3.2、7.2.6.1、7.2.6.2、7.2.8.1、7.2.8.3、7.2.8.4	压力表					
		6	流量	GB 50498—2009 7.2.3.1、7.2.3.2、7.2.8.1、7.2.8.4、7.2.5	流量计					
		7	混合比	《固定消防炮灭火系统施工与验收规范》GB 50498—2009 7.2.5、8.2.3	流量计					
		8	系统启动功能	《固定消防炮灭火系统施工与验收规范》GB 50498—2009 7.2.1.1、7.2.1.2、7.2.1.3、7.2.1.4、8.2.2.1、7.2.2、8.2.2.2、8.2.2.3、7.2.3.1、7.2.3.2、7.2.4、7.2.5、7.2.6.1、7.2.6.2、7.2.7、8.2.2.4	手动试验					
		9	系统喷射功能	《固定消防炮灭火系统施工与验收规范》GB 50498—2009 7.2.8.1、7.2.8.2、7.2.8.3、7.2.8.4、8.2.3	手动试验					

11.8 系统验收检测原始记录格式化

固定消防炮灭火系统检验原始记录

工程名称：　　　　　　　　　　　　　　　　　　　　　　　　　　表 11.8-1

项目名称	系统组件及配件		施工单位					
检验依据	GB 50498—2009　3.4.1、3.4.2；GB 50338—2003　4.5.6、4.5.7							
产品名称	型号规格	生产厂名称	外观质量				数 量	位置
			无变形及其他机械性损伤	外露非机械加工表面保护涂层完好	无保护涂层的机械加工面无锈蚀	铭牌标志标记清晰、牢固		
水炮								
泡沫炮								
干粉炮								
泡沫液罐								
泡沫比例混合装置								
干粉罐								
氮气瓶组(规格/压力)								
阀门								
消防炮塔								
压力表								
过滤装置								
金属软管								
干粉								
炮塔上安装的干粉炮与低位安装的干粉罐的高度差小于等于10m								
干粉供给管道总长度不宜大于20m								
消防泵组								

固定消防炮灭火系统检验原始记录

工程名称：

表 11.8-2

施工单位 |

检验依据 | GB 50498—2009 3.2、8.2.1

部位	管材及配件	规格、型号	材质	外观质量		
				表面无裂纹、缩孔、夹渣、折叠、重皮和不超过壁厚负偏差的锈蚀或凹陷等缺陷	螺纹表面完整无损伤,法兰密封面平整、光洁、无毛刺及径向沟槽	垫片无老化变质或分层现象,表面无折皱等缺陷

灭火剂	泡沫液	备注	
	干粉		

核验人员：   检测人员：

固定消防炮灭火系统检验原始记录

工程名称：
表 11.8-3

检验项目			标准条款	检测部位		检测部位	
				检测结果	结论	检测结果	结论
系统组件安装与施工	泡沫液储罐	1.泡沫液罐的安装位置和高度	GB 50498—2009　4.3.1、8.2.1				
		1)周围检修通道及操作面处宽度	GB 50498—2009　4.3.1				
		2)控制阀距地面高度					
		2.常压泡沫液储罐的符合性	GB 50498—2009　4.3.2、8.2.1				
		1)泡沫液管道吸液口	GB 50498—2009　4.3.2.1				
		2)防腐要求	GB 50498—2009　4.3.2.3、4.3.2.4				
		3)安装方式	GB 50498—2009　4.3.2.5				
		3.压力式储罐安装	GB 50498—2009　4.3.3 GB 50338—2003　5.3.3、5.3.4				
		4.室外泡沫液罐安装	GB 50498—2009　4.3.3				

核验人员：　　　　　　　　　　　　　　检测人员：

固定消防炮灭火系统检验原始记录

工程名称：   表 11.8-4

检验项目			标准条款	检测部位		检测部位	
				检测结果	结论	检测结果	结论
系统组件安装与施工	泡沫比例混合器	1.泡沫比例混合装置的安装	GB 50498—2009 4.3.5、8.2.1				
		1)标注方向与液流方向一致	GB 50498—2009 4.3.5.1				
		2)泡沫比例混合装置与管道连接处的安装应严密	GB 50498—2009 4.3.5.2				
		2.压力式比例混合装置的安装	GB 50498—2009 4.3.6				
		3.平衡式比例混合装置的安装	GB 50498—2009 4.3.7、8.2.1				
		1)平衡阀的安装及压力表安装	GB 50498—2009 4.3.7.1				
		2)水力驱动平衡式装置的泡沫液泵安装	GB 50498—2009 4.3.7.2				

核验人员：   检测人员：

610

固定消防炮灭火系统检验原始记录

工程名称：

表 11.8-5

检验项目		标准条款	检测部位		检测部位	
			检测结果	结论	检测结果	结论
系统组件安装与施工	干粉罐和氮气瓶组	1. 干粉罐和氮气瓶组安装室外设防晒、防雨设施	GB 50498—2009 4.4.1、8.2.1			
		2. 干粉罐和氮气瓶组安装位置和高度	GB 50498—2009 4.4.2、8.2.1			
		3. 氮气瓶组安装时应防止氮气误喷射	GB 50498—2009 4.4.3、8.2.1			
		4. 现场制作管道的防腐处理措施	GB 50498—2009 4.4.4、8.2.1			
		5. 支架固定牢固且防腐处理	GB 50498—2009 4.4.5、8.2.1			
	消防泵组	1. 消防泵组整体安装牢固	GB 50498—2009 4.5.1、8.2.1			
		2. 吸水管及其附件安装	GB 50498—2009 4.5.2、8.2.1			
		1) 吸水管进口处的过滤装置安装及有效的防海生物附着装置	GB 50498—2009 4.5.2.1、8.2.1			
		2) 吸水管上控制阀安装包	GB 50498—2009 4.5.2.2、8.2.1			
		3) 吸水管上宜加设柔性连接管	GB 50498—2009 4.5.2.3、8.2.1			
		4) 吸水管不应有气囊和变径处上平异径管	GB 50498—2009 4.5.2.4、8.2.1			
		3. 内燃机驱动消防泵组时冷却器泄水管处置	GB 50498—2009 4.5.3、8.2.1			
		4. 内燃机驱动消防泵组排气管处置	GB 50498—2009 4.5.4、8.2.1			
		5. 消防泵组联轴器同轴度校验	GB 50498—2009 4.5.3、8.2.1			

核验人员：   检测人员：

固定消防炮灭火系统检验原始记录

表 11.8-6

工程名称：

检验项目			标准条款	检测部位		检测部位	
				检测结果	结论	检测结果	结论
系统组件安装与施工	消防炮	1.消防炮安装	GB 50498—2009 4.2.1				
		1)室内消防炮布置 — 数量	GB 50498—2009 4.2.1、8.2.1 GB 50338—2003 4.2.1、5.2.4、5.2.5				
		布置高度及两门水炮射流					
		设消防水泵启泵按钮					
		消防炮平台结构强度					
		俯角和水平回转角					
		直流—喷雾无级转换					
		2)室外消防炮布置 — 消防炮射流	GB 50498—2009 4.2.1、8.2.1 GB 50338—2003 4.2.2、5.2.3				
		消防炮应设置在常年主导风向上风侧					
		消防炮塔设置条件					
		俯角					
		安装多平台低位消防炮水平转角					
		3)甲、乙、丙类液体储罐区消防炮布置 — 防护堤外	GB 50498—2009 4.2.1、8.2.1 GB 50338—2003 4.2.3				
		防护堤内保护措施					
		4)装卸码头消防炮布置 — 数量	GB 50498—2009 4.2.1、8.2.1 GB 50338—2003 4.2.4				
		泡沫炮的射程覆盖					
		水炮射程覆盖					
		2.消防炮基座上供灭火剂的立管固定可靠	GB 50498—2009 4.2.2、8.2.1				
		3.消防炮回转范围应与防护区相对应	GB 50498—2009 4.2.3、8.2.1				
		4.消防炮水平和俯仰回转范围内无障碍物碰撞	GB 50498—2009 4.2.4、8.2.1				
		5.与消防炮连接的电、液、气管线安装牢固，且不得干涉回转机构	GB 50498—2009 4.2.5、8.2.1				

核验人员：

检测人员：

固定消防炮灭火系统检验原始记录

工程名称：　　　　　　　　　　　　　　　　　　　　　　　　　　　表 11.8-7

检验项目			标准条款	检测部位		检测部位	
				检测结果	结论	检测结果	结论
系统组件安装与施工	管道与阀门	一、管道安装	GB 50498—2009　4.6.1、8.2.1				
		1.水平管道安装坡向、坡度及U形管防空措施	GB 50498—2009　4.6.1.1、8.2.1				
		2.立管管卡间距	GB 50498—2009　4.6.1.2、8.2.1				
		3.埋地管道安装	GB 50498—2009　4.6.1.3、8.2.1				
		1)基础	GB 50498—2009　4.6.1.3、8.2.1				
		2)防腐					
		3)埋地管道焊缝处理					
		4)埋地管道隐蔽工程处理					
		4.管道安装允许偏差	GB 50498—2009　4.6.1.4、8.2.1				
		5.管道　支、吊架安装	GB 50498—2009　4.6.1.5、8.2.1				
		管墩砌筑					
		间距					
		6.管道　穿防火堤、防火墙套管	GB 50498—2009　4.6.1.6、8.2.1				
		穿楼板套管长度/底部与楼板平齐					

检验项目			标准条款	检测部位		检测部位	
				检测结果	结论	检测结果	结论
系统组件安装与施工	管道与阀门	6.管道	与套管间空隙封堵	GB 50498—2009 4.6.1.6、8.2.1				
			穿建筑物变形缝时采取措施				
		7.立管与地上水平管道或埋地管道用金属软管连接时的处理		GB 50498—2009 4.6.1.7、8.2.1				
		8.立管下端锈渣清扫口		GB 50498—2009 4.6.1.8、8.2.1				
		9.流量检测仪器安装位置		GB 50498—2009 4.6.1.9、8.2.1				
		10.试验检测口位置和数量		GB 50498—2009 4.6.1.10、8.2.1 GB 50338—2003 5.6.6				
		11.冲洗及防空管道的设置和自动排气阀		GB 50498—2009 4.6.1.11、8.2.1 GB 50338—2003 5.6.5				
		二、阀门安装		GB 50498—2009 4.6.2、8.2.1；GB 50338—2003 5.6.1、5.6.2				
		1.阀门标准安装并有明显启闭标志		GB 50498—2009 4.6.2.1、8.2.1 GB 50338—2003 5.6.2				
		2.自动排气阀立式安装		GB 50498—2009 4.6.2.3、8.2.1				
		3.管道上设置控制阀安装高度		GB 50498—2009 4.6.2.4、8.2.1				

检验项目			标准条款	检测部位		检测部位	
				检测结果	结论	检测结果	结论
系统组件安装与施工	管道与阀门	4.具有遥控、自动控制的阀门安装	GB 50498—2009　4.6.2、8.2.1、GB 50338—2003　5.6.1				
		1)爆炸场所阀门安装	GB 50498—2009　4.6.2.2、8.2.1				
		2)泵出口管径大于300mm时,不应采用单一手动启闭功能阀门	GB 50498—2009　4.6.2.2、8.2.1 GB 50338—2003　5.6.1				
		3)远控阀门快速启闭功能且密封可靠	GB 50498—2009　4.6.2.2、8.2.1 GB 50338—2003　5.6.1				
		4)参与远控炮系统联动控制的控制阀启闭信号传至系统控制室	GB 50498—2009　4.6.2.2、8.2.1 GB 50338—2003　5.6.2				
		5.泵出口回流管上控制阀安装高度	GB 50498—2009　4.6.2.5、8.2.1				
		6.管放空阀安装道上	GB 50498—2009　4.6.2.6、8.2.1				

核验人员：　　　　　　　　　　　　　　检测人员：

固定消防炮灭火系统检验原始记录

工程名称：   表 11.8-8

检验项目			标准条款	检测部位		检测部位	
				检测结果	结论	检测结果	结论
系统组件安装与施工	消防炮塔	1.消防炮塔与地面基座的连接	GB 50498—2009　4.7.2、8.2.1				
		2.消防炮塔安装后应采取相应防腐措施	GB 50498—2009　4.7.4、8.2.1				
		3.室外消防炮塔　防雷接地	GB 50498—2009　4.7.5、8.2.1 GB 50338—2003　5.7.3				
		防护栏					
		保护水幕					
		4.罐区和装置区消防炮塔高度	GB 50338—2003　4.2.5 GB 50498—2009　8.2.1				
		5.装卸码头消防炮塔高度不低于甲板高度					
		6.消防炮水平回转中心距码头前沿距离					
		7.周围设备检修通道					
	动力源	1.动力源应整体安装在基础上,并应牢固固定	GB 50498—2009　4.8.2、8.2.1				
		2.动力源应具有良好耐腐蚀、防雨和密封性能	GB 50498—2009　4.8.1、8.2.1 GB 50338—2003　5.8.1				
		3.动力源及其管道防火措施	GB 50498—2009　4.8.1、8.2.1 GB 50338—2003　5.8.2				
		4.液压和气压动力源与其控制的消防炮距离不宜大于30m	GB 50498—2009　4.8.1、8.2.1 GB 50338—2003　5.8.3				
		5.动力源对远控炮系统在规定时间内操作控制与联动控制要求	GB 50498—2009　4.8.1、8.2.1 GB 50338—2003　5.8.4				

核验人员：   检测人员：

固定消防炮灭火系统检验原始记录

工程名称：
表 11.8-9

检验项目		标准条款	检测部位		检测部位	
			检测结果	结论	检测结果	结论
电气安装与施工	布线	1. 导线的种类、电压等级	GB 50498—2009　5.2.1、8.2.1				
		2. 强、弱电回路分别成束分开排列					
		3. 不同电压等级的线路,不应穿在同一根管内或线槽的同一槽孔内					
		4. 引入控制装置内的电缆及其芯线	GB 50498—2009　5.2.2、8.2.1				
		1)电缆管道横平竖直支架固定;备用芯线长度应留有适当余量	GB 50498—2009　5.2.1.1、8.2.1				
		2)电缆排列整齐、编号清晰、避免交叉牢固固定;不得使端子排承受应力	GB 50498—2009　5.2.1.2、8.2.1				
		3)铠装电缆端部扎紧,并接地	GB 50498—2009　5.2.2.3、8.2.1				
		4)传感器等信号采集回路的控制屏蔽电缆,其屏蔽层接地	GB 50498—2009　5.2.2.4、8.2.1				
		5)电缆芯线和所配导线的端部标明字迹清晰编号	GB 50498—2009　5.2.2.5、8.2.1				
		6)每个接线端子接线不超过2根	GB 50498—2009　5.2.2.6、8.2.1				

核验人员：　　　　　　　　　　检测人员：

固定消防炮灭火系统检验原始记录

表 11.8-10

工程名称：

检验项目		标准条款	检测部位		检测部位	
			检测结果	结论	检测结果	结论
电气安装与施工	控制装置	1. 控制装置与基座间螺栓连接应牢固	GB 50498—2009　5.3.1、8.2.1			
		2. 控制装置中电控盘安装误差要求	GB 50498—2009　5.3.2、8.2.1			
		3. 控制装置端子箱安装防尘、防潮,成列安装排列整齐	GB 50498—2009　5.3.3、8.2.1			
		4. 装置接地牢固可靠,装有电器可开门接地线,采用裸编织铜线连接	GB 50498—2009　5.3.4、8.2.1			
		5. 装置的漆层应完整,固定支架应防腐	GB 50498—2009　5.3.5、8.2.1			
		6. 安装完毕,建筑预留孔洞及电缆管口应做好封堵	GB 50498—2009　5.3.6、8.2.1			

核验人员：　　　　　　　　　　　　　　检测人员：

固定消防炮灭火系统检验原始记录

工程名称：

表 **11.8-11**

	检验项目:手动功能-电控阀门				标准条款:GB 50498—2009 7.2.1.1、8.2.2.1		
检验部位	检验内容	控制方式			检验结果		结论
联动单元/区域	电控阀门编号	远程启闭	远控阀门快速启闭功能	现场手动	启闭角度	反馈信号	

核验人员：   检测人员：

固定消防炮灭火系统检验原始记录

工程名称： 表 11.8-12

检验项目:手动功能—消防炮					标准条款:GB 50498—2009 7.2.1.2、8.2.2.1				
检验部位	检验内容	控制方式			检验结果				结论
联动单元/区域	消防炮编号	远程	现场遥控	现场手动	仰俯角度	水平回转角度	直流喷雾转换	反馈信号	

核验人员： 检测人员：

固定消防炮灭火系统检验原始记录

工程名称： 表 11.8-13

检验项目		标准条款	检测部位	
			检测结果	结论
电源情况	一级电力负荷电源	GB 50498—2009 7.2.2、8.2.1.7		
	二级电力负荷电源＋备用电力柴油机			
	全部采用柴油机			
电气设备		GB 50498—2009 7.2.2、8.2.1.7		
主备电源互投切换	手动	GB 50498—2009 7.2.2、8.2.2.1		
	手动			
	自动			
备注				

核验人员： 检测人员：

固定消防炮灭火系统检验原始记录

工程名称：

表 11.8-14

检验项目：联动控制功能试验							标准条款：GB 50498—2009　7.2.7、8.2.2.4			
检验结果										
联动单元名称	按下联动启动按钮	联动单元相关探测器输入	自动启动消防泵组	打开阀门	消防炮喷射灭火剂	水幕保护系统出水	设备动作及信号反馈	其他设备动作	信号反馈

核验人员：　　　　　　　　　　　　　　　　检测人员：

固定消防炮灭火系统检验原始记录

工程名称：

表 11.8-15

检验项目：系统喷射功能—水炮/泡沫炮灭火系统															标准条款：GB 50498—2009　7.2.8.1、7.2.8.2、8.2.3

检验结果															
联动单元名称	手动启动	自动启动	启动消防泵组	电动阀门启闭	消防水炮保护范围喷水试验	自接到启动信号至水炮炮口喷水时间/min	到达泡沫比例混合装置进、出口压力/MPa	到达消防炮进口压力/MPa	水炮流量/L/s	泡沫炮保护范围喷泡沫试验	泡沫炮实测工作压力/MPa	泡沫炮口开始喷泡沫时间/min	喷射泡沫时间/min	泡沫混合液混合比	信号反馈

核验人员：　　　　　　　　　　　　　　　检测人员：

固定消防炮灭火系统检验原始记录

工程名称：

表 11.8-16

检验项目:系统喷射功能—干粉炮灭火系统										标准条款:GB 50498—2009 7.2.8.3、8.2.3	
检验结果											
联动单元名称	手动启动	自动启动	氮气瓶组启动	电动阀门启闭	干粉罐进、出口压力/MPa	自接到启动信号至干粉炮炮口喷干粉时间/min	干粉炮喷射干粉时间/s	到达干粉炮进口压力/MPa	干粉炮水平、俯仰回转角	信号反馈	

核验人员：   检测人员：

固定消防炮灭火系统检验原始记录

工程名称：

表 11.8-17

检验项目:系统喷射功能—水幕系统										标准条款:GB 50498—2009 7.2.8.4、8.2.3

检验结果										
联动单元名称	手动启动	自动启动	消防泵组启动	电动阀门启闭	水幕系统工作压力/MPa	自接到启动信号至水幕喷头喷水时间/min	水幕喷头喷射高度/m	水幕喷头防护冷却	信号反馈	

核验人员：　　　　　　　　　　　　　检测人员：

固定消防炮灭火系统检验原始记录

工程名称：

表 11.8-18

建筑情况	工程名称			施工单位	
	建筑层数			建筑高度	
依据标准	GB 50498—2009 8.2.1.6;GB 50338—2003 4.1.1~4.1.3				
消防设施	消防水源	容积	m³		
		补水管径		浮球阀安装	
		防冻措施			
		防水套管柔性接头			
	供水管道应与生产、生活用水管道分开				
	供水管道不宜与泡沫混合液供水管道合用				
备注					

核验人员：   检测人员：

固定消防炮灭火系统检验原始记录

工程名称：

表 11.8-19

工程名称		施工单位	
依据标准	GB 50498—2009　4.5、8.2.1.6；　GB 50338—2003　5.5.1～5.5.8		

检验项目		检验结果	结论
消防泵组与消防泵站	消防泵宜选特性曲线平缓离心泵		
	泵吸水管压力表及最大指示压力		
	吸水管处宜设置过滤器		
	吸水管布置应有向水泵方向坡度		
	吸水管宜设有启闭标志闸阀		
	消防泵出口应设压力表		
	出水管上应设自动泄压阀		
	出水管上应设回流管		
	用于出水压力取出口设置位置		
	柴油机消防泵应设进气和排气的通风装置		
	冬季最低温度符合柴油机厂提出温度要求		
	泵站内电气设备采取有效的防潮和防腐措施		
	水位指示装置		
	消防泵站的耐火等级		

核验人员：　　　　　　　　　　　　　　　检测人员：

固定消防炮灭火系统检验原始记录

工程名称：

表 11.8-20

工程名称		施工单位	
依据标准		GB 50498—2009 7.2.1.4、7.2.4	
检验项目	检验内容	检 验 结 果	
		正常	不正常
泵组转换运行	稳压泵自动互投转换功能		
自动启、停稳压泵	下限启泵/MPa		
	上限停泵/MPa		
控制柜启、停泵	就地启、停稳压泵		
控制室信号反馈			
主泵启动稳压泵停止运行			
气压给水设备	规格型号： 厂家：		
稳压泵规格、型号	稳压泵　　　台，型号： $H=$　m，　$Q=$　L/s，　$n=$　rpm，　$N=$　kW 厂家：		
稳压泵控制箱	控制箱　　台　　型号： 厂家		

核验人员：   检测人员：

固定消防炮灭火系统检验原始记录

工程名称：　　　　　　　　　　　　　　　　　　　　　　　　　　　　　表 11.8-21

施工单位			
依据标准	GB 50498—2009　7.2.1.3、7.2.3、8.2.2.3		
检 验 项 目	检验内容	检 验 结 果	
		正常	不正常
泵组转换运行	消防水泵自动互投转换功能		
	泡沫水泵自动互投转换功能		
控制中心启停水泵	远程启、停消防水泵		
	远程启、停泡沫水泵		
控制柜启停泵	就地启、停消防水泵		
	就地启、停泡沫水泵		
泵故障状态指示	消防水泵故障状态指示		
	泡沫水泵故障状态指示		
泵组数量及型号	消防水泵　　台　　型号： $H=$　m,　$Q=$　L/s,　$n=$　rpm,　$N=$　kW 厂家：		
	泡沫水泵　　台　　型号： $H=$　m,　$Q=$　L/s,　$n=$　rpm,　$N=$　kW 厂家：		
泵组控制柜	消防水泵控制柜　　台　　型号： 厂家：		
	泡沫水泵控制柜　　台　　型号： 厂家：		
性能符合设计要求	压力：　MPa,　流量：　L/s,运转时间：　min		

核验人员：　　　　　　　　　　　　　　检测人员：

第12章 防火门、窗和防火卷帘

12.1 防火门、窗和防火卷帘的作用及其耐火标准

建筑物进行防火分区划分或局部小空间采取防火分隔措施,是通过防火分隔构件来实现的,防火分隔构件分为固定式和可开关式两大类,防火门、窗和防火卷帘均属于可开关式防火分隔构件,其最直接的作用就是对平时需要功能连通或视线、光线通透的区域进行防火分隔。

12.1.1 防火门的作用及耐火标准

1) 防火门是指具有一定耐火极限,且在发生火灾时能自行关闭的门;建筑中设置的防火门,应保证门的防火防烟性能符合现行国家标准《防火门》GB 12955—2019 的有关规定,并经消防产品质量检测中心检测试验认证后才能使用。

2) 防火门作为防火分隔构件的一种,一般与防火墙、防火隔墙同时出现,其作用主要有以下几方面:

(1) 用于疏散通道上的防火门,主要作用是避免火势、烟气通过门洞窜入疏散通道内,保证疏散通道在一定时间内的相对安全,防火门在平时要尽量保持关闭状态;为方便平时经常有人通行而需要保持常开的防火门,要采取措施使之能在着火时,以及人员疏散后能自行关闭,如设置与报警系统联动的控制装置和闭门器等。另外疏散通道的防火门,在火灾时正压送风机启动后,具备保持加压送风区域正压的能力。

(2) 设备用房的防火门,主要作用有:

① 机电设备价值较高,保护贵重财产免受火灾侵害,减小损失,例如通信设备机房等;

② 防止火势通过机房内竖井竖向蔓延到其他楼层机房,威胁其他楼层安全,如空调机房;

③ 保护消防设施火灾时在规定时间内正常运转,如防排烟机房;

④ 防火、防烟,保护火灾时需要救援人员进入操作的房间内的人员安全,如消控中心、消防水泵房等;

⑤ 管井的防火门,主要防止火灾烟气;沿管井竖向蔓延。

(3) 特殊房间的防火门,主要作用是将火灾隐患或者较大火灾荷载控制在规定的范围内,例如公共建筑内的厨房属火灾隐患较大场所,民用建筑内的附属库房,多存放可燃

物，火灾荷载比较大。

3）防火门的耐火标准详见下表 12.1.1

防火门耐火性能分类

表 12.1.1

名称	耐火性能		代号
隔热防火门（A 类）	耐火隔热性≥0.50h 耐火完整性≥0.50h		A0.50（丙级）
	耐火隔热性≥1.00h 耐火完整性≥1.00h		A1.00（乙级）
	耐火隔热性≥1.50h 耐火完整性≥1.50h		A1.50（甲级）
	耐火隔热性≥2.00h 耐火完整性≥2.00h		A2.00
	耐火隔热性≥3.00h 耐火完整性≥3.00h		A3.00
部分隔热防火门 （B 类）	耐火隔热性≥0.50h	耐火完整性≥1.00h	B1.00
		耐火完整性≥1.50h	B1.50
		耐火完整性≥2.00h	B2.00
		耐火完整性≥3.00h	B3.00
非隔热防火门（C 类）	耐火完整性≥1.00h		C1.00h
	耐火完整性≥1.50h		C1.50h
	耐火完整性≥2.00h		C2.00h
	耐火完整性≥3.00h		C3.00h

12.1.2 防火窗的作用及耐火标准

防火窗是采用钢窗框、钢窗扇及防火玻璃制成的，能起到隔离和阻止火势蔓延的窗。防火窗应符合现行国家标准《防火窗》GB 16809—2008 的有关规定。

防火窗也是常用的防火分隔构件，应用范围不像防火门那么广泛，主要作用有以下几方面：

1) 用在建筑外墙或屋顶上，防止火势通过门窗洞口蔓延到其他建筑，解决建筑物之间防火间距不足问题；

2) 用在防火分区线在外墙的部位，解决防火分区之间外窗间距过小的问题；

3) 用在防火墙或防火隔墙上，以满足平时使用有视线、光线通过要求的部位；

4) 用在避难层（间），保护人员临时避难场所的安全；

5) 用在外墙楼层间竖向开口不满足规范间距要求部位，以阻止火势竖向蔓延。

防火窗的耐火标准与防火门相同，详见表12.1.2：

防火窗耐火性能分类表 表12.1.2

耐火性能分类	耐火等级代号	耐火性能
隔热防火窗（A类）	A0.50（丙级）	耐火隔热性≥0.50h，且耐火完整性≥0.50h
	A1.00（乙级）	耐火隔热性≥1.00h，且耐火完整性≥1.00h
	A1.50（甲级）	耐火隔热性≥1.50h，且耐火完整性≥1.50h
	A2.00	耐火隔热性≥2.00h，且耐火完整性≥2.00h
	A3.00	耐火隔热性≥3.00h，且耐火完整性≥3.00h
隔热防火窗（C类）	C0.50	耐火完整性≥0.50h
	C1.00	耐火完整性≥1.00h
	C1.50	耐火完整性≥1.50h
	C2.00	耐火完整性≥2.00h
	C3.00	耐火完整性≥3.00h

12.1.3 防火卷帘的作用及耐火标准

防火卷帘是在一定时间内，连同框架能满足耐火稳定性和完整性要求的卷帘，由帘板、卷轴、电动机、导轨、支架、防护罩和控制机构等组成。防火卷帘应符合现行国家标准《防火卷帘》GB 14102—2005的规定。

防火卷帘的耐火性能一般不低于其应用部位防火墙或防火隔墙的耐火性能。

当防火卷帘的耐火极限符合现行国家标准《门和卷帘耐火试验方法》GB 7633—2008 有关背火面温升的判定条件时，可不设置自动喷水灭火系统保护。

当防火卷帘的耐火极限符合现行国家标准《门和卷帘耐火试验方法》GB 7633—2008 有关背火面辐射热的判定条件时，应设置自动喷水灭火系统保护。自动喷水灭火系统的设计应符合现行国家标准《自动喷水灭火系统设计规范》GB 50084—2017 的有关规定，但其火灾延续时间不应小于该防火卷帘的耐火极限。

12.2　防火门、窗的种类

12.2.1　防火门的种类

1）按材质分类，分为木质防火门、钢制防火门、钢木质防火门和其他材质防火门四大类。

2）按门扇数量分为单扇防火双扇防火门和多扇防火门三类。

3）按结构形式分为门扇上带防火玻璃的防火门、带亮窗防火门、带玻璃带亮窗防火门和无玻璃防火门。

4）按耐火性能分类详见表 12.1.1。

12.2.2　防火窗的种类

1）按照框、扇主要应用材料分为钢制防火窗、木质防火窗、钢木复合防火窗和其他材料防火窗四大类。

2）按其使用功能分为固定防火窗和活动式防火窗。

12.3　防火卷帘的分类及组成

12.3.1　防火卷帘的种类

1）按帘面数量分为单帘面防火卷帘和双帘面防火卷帘两种。

2）按启闭方式分为垂直式、侧向式和水平式三种，其中垂直式根据提升方式又分为卷轴提升式和折叠提升式两种。

3）根据材质主要分为钢制防火卷帘和无机纤维复合防火卷帘两种。

12.3.2　防火卷帘的组成

钢制防火卷帘主要包括钢质材料做帘板、导轨、座板、门楣、箱体等，并配以卷门机和控制箱。

无机纤维复合防火卷帘主要包括无机纤维材料做的帘面（内配不锈钢丝或不锈钢丝绳），用钢质材料做夹板、导轨、座板、门楣、箱体等，并配以卷门机和控制箱。

12.4 防火门、防火窗、防火卷帘门系统检测

12.4.1 防火门系统

1）设置

检测方法：查阅设计资料，查看产品合格证和市场准入证明文件等。

2）外观标识

检测方法：直观检查，防火门门框、门扇表面应无明显凹凸、擦痕等缺陷。在其明显部位应设有耐久性铭牌，内容清晰，设置牢固。

3）安装要求

（1）开启方式

检测方法：直观检查，防火门宜为平开门，除特殊要求外，其开启方向应为疏散方向，且在任一侧均能开启。用于疏散通道上的防火门不宜安装锁和插销。

（2）闭门器

检测方法：直观检查，手动试验，防火门应启闭灵活，单扇门应设闭门器。

（3）自动关闭

检测方法：查阅设计资料，直观检查，常开的防火门，应具有自动关闭功能。

（4）关闭

检测方法：查阅设计资料，直观检查，常开的双扇及多扇防火门必须能按顺序关闭。

（5）框与墙体连接

检测方法：直观检查，查看施工记录。

4）防火门控制器

（1）设置

检测方法：查阅设计资料，查看产品合格证和市场准入证明文件等，防火门控制器型号规格应符合规范及设计要求。

（2）外观标识

检测方法：直观检查，消防控制设备外观应无缺陷。在设备的明显部位应设有耐久性铭牌标识，其内容清晰，设置牢固。

5）基本功能

（1）控制功能

检测方法：直观检查，防火门控制器或消防联动控制器接到火灾报警信号后，应能控制常开的防火门自动关闭。

（2）信号反馈功能

检测方法：做系统控制功能试验时，观察防火门控制器或消防联动控制器能否实现上述功能。

12.4.2　防火窗系统

1）防火窗的设置与选型

检测方法：查阅设计资料，查看检验报告、出厂合格证等。

2）外观标识

检测方法：直观检查，防火窗外观应无明显缺陷。在其明显部位应设有耐久性铭牌标识，内容清晰，设置牢固。

3）安装要求

（1）启动灵活

检测方法：直观检查，手动试验。

（2）自动关闭

检测方法：查阅设计资料，直观检查，活动式钢质防火窗上应设有自动关闭装置。

（3）框、扇搭接量

检测方法：用深度尺或卡尺测量。

（4）框与扇间缝隙

检测方法：用塞尺测量。

（5）框与墙体连接

检测方法：直观检查，查看施工记录。

12.4.3　防火卷帘

1）运行平稳性能

检测方法：直观检查，用钢卷尺测量，防火卷帘的帘面在导轨内运行应平稳，不允许有脱轨和明显的倾斜现象；双帘面卷帘的两个帘面应同时升降，两个帘面之间的高度差不应大于 50mm。

2）启、闭运行噪声

检测方法：在卷帘运行过程中，用声级计在距卷帘门 1m、距地面 1.5m 处，水平测试三点，取其平均值。

3）启、闭运行速度

检测方法：用钢卷尺、秒表测量并计算。

4）箱体

检测方法：直观检查防火卷帘的箱体钢板、隔热保护性能、箱体上部应能有效地阻止烟气、火焰蔓延。

5）防火隔板

检测方法：查阅设计资料，查看检验报告，直观检查防火卷帘在梁下或棚下安装时，其口上端至梁或顶棚之间的防火墙或防火隔板；防火隔板应采用不燃材料或阻燃材料制作，其耐火极限应不低于防火卷帘的耐火极限或大于 3h，且符合设计要求。

6）卷门机

（1）手动操作装置

检测方法：直观检查，拉动手动操作装置，观察防火卷帘运行情况。

（2）电动启闭功能

检测方法：由防火卷帘控制器发出防火卷帘启、闭信号，观察防火卷帘动作情况。

（3）自重下降功能

检测方法：拉动手动速放装置，观察防火卷帘自重下降情况。

（4）操作臂力

检测方法：拉动手动速放装置，用弹簧管测力计测量其操作臂力。

（5）自动限位装置

检测方法：直观检查，手动启动防火卷帘，观察卷帘至上限位和下限位时，是否自动停止，用直尺测量重复定位高度。

（6）温控释放功能

检测方法：防火卷帘安装并调试完毕后，切断电源，加热温控释放装置，使其感温元件动作，观察防火卷帘动作情况。试验前，应准备备用的温控释放装置，试验后，应重新安装。

7）防火卷帘控制器

检测方法：对照设计、直观检查，并查看产品合格证和市场准入证明文件。

（1）设置

检测方法：查阅设计资料，直观检查。

（2）安装

检测方法：直观检查，手试，用钢卷尺测量防火卷帘控制器及手动控制装置位置、高度、标志等。

（3）基本功能

检测方法：查阅资料，现场检测下列功能：

火灾报警、自动控制、手动控制、信号反馈、延时、逃生、手动急停优先、控制速放、防止正卷、反卷、故障报警、消声复位、自检、备用电源、主、备电源转换。

8）火灾探测器组

（1）设置

检测方法：查阅设计资料，直观检查。

（2）安装

检测方法：查阅设计资料，直观检查，用钢卷尺测量。

9）闭式喷水系统

（1）设置

检测方法：查阅设计资料，直观检查。

（2）安装

检测方法：查阅设计资料，直观检查，用钢卷尺测量。

10）水幕系统

（1）设置

检测方法：查阅设计资料，直观检查。

（2）安装

检测方法：查阅设计资料，直观检查，用钢卷尺测量。

12.4.4　消防控制设备

检测方法：参见第 9 章《火灾自动报警系统》内容。

12.4.5　检测规则

实际安装数量。

12.5　系统检测验收国标版检测报告格式化

防火卷帘、防火门、防火窗系统检验项目　　　　　　表 12.5

检验项目		检验标准条款	检验结果	判定	重要程度
一、防火卷帘主配件及安装	1. 防火卷帘	GB 50877—2014　4.2.1～4.2.4、7.1.2			
	（1）产品符合市场准入制度规定的有效证明文件	GB 50877—2014　4.2.1、7.1.2			A 类
	（2）产品标志	GB 50877—2014　4.2.2、7.1.2			C 类
	（3）产品外观	GB 50877—2014　4.2.3、4.2.4、7.1.2			C 类
	2. 防火卷帘安装	GB 50877—2014　5.2.1～5.2.13、7.2.2			
	（1）帘板（面）安装	GB 50877—2014　5.2.1、7.2.2			C 类
	（2）导轨安装	GB 50877—2014　5.2.2、7.2.2			C 类
	（3）座板安装	GB 50877—2014　5.2.3、7.2.2			C 类
	（4）门楣安装	GB 50877—2014　5.2.4、7.2.2			C 类
	（5）传动装置安装	GB 50877—2014　5.2.5、7.2.2			C 类
	（6）卷门机安装	GB 50877—2014　5.2.6、7.2.2			C 类
	（7）防护罩（箱体）安装	GB 50877—2014　5.2.7、7.2.2			C 类
	（8）温控释放装置安装	GB 50877—2014　5.2.8、7.2.2			C 类
	（9）防火卷帘封堵	GB 50877—2014　5.2.9、7.2.2			C 类

续表

检验项目		检验标准条款	检验结果	判定	重要程度
一、防火卷帘主配件及安装	(10)卷帘控制器安装	GB 50877—2014 5.2.10、7.2.2			C类
	(11)探测器安组安装	GB 50877—2014 5.2.11、7.2.2			C类
	(12)保护卷帘的自喷系统安装	GB 50877—2014 5.2.12、7.2.2			C类
	(13)电气线路敷设安装	GB 50877—2014 5.2.13、7.2.2			C类
二、防火卷帘功能	1.防火卷帘控制器功能	GB 50877—2014 6.2.1.1～6.2.1.7、7.2.3			
	(1)通电功能	GB 50877—2014 6.2.1.1、7.2.3			A类
	(2)备用电源	GB 50877—2014 6.2.1.2、7.2.3			A类
	(3)控制速放装置	GB 50877—2014 6.2.1.2、7.2.3			A类
	(4)火灾报警功能	GB 50877—2014 6.2.1.3、7.2.3			A类
	(5)故障报警功能	GB 50877—2014 6.2.1.4、7.2.3			A类
	(6)自动控制功能	GB 50877—2014 6.2.1.5、7.2.3	dB		A类
	(7)手动控制功能	GB 50877—2014 6.2.1.6、7.2.3	m/min		A类
	(8)自重下降功能	GB 50877—2014 6.2.1.7、7.2.3			A类
	2.卷门机功能	GB 50877—2014 6.2.3.1～6.2.3.4、7.2.3			
	(1)手动操作装置(手动拉链)	GB 50877—2014 6.2.2.1、7.2.3			A类
	(2)电动启闭和自重恒速下降(手动速放)功能	GB 50877—2014 6.2.2.2、7.2.3			A类
	(3)自重下降操作臂力	GB 50877—2014 6.2.2.2、7.2.3			A类
	(4)自动限位装置	GB 50877—2014 6.2.2.3、7.2.3			A类
	3.防火卷帘运行功能	GB 50877—2014 6.2.3.1～6.2.3.4、7.2.3			
	(1)帘面运行平稳,不应有脱轨、明显倾斜现象	GB 50877—2014 6.2.3.1、7.2.3			A类
	(2)两帘面应同时升降、高度差	GB 50877—2014 6.2.3.1、7.2.3			A类
	(3)运行速度/m/min	GB 50877—2014 6.2.3.2、7.2.3			A类
	(4)运行平均噪声	GB 50877—2014 6.2.3.3、7.2.3			A类
	(5)温控释放装置	GB 50877—2014 6.2.3.4、7.2.3			A类

检验项目		检验标准条款	检验结果	判定	重要程度
三、防火卷帘联动控制	1.疏散通道上	GB 50116—2013　4.6.3、7.2.3			
	(1)联动控制	GB 50116—2013　4.6.3、7.2.3			A类
	(2)手动控制	GB 50116—2013　4.6.3、7.2.3			A类
	2.非疏散通道上	GB 50116—2013　4.6.4、7.2.3			
	(1)联动控制	GB 50116—2013　4.6.4、7.2.3			A类
	(2)手动(远程)控制	GB 50116—2013　4.6.4、7.2.3			A类
	3.信号反馈	GB 50116—2013　4.6.5、7.2.3			A类
四、防火门主配件及安装	1.防火门	GB 50877—2014　4.3.1~4.3.3、7.1.2			
	(1)产品符合市场准入制度规定的有效证明文件	GB 50877—2014　4.3.1、7.1.2			A类
	(2)产品标志	GB 50877—2014　4.3.2、7.1.2			C类
	(3)产品外观	GB 50877—2014　4.3.3、7.1.2			C类
	2.防火门安装	GB 50877—2014　5.3.1~5.3.12、7.3.2			
	(1)防火门开启方向	GB 50877—2014　5.3.1、7.3.2			C类
	(2)闭门器、顺序器安装	GB 50877—2014　5.3.2、7.3.2			C类
	(3)自动关闭门扇装置	GB 50877—2014　5.3.3、7.3.2	s		C类
	(4)电动控制装置	GB 50877—2014　5.3.4、7.3.2			C类
	(5)防火插销安装	GB 50877—2014　5.3.5、7.3.2			C类
	(6)防火门密封件安装	GB 50877—2014　5.3.6、7.3.2			C类
	(7)变形缝附近防火门安装	GB 50877—2014　5.3.7、7.3.2			C类
	(8)钢质防火门门框安装及固定点间距	GB 50877—2014　5.3.8、7.3.2			C类
	(9)防火门门框与门扇的搭接	GB 50877—2014　5.3.9、7.3.2			C类
	(10)门扇与门框的活动间隙	GB 50877—2014　5.3.10、7.3.2			C类
	(11)门扇启闭状况	GB 50877—2014　5.3.11、7.3.2			C类
	(12)门扇开启力	GB 50877—2014　5.3.12、7.3.2			C类

	检验项目	检验标准条款	检验结果	判定	重要程度
五、防火门联动控制功能	1. 常闭防火门	GB 50877—2014　6.3.1、7.3.3			
	(1)自动关闭功能	GB 50877—2014　6.3.1、7.3.3			A 类
	(2)信号反馈	GB 50877—2014　6.3.1、7.3.3			A 类
	2. 常开防火门	GB 50877—2014　6.3.2～6.3.4、7.3.3			
	(1)自动联动关闭,关闭信号反馈至控制室	GB 50877—2014　6.3.2、7.3.3			A 类
	(2)控制室手动关闭指令,自动关闭,关闭信号反馈至控制室	GB 50877—2014　6.3.3、7.3.3			A 类
	(3)现场手动关闭指令,自动关闭,关闭信号反馈至控制室	GB 50877—2014　6.3.4、7.3.3			A 类
	3. 常开防火门状态信号反馈	GB 50116—2013　4.6.1			A 类
六、防火窗主配件及安装	1. 防火窗	GB 50877—2014　4.4、5.4、7.1.2、7.4.2			
	(1)产品符合市场准入制度规定的有效证明文件	GB 50877—2014　4.4.1、7.1.2			A 类
	(2)产品标志	GB 50877—2014　4.4.2、7.1.2			C 类
	(3)产品外观	GB 50877—2014　4.4.3、7.1.2			C 类
	2. 防火窗安装	GB 50877—2014　5.4.1～5.4.4、7.4.2			
	(1)防火窗密封件安装	GB 50877—2014　5.4.1、7.4.2			C 类
	(2)钢质防火窗窗框安装	GB 50877—2014　5.4.2、7.4.2			C 类
	(3)窗扇手动启闭控制装置安装	GB 50877—2014　5.4.3、7.4.2			C 类
	(4)温控释放装置安装	GB 50877—2014　5.4.4、7.4.2			C 类
七、防火窗功能	1. 手动控制功能	GB 50877—2014　6.4.1、7.4.3			A 类
	2. 联动控制功能	GB 50877—2014　6.4.2、7.4.3			A 类
	3. 远程控制功能	GB 50877—2014　6.4.3、7.4.3			A 类
	4. 温控释放功能	GB 50877—2014　6.4.4、7.4.3			A 类

备注:单项检测合格判定应为:A=0,且 B≤4,且 C≤8 为合格,否则为不合格。

12.6　检验检测机构资质认定检验检测能力申请表

检验检测能力申请表

检验检测机构地址：　　　　　　　　　　　　　　　　　　　　　　　　　　　　表 12.6

类别(产品/项目/参数)	产品/项目/参数		依据的标准(方法)名称及编号(含年号)	限制范围	说明
	序号	名称			
（十二）防火卷帘与门、窗系统	1	距离(长度、宽度、高度、距离)	《防火卷帘、防火门、防火窗施工及验收规范》GB 50877—2014　5.2.2.1、5.2.2.4、5.2.2.5、5.2.2.6、5.2.4、5.2.10.2、6.2.3.1、6.2.3.2、5.2.10.2、5.2.12　《火灾自动报警系统设计规范》GB 50116—2013　4.6.3		
	2	声压级	《防火卷帘、防火门、防火窗施工及验收规范》GB 50877—2014　6.2.3.3		
	3	时间	《防火卷帘、防火门、防火窗施工及验收规范》GB 50877—2014　6.2.3.2		
	4	拉力	《防火卷帘、防火门、防火窗施工及验收规范》GB 50877—2014　6.2.2.2		
	5	设备基本功能	《防火卷帘、防火门、防火窗施工及验收规范》GB 50877—2014　6.2.1		
	6	消防联动控制设备基本功能	《火灾自动报警系统施工及验收规范》GB 50166—2019　4.13.5、4.13.8、4.13.9		
	7	联动功能试验	《防火卷帘、防火门、防火窗施工及验收规范》GB 50877—2014　6.2.1.5　《火灾自动报警系统施工及验收规范》GB 50166—2019　4.21.2		

12.7 检验检测机构资质认定仪器设备（标准物质）配置表

仪器设备（标准物质）配置表

检验检测机构地址：

表12.7

序号	类别（产品/项目/参数）	产品/项目/参数		依据的标准（方法）名称及编号		仪器设备（标准物质）			溯源方式	有效日期	确认结果
		序号	名称	名称	（含年号）	名称	型号/规格/等级	测量范围			
（五）	防火卷帘与门、窗系统	1	距离（长度、宽度、高度、距离）	《防火卷帘、防火门、防火窗施工及验收规范》GB 50877—2014 5.2.2.1、5.2.2.4、5.2.2.5、5.2.2.6、5.2.4、5.2.10.2、6.2.3.1、6.2.3.2、5.2.10.2、5.2.12 《火灾自动报警系统设计规范》GB 50116—2013 4.6.3		塞尺 钢卷尺					
		2	声压级	《防火卷帘、防火门、防火窗施工及验收规范》GB 50877—2014 6.2.3.3		声级计					
		3	时间	《防火卷帘、防火门、防火窗施工及验收规范》GB 50877—2014 6.2.3.2		秒表					
		4	拉力	《防火卷帘、防火门、防火窗施工及验收规范》GB 50877—2014 6.2.2.2		拉力计					
		5	设备基本功能	《防火卷帘、防火门、防火窗施工及验收规范》GB 50877—2014 6.2.1		手动试验					
		6	消防联动控制设备基本功能	《火灾自动报警系统施工及验收规范》GB 50166—2019 4.13.5、4.13.8、4.13.9		手动试验					
		7	联动功能试验	《防火卷帘、防火门防火窗施工及验收规范》GB 50877—2014 6.2.1.5 《火灾自动报警系统施工及验收规范》GB 50166—2019 4.21.2		手动试验					

12.8 系统验收检测原始记录格式化

防火卷帘与门、窗系统原始记录

年　月　日　　　　　　　　　　　　　　　表 12.8-1

委托单位		项目名称	
设计单位		施工单位	
建筑面积		建筑高度	
检验标准	GB 50877—2014　4.2、4.3、4.4		

产品名称	型号规格、生产厂名称	类型	数量	产品名称	型号规格、生产厂名称	数量
防火卷帘				控制器		
卷门机				防火门		
手动按钮盒				防火窗		
温控释放装置						

防火卷帘安装示意图	

核验员：　　　　　　　　　　　　检验员：

防火卷帘与门、窗系统原始记录

表 12.8-2

年　月　日

序号	检验项目		标准条款号	检验部位	检验方法	检验结果	结论
1	材料厚度（mm）	帘板	GB 14102—2005　6.2.3		游标卡尺		
		座板					
		导轨					
		门楣					
		箱体					
2	帘板（面）	帘板嵌入量(mm)	GB 50877—2014　5.2.2.1 GB 14102—2005　6.3.4		钢卷尺		
		夹板、钢丝(mm)	GB 14102—2005　6.3.3				
		防风钩	GB 14102—2005　6.3.3				
3	导轨	顶部形状	GB 14102—2005　6.3.4 GB　50877—2014　5.2.2.2		钢卷尺		
		平行度	GB 14102—2005　6.3.4 GB 50877—2014　5.2.2.4		钢卷尺		
		垂直度	GB 14102—2005　6.3.4 GB 50877—2014　5.2.2.5		钢直尺、吊坠		
		安装	GB 14102—2005　6.3.4		钢卷尺		
		防烟装置	GB 14102—2005　6.3.4 GB 50877—2014　5.2.2.6		塞尺		

续表

序号	检验项目		标准条款号	检验部位	检验方法	检验结果	结论
4	门楣	防烟装置	GB 14102—2005 6.3.5 GB 50877—2014 5.2.4		塞尺		
		安装	GB 14102—2005 6.3.5		目测		
5	座板	与地面接触	GB 14102—2005 6.3.6		目测		
		与帘扳连接	GB 14102—2005 6.3.6				
6	卷帘运行平稳性能		GB 14102—2005 6.4.3 GB 50877—2014 6.2.3.1		钢卷尺		
7	卷帘启闭运行噪声		GB 14102—2005 6.4.4 GB 50877—2014 6.2.3.3		声级计		
8	卷帘启闭运行速度		GB 14102—2005 6.4.5 GB 50877—2014 6.2.3.2		秒表		
					钢卷尺		
9	箱体		GB 50877—2014 5.2.7		目测		
10	防火隔板		GB 50877—2014 5.2.9		目测		
11	卷门机	手动操作装置	GB 14102—2005 A.1.2 GB 50877—2014 6.2.2.1		手试		
		电动启闭功能	GB 50877—2014 6.2.2.2		手试		

续表

序号	检验项目			标准条款号	检验部位	检验方法	检验结果	结论
11	卷门机	自重下降功能		GB 50877—2014　6.2.1.7		手试		
		自重下降操作臂力		GB 50877—2014　6.2.2.2		拉力计		
		自动限位装置		GB 50877—2014　6.2.2		钢直尺		
		安装		GB 50877—2014　5.2.6		目测		
		温控速放装置		GB 14102—2005　6.4.7、7.4.7.2		手试		
12	防火卷帘控制器	设置		GB 50877—2014　5.2.10.2		目测		
		安装		GB 50877—2014　5.2.10.2(3)		钢卷尺		
		基本功能	火灾报警功能	GB 50877—2014　6.2.1		手试		
			自动控制功能	GB 50877—2014　6.2.1		手试		
			手动控制功能	GB 50877—2014　6.2.1		手试		

续表

序号	检验项目			标准条款号	检验部位	检验方法	检验结果	结论
12	防火卷帘控制器	基本功能	信号反馈功能	GB 50877—2014 6.2.1		手试		
			延时功能	GB 50877—2014 6.2.1		秒表		
			逃生功能	GB 50877—2014 6.2.1		钢卷尺、秒表		
			手动急停优先	GB 50877—2014 6.2.1		手试		
			控制速放装置	GB 50877—2014 6.2.1		手试		
			防止正卷、反卷	GB 50877—2014 6.2.1		手试		
			故障报警功能	GB 50877—2014 6.2.1		手试		
			消声复位功能	GB 4717—2005 5.2		手试		
			自检功能	GB 4717—2005 5.2		手试		
			备用电源	GB 50877—2014 6.2.1		手试		
			主、备电源转换	GB 50877—2014 6.2.1		手试		
			手动控制装置	GB 50877—2014 5.2.10		钢卷尺		

序号	检验项目		标准条款号	检验部位	检验方法	检验结果	结论
13	火灾探测器组	设置	GB 50877—2014 5.2.11		目测		
		安装	GB 50116—2013 6.2		钢卷尺		
14	闭式喷水系统	设置	GB 50877—2014 5.2.12 GB 50016—2014 6.5.3		目测		
		安装	GB 50877—2014 5.2.12		钢卷尺		
15	水幕系统	设置	GB 50877—2014 5.2.12		目测		
		安装	GB 50877—2014 5.2.12		钢卷尺		
16	消防控制设备	控制功能	GB 50877—2014 6.2		手试		
		显示功能	GB 50116—2013 4.6.5		目测		
		备用电源	GB 50116—2013 10.1.1		手试		
17	防火分隔卷帘自动启动		GB 50877—2014 6.2.1.5		手试		
18	疏散通道卷帘自动启动		GB 50877—2014 6.2.1.5		手试		
19	卷帘远程启动		GB 50166—2019 4.10.6		手试		

核验员：　　　　　　　　　　　　　　　　　　　检验员：

防火卷帘与门、窗系统原始记录

年　月　日　　　　　　　　　　　　　　　　　　　　表 12.8-3

工程名称				施工单位		
标准条款		GB 50877—2014　6.2.1.5；GB 50166—2019　4.10.6				
检测项目及检测结果						
产品标志	易熔装置	速放装置	水幕状态	有□ 无□	其他说明	
有□ 无□	有□ 无□	有□ 无□				
联动功能试验	检验部位＼项目	烟感编号	中位	温感编号	下位	信号反馈

核验员：　　　　　　　　　　　　　检验员：

后　记

　　随着社会经济的发展和人们生产活动的需要，建（构）筑物的形式、功能、业态呈现多样性，建（构）筑物规模、体量越来越大，室内外的装饰程度和装饰材料的使用也呈现出多元、复杂的趋势。这些均导致建（构）筑物火灾隐患和火灾风险加大。一旦发生火灾，会带来惨痛的损失和较大的社会影响，因而凸显出建（构）筑物消防设施的重要性。

　　作为一个从事消防领域工作30多年的从业者，亲眼见证了中国社会经济的高速发展和科学技术的进步，消防事业也伴随着时代的发展而逐步地发展壮大。消防设施的复杂程度、系统性及先进性极大地提高，消防从业机构与人员肩负的社会责任也越来越大。消防设施的设置、检测、运行及维护保养是否规范，直接关系到企业和事业单位及建（构）筑物的安全。

　　近几年，随着消防服务体制的改革，社会消防技术服务机构也在日益增多，服务领域涵盖了消防设施检测、维护保养和消防安全评估。因此，提高消防技术服务从业机构、人员技术能力，规范执业行为，提高服务质量，统一服务标准，保证消防设施的设置、安装、检测、维护保养符合国家现行技术标准，将执业行为从盲从、随意向规范、标准过渡显得非常重要。

　　经过反复思考并与相关人士沟通后，决定编写一本《建筑消防设施检测技术实用手册》。建筑消防设施检测是关系到建筑消防设施设置、运行的重要环节，检测结果不仅反映出消防设施设计、消防设备质量、施工安装水平是否符合设计要求，同时也反映了检测机构、人员的社会责任意识，更体现其工作程序、检测方法、检测标准及技术文档的记录方式是否规范等。我们希望能够为消防技术服务从业人员提供一本相对完整、全面的检测参考工具书，传达出"强烈的社会责任意识、严谨的工作态度、规范的行为方式、不断学习进取适应时代发展"的理念，使消防设施检测工作能够符合国家技术标准的要求，为消防事业贡献微薄的力量。

　　由于篇幅所限，本书对于各消防设施的介绍力求简洁，重点介绍检测方法、规范记录格式。另外，由于专业水平有限，书中难免会有一些不当之处，敬请谅解并期盼专业人士们提出宝贵意见。

　　最后向所有帮助本书出版的人士表示崇高的谢意！

大连通广消防工程有限公司　总经理

张临新